浙江省土地质量地质调查行动计划系列成果
浙江省土地质量地质调查成果丛书

杭州市土壤元素背景值

HANGZHOU SHI TURANG YUANSU BEIJINGZHI

林钟扬　汪一凡　俞伯汀　解怀生　龚瑞君　褚先尧　等著

图书在版编目(CIP)数据

杭州市土壤元素背景值/林钟扬等著. —武汉:中国地质大学出版社,2023.10
ISBN 978-7-5625-5539-1

Ⅰ.①杭…　Ⅱ.①林…　Ⅲ.①土壤环境-环境背景值-杭州　Ⅳ.①X825.01

中国国家版本馆 CIP 数据核字(2023)第 053192 号

杭州市土壤元素背景值		林钟扬	汪一凡	俞伯汀	解怀生	龚瑞君	褚先尧 等著

责任编辑:唐然坤　　　　　　选题策划:唐然坤　　　　　　责任校对:张咏梅

出版发行:中国地质大学出版社(武汉市洪山区鲁磨路 388 号)　　　邮政编码:430074
电　　话:(027)67883511　　传　　真:(027)67883580　　E-mail:cbb@cug.edu.cn
经　　销:全国新华书店　　　　　　　　　　　　　　　　　　　　http://cugp.cug.edu.cn

开本:880 毫米×1230 毫米 1/16　　　　　　　　字数:412 千字　　　　印张:13
版次:2023 年 10 月第 1 版　　　　　　　　　　　　　　　　　印次:2023 年 10 月第 1 次印刷
印刷:湖北新华印务有限公司

ISBN 978-7-5625-5539-1　　　　　　　　　　　　　　　　　　　　　定价:178.00 元

如有印装质量问题请与印刷厂联系调换

《杭州市土壤元素背景值》编委会

领导小组

名誉主任	陈铁雄						
名誉副主任	黄志平	潘圣明	马　奇	张金根			
主　　任	陈　龙						
副 主 任	邵向荣	陈远景	胡嘉临	李家银	邱建平	周　艳	张根红
成　　员	邱鸿坤	孙乐玲	吴　玮	肖常贵	鲍海君	章　奇	龚日祥
	蔡子华	褚先尧	冯立新	王国京	方献明	赵尔平	潘　铮
	姜昊阳	管瑞哲	陈焕元	唐小明	蔡伟忠	陈齐刚	汪晓亮
	赵国法	张　帆	林　海	刘礼峰			

编制技术指导组

组　　长	王援高						
副 组 长	董岩翔	孙文明	林钟扬				
成　　员	陈忠大	范效仁	严卫能	何蒙奎	龚新法	陈焕元	叶泽富
	陈俊兵	钟庆华	唐小明	何元才	刘道荣	李巨宝	欧阳金保
	陈红金	朱有为	孔海民	俞　洁	汪庆华	周国华	吴小勇

编辑委员会

主　　编	林钟扬	汪一凡	俞伯汀	解怀生	龚瑞君	褚先尧	
编　　委	冯立新	刘　煜	龚冬琴	黄春雷	徐明星	刘永祥	张　翔
	刘　健	潘少军	魏迎春	简中华	林　楠	荣一萍	王国贤
	金　希	梁倍源	王其春	王海宝	林金辉	管敏琳	王　勇
	张紫文	黄建军	吴竹明	顾往九	韦继康	余朕朕	谢邦廷
	占　玄	郑基滋	冯益潘	马建永	宋明义	余根华	方平辉
	张良红	孙彬彬	陈建波	吴　琦	邱郁双	刘　荣	胡晔炳

《杭州市土壤元素背景值》组织委员会

主办单位：
浙江省自然资源厅
浙江省地质院
自然资源部平原区农用地生态评价与修复工程技术创新中心

协办单位：
杭州市规划和自然资源局
杭州市规划和自然资源局上城分局
杭州市规划和自然资源局拱墅分局
杭州市规划和自然资源局西湖分局
杭州市规划和自然资源局滨江分局
杭州市规划和自然资源局萧山分局
杭州市规划和自然资源局余杭分局
杭州市规划和自然资源局临平分局
杭州市规划和自然资源局钱塘分局
杭州市规划和自然资源局富阳分局
杭州市规划和自然资源局临安分局
桐庐县规划和自然资源局
淳安县规划和自然资源局
建德市规划和自然资源局
浙江省自然资源集团有限公司

承担单位：
浙江省地质院
自然资源部平原区农用地生态评价与修复工程技术创新中心
中国地质调查局农业地质应用研究中心
浙江省地质矿产研究所

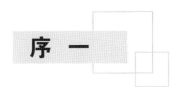

序 一

土地质量地质调查,是以地学理论为指导、以地球化学测量为主要技术手段,通过对土壤及相关介质(岩石、风化物、水、大气、农作物等)环境中有益和有害元素含量的测定,进而对土地质量的优劣做出评判的过程。2016年,浙江省国土资源厅(现为浙江省自然资源厅)启动了"浙江省土地质量地质调查行动计划(2016—2020年)",并在"十三五"期间完成了浙江省85个县(市、区)的1∶5万土地质量地质调查(覆盖浙江省耕地全域),获得了20余项元素/指标近500万条土壤地球化学数据。

浙江省的地质工作历来十分重视土壤元素背景值的调查研究。早在20世纪60—70年代,浙江省就开展了全省1∶20万区域地质填图,对土壤中20余项元素/指标进行了分析;20世纪80年代,开展了浙江省1∶20万水系沉积物测量工作,分析了沉积物中30余项元素/指标;20世纪90年代末,开展了1∶25万多目标区域地球化学调查,分析了表层和深层土壤中50余项元素/指标;2016—2020年,开展了浙江省土地质量地质调查,系统部署了1∶5万土壤地球化学测量工作,重点分析了土壤中的有益元素(如N、P、K、Ca、Mg、S、Fe、Mn、Mo、B、Se、Ge等)和有害元素(如Cd、Hg、Pb、As、Cr、Ni、Cu、Zn等)。上述各时期的调查都进行了元素地球化学背景值的统计计算,早期的土壤元素背景值调查为本次开展浙江省土壤元素背景值研究奠定了扎实的基础。

元素地球化学背景值的研究,不仅具有重要的科学意义,同时也具有重要的应用价值。基于本轮土地质量地质调查获得的数百万条高精度土壤地球化学数据,结合1∶25万多目标区域地球化学调查数据,浙江省自然资源厅组织相关单位和人员对不同行政区、土壤母质类型、土壤类型、土地利用类型、水系流域类型、地貌类型和大地构造单元的土壤元素/指标的基准值和背景值进行了统计,编制了浙江省及11个设区市(杭州市、宁波市、温州市、湖州市、嘉兴市、绍兴市、金华市、衢州市、舟山市、台州市、丽水市)的"浙江省土地质量地质调查成果丛书"。

该丛书具有数据基础量大、样本体量大、数据质量高、元素种类多、统计参数齐全的特点,是浙江省土地质量地质调查的一项标志性成果,对深化浙江省土壤地球化学研究、支撑浙江省第三次全国土壤普查工作成果共享、推进相关地方标准制定和成果社会化应用均具有积极的作用。同时该丛书还具有公共服务性的特点,可作为农业、环保、地质等技术工作人员的一套"工具书",能进一步提升各级政府管理部门、科研院所在相关工作中对"浙江土壤"的基本认识,在自然资源、土地科学、农业种植、土壤污染防治、农产品安全追溯等行政管理领域具有广泛的科学价值和指导意义。

值此丛书出版之际,对参加项目调查工作和丛书编写工作的所有地质科技工作者致以崇高的敬意,并表示热烈的祝贺!

中国科学院院士

2023年10月

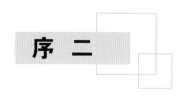

序 二

  2002年,全国首个省部合作的农业地质调查项目落户浙江省,自此浙江省的农业地质工作犹如雨后春笋般不断开拓前行。农业地质调查成果支撑了土地资源管理,也服务了现代农业发展及土壤污染防治等诸多方面。2004—2005年,时任浙江省委书记习近平同志在两年间先后4次对浙江省的农业地质工作做出重要批示指示,指出"农业地质环境调查有意义,要应用其成果指导农业生产""农业地质环境调查有意义,应继续开展并扩大成果"。

  近20年来,浙江省坚定不移地贯彻习近平总书记的批示指示精神,积极探索,勇于实践,将农业地质工作不断推向新高度。2016年,在实施最严格耕地保护政策、推动绿色发展和开展生态文明建设的时代背景下,浙江省国土资源厅(现为浙江省自然资源厅)立足于浙江省经济社会发展对地质工作的实际需求,启动了"浙江省土地质量地质调查行动计划(2016—2020年)",旨在通过行动计划的实施,全面查明浙江省的土地质量现状,建立土地质量档案、推进成果应用转化,为实现土地数量、质量和生态"三位一体"管护提供技术支持。

  本轮土地质量调查覆盖了浙江省85个县(市、区),历时5年完成,涉及18家地勘单位、10家分析测试单位,有近千名技术人员参加,取得了多方面的成果。一是查明了浙江省耕地土壤养分丰缺状况,土壤重金属污染状况和富硒、富锗土地分布情况,成为全国首个完成1∶5万精度县级全覆盖耕地质量调查的省份;二是采用"文-图-卡-码-库五位一体"表达形式,建成了浙江省1000万亩(1亩≈666.67m^2)永久基本农田示范区土地质量地球化学档案;三是汇集了土壤、水、生物等750万条实测数据,建成了浙江省土地质量地质调查数据库与管理平台;四是初步建立了2000个浙江省耕地质量地球化学监测点;五是圈定了334万亩天然富硒土地、680万亩天然富锗土地,并编制了相关区划图;六是圈出了约2575万亩清洁土地,建立了最优先保护和最优先修复耕地类别清单。

  立足于地学优势、以中大比例尺精度开展的浙江省土地质量地质调查在全国尚属首次。此次调查积累了大量的土壤元素含量实测数据和相关基础资料,为全省土壤元素地球化学背景的研究奠定了坚实基础。浙江省及11个设区市的土壤元素背景值研究是浙江省土地质量地质调查行动计划取得的一项重要基础性研究成果,该研究成果的出版将全面更新浙江省的土地(土壤)资料,大大提升浙江省土地科学的研究程度,也将为自然资源"两统一"职责履行、生态安全保障提供重要的基础支撑,从而助力乡村振兴,助推共同富裕示范区建设。

  浙江省土地质量地质调查行动计划是迄今浙江省乃至全国覆盖范围最广、调查精度最高的县级尺度土壤地球化学调查行动计划。基于调查成果编写而成的"浙江省土地质量地质调查成果丛书",具有数据样本量大、数据质量高、元素种类多、统计参数全的特点,实现了土壤学与地学的有机融合,是对数十年来浙江省土壤地球化学调查工作的系统总结,也是全面反映浙江省土壤元素环境背景研究的最新成果。该丛书可供地质、土壤、环境、生态、农学等相关专业技术人员以及有关政府管理部门和科研院校参考使用。

原浙江省国土资源厅党组书记、厅长

2023年10月

前 言

土壤元素背景值一直是国内外学者关注的重点。20世纪70年代,国家"七五"重点科技攻关项目建立了全国41个土类60余种元素的土壤背景值,并出版了《中国土壤环境背景值图集》。同期,农业部(现为农业农村部)主持完成了我国13个省(自治区、直辖市)主要农业土壤及粮食作物中几种污染元素背景值研究,建立了我国主要粮食生产区土壤与粮食作物背景值。21世纪初,国土资源部(现为自然资源部)中国地质调查局与有关省(自治区、直辖市)联合,在全国范围内部署开展了1∶25万多目标区域地球化学调查工作,累计完成调查面积260余万平方千米,相继出版了部分省(自治区、直辖市)或重要区域的多目标区域地球化学图集,发布了区域土壤背景值与基准值研究成果。不同时期各地各部门的大量研究学者针对各地区情况陆续开展了大量背景值调查研究工作,获得的宝贵数据资料为区域背景值研究打下了坚实基础。

土壤元素背景值是指在一定历史时期、特定区域内,不受或者很少受人类活动和现代工业污染影响(排除局部点源污染影响)的土壤元素与化合物的含量水平,是一种原始状态或近似原始状态下的物质丰度,也代表了地质演化与成土过程发展到特定历史阶段,土壤与各环境要素之间物质和能量交换达到动态平衡时元素与化合物的含量状态。土壤元素背景值是制定土壤环境质量标准的重要依据。元素背景值研究必须具备3个条件:一是要有一定面积区域范围的系统调查资料;二是要有统一的调查采样与测试分析方法;三是要有科学的数理统计方法。多年来浙江省的土地质量地质调查(含1∶25万多目标区域地球化学调查)工作均符合上述元素背景值研究条件,这为浙江省级、市级土壤元素背景值研究提供了充分必要条件。

2002—2016年,1∶25万多目标区域地球化学调查工作实现了对杭州市陆域的全覆盖。项目由浙江省地质调查院、中国地质科学院地球物理地球化学勘查研究所承担,共获得4162件表层土壤组合样、1038件深层土壤组合样。样品测试由中国地质科学院地球物理地球化学勘查研究所实验测试中心、浙江省地质矿产研究所承担,分析测试了Ag、As、Au、B、Ba、Be、Bi、Br、Cd、Ce、Cl、Co、Cr、Cu、F、Ga、Ge、Hg、I、La、Li、Mn、Mo、N、Nb、Ni、P、Pb、Rb、S、Sb、Sc、Se、Sn、Sr、Th、Ti、Tl、U、V、W、Y、Zn、Zr、SiO_2、Al_2O_3、TFe_2O_3、MgO、CaO、Na_2O、K_2O、TC、Corg、pH共54项元素/指标,获取分析数据28.08万条。2016—2020年,杭州市系统开展了9个县(市、区)的土地质量地质调查工作,按照平均9~10件/km^2的采样密度,共采集25 561件表层土壤样品,分析测试了As、B、Cd、Co、Cr、Cu、Ge、Hg、Mn、Mo、N、Ni、P、Pb、Se、V、Zn、K_2O、Corg、pH共20项元素/指标,获取分析数据51.12万条。浙江省地质调查院、中化地质矿山总局浙江地质勘查院、浙江省地球物理地球化学勘查院、浙江省第一地质大队、浙江省有色金属地质勘查局、浙江省地质矿产研究所、浙江省有色金属地质勘查局7家单位承担了调查工作。样品测试由华北有色(三河)燕郊中心实验室有限公司、湖北省地质实验测试中心、湖南省地质实验测试中心、浙江省地质矿产研究所、承德华勘五一四地矿测试研究有限公司5家单位承担。严格按照相关规范要求,开展样品采集与测试分析,从而确保调查数据质量,通过数据整理、分布形态检验、异常值剔除等,进行了土壤元素背景值参数的统计与计算。

杭州市土壤元素背景值研究是杭州市土地质量地质调查(含1∶25万多目标区域地球化学调查)的集成性、标志性成果之一,而《杭州市土壤元素背景值》的出版,不仅为地方土壤环境标准制定、环境演化研究与生态修复等提供了最新基础数据,也填补了杭州市土壤元素背景值研究的空白。

本书共分为6章。第一章区域概况,简要介绍了杭州市自然地理、区域地质、土壤资源与土地利用现状,由林钟扬、龚瑞君、解怀生、褚先尧等执笔;第二章数据基础及研究方法,详细介绍了项目工作的数据来源、质量监控及土壤元素背景值的计算方法,由解怀生、汪一凡、俞伯汀、林钟扬、冯立新等执笔;第三章土壤地球化学基准值,介绍了杭州市土壤地球化学基准值,由解怀生、林钟扬、汪一凡、俞伯汀、黄春雷等执笔;第四章土壤元素背景值,介绍了杭州市土壤元素背景值,由解怀生、林钟扬、汪一凡、褚先尧、徐明星等执笔;第五章土壤碳与特色土地资源评价,介绍了杭州市土壤碳与特色土地资源评价,由张翔、解怀生、龚瑞君、褚先尧、魏迎春等执笔;第六章结语,由林钟扬执笔;全文由林钟扬、解怀生、俞伯汀负责统稿。

本书在编写过程中得到了浙江省生态环境厅、浙江省农业农村厅、浙江省生态环境监测中心、浙江省耕地质量与肥料管理总站、浙江省国土整治中心、浙江省自然资源调查登记中心等单位的大力支持与帮助。中国地质调查局奚小环教授级高级工程师、中国地质科学院地球物理地球化学勘查研究所周国华教授级高级工程师、中国地质大学(北京)杨忠芳教授、浙江大学翁焕新教授等对本书内容提出了诸多宝贵意见和建议,在此一并表示衷心的感谢!

"浙江省土壤元素背景值"是一项具有公共服务性的基础性研究成果,特点为样本体量大、数据质量高、元素种类多、统计参数齐全,亮点是做到了土壤学与地学的结合。为尽快实现背景值调查研究成果的共享,根据浙江省自然资源厅的要求,本次公开出版不同层级(省级、地级市)的土壤元素背景值研究专著,这也是对浙江省第三次全国土壤普查工作成果共享的支持。《杭州市土壤元素背景值》是地级市的系列成果之一,在编制过程中得到了杭州市及各县(市、区)自然资源主管部门的积极协助,得到了农业、环保等部门的大力支持。中国地质大学出版社为本专著的出版付出了辛勤劳动。

受水平所限,书中难免存在疏漏,敬请各位读者不吝赐教!

著　者

2023年6月

目 录

第一章　区域概况 …………………………………………………………………………（1）

第一节　自然地理与社会经济 ……………………………………………………………（1）
一、自然地理 ……………………………………………………………………………（1）
二、社会经济概况 ………………………………………………………………………（2）

第二节　区域地质特征 ……………………………………………………………………（3）
一、岩石地层 ……………………………………………………………………………（3）
二、岩浆岩 ………………………………………………………………………………（4）
三、区域构造 ……………………………………………………………………………（5）
四、矿产资源 ……………………………………………………………………………（6）
五、水文地质 ……………………………………………………………………………（6）

第三节　土壤资源与土地利用 ……………………………………………………………（7）
一、土壤母质类型 ………………………………………………………………………（7）
二、土壤类型 ……………………………………………………………………………（8）
三、土壤酸碱性 …………………………………………………………………………（14）
四、土壤有机质 …………………………………………………………………………（15）
五、土地利用现状 ………………………………………………………………………（15）

第二章　数据基础及研究方法 ……………………………………………………………（18）

第一节　1∶25万多目标区域地球化学调查 ……………………………………………（18）
一、样品布设与采集 ……………………………………………………………………（19）
二、分析测试与质量控制 ………………………………………………………………（21）

第二节　1∶5万土地质量地质调查 ……………………………………………………（23）
一、样点布设与采集 ……………………………………………………………………（24）
二、分析测试与质量监控 ………………………………………………………………（25）

第三节　土壤元素背景值研究方法 ……………………………………………………（27）
一、概念与约定 …………………………………………………………………………（27）
二、参数计算方法 ………………………………………………………………………（27）
三、统计单元划分 ………………………………………………………………………（28）
四、数据处理与背景值确定 ……………………………………………………………（28）

第三章　土壤地球化学基准值 ……………………………………………………………（30）

第一节　各行政区土壤地球化学基准值 ………………………………………………（30）

一、杭州市土壤地球化学基准值 ……………………………………………………………………（30）
　　二、淳安县土壤地球化学基准值 ……………………………………………………………………（30）
　　三、临安区土壤地球化学基准值 ……………………………………………………………………（35）
　　四、建德市土壤地球化学基准值 ……………………………………………………………………（35）
　　五、桐庐县土壤地球化学基准值 ……………………………………………………………………（40）
　　六、富阳区土壤地球化学基准值 ……………………………………………………………………（40）
　　七、萧山区土壤地球化学基准值 ……………………………………………………………………（45）
　　八、余杭地区土壤地球化学基准值 …………………………………………………………………（45）
　　九、主城区土壤地球化学基准值 ……………………………………………………………………（50）

　第二节　主要土壤母质类型地球化学基准值 …………………………………………………………（50）
　　一、松散岩类沉积物土壤母质地球化学基准值 ……………………………………………………（50）
　　二、古土壤风化物土壤母质地球化学基准值 ………………………………………………………（55）
　　三、碎屑岩类风化物土壤母质地球化学基准值 ……………………………………………………（55）
　　四、碳酸盐岩类风化物土壤母质地球化学基准值 …………………………………………………（55）
　　五、紫色碎屑岩类风化物土壤母质地球化学基准值 ………………………………………………（62）
　　六、中酸性火成岩类风化物土壤母质地球化学基准值 ……………………………………………（62）
　　七、中基性火成岩类风化物土壤母质地球化学基准值 ……………………………………………（62）
　　八、变质岩类风化物土壤母质地球化学基准值 ……………………………………………………（69）

　第三节　主要土壤类型地球化学基准值 ………………………………………………………………（69）
　　一、黄壤土壤地球化学基准值 ………………………………………………………………………（69）
　　二、红壤土壤地球化学基准值 ………………………………………………………………………（69）
　　三、粗骨土土壤地球化学基准值 ……………………………………………………………………（76）
　　四、石灰岩土土壤地球化学基准值 …………………………………………………………………（76）
　　五、紫色土土壤地球化学基准值 ……………………………………………………………………（76）
　　六、水稻土土壤地球化学基准值 ……………………………………………………………………（83）
　　七、潮土土壤地球化学基准值 ………………………………………………………………………（83）
　　八、滨海盐土土壤地球化学基准值 …………………………………………………………………（83）

　第四节　主要土地利用类型地球化学基准值 …………………………………………………………（90）
　　一、水田土壤地球化学基准值 ………………………………………………………………………（90）
　　二、旱地土壤地球化学基准值 ………………………………………………………………………（90）
　　三、园地土壤地球化学基准值 ………………………………………………………………………（90）
　　四、林地土壤地球化学基准值 ………………………………………………………………………（97）

第四章　土壤元素背景值 …………………………………………………………………………………（100）

　第一节　各行政区土壤元素背景值 ……………………………………………………………………（100）
　　一、杭州市土壤元素背景值 …………………………………………………………………………（100）
　　二、淳安县土壤元素背景值 …………………………………………………………………………（100）
　　三、临安区土壤元素背景值 …………………………………………………………………………（105）
　　四、建德市土壤元素背景值 …………………………………………………………………………（105）
　　五、桐庐县土壤元素背景值 …………………………………………………………………………（110）
　　六、富阳区土壤元素背景值 …………………………………………………………………………（110）

七、萧山区土壤元素背景值 …………………………………………………………………………（115）
　　八、余杭地区土壤元素背景值 ………………………………………………………………………（115）
　　九、主城区土壤元素背景值 …………………………………………………………………………（120）
　第二节　主要土壤母质类型元素背景值 …………………………………………………………………（120）
　　一、松散岩类沉积物土壤母质元素背景值 …………………………………………………………（120）
　　二、古土壤风化物土壤母质元素背景值 ……………………………………………………………（125）
　　三、碎屑岩类风化物土壤母质元素背景值 …………………………………………………………（125）
　　四、碳酸盐岩类风化物土壤母质元素背景值 ………………………………………………………（130）
　　五、紫色碎屑岩类风化物土壤母质元素背景值 ……………………………………………………（130）
　　六、中酸性火成岩类风化物土壤母质元素背景值 …………………………………………………（130）
　　七、中基性火成岩类风化物土壤母质元素背景值 …………………………………………………（137）
　　八、变质岩类风化物土壤母质元素背景值 …………………………………………………………（137）
　第三节　主要土壤类型元素背景值 ………………………………………………………………………（142）
　　一、黄壤土壤元素背景值 ……………………………………………………………………………（142）
　　二、红壤土壤元素背景值 ……………………………………………………………………………（142）
　　三、粗骨土土壤元素背景值 …………………………………………………………………………（142）
　　四、石灰岩土土壤元素背景值 ………………………………………………………………………（149）
　　五、紫色土土壤元素背景值 …………………………………………………………………………（149）
　　六、水稻土土壤元素背景值 …………………………………………………………………………（154）
　　七、潮土土壤元素背景值 ……………………………………………………………………………（154）
　　八、滨海盐土土壤元素背景值 ………………………………………………………………………（154）
　第四节　主要土地利用类型元素背景值 …………………………………………………………………（161）
　　一、水田土壤元素背景值 ……………………………………………………………………………（161）
　　二、旱地土壤元素背景值 ……………………………………………………………………………（161）
　　三、园地土壤元素背景值 ……………………………………………………………………………（166）
　　四、林地土壤元素背景值 ……………………………………………………………………………（166）
　第五节　千岛湖沉积物元素背景值 ………………………………………………………………………（166）

第六章　土壤碳与特色土地资源评价 …………………………………………………………………（174）
　第一节　土壤碳储量估算 …………………………………………………………………………………（174）
　　一、土壤碳与有机碳的区域分布 ……………………………………………………………………（174）
　　二、单位土壤碳量与碳储量计算方法 ………………………………………………………………（175）
　　三、土壤碳密度分布特征 ……………………………………………………………………………（177）
　　四、土壤碳储量分布特征 ……………………………………………………………………………（179）
　第二节　特色土地资源评价 ………………………………………………………………………………（183）
　　一、天然富硒土地资源评价 …………………………………………………………………………（184）
　　二、天然富锗土地资源评价 …………………………………………………………………………（188）

第六章　结　语 …………………………………………………………………………………………（193）

主要参考文献 ……………………………………………………………………………………………（194）

第一章　区域概况

第一节　自然地理与社会经济

一、自然地理

1. 地理区位

杭州市是浙江省的政治、经济、文化、教育、交通、金融中心,地处东南沿海的长江三角洲(简称长三角)南翼,是长江三角洲城市群中心城市之一,也是环杭州湾核心城市、长三角宁杭生态经济带节点城市。杭州市区地处钱塘江下游、京杭大运河南端,是中国东南部的重要交通枢纽。杭州市界于北纬 29°11′—30°34′和东经 118°20′—120°37′之间,全市土地面积 16 850 km²。杭州森林资源集中在临安区、淳安县、建德市、桐庐县、富阳区等地,以临安区、淳安县森林资源最为丰富。至 2021 年末,全市森林面积 110.07 万 hm²,森林覆盖率 65.61%,居全国省会城市、副省级城市第一位。

2. 地形地貌

杭州境域地貌类别多样,大地构造处于扬子准地台钱塘台褶带。杭州西北部和西部系浙西中山丘陵区,地势由西南向东北倾斜,西南部淳安县、建德市、临安区、桐庐县 4 个县(市、区)以中低山丘陵地貌为主,天目山、千里岗山脉地区平均海拔可达 1000 m 以上,天目山山脉以主峰清凉峰海拔 1787 m 为最高,千里岗山脉以主峰磨心尖海拔 1523 m 为最高。东北部地区为杭州市区(含萧山区、余杭区、富阳区)。杭州市区地形属浙北平原区,市内地貌可分为山地、丘陵、平原 3 个部分,自西向东地貌结构的层次和区域过渡性十分明显,各个地貌层次都有第四系分布。杭州市内地形复杂多样,其中丘陵、山地占土地总面积的 65.6%,大多分布在西南部,海拔一般在 500 m 以下;平原占土地总面积的 26.4%,分布在东部地区,海拔一般在 3~10 m 之间;江、河、湖、塘占土地总面积的 8.0%,因此具有"七山一水二分田"之说。

全市地貌按成因类型总体可分为堆积地貌、侵蚀地貌、侵蚀剥蚀地貌 3 个大类,具体为河口平原、构造低山丘陵、构造中山、丘陵盆地 4 个亚类(表 1-1)。

堆积地貌区主要分布于区内东北部萧山区北—临平区一带,占全市总面积的 8%左右,具体为河口平原区亚类;侵蚀地貌区主要分布于区内的临安区、富阳区、桐庐县、建德市、淳安县等地,约占全市总面积的 89%,根据侵蚀强度可细分为构造低山丘陵区和构造中山区两个亚类;侵蚀剥蚀丘陵盆地区主要分布于区内南西部的建德市寿昌县一带,受地质构造因素影响,整体呈北东向展布,占全市总面积的 3%左右。

表 1-1　杭州市地貌分类分区表

地貌分类	亚类	分区名称	主要分布区
堆积地貌	河口平原	钱塘江河口平原区	萧山区北—临平区
侵蚀地貌	构造低山丘陵	淳安-桐庐低山丘陵区	淳安县、建德市、桐庐县、富阳区
	构造中山	西天目-清凉峰中山区	临安区西部
		千里岗中山区	淳安县南部
侵蚀剥蚀地貌	丘陵盆地	寿昌盆地区	建德市寿昌县

3. 行政区划

根据《杭州统计年鉴—2022》，截至2021年12月底，杭州市下辖上城区、拱墅区、西湖区、高新（滨江）区、萧山区、余杭区、临平区、钱塘区、富阳区、临安区10个区，建德市1个县级市，桐庐县、淳安县2个县。全市有191个乡镇（街道），其中乡23个、镇75个、街道93个，社区居委会1229个、建制村1913个。常住人口1 220.40万人，户籍登记人口为834.54万人，其中城镇人口593.36万人，农村人口241.18万人。

4. 气候与水文

杭州地处亚热带季风气候带，温和湿润，雨量充沛，光照充足，四季分明，春秋较短，冬夏较长。全年平均气温17.8℃，平均相对湿度70.3%，年降水量1454mm，年日照时数1765h。杭州市夏季气候炎热，湿润，是新"四大火炉"之一；冬季寒冷，干燥；春、秋两季气候宜人，是观光旅游的黄金季节。

全市地表水系大部属钱塘江水系，东部平原属运河水系。受降水丰沛的亚热带季风气候影响，河流具有流量大、水量丰富、水位季节变化较大的特点。其中，钱塘江水系上游为全省最大淡水水库——新安江水库（千岛湖），下游由富春江、浦阳江于萧山汇合成"之"字形向东注入东海，年径流量390.9亿 m^3 以上，入海处杭州湾呈喇叭状，形成天下潮涌奇观。

全市地表江河纵横，湖泊密布，其中主要河流有钱塘江、东苕溪、新安江、富春江、京杭大运河等。钱塘江水系为最大水系，其中东苕溪、新安江等内河水容量季节性强，雨季水量大，旱季水量较小。著名的湖泊有西湖、千岛湖等，另据调查有30多座小二型以上水库。

西湖，位于浙江省杭州市西面，是中国大陆首批国家级重点风景名胜区和中国十大风景名胜之一。它是中国大陆主要的观赏性淡水湖泊之一，也是现今《世界遗产名录》中少数几个及中国唯一一个湖泊类文化遗产。西湖三面环山，面积约6.39km^2，东西宽约2.8km，南北长约3.2km，绕湖一周近15km。

千岛湖又名新安江水库，位于杭州市淳安县境内，湖区面积为573km^2，因湖内拥有星罗棋布的1078个岛屿而得名。千岛湖正常湖区高水位为108m，库容量为178.4亿 m^3，相当于3184个西湖的容量。湖水水位落差很大，最深处达100m，平均深度34m。

二、社会经济概况

根据《2022年杭州市国民经济和社会发展统计公报》，2022年杭州市居民人均可支配收入70 281元，比上年增长3.8%。全市地区生产总值18 753亿元，按可比价格计算，比上年增长1.5%。其中，第一产业增加值346亿元，增长1.8%；第二产业增加值5620亿元，增长0.4%；第三产业增加值12 787亿元，增长2.0%；三次产业增加值结构为1.8∶30.0∶68.2。杭州市规模以上工业增加值4198亿元，比上年增长0.3%；全市农林牧渔业总产值516亿元，比上年增长2.0%；非粮化整治持续推进，粮油生产呈现较好态势；全市服务业增加值12 787亿元，比上年增长2.0%。

第二节　区域地质特征

杭州市位于浙江省西北部,大地构造位置处于江山-绍兴拼合带西北侧,一级大地构造单元属扬子克拉通。全市地层出露齐全,构造发育,火山岩浆活动较为频繁,其中基岩出露面积达90%以上。区域性断裂发育,出露岩石地层主要为古生界陆源碎屑岩、碳酸盐岩,中生界火山-沉积岩系,以及少量青白口系砂泥岩夹中酸性火山岩。侵入岩主要为早白垩世花岗岩、正长花岗岩、闪长岩,少量青白口纪花岗岩。

一、岩石地层

区内地层自元古宇至新生界均有出露,其中古生界、中生界出露面积最广,占全区基岩出露面积的95%左右(表1-2)。

表1-2　杭州市岩石地层简表

地层时代		岩石类型与组合	主要分布区域
新生代(Cz)	第四纪(Q)	平原区:为海湾—河口湾相、湖沼相的泥岩及粉砂岩;山地丘陵区:河流谷地为冲积、冲洪积松散砂砾石夹网纹状红土等	西部低山丘陵区、东北部水网平原区及区内河流谷地
	新近纪(N)	火山喷发的钙碱性—碱性玄武岩	
	古近纪(E)	海湾—河口湾相沉积的泥岩及粉砂岩等	
中生代(Mz)	白垩纪(K)	下部为酸性火山碎屑岩间夹河湖相沉积物,中部为杂色、红色复陆屑建造及陆相火山沉积建造,上部为河湖相—冲积扇相沉积的红色复陆碎屑岩	寿昌县—临浦镇、临安区天目山南侧等地
	侏罗纪(J)	河流相复陆屑含煤沉积物	
	三叠纪(T)	河流相砂泥质碎屑岩	
古生代(Pz)	二叠纪(P)	硅泥质岩、高铝黏土岩、含煤的碳酸盐岩	淳安县—临安区、建德市—富阳区等低山丘陵区
	石炭纪(C)	砂砾岩、盆地相(镁质)碳酸盐岩	
	泥盆纪(D)	(含砾)中细粒石英质陆源碎屑岩	
	志留纪(S)	类复理石-陆源砂泥质碎屑岩	
	奥陶纪(O)	钙泥质页岩、含碳硅质岩,夹泥质碳酸盐岩	
	寒武纪(∈)	下部碳硅质泥质岩(含石煤)、含碳砂泥质岩、碳酸盐岩,中上部为泥质碳酸盐岩	
元古宙(Pt)	震旦纪(Z)	硅泥质(夹凝灰质)岩、碳酸盐岩	萧山区南部、淳安县西部、临安区西部等地
	南华纪(Nh)	凝灰质细砂粉砂岩,冰积砾岩夹多层白云岩	
	青白口纪(Qb)	深变质中基性、酸性火山岩、碎屑岩、碳酸盐岩组合	

1. 元古宇(Pt)

元古宇零星出露于区内萧山区南部、淳安县西部、临安区西部等地。

青白口系(Qb)双溪坞群(Qb_1S)：主要为硅泥质岩-细碧角斑岩建造，陆相酸性、中酸性火山碎屑岩建造。河上镇群(Qb_2H)：底部为砂砾岩建造，上部为浅海相粉砂岩、泥质岩组成的复理石建造，中部为陆源杂砂岩建造，上部为基性、酸性火山岩建造。

南华系(Nh)：下部为磨拉石、类复理石建造，夹多层沉凝灰岩，上部以冰积砾岩夹多层白云岩为主。

震旦系(Z)：为硅泥质(夹火山活动的凝灰质)岩-碳酸盐岩建造。

2. 古生界(Pz)

古生界大面积出露于杭州市西部淳安县—临安区、建德市—富阳区等低山丘陵区，占全市基岩出露面积的60%以上。

寒武纪(∈)：下部为碳硅质泥质岩(含石煤)或含碳砂泥质岩-碳酸盐岩沉积建造，中上部为泥质碳酸盐岩建造。

奥陶纪(O)：主要沉积建造为钙泥质页岩-含碳硅质岩-泥质碳酸盐岩建造及复理石-类复理石建造。

志留纪(S)：主要为一套巨厚层类复理石-陆源砂泥质碎屑岩建造组合。

泥盆纪(D)：为(含砾)中细粒石英质陆源碎屑岩组合。

石炭纪(C)：为陆屑滩相砂砾岩、盆地相(镁质)碳酸盐岩建造。

二叠纪(P)：为陆屑硅泥质岩、高铝黏土岩、含煤的碳酸盐岩沉积。

3. 中生界(Mz)

中生界主要分布于杭州市寿昌县—临浦镇、临安区天目山南侧等地，面积约占全市基岩出露面积的25%，主要岩石类型为中酸性火山碎屑岩和陆相碎屑沉积岩。

三叠纪(T)：主要为河流相砂泥质碎屑沉积建造。

侏罗纪(J)：河流相复陆屑含煤建造。

白垩纪(K)：下部由陆相酸性火山碎屑岩间夹河湖相沉积层组成，中部为杂色、红色复陆屑建造及陆相火山-沉积建造，上部为河湖相—冲积扇相沉积的红色复陆屑碎屑岩建造。

4. 新生界(Cz)

新生界零星出露于西部低山丘陵区、东北部水网平原区及区内河流谷地中，面积占全市基岩出露面积的10%左右。

古近纪(E)：为海湾—河口湾相沉积的以泥岩及粉砂岩为主的陆源碎屑建造，一般未出露地表。

新近纪(N)：为火山喷发的钙碱性—碱性玄武岩组合。

第四纪(Q)：平原区为海湾—河口湾相、湖沼相沉积的以泥岩和粉砂岩为主的陆源碎屑建造，山地丘陵区河流谷地则为冲积、冲洪积相的松散砂砾石夹网纹状红土组合。

二、岩浆岩

1. 侵入岩

全市岩浆侵入活动频繁，分布广泛，据统计全市各类侵入岩体大小共计40余个，占全市基岩出露面积的5%左右。岩石类型主要为酸性、中酸性岩，其次为中性、基性和碱性岩。侵入活动期次可分为晋宁期、燕山期和喜马拉雅期，以燕山期侏罗纪—白垩纪侵入活动最为强烈(表1-3)。

2. 火山岩

区内火山活动十分强烈，主要分布于寿昌县—临浦镇以南，临安区—天目山地区。形成时代自元古宙—新生代均有,以中生代为主,其次为元古宙。出露的岩石类型较齐全,以酸性、中酸性的火山碎屑岩类占绝对优势。

表1-3 杭州市侵入岩建造一览表

构造期	侵入时代			侵入岩建造		主要产地
	代	纪	世	岩石类型	岩石建造	
喜马拉雅期	新生代	古近纪	渐新世	超基性岩类	玻基辉橄玢岩-苦橄玢岩组合	建德市梓洲村
燕山期	中生代	白垩纪	早白垩世	中酸性岩类	石英二长闪长岩-石英二长岩	桐庐县横村埠
				酸性岩类	中细粒—细粒斑状石英二长岩-正长花岗岩-石英正长岩建造	桐庐县华家塘村
				酸性岩类	中细粒—细粒二长花岗岩-正长花岗岩	淳安县儒洪村、沈家村,余杭区泗岭村、临安区河桥镇、桐庐县合村乡
				酸性岩类	粗粒—中粗粒二长花岗岩-正长花岗岩	富阳区骑龙坞位、余杭区长乐桥
		侏罗纪	晚侏罗世	中性—酸性岩类	闪长岩-石英二长闪长岩-石英二长岩-花岗闪长岩	淳安县程家村、临安区赤石村、建德市岭后村、富阳区千家村、余杭区闲林街道(闲林埠)
晋宁期	新元古代	青白口纪	晚青白口世	酸性岩类	正长花岗(斑)岩	富阳区常绿镇—萧山区河上镇
				基性岩类	辉长岩-辉绿岩	萧山区河上镇

三、区域构造

杭州市地质历史悠久,历经多期地壳运动,形成大量区域构造。因各个构造时期构造运动性质和构造过程的差异,各个时期的区域构造样式也存在较大的差别。

新元古代—早古生代时期,区内大地构造单元属扬子克拉通,总体为洋盆沉积环境,受扬子克拉通与华夏造山系的碰撞影响,形成一系列宽缓的褶皱构造,主要构造形迹有合富背斜、唐村背斜。

晚三叠世—晚侏罗世,陆内造山作用是杭州市地质史上最为强烈的构造作用。在该期构造作用的早期,区域发生了强烈的挤压变形,在区域上形成了大量以紧闭褶皱为特征的褶皱变形,主要褶皱构造有华埠-新登复向斜、鲁村-麻车埠复向斜、於潜-三桥埠复向斜。在构造作用的后期,区域上发生大规模的构造伸展,形成了大量的伸展型盆地。在整个构造过程中,区域上形成了大量的区域性大断裂,主要区域性断裂构造有北东向马金-乌镇断裂、球川-萧山断裂,北西向孝丰-三门湾断裂,近东西向昌化-普陀断裂等。该时期的变形构造构成了区域构造的构造格架。

白垩纪,浙江省受古太平洋板块俯冲控制,处于活动陆缘弧环境。该时期地壳变动频繁,火山活动强烈,变形构造发育。受大洋板块俯冲作用的巨大影响,区域的应力场以挤压为主,从而形成大量压性的断裂构造和推覆构造。同时由于洋壳的周期性后撤,陆缘弧内的应力场多次转换为伸展,使得区域上的断裂构造发生拉张,形成大量的伸展型构造盆地。

新生代以来,浙江省全省进入相对稳定的板内环境,在横向上缺乏大规模的构造活动,但是由于板内的裂解作用在垂向上仍存在大量的构造形变,在西部淳安县王阜乡—临安市地区形成隆起,在东部杭州湾南部形成大断陷。

四、矿产资源

杭州市矿产资源种类较多,已知有能源、金属、非金属、水气 4 类,共 83 个矿种,查明资源储量的有 70 种,但丰缺并存。能源矿产 7 种,查明资源储量的有煤、石煤、铀和地热 4 种,其中地热井 10 眼;金属矿产 23 种,查明资源储量的有铁、铜、钨、钼、铅、锌、银等 22 种,中型矿床 7 处,总体储量欠丰;非金属矿产 51 种,查明资源储量的有 42 种,以石灰岩、普通建筑石料为优势矿产,主要分布于建德市、富阳区等地;水气矿产有矿泉水和地下水 2 种,有水源地 29 处,资源丰富。

截至 2020 年底,全市共有探矿权 19 个,勘查矿种有地热、铁、铜、铅、钼、银、铷、萤石、高岭土和大理岩等,主要分布于临安区、富阳区、余杭区等地。

近年来,杭州市已形成以普通建筑石料、石灰岩开采为主,萤石、方解石、大理岩、饰面用花岗岩等非金属矿产及铜、铅、锌等金属矿产少量开采,地热开采有所增加的矿产资源开发格局。截至 2020 年底,全市共有采矿权 91 个(含地热、矿泉水 6 个),持有效采矿权证矿山 58 家(实际在生产 42 家,停产 14 家,筹建 2 家),持过期采矿权证矿山 33 家。2020 年,全市年产矿石量 5 252.32 万 t,其中普通建筑石料产量约 1 240.04 万 t,开采矿种 24 种。

五、水文地质

全市地势以山地丘陵为主,河流水系发育。按照地下水赋存条件、水理性质、水力特征等可划分为松散岩类孔隙水、岩溶水和基岩裂隙水三大类,其中松散岩类孔隙水可进一步分为潜水和承压水两个亚类。

1. 松散岩类孔隙水

松散岩类孔隙水主要分布于区内东北部水网平原区、低山丘陵区的河流谷地、钱塘江两岸平原区。

东北部萧山-余杭水网平原区,地势低洼,雨季太湖水常倒灌而造成洪涝。表层全新世湖相淤泥质黏土赋存有孔隙潜水,下部上更新统、中更新统发育有 3 个承压含水层,单井涌水量 100~3000 m^3/d。除新塘附近的第一含水层水质为微咸水外,余者均为淡水。

河流谷地、钱塘江两岸平原区,潜水含水层由鄞江桥组冲积砂砾石和镇海组冲海相粉质黏土、粉细砂组成。承压水主要赋存于平原区深部的晚更新统和中更新统中。

2. 岩溶水

岩溶水主要分布于区内临安区、桐庐县、建德市、淳安县等地的碳酸盐岩区。含水层以石炭系—二叠系中厚层状灰岩、含燧石团块灰岩为主,部分为寒武系—奥陶系薄层—中厚层状杂质灰岩、白云岩。水量一般,水化学类型以 HCO_3-Ca 型为主,次为 $HCO_3·Cl-Ca·Mg$ 型。

3. 基岩裂隙水

基岩裂隙水主要分布于区内中、低山丘陵区及平原区出露的孤山丘陵区,赋水岩性为古生代碎屑岩和中生代火山岩。基岩裂隙水一般富水性较差,但水质较好,溶解性总固体(TDS)含量为 0.03~0.30 g/L。南部金衢盆地分布有基岩裂隙水和红色碎屑岩孔隙裂隙水,水量贫乏,一般水质较好,局部由高氟背景引起的水体中 F^- 含量较高,最高可达 1.6 mg/L。

第三节 土壤资源与土地利用

一、土壤母质类型

地质背景决定了成土母质或母岩,是除气候、地貌、生物等因素之外,对土壤形成类型、分布及其地球化学特征有影响的关键因素。土壤母质,即成土母质,是指母岩(基岩)经风化剥蚀、搬运及堆积等作用后于地表形成的松散风化壳的表层。因此,成土母质对母岩具有较强的承袭性。成土母质又是形成土壤的物质基础,对土壤的形成和发育具有特别重要的意义,在一定的生物、气候条件下,成土母质的差异性往往成为土壤分异的主要因素。

按岩石的地质成因及地球化学特征,杭州市成土母质可划分为2种成因类型8种成土母质类型(表1-4)。

运积型成土母质:主要母质类型为松散岩类沉积物,在区域分布上,该类成土母质主要分布于平原区和山间河流谷地与河口平原区。受流水作用,成土母质经基岩风化后,存在一定的搬运距离,按搬运距离的由近到远,沉积物颗粒逐渐由粗变细,岩石物质成分混杂。在地形地貌上,该类成土母质主要涉及区内的水网平原、河谷平原等地貌类型,主要岩性包括河流相冲积、冲(洪)积沉积物,河口相淤泥、粉砂沉积物,滨海相淤泥、粉砂质淤泥、砂(粉砂)等沉积物,以及湖沼相淤泥、碳质淤泥、粉砂质淤泥等沉积物(图1-1)。

表 1-4 杭州市主要成土母质分类表

成因类型	成土母质类型	地形地貌	主要岩性与岩石类型特征
运积型	松散岩类沉积物	水网平原	滨海相淤泥、粉砂质淤泥、砂(粉砂)等沉积物
			湖沼相淤泥、碳质淤泥、粉砂质淤泥等沉积物
		河谷平原	河口相淤泥、粉砂沉积物
			河流相冲积、冲(洪)积沉积物
残坡积型	古土壤风化物	山地丘陵区	红土、网纹红土等古土壤风化物
	碎屑岩类风化物		泥页岩、粉砂质泥岩、砂(砾)岩类风化物
			硅质岩、石英砂(砾)岩类风化物
	碳酸盐岩类风化物		石灰岩、泥质灰岩、白云质灰岩等风化物
			白云岩类风化物
	紫色碎屑岩风化物		钙质紫色泥岩、粉砂质泥岩风化物
			非钙质紫色泥岩、粉砂质泥岩、砂(砾)岩类风化物
	中酸性火成岩类风化物		花岗岩、花岗闪长岩、中酸性次火山岩类风化物
			中酸性火山碎屑岩类风化物
	中基性火成岩类风化物		基性、中基性侵入岩类风化物
			玄武岩等中基性喷出岩类风化物
	变质岩类风化物		中深变质岩类风化物

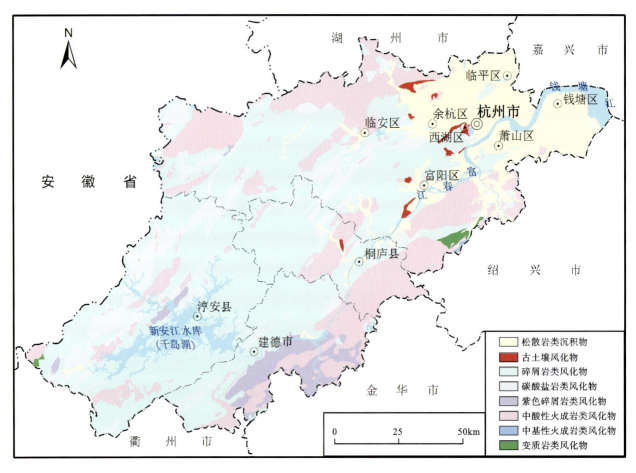

图 1-1 杭州市不同土壤母质分布图

残坡积型成土母质:经基岩风化形成后,未出现明显搬运或搬运距离有限,母质中砾石岩性成分可识别,并与周边基岩有一定的对应性。全市岩石根据地球化学性质,总体划分为古土壤风化物、碎屑岩类风化物、碳酸盐岩类风化物、紫色碎屑岩类风化物、中酸性火成岩类风化物、中基性火成岩类风化物、变质岩类风化物八大类风化物。该类成土母质主要分布于山地丘陵区,表现为质地较粗,形成的土壤对原岩具有明显的续承性特征。

二、土壤类型

1979—1985 年第二次全国土壤普查结果表明,杭州市土壤总面积为 150.27 万 hm^2。杭州市成土环境复杂多变,土壤性质差异较大,共有 9 个土类 17 个亚类 41 个土属。土壤分布主要受地貌因素的制约,随地貌类型和海拔的不同而变化。全市土壤中红壤分布最广,占土壤总面积的 54.8%;水稻土次之,约占土壤总面积的 14.0%(图 1-2,表 1-5)。

1. 红壤

杭州市红壤土类主要分布在海拔 700m 以下的低山丘陵区,面积占全市土壤总面积的 54.8%,占全市山(旱)地土壤面积的 63.8%。该土类母质类型多样,除紫红色砂砾岩和泥岩、页岩风化母质及全新统沉积母质外,市域内出露的母质上几乎均有红壤发育(图 1-2)。红壤在形成和发育过程中,其土体经历了强烈的风化淋溶和脱硅富铝化作用,原生矿物被强烈分解,形成了以 1∶1 型高岭石为主的次生黏粒矿物,铁铝物质富集明显。土体的黏粒硅铝率低,一般为 2.0~2.5;黏粒中氧化铁含量为 10% 左右,赤铁矿化显著,土体一般呈均匀红色。由于盐基物质大量淋失,土壤呈强酸性—酸性反应,pH 为 4.5～5.5。

根据地形、母质及成土过程的不同,杭州市红壤土类分为红壤、黄红壤和红壤性土 3 个亚类。

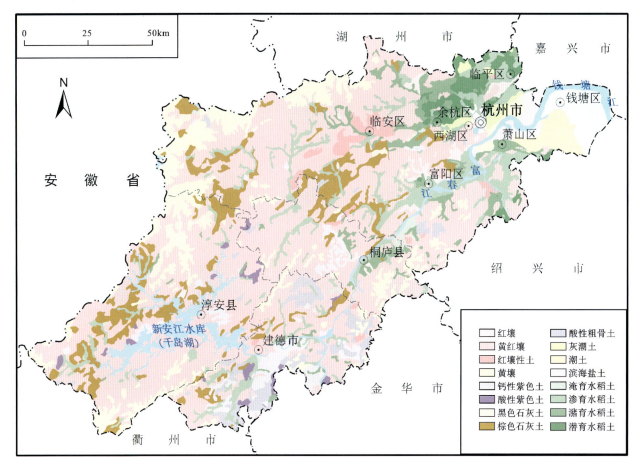

图 1-2 杭州市不同土壤类型分布图

注:山地草甸土在杭州市占比仅 0.003%,图中未能明显显示。

表 1-5 杭州市土壤类型分类表

土类	亚类	土属	分布与母岩母质类型	所占总比例/%
红壤	红壤	黄筋泥	大面积分布于区内山地丘陵区,成土母岩母质类型多样,主要为火山岩、变质岩、碎屑岩、侵入岩等风化形成的残坡积物,局部为第四系网纹状红土及山间谷口的冲洪积物等	54.8
		红泥土		
	黄红壤	亚黄筋泥		
		黄泥土		
		黄红泥		
		黄黏泥		
		黄松泥		
	红壤性土	红粉泥土		
		油红泥		

续表 1-5

土类	亚类	土属	分布与母岩母质类型	所占总比例/%
黄壤	黄壤	山黄泥土	区内中低山区的中上部,成土母岩母质类型多为火山岩、变质岩、侵入岩等风化形成的残坡积物	8.7
紫色土	钙性紫色土	紫砂土	大面积分布于南部盆地中,成土母岩母质类型为紫红色碎屑岩类风化的残坡积物	4.6
		红紫砂土		
	酸性紫色土	酸性紫色土		
		红紫砾土		
		红砂土		
石灰岩土	黑色石灰土	碳质黑泥土	为区内碳酸盐岩分布区风化物	4.9
	棕色石灰土	油黄泥		
潮土	潮土	洪积泥砂土	分布于钱塘江下游两岸、平原区主要水体边部,成土为湖沼相、海积相松散沉积物	3.4
		培泥砂土		
	灰潮土	泥砂土		
山地草甸土	山地草甸土	山地草甸土	中山夷平面上	0.003
粗骨土	酸性粗骨土	石砂土	分布于低山丘陵陡坡地段,母岩母质为火山岩、碎屑岩等风化的残坡积物	4.5
		红泥骨		
水稻土	淹育水稻土	红砂田	东北部平原区、河流两侧及山地狭谷、丘陵山垄的低注处,成土母质为湖沼或湖海相沉积物、河流冲洪积物,局部为残坡积物等	14.0
	渗育水稻土	黄泥田		
		紫泥田		
		黄筋泥田		
		红泥田		
		黄油泥田		
		棕泥田		
		培泥砂田		
	潴育水稻土	洪积泥砂田		
		黄泥砂田		
		泥砂田		
		泥质田		
		紫泥砂田		
		红紫泥砂田		
	潜育水稻土	棕泥砂田		
		烂泥田		
滨海盐土	滨海盐土	涂泥田	分布于钱塘江边滩涂,成土母岩母质为近期浅海及河口交互相沉积物	4.9
		咸泥田		

注:因20世纪60年代至90年代,萧山区存在滩涂围垦,围垦面积未计入本表,故本表中不同类型土壤占比合计未达到100.0%。

(1)红壤:发育在第四系红土砾石层和凝灰岩、流纹岩等的风化物上,具有红壤土类的典型特征,主要分布在河谷阶地、谷口古洪积扇以及低丘缓坡或坡麓地带。该亚类土壤土层深厚,多达1m以上,土体呈红色和棕红色,剖面发育良好。其中发育于第四系红土砾石层的土体,下部出现有红白相间的网纹层。土体呈强酸性反应,pH约5.0。质地多为壤质黏土—黏土,土壤黏粒含量在30%以上,黏粒矿物以高岭石和三水铝石为主。该亚类按母质变化又分为黄筋泥和红泥土两个土属。

(2)黄红壤:是分布最广的土壤亚类,占红壤土类面积的96.3%,全市土壤总面积的52.8%。黄红壤亚类是红壤土类向黄壤土类过渡中的产物,广泛分布在海拔150～700m的低山丘陵区。在山地垂直带中,分布高度在红壤亚类之上、黄壤土类之下。黄红壤亚类的母质以酸性岩浆岩和砂页岩、泥岩等风化的坡、残积物为主,另有部分发育在第四系上更新统红土上。该亚类土壤红化作用较弱,赤铁矿聚积不明显,土体呈黄红色,微酸性反应,pH为5.5～6.0。该亚类土壤所处地形破碎,坡度较陡,侵蚀扰动较大,土体内常有较多的岩石风化碎屑,土层较薄,显示出砾质性和薄层性,剖面分化不明显,质地多为重石质黏壤—壤黏土。该亚类分5个土属,以黄泥土土属和黄红泥土属面积最大,两者之和占该亚类的97.1%。

(3)红壤性土:红壤土类中红化作用最弱的亚类。母质分两大类,一类是凝灰岩等的风化物,另一类是灰岩的风化物,并据此分为红粉泥土和油红泥两个土属。两者在土层厚度、质地等方面截然不同,但在酸碱度、阳离子交换量(CEC值)及盐基饱和度等理化性质方面都颇为相似。

2. 黄壤

杭州市的黄壤土类分布在650m以上的中、低山地,面积占全市土壤总面积的8.7%,在山(旱)地土壤中,分布面积仅次于红壤土类。

黄壤所处海拔较高,分布在山体的中、上部。黄壤在发育上有3个明显特征:一是风化度比红壤低;二是氧化铁普遍水化;三是生物凋落物质多,且分解缓慢,有机质积累较多。全市黄壤土类仅有山黄泥土一个土属。

山黄泥土与分布于其下侧的黄泥土相比,土壤酸性较强,而且表土层酸性一般强于心土层和底土层。在温度偏低、湿度偏大等因素的综合影响下,土体中铁铝氧化物的水化明显,心土层呈棕黄色—黄色;土体紧实,缺乏多孔性和松脆性;土壤有机质累积强度大,表土层有机质含量均高于0.5%。

3. 紫色土

紫色土土类主要分布在白垩纪暗紫色泥岩、页岩和红紫色砂砾岩出露的丘陵山地,面积占全市土壤总面积的4.6%,占全市山(旱)地土壤面积的5.4%。紫色土因母岩的物理风化强烈,其上植被稀疏,水土流失现象十分严重,成土环境很不稳定,致使土壤发育一直滞留在较年幼阶段,全剖面继承有母岩色泽,呈紫色或红紫色。土层厚度受地形部位影响较大,一般山坡中、上部土层很薄,坡麓处土层稍厚。根据母质特性,全市紫色土分为钙性紫色土和酸性紫色土两个亚类。

(1)钙性紫色土:母质以白垩纪紫色砂岩和紫色砂砾岩的风化坡、残积物为主,主要分布在西南部河谷两侧的低丘及盆地底部,穿插在红壤亚类向黄红壤亚类过渡的地段,面积占紫色土土类的60.2%。根据母质类型,该亚类分为紫砂土和红紫砂土两个土属。紫砂土盐基饱和,全剖面呈石灰性反应,土壤呈微碱性,pH为7.5～8.0;红紫砂土盐基饱和度比紫砂土低,黏粒含量比紫砂土高,除母质层仍有石灰性反应外,上部土层已呈微酸性反应,pH为5.6～6.5。

(2)酸性紫色土:母质为非石灰性的红紫色砂页岩的风化坡、残积物,主要分布在低丘上。因母岩岩性疏松,酸性紫色土易于物理风化,水土流失严重。土层浅薄,成土作用弱,质地多为黏壤—壤黏土,多砾石,松散无结构,呈酸性—微酸性反应。

4. 石灰岩土

石灰岩土土类是在各类石灰岩风化的残、坡积体上发育而成的。杭州市石灰岩土占浙江省石灰岩土土类面积的71.2%，其中淳安县、临安区两地的石灰岩土就占浙江省的49.1%。

因为石灰岩的风化是一个溶蚀过程，所以石灰岩土土体与母岩界线清楚，其间基本上无母质层发育。在土壤形成过程中，石灰岩的主要成分碳酸钙被淋失，真正的成土物质是石灰岩中夹杂的一些铝硅酸盐黏土矿物，因此土壤质地一般较为黏重。由于杭州市石灰岩土的主要母岩岩性不纯，所以土体中混杂有较高含量的粉砂、砾石，土壤发育普遍处于较年幼阶段。石灰岩土含矿质营养较为丰富，有效阳离子交换量多在20cmol/kg以上，保肥性能较好；盐基饱和度超过90%乃至于饱和。在交换性盐基组成中，以Ca^{2+}、Mg^{2+}为主。根据发育程度，该土类分为黑色石灰土和棕色石灰土两个亚类。

（1）黑色石灰土：是石灰岩土发育第一阶段的产物。原石灰岩中的碳质成分风化后仍残存于土体之中。土体含钙质丰富，土壤腐殖质性质表现稳定，其上植被茂盛，生物累积强度大，故土壤有机质含量较高，整个土体呈黑色或棕黑色。

（2）棕色石灰土：是石灰岩土发育第二阶段的产物，在亚热带湿热气候下，黑色石灰岩土开始稳定地向当地的地带性土壤—红壤发展，土体颜色逐渐由暗转棕，剖面分异趋于清晰。随着淋溶强度增大，土体中石灰性反应自上而下明显减弱，部分土体中上部已基本无石灰性反应，pH上低下高。棕色石灰土亚类是杭州市石灰岩土的主体，占该土类面积的96.8%。

5. 潮土

潮土土类广泛分布于地势低平、地下水埋藏较浅的平原地区和山谷的河溪两侧，面积占全市土壤总面积的3.4%。母质为河、湖、海相的各种沉积物。该土壤土层深厚，灌溉便利，多已被开发利用，种植棉、麻、菜、桑、果、稻、竹等粮食和经济作物，是杭州市一种重要的农业土壤资源。

潮土受地下水水位升降和地表水下渗的双重影响，铁、锰元素发生频繁的氧化还原交替，土体中出现有上稀下密的铁锰斑纹或结核。土壤近中性，pH一般为6.5～7.5。根据母质类型和土壤发育状况，潮土土类分为潮土（灰潮壤）和灰潮土两个亚类。

（1）潮土（灰潮壤）：广泛分布于平原区及山谷垄中。土壤质地变异较大，发育于洪冲积和海积母质的土壤质地较轻松，而发育于河湖相母质的土壤质地就较黏重。1m土体内无石灰性反应，心土层和底土层中铁、锰新生体较多，表土层的有机质累积较明显。

（2）灰潮土：分布在钱塘江河口滨海平原上，是潮土向滨海盐土的过渡产物。母质为近期浅海相沉积物，经逐渐脱盐作用发育而成。土层上部多已脱盐淡化，1m土体内的全盐含量约0.1%，呈微石灰性反应或无石灰性反应，遇久旱土体仍易返盐。该土土层深厚，质地适中，但因受盐分障碍影响，植物生长较差，生物累积微弱，剖面发育较差。

6. 山地草甸土

山地草甸土土类在全市分布较少，面积不足45hm^2，仅见于临安区境内海拔1100m以上的中山夷平面上。所处地形平坦，坡度一般小于5°，降水充沛，地下水埋藏浅，草本植被生长茂盛。该土剖面分异清楚，表土层深厚，粗有机质含量常达10.0%以上。阳离子交换量大，盐基饱和度低，土壤呈酸性反应，pH约5.5。

7. 粗骨土

粗骨土土类主要分布于低山丘陵的陡坡和顶部，母质为志留纪、泥盆纪长石石英砂岩，凝灰岩和砂砾岩等的风化物，面积占全市土壤总面积的4.5%，占全市山（旱）地土壤的5.3%。由于成土环境极不稳定，冲刷严重，成土作用微弱。因此，土壤的粗骨性、薄层性及其发育阶段上的原始性均表现得非常突出，土体厚度一般不超过 30cm,土体内砾石含量大多超过 50%,为重石质土。母质层常因侵蚀而出露地表,有的甚至基岩裸露,土壤呈酸性反应,pH 为 5.0~6.0。杭州市粗骨土只有酸性粗骨土一个亚类。

8. 水稻土

水稻土土类是在各种自然土壤的基础上,经长期的水耕熟化、定向培育而形成的一种特殊的农业土壤类型。分布广泛,尤其集中在平原地区,总面积达 21.08 万 hm^2,约占全市土壤总面积的 14.0%。

长期的淹水植稻,彻底改变了原来土壤的氧化还原状况,频繁、强烈的干湿交替,使得土壤有机质的组成、结构和分解、累积强度发生了明显变化,并引起了可溶性物质和胶体物质的迁移转化,使土壤形态和性质发生了重大改变,形成了水稻土独有的剖面形态特征。

全市水稻土共分 4 个亚类 16 个土属,是全市发生分异最复杂的土类。

(1)淹育水稻土:主要分布在低山丘陵和岗地的坡麓、缓坡,谷地溪流两侧的缓坡、阶地和钱塘江河口沿岸的新围滩涂上,面积 0.79 万 hm^2,占全市水稻土土类总面积的 3.75%。多为梯田和新辟水田,主要受地表水影响。植稻时间短,耕作层有少量锈纹锈斑,犁底层已初步形成,其下母土(或母质)特性表现明显,属幼年性水稻土。该亚类分红砂田 1 个土属。

(2)渗育水稻土:主要分布在河谷平原、水网平原和滨海平原中河流两岸或地势较高处,面积 6.23 万 hm^2,占全市水稻土土类面积的 29.55%。土壤发育主要受地表水影响。剖面中犁底层下发育有一厚度超过 20cm 的渗育层,具棱块状结构,有明显的灰色胶膜和铁、锰物质淀积,并具"铁上锰下"的分层淀积现象。该层之下即为原自然土壤土层或母质半风化体,一般无潴育层发育,土体构型为 A-Ap-P-C 型。该亚类分黄泥田、紫泥田、黄筋泥田等 7 个土属。

(3)潴育水稻土:广泛分布于河谷、水网平原和低山丘陵的沟谷中,面积 13.63 万 hm^2,土类面积的 64.66%。该亚类不仅面积大,而且土壤性质好,耕作管理方便,农作物产量高。因此,潴育水稻土是全市最重要的水稻土亚类。

该亚类土壤受地表水和地下水的双重影响,土壤排灌条件好,冬季地下水埋深一般在 50cm 以下。土体中氧化淀积作用和还原淋溶作用交替进行,土壤层次发育明显,剖面构型为 A-Ap-W-C(或 G)型。犁底层下发育有厚度超过 20cm 的潴育层,具良好的棱柱状结构,局部氧化还原特征明显,有橘红色锈斑和青灰色(或灰白色)条纹及铁、锰新生体交错淀积,色杂且较紧实。

潴育层为该亚类的发生特征层。潴育水稻土亚类分 6 个土属,其中黄泥砂田和洪积泥砂田为全市水稻土中面积最大的两个土属,其面积之和占潴育水稻土亚类面积的 59.94%,占全市水稻土土类面积的 38.76%。

洪积泥砂田土属:由洪积泥砂土和潮红土发育而来,分布在低山丘陵区的溪流两旁和山谷出口洪积扇上,面积 3.09 万 hm^2,为全市水稻土第二大土属,占全市水稻土土类面积的 14.66%。母质以近期洪积物为主,部分土体下段有古洪积物质。土壤质地较为轻松,保水保肥性能差。潴育层段铁、锰淀积较多,常出现铁、锰结核而形成所谓的"焦塥"。土壤呈酸性—微酸性反应,pH 为 5.5~6.5,耕作层中养分比较丰富。

黄泥砂田土属:由红壤或黄壤发育而来,分布于低山丘陵的山垄和山麓缓坡,面积 5.08 万 hm^2,为全市水稻土面积最大的土属,占全市水稻土土类面积的 24.10%。其中,代表性土种黄泥砂田土种面积达 3.23 万 hm^2,甚至超过了第二大土属洪积砂田的面积,为全市最大土种。该土属土体受地表水、地下水上升或侧渗的影响,有些土体潴育层中铁、锰淀积较多,甚至形成焦塥;有些则因铁、锰遭还原淋失,形成白色土层。土壤质地因母质各异而变化较大,土壤呈微酸性—中性反应,pH 为 5.5~7.3。耕作层中有机质及全氮含量中等偏上,而磷、钾缺乏。

(4)潜育水稻土:零星分布在河谷平原、水网平原及山地狭谷、丘陵山垄的低洼处,面积仅 0.43 万 hm^2。土体中潜水或上层滞水接近地表,致使整个土体始终为水所饱和,土体糊软,土粒分散。土壤还原性强,亚铁反应剧烈,土体呈青灰色。剖面构型为 A-(Ap)-G 或 A-G 型,该亚类分棕泥砂田和烂泥田两个土属。

9. 滨海盐土

滨海盐土土类分布在萧山区、余杭区境内钱塘江边的滩涂上。母质为近期浅海及河口交互相沉积物，土层厚达数米。杭州市滨海盐土仅发育有滨海盐土一个亚类，根据受盐分影响程度和土壤发育状况，分为涂泥田和咸泥田两个土属。

（1）涂泥田：分布在钱塘江河口潮间带内，因仍常受海、潮水浸渍，土壤含盐量在0.4%~0.6%之间，上高下低。除原沉积层次外，土壤剖面基本没有分异，结构差，多呈单粒状，养分贫乏，基本没有耕作利用。

（2）咸泥田：分布在涂泥内侧及灰潮土外侧新围垦的滨海平原上，面积占滨海盐土总面积的98.6%。土壤在围垦利用后因不再受海、潮水的浸渍影响，脱盐作用明显加速，1m土体内全盐含量已降至约0.12%。剖面已有初步分异，土壤肥力有所提高，但石灰性反应仍然强烈，pH约7.5。土壤质地轻，多为砂壤—壤土。

三、土壤酸碱性

土壤酸碱度是土壤理化性质的一项重要指标，也是影响土壤肥力、重金属活性等的重要因素。土壤酸碱度是由土壤成因、母质来源、地貌类型及土地利用方式等因素决定的。

杭州市表层土壤酸碱度统计主要依据1∶5万土地质量地质调查检测数据，按照强酸性、酸性、中性、碱性和强碱性5个等级的分级标准进行统计分析，结果如表1-6和图1-3所示。

表1-6 杭州市表层土壤酸碱度分布情况统计表

土壤酸碱度等级	强酸性	酸性	中性	碱性	强碱性
pH分级	pH<5.0	5.0≤pH<6.5	6.5≤pH<7.5	7.5≤pH<8.5	pH≥8.5
样本数/件	6769	11 746	1967	4505	608
占比/%	26.45	45.89	7.68	17.60	2.38

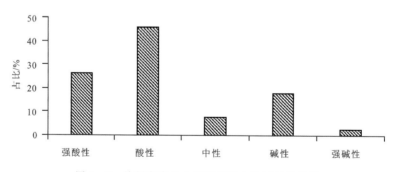

图1-3 杭州市表层土壤酸碱度占比统计柱状图

杭州市表层土壤pH总体变化范围为3.2~9.75，平均值为5.93。全市土壤以酸性、强酸性为主，两者样本数所占比例之和达72.34%，几乎覆盖了杭州市大片面积；其次为碱性，中性、强碱性土壤分布面积较少。由图1-4可知，碱性、强碱性土壤（pH≥7.5）主要分布在钱塘区、萧山区北及富春江北等区域，此外局部还分布在临平区—余杭区—临安区一带，呈北东向不连续带状展布，该类土壤与滨海相、河流相沉积物及碳酸盐岩风化物关系密切；中性土壤主要分布在临平区—余杭区—临安区一带，其他区域仅有零星分布，该类土壤母质类型主要为碳酸盐岩类风化物；强酸性土壤集中分布在林地区，母质以中酸性火成岩类风化物为主。

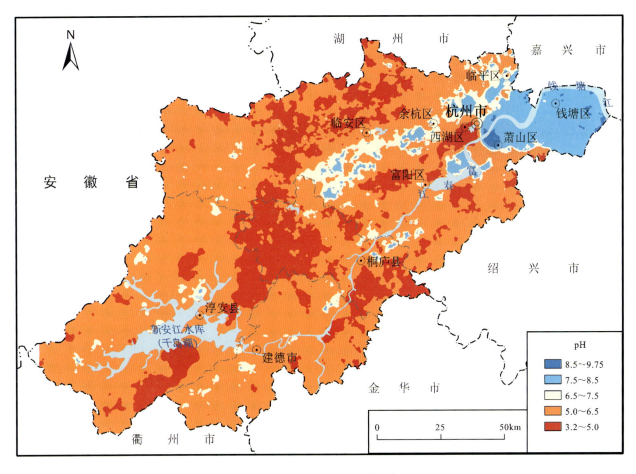

图1-4 杭州市表层土壤酸碱度分布图

四、土壤有机质

土壤有机质是指土壤中各种动植物残体在土壤生物作用下形成的一种化合物,具有矿化作用和腐殖化作用,它可以促进土壤结构形成,改善土壤物理性质。因此,土壤有机质是土壤质量的一项重要指标。

杭州市表层土壤有机质总体变化范围为0.03%～18.70%,平均值为2.39%,变异系数为0.48,空间分布差异明显。如图1-5所示,全市有机质空间分布呈现中间高、两头低的特征。高值区主要集中分布在3个区域,总体呈北东向带状展布,临安区西北部与安徽省、湖州市接壤处、余杭区—西湖区—临安区一带以及桐庐县—富阳区南部靠近绍兴金华区域。有机质含量较低的区域主要分布在钱塘江沿岸如钱塘区—萧山区—临平区以及淳安县新安江水库周边区域,含量普遍低于1.0%。

从土壤有机质的空间分布来看,有机质分布特征与成土母质类型关系密切。中酸性火成岩类风化物中有机质相对丰富,而松散岩类沉积物、紫色碎屑岩类风化物中有机质明显贫乏。

五、土地利用现状

根据杭州市第三次全国国土调查(2018—2021年)结果,杭州市域土地总面积为1 677 750.96 hm²。其中,耕地面积为123 844.53 hm²,占比7.38%;园地面积为96 660.91 hm²,占比5.76%;林地面积为1 100 720.35 hm²,占比65.61%;草地面积为5 277.93 hm²,占比0.32%;湿地面积为1 068.77 hm²,占比0.06%;城镇村及工矿用地面积为182 418.36 hm²,占比10.87%;交通运输用地面积为34 816.87 hm²,占比2.08%;水域及水利设施用地面积为132 943.24 hm²,占比7.92%。杭州市土地利用现状统计见表1-7。

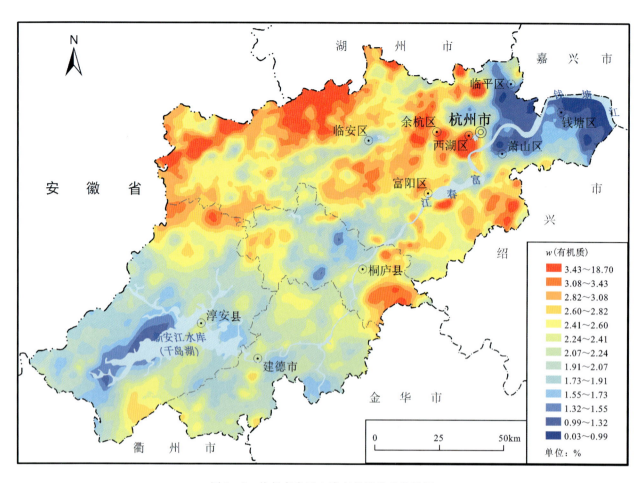

图 1-5 杭州市表层土壤有机质地球化学图

表 1-7 杭州市土地利用现状(利用结构)统计表

地类		面积/hm²		占比/%
		分项面积	小计	
耕地	水田	102 225.52	123 844.53	7.38
	旱地	21 619.01		
园地	果园	34 242.69	96 660.91	5.76
	茶园	28 379.75		
	其他园地	34 038.47		
林地	乔木林地	809 320.33	1 100 720.35	65.61
	竹林地	177 260.27		
	灌木林地	47 153.79		
	其他林地	66 985.96		
草地	草地	5 277.93	5 277.93	0.32
湿地	内陆滩涂	1 036.66	1 068.77	0.06
	灌丛沼泽	32.11		

续表 1-7

地类		面积/hm²		占比/%
		分项面积	小计	
城镇村及工矿用地	城市用地	57 801.20	182 418.36	10.87
	建制镇用地	33 759.63		
	村庄用地	84 197.79		
	采矿用地	3 616.48		
	风景名胜及特殊用地	3 043.26		
交通运输用地	铁路用地	1 904.99	34 816.87	2.08
	轨道交通用地	960.37		
	公路用地	19 470.30		
	农村道路	11 093.84		
	机场用地	1 075.78		
	港口码头用地	309.69		
	管道运输用地	1.90		
水域及水利设施用地	河流水面	46 782.81	132 943.24	7.92
	湖泊水面	1 283.93		
	水库水面	55 265.32		
	坑塘水面	24 939.24		
	沟渠	1 866.95		
	水工建筑用地	2 804.99		
土地总面积		1 677 750.96	1 677 750.96	100.00

第二章　数据基础及研究方法

自 2002 年至 2022 年,20 年间杭州市相继开展了 1∶25 万多目标区域地球化学调查、1∶5 万土地质量地质调查工作,积累了大量的土壤元素含量实测数据和相关基础资料,为该地区土壤元素背景值的研究奠定了坚实基础。

第一节　1∶25 万多目标区域地球化学调查

多目标区域地球化学调查是一项基础性地质调查工作,通过系统的"双层网格化"土壤地球化学调查,获得了高精度、高质量的地球化学数据,为基础地质、农业生产、土地利用规划与管护、生态环境保护等多领域研究、多部门应用提供多层级的基础资料。

杭州市 1∶25 万多目标区域地球化学调查始于 2002 年,于 2018 年结束,前后历经 3 个阶段,覆盖了杭州市域范围。全市 1∶25 万多目标区域地球化学调查共采集 4162 件表层土壤组合样、1038 件深层土壤样(图 2-1,表 2-1)。

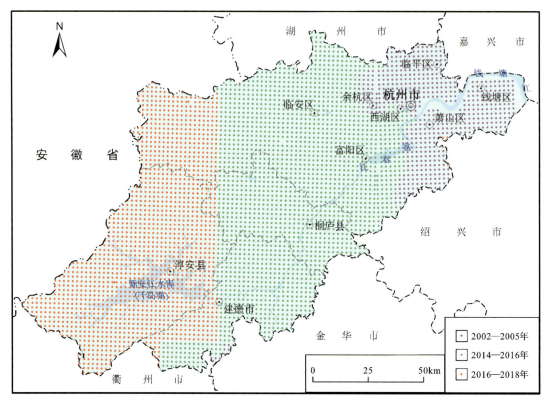

图 2-1　杭州市 1∶25 万多目标区域地球化学调查工作程度图

表 2-1　杭州市 1∶25 万多目标区域地球化学调查工作统计表

时间	项目名称	主要负责人	调查区域
2002—2005 年	浙江省 1∶25 万多目标区域地球化学调查	吴小勇	东部平原区
	萧山区农业地质环境调查与都市农业研究	宋明义	萧山区南部低山区
2014—2016 年	浙西北地区 1∶25 万多目标区域地球化学调查	解怀生、黄春雷	临安区—建德市低山区
2016—2018 年	浙西南地区 1∶25 万多目标区域地球化学调查	孙彬彬、周国华	临安区西—淳安县低山区

2002—2005 年,在省部合作的"浙江省农业地质环境调查"项目中,浙江省地质调查院组织开展了"浙江省 1∶25 万多目标区域地球化学调查"项目,完成了杭州萧山区及东北部余杭区、西湖区、江干区等平原区的调查工作。2014—2016 年,"浙西北地区 1∶25 万多目标区域地球化学调查"项目完成了杭州市临安区、桐庐县、富阳区、建德市等低山丘陵区的调查工作。2016—2018 年,中国地质调查局开展的"浙西南地区 1∶25 万多目标区域地球化学调查"项目覆盖了杭州市临安区西部、淳安县等地区。至此,杭州市实现了 1∶25 万多目标区域地球化学调查全覆盖。

一、样品布设与采集

杭州市 1∶25 万多目标区域地球化学调查执行中国地质调查局的《多目标区域地球化学调查规范(1∶250 000)》(DZ/T 0258—2014)、《区域地球化学勘查规范》(DZ/T 0167—2006)、《土壤地球化学测量规范》(DZ/T 0145—2017)、《区域生态地球化学评价规范》(DZ/T 0289—2015)等规范,主要方法技术简述如下。

(一)样品布设和采集

1∶25 万多目标区域地球化学调查采用"网格+图斑"双层网格化方式布设,样点布设以代表性为首要原则,兼顾均匀性、特殊性。代表性原则是指按规定的基本密度,将样点布设在网格单元内主要土地利用、主要土壤类型或地质单元的最大图斑内。均匀性原则是指样点与样点之间应保持相对固定的距离,以规定的基本密度形成网格。一般情况下,样点应布设于网格中心部位,每个网格均应有样点控制,不得出现连续 4 个或以上的空白小格。特殊性原则是指水库、湖泊等采样难度较大的区域,按照最低采样密度要求进行布设,一般选择沿水域边部采集水下淤泥物质。城镇、居民区等区域样点布设可适当放宽均匀性原则,一般布设于公园、绿化地等"老土"区域。

表层土壤样采集深度为 0~20cm,平原区深层土壤采集深度为 150cm 以下,低山丘陵区深层土壤采集深度为 120cm 以下。

1. 表层土壤样

表层土壤样品布设以 1∶5 万标准地形图 4km² 的方里网格为采样大格,以 1km² 为采样单元,布设并采集样品,再按 1 件/4km² 的密度组合样品作为该单元的分析样品。样品自左向右、自上而下依次编号。

在平原区及山间盆地区,样点通常布设于单元格中间部位附近,以耕地为主要采样对象。在野外现场根据实际情况,选择具代表性地块的 100m 范围内,采用"X"形或"S"形进行多点组合采样,注意远离村庄、主干交通线、矿山、工厂等点污染源,严禁采集人工搬运堆积土,避开田间堆肥区及养殖场等受人为影响的局部位置。

在丘陵坡地区,样点通常布设于沟谷下部、平缓坡地、山间平坝等土壤易于汇集处,原则上选择单元格内大面积分布的土地利用类型区,如林地区、园地区等,同时兼顾面积较大的耕地区。在布设的采样点周边 100m 范围内多点以上采集子样组合成 1 件样品。

在湖泊、水库及宽大的河流水域区,当水域面积超过 2/3 单元格面积时,于单元格中间近岸部位采集水底沉积物样品,当水域面积较小时采集岸边土壤样品。

在中低山林地区,由于通行困难,局部地段土层较薄,可在山脊、鞍部或相对平坦、土层较厚、土壤发育成熟地段进行多点组合样品采集。

表层土壤样采集深度为0~20cm,采集过程中去除表层枯枝落叶及样品中的砾石、草根等杂物,上下均匀采集。土壤样品原始质量大于1000g,确保筛分后质量不低于500g。

在野外采样时,原则上在预布点位采样,不得随意移动采样点位,以保证样点分布的均匀性、代表性。实际采样时,根据通行条件,或者矿点、工厂等污染源分布情况,可适当合理地移动采样点位,并在备注栏中说明,同时该采样点与四临样点间距离不小于500m。

2. 深层土壤样

深层土壤样品以1件/4km^{2}的密度布设,再按1件/16km^2(4km×4km)组合成分析样。样品布设以1:10万标准地形图16km^{2}的方里网格为采样大格,以4km^{2}为采样单元格,自左向右、自上而下依次编号。

在平原及山间盆地区,采样点通常布设于单元格中间部位,采集深度为150cm以下,样品为10~50cm的长土柱。

在山地丘陵及中低山区,样品通常布设于沟谷下部平缓部位或是山脊、鞍部土层较厚部位。由于土层通常较薄,采样深度控制在120cm以下;当反复尝试发现土壤厚度达不到要求时,可将采集深度放松至100cm以下。当单孔样品量不足时,可在周边选择合适地段利用多孔平行孔进行采集。

深层土壤样品原始质量大于1000g,要求采集发育成熟的土壤,避开山区河谷中的砂砾石层及山坡上残坡积物下部(半)风化的基岩层。

样品采集原则同表层土壤,按照预先布设点位图进行采集,不得随意移动采样点位。但实际采样时,可根据土层厚度、土壤成熟度等情况适当、合理地移动采样点位,并在备注栏中说明,同时要求该采样点与四临样点间距离不小于1000m。

(二)样品加工与组合

选择在干净、通风、无污染场地进行样品加工,加工时对加工工具进行全面清洁,防止发生人为玷污。样品采用日光晒干和自然风干,干燥后采用木棰敲打达到自然粒级,用20目尼龙筛全样过筛。加工过程中表层、深层样加工工具分开专用,样品加工好后保留副样500~550g,分析测试子样质量达70g以上,认真核对填写标签,并装瓶、装袋。装瓶样品及分析子样按(表层1:5万、深层1:10万)图幅排放整理,填写副样单或子样清单,移交样品库管理人员,做好交接手续。

在样品库管理人员监督指导下开展分析样品组合工作,组合分析样质量不少于200g。每次只取4件需组合的分析子样,等量取样称重后进行组合,充分混合均匀后装袋。填写送样单并核对,在技术人员检查清点后,送往实验室进行分析。

(三)样品库建设

区域土壤地球化学调查采集的土壤实物样品将长期保存。样品按图幅号存放,并根据表层土壤和深层土壤样品编码图建立样品资料档案。样品库保持定期通风、干燥、防火、防虫。建立定期检查制度,发现样品标签不清、样品瓶破损等情况后要及时处理。样品出入库时办理交接手续。

(四)样品采集质量控制

质量检查组对样品采集、加工、组合、副样入库等进行全过程质量跟踪监管,从采样点位的代表性,采样深度,野外标记,记录的客观性、全面性等方面抽查。野外检查内容主要包括:①样品采集质量,样品防玷污措施,记录卡填写内容的完整性、准确性,记录卡、样品、点位图的一致性;②GPS航点航迹资料的完整性及存储情况等;③样品加工检查,主要核对野外采样组移交样品的一致性,要求样袋完好、编号清楚、原始质量满足要求,样本数与样袋数一致,样品编号与样袋编号对应;④填写野外样品加工日常检查登记表,组合与副样入库等过程符合规范要求。

二、分析测试与质量控制

1. 分析指标

杭州市 1∶25 万多目标区域地球化学调查土壤样品测试由中国地质科学院地球物理地球化学勘查研究所实验测试中心、浙江省地质矿产研究所承担,共分析 54 项元素/指标:银(Ag)、砷(As)、金(Au)、硼(B)、钡(Ba)、铍(Be)、铋(Bi)、溴(Br)、碳(C)、镉(Cd)、铈(Ce)、氯(Cl)、钴(Co)、铬(Cr)、铜(Cu)、氟(F)、镓(Ga)、锗(Ge)、汞(Hg)、碘(I)、镧(La)、锂(Li)、锰(Mn)、钼(Mo)、氮(N)、铌(Nb)、镍(Ni)、磷(P)、铅(Pb)、铷(Rb)、硫(S)、锑(Sb)、钪(Sc)、硒(Se)、锡(Sn)、锶(Sr)、钍(Th)、钛(Ti)、铊(Tl)、铀(U)、钒(V)、钨(W)、钇(Y)、锌(Zn)、锆(Zr)、硅(SiO_2)、铝(Al_2O_3)、铁(Fe_2O_3)、镁(MgO)、钙(CaO)、钠(Na_2O)、钾(K_2O)、有机碳(Corg)、pH。

2. 分析方法及检出限

优化选择以 X 射线荧光光谱法(XRF)、电感耦合等离子体质谱法(ICP-MS)为主,以发射光谱法(ES)、原子荧光光谱法(AFS)、催化分光光度法(COL)以及离子选择性电极法(ISE)等为辅的分析方法配套方案。该套分析方案技术参数均满足中国地质调查局规范要求。分析测试方法和要求方法的检出限列于表 2-2。

表 2-2 各元素/指标分析方法及检出限

元素/指标		分析方法	检出限	元素/指标		分析方法	检出限
Ag	银	ES	0.02μg/kg	Mn	锰	ICP-OES	10mg/kg
Al_2O_3	铝	XRF	0.05%	Mo	钼	ICP-MS	0.2mg/kg
As	砷	HG-AFS	1mg/kg	N	氮	KD-VM	20mg/kg
Au	金	GF-AAS	0.2μg/kg	Na_2O	钠	ICP-OES	0.05%
B	硼	ES	1mg/kg	Nb	铌	ICP-MS	2mg/kg
Ba	钡	ICP-OES	10mg/kg	Ni	镍	ICP-OES	2mg/kg
Be	铍	ICP-OES	0.2mg/kg	P	磷	ICP-OES	10mg/kg
Bi	铋	ICP-MS	0.05mg/kg	Pb	铅	ICP-MS	2mg/kg
Br	溴	XRF	1.5mg/kg	Rb	铷	XRF	5mg/kg
C	碳	氧化热解-电导法	0.1%	S	硫	XRF	50mg/kg
CaO	钙	XRF	0.05%	Sb	锑	ICP-MS	0.05mg/kg
Cd	镉	ICP-MS	0.03mg/kg	Sc	钪	ICP-MS	1mg/kg
Ce	铈	ICP-MS	2mg/kg	Se	硒	HG-AFS	0.01mg/kg
Cl	氯	XRF	20mg/kg	SiO_2	硅	XRF	0.1%
Co	钴	ICP-MS	1mg/kg	Sn	锡	ES	1mg/kg
Cr	铬	ICP-MS	5mg/kg	Sr	锶	ICP-OES	5mg/kg

续表 2-2

元素/指标		分析方法	检出限	元素/指标		分析方法	检出限
Cu	铜	ICP-MS	1mg/kg	Th	钍	ICP-MS	1mg/kg
F	氟	ISE	100mg/kg	Ti	钛	ICP-OES	10mg/kg
Fe_2O_3	铁	XRF	0.1%	Tl	铊	ICP-MS	0.1mg/kg
Ga	镓	ICP-MS	2mg/kg	U	铀	ICP-MS	0.1mg/kg
Ge	锗	HG-AFS	0.1mg/kg	V	钒	ICP-OES	5mg/kg
Hg	汞	CV-AFS	3μg/kg	W	钨	ICP-MS	0.2mg/kg
I	碘	COL	0.5mg/kg	Y	钇	ICP-MS	1mg/kg
K_2O	钾	XRF	0.05%	Zn	锌	ICP-OES	2mg/kg
La	镧	ICP-MS	1mg/kg	Zr	锆	XRF	2mg/kg
Li	锂	ICP-MS	1mg/kg	Corg	有机碳	氧化热解-电导法	0.1%
MgO	镁	ICP-OES	0.05%	pH		电位法	0.1

注：ICP-MS 为电感耦合等离子体质谱法；XRF 为 X 射线荧光光谱法；ICP-OES 为电感耦合等离子体光学发射光谱法；HG-AFS 为氢化物发生-原子荧光光谱法；GF-AAS 为石墨炉原子吸收光谱法；ISE 为离子选择性电极法；CV-AFS 为冷蒸气-原子荧光光谱法；ES 为发射光谱法；COL 为催化分光光度法；KD-VM 为凯氏蒸馏-容量法。

3. 实验室内部质量控制

(1)报出率(P)：土壤分析样品各元素报出率均为 99.99% 以上，满足《多目标区域地球化学调查规范(1:250 000)》(DZ/T 0258—2014)不低于 95% 的要求，说明所采用分析方法能完全满足分析要求。

(2)准确度和精密度：按《多目标区域地球化学调查规范(1:250 000)》(DZ/T 0258—2014)中"土壤地球化学样品分析测试质量要求及质量控制"的有关规定，根据国家一级土壤地球化学标准物质 12 次分析值，统计测定平均值与标准值之间的对数误差($\Delta lgC = |lgC_i - lgC_s|$)和相对标准偏差(RSD)，结果表明对数误差($\Delta lgC$)和相对标准偏差(RSD)均满足规范要求。

Au 采用国家一级痕量金标准物质的 12 次 Au 元素分析值，统计得到 $|\Delta lgC| \leq 0.026$，RSD≤10.0%，满足规范要求。

pH 参照《生态地球化学评价样品分析技术要求(试行)》(DD 2005-03)要求，依据国家一级土壤有效态标准物质 pH 指标的 6 次分析值计算其绝对偏差的绝对值不大于 0.1，满足规范要求。

(3)异常点检验：每批次样品分析测试工作完成后，检查各项指标的含量范围，对部分指标特高含量试样进行了异常点重复性分析，异常点检验合格率均为 100%。

(4)重复性检验监控：土壤测试分析按不低于 5.0% 的比例进行重复性检验，计算两次分析之间相对偏差(RD)，对照规范允许限，统计合格率，其中 Au 重复性检验比例为 10%。重复性检验合格率满足《多目标区域地球化学调查规范(1:250 000)》(DZ/T 0258—2014)一次重复性检验合格率 90% 的要求。

4. 用户方数据质量检验

(1)重复样检验：在区域地球化学调查中，为了监控野外调查采样质量及分析测试质量，一般均按不低于 2% 的比例要求插入重复样。重复样与基本样品一样，以密码形式连续编号进行送检分析。在收到分析测试数据之后，计算相对偏差(RD)，根据相对偏差允许限量要求统计合格率，合格率要求在 90% 以上。

(2)元素地球化学图检验：依据实验室提供的样品分析数据，按照《多目标区域地球化学调查规范(1:250 000)》(DZ/T 0258—2014)相关要求绘制地球化学图。地球化学图采用累积频率法成图，按累积频率的0.5％、1.5％、4％、8％、15％、25％、40％、60％、75％、85％、92％、96％、98.5％、99.5％、100％划分等值线含量,进行色阶分级。各元素地球化学图所反映的背景与异常分布情况同地质背景基本吻合,图面结构"协调",未出现阶梯状、条带状或区块状图形。

5. 分析数据质量检查验收

根据中国地质调查局有关区域地球化学样品测试要求,中国地质调查局区域化探样品质量检查组对全部样品测试分析数据进行了质量检查验收。检查组重点对测试分析中配套方法的选择、实验室内、外部质量监控,标准样插入比例,异常点复检、外检,日常准确度,精密度复核等进行了仔细检查。检查结果显示,各项测试分析数据质量指标达到规定要求,检查组同意通过验收。

第二节 1∶5万土地质量地质调查

2016年8月5日,浙江省国土资源厅发布了《浙江省土地质量地质调查行动计划(2016—2020年)》(浙土资发〔2016〕15号),在全省范围内全面部署实施"711"土地质量调查工程。根据文件要求,杭州市规划和自然资源局相继于2016—2019年落实完成了全市范围内除主城区(无永久基本农田分布)外9个县(市、区)的1∶5万土地质量地质调查工作,全面完成了杭州市耕地区土地质量地质调查任务,全市共采集表层土壤地球化学样品25 561件(图2-2)。

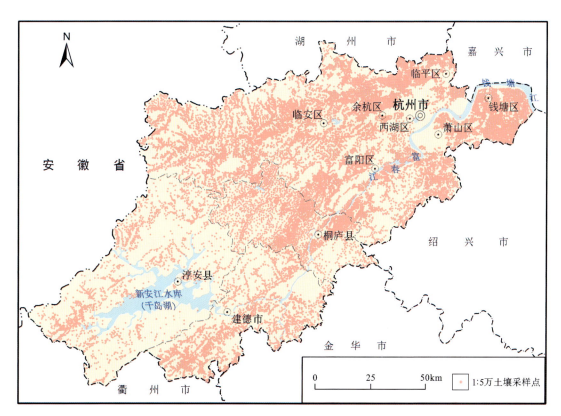

图2-2 杭州市1∶5万土地质量地质调查土壤采样点分布图

全市以9个县(市、区)行政辖区为调查范围,共分10个土地质量地质调查项目,通过公开招投标方式优选7家项目承担单位、5家测试单位共同完成(表2-3)。

杭州市县级土地质量地质调查严格按照《土地质量地球化学评价规范》(DZ/T 0295—2016)等技术规范要求,开展土地质量地质调查采样点的布设和样品采集、加工、分析测试等工作。

表2-3 杭州市土地质量地质调查工作情况一览表

序号	工作区	承担单位	项目负责人	样品测试单位
1	江干区	浙江省地质调查院	林钟扬	浙江省地质矿产研究所
2	西湖区	浙江省有色金属地质勘查局	顾往九	承德华勘五一四地矿测试研究有限公司
3	萧山区	浙江省地质调查院	龚瑞君、褚先尧	浙江省地质矿产研究所
4	余杭区	浙江省地质矿产研究所	黄建军、吴竹明	浙江省地质矿产研究所
5	大江东产业集聚区	浙江省地质调查院	龚瑞君	浙江省地质矿产研究所
6	富阳区	浙江省有色金属地质勘查局	王国贤、吴琦	承德华勘五一四地矿测试研究有限公司
7	临安区	中化地质矿山总局浙江地质勘查院	郑基滋、王其春	华北有色(三河)燕郊中心实验室有限公司
8	桐庐县	浙江省第一地质大队	刘永祥、杜雄	湖南省地质实验测试中心
9	淳安县	浙江省地球物理地球化学勘查院	金希	湖北省地质实验测试中心
10	建德市	浙江省地质调查院	刘健	浙江省地质矿产研究所

一、样点布设与采集

1. 样点布设

以"二调"图斑为基本调查单元,根据市内地形地貌、地质背景、成土母质、土地利用方式、地球化学异常、工矿企业分布以及种植结构特点等(遥感影像图及踏勘情况),将调查区划分为地球化学异常区、重要农业产区、低山丘陵区及一般耕地区。按照不同分区采样密度布设样点,异常区为11~12件/km², 农业产区为9~10件/km², 低山丘陵区为7~8件/km², 一般耕地区为4~6件/km², 控制全市平均采样密度约为9件/km²。在地形地貌复杂、土地利用方式多样、人为污染强烈、元素及污染物含量空间变异性大的地区,根据实际情况适当增加采样密度。

样品主要布设在耕地中,对调查范围内园地、林地以及未利用地等进行有效控制。样品布设时避开沟渠、田埂、路边、人工堆土及微地形高低不平等无代表性地段。每件样品均由5件分样等量均匀混合而成,采样深度为0~20cm。

样品由左至右、自上而下连续顺序编号,每50件样品随机取1个号码为重复采样号。样品编号时将县(市、区)名称,汉语拼音的第一字母缩写(大写)作为样品编号的前缀,如萧山区样品编号为XS0001,便于成果资料供县级使用。

2. 样品采集与记录

选择种植现状具有代表性的地块,在采样图斑中央采集样品。采样时避开人为干扰较大地段,用不锈钢小铲一点多坑(5个点以上)均匀采集地表至20cm深处的土柱组合成1件样品。样品装于干净布袋中,湿度大的样品在布袋外套塑料密封袋隔离,防止样品间相互污染。土壤样品质量要达到1500g以上。野外利用GPS定位仪确定地理坐标,以布设的采样点为主采样坑,定点误差均小于10m,保存所有采样点航点与航迹文件。

现场用2H铅笔填写土壤样品野外采集记录卡,根据设计要求,主要采用代码和简明文字记录样品的各种特征。记录卡填写的内容真实、正确、齐全,字迹要清晰、工整,不得涂擦,对于需要修改的文字要轻轻划掉后,再将正确内容填写好。

3. 样品保存与加工

保存当日野外调查航迹文件,收队前清点采集的样本数量,与布样图进行编号核对,并在野外手图中汇总;晚上对信息采集记录卡、航点航迹等进行检查,完成当天自检和互检工作,资料由专人管理。

从野外采回的土壤样品及时清理登记后,由专人进行晾晒和加工处理,并按要求填写样品加工登记表。加工场地和加工处理均严格按照下列要求进行。

样品晾晒场地应确保无污染。将样品置于干净整洁的室内通风场地晾晒,或悬挂在样品架上自然风干,严禁暴晒和烘烤,并注意防止雨淋以及酸、碱等气体和灰尘污染。在风干过程中,适时翻动,并将大土块用木棒敲碎以防止固结,加速干燥,同时剔除土壤以外的杂物。

将风干后样品平铺在制样板上,用木棍或塑料棍碾压,并将植物残体、石块等侵入体和新生体剔除干净,细小已断的植物须根可采用静电吸附的方法清除。压碎的土样要全部通过2mm(10目)的孔径筛;未过筛的土粒必须重新碾压过筛,直至全部样品通过2mm孔径筛为止。

过筛后土壤样品充分混匀、缩分、称重,分为正样、副样两件样品。正样送实验室分析,用塑料瓶或纸袋盛装(质量一般在500g左右)。副样(质量不低于500g)装入干净塑料瓶,送样品库长期保存。

4. 质量管理

野外各项工作严格按照质量管理要求开展小组自(互)检、二级部门抽检、单位抽检等三级质量检查,并在全部野外工作结束前,由当地自然资源部门组织专家进行野外工作检查验收,确保各项野外工作系统、规范、质量可靠。

二、分析测试与质量监控

1. 分析实验室及资质

全市9个县(市、区)10个土地质量地质调查项目的样品测试由5家测试单位承担,分别为华北有色(三河)燕郊中心实验室有限公司、湖北省地质实验测试中心、湖南省地质实验测试中心、承德华勘五一四地矿测试研究有限公司、浙江省地质矿产研究所,以上各测试单位均具有省级检验检测机构资质认定证书,并得到中国地质调查局的资质认定,完全满足本次土地质量地质调查项目的样品检测工作要求。

2. 分析测试指标

根据技术规范要求,本次土地质量地质调查土壤全量测试砷(As)、硼(B)、镉(Cd)、钴(Co)、铬(Cr)、铜(Cu)、锗(Ge)、汞(Hg)、锰(Mn)、钼(Mo)、氮(N)、镍(Ni)、磷(P)、铅(Pb)、硒(Se)、钒(V)、锌(Zn)、钾(K_2O)、有机碳(Corg)及pH共20项元素/指标。

3. 分析方法配套方案

依据国家标准方法和相关行业标准分析方法,制订了以X射线荧光光谱法(XRF)、电感耦合等离子体质谱法(ICP-MS)为主,以发射光谱法(ES)、原子荧光光谱法(AFS)以及容量法(VOL)等为辅的分析方法配套方案。提供以下指标的分析数据,具体见表2-4。

4. 分析方法的检出限

本配套方案各分析方法检出限见表2-5,满足《多目标区域地球化学调查规范(1∶250 000)》(DZ/T

0258—2014)和《生态地球化学评价样品分析技术要求(试行)》(DD 2005-03)的要求。

表 2-4 土壤样品元素/指标全量分析方法配套方案

分析方法	简称	项数/项	测定元素/指标
电感耦合等离子体质谱法	ICP-MS	6	Cd、Co、Cu、Mo、Ni、Ge
X射线荧光光谱法	XRF	8	Cr、Cu、Mn、P、Pb、V、Zn、K_2O
发射光谱法	ES	1	B
氢化物-原子荧光光谱法	HG-AFS	2	As、Se
冷蒸气-原子荧光光谱法	CV-AFS	1	Hg
容量法	VOL	1	N
玻璃电极法	—	1	pH
重铬酸钾容量法	VOL	1	Corg

表 2-5 各元素/指标分析方法检出限要求

元素/指标	单位	要求检出限	方法检出限	元素/指标	单位	要求检出限	方法检出限
pH		0.1	0.1	$Cu^{②}$	mg/kg	1	0.5
Cr	mg/kg	5	3	Mo	mg/kg	0.3	0.2
$Cu^{①}$	mg/kg	1	0.1	Ni	mg/kg	2	0.2
Mn	mg/kg	10	10	Ge	mg/kg	0.1	0.1
P	mg/kg	10	10	B	mg/kg	1	1
Pb	mg/kg	2	2	K_2O	%	0.05	0.01
V	mg/kg	5	5	As	mg/kg	1	0.5
Zn	mg/kg	4	1	Hg	mg/kg	0.0005	0.0005
Cd	mg/kg	0.03	0.02	Se	mg/kg	0.01	0.01
Corg	mg/kg	250	200	N	mg/kg	20	20
Co	mg/kg	1	0.1				

注：$Cu^{①}$和$Cu^{②}$采用不同检测方法，$Cu^{①}$为X射线荧光光谱法，$Cu^{②}$为电感耦合等离子体质谱法。

5. 分析测试质量控制

(1)实验室资质能力条件：选择的实验室均具备相应资质要求，软硬件、人员技术能力等方面均具备相关分析测试条件，均制订了工作实施方案，并严格按照方案要求开展各类样品测试工作。

(2)实验室内部质量监控：实验室在接受委托任务后，制订了行之有效的工作方案，并严格按照方案进行各类样品分析测试；各类样品分析选择的分析方法、检出限、准确度、精密度等均满足相关规范要求；内部质量监控各环节均运行合理有效，均满足规范要求。

(3)实验室外部质量监控：主要通过密码样和外检样的形式进行监控，各批次监控样品相对偏差均符合规范要求。

(4)土壤中元素/指标含量分布与土壤环境背景吻合状况：依据实验室提供的样品分析数据，按照规范的要求，绘制了各元素/指标的地球化学图。各元素土壤地球化学评价图所反映的背景和异常情况与地质、土壤和地貌等基本吻合;未发现明显成图台阶,不存在明显的非地质条件引起的条带异常;依据土壤元素含量评价得出的土壤元素的环境质量、养分等级分布规律与地质背景、土地利用、人类活动影响等情况基本一致。

6. 测试分析数据质量检查验收

在完成样品测试分析提交用户方验收使用之前,由浙江省自然资源厅项目管理办公室邀请国内权威专家,对每个县区数据进行测试分析数据质量检查验收。验收专家认为各项目样品分析质量和质量监控已达到《多目标区域地球化学调查规范(1∶250 000)》(DZ/T 0258—2014)和《生态地球化学评价样品分析技术要求(试行)》(DD 2005-03)等要求,一致同意予以验收通过。

第三节　土壤元素背景值研究方法

一、概念与约定

土壤元素地球化学基准值是土壤地球化学本底的量值,反映了一定范围内深层土壤地球化学特征,是指在未受人为影响(污染)条件下,原始沉积环境中的元素含量水平;通常以深层土壤地球化学元素含量来表征,其含量水平主要受地形地貌、地质背景、成土母质来源与类型等因素影响,以区域地球化学调查取得的深层土壤地球化学资料作为土壤元素地球化学基准值统计的资料依据。

土壤元素背景值是指在不受或少受人类活动及现代工业污染影响下的土壤元素与化合物的含量水平。由于人类活动与现代工业发展的影响遍布全球,已很难找到绝对不受人类活动影响的土壤,严格意义上土壤自然背景已很难确定。因此,土壤元素背景值只能是一个相对的概念,即在一定自然历史时期、一定地域内土壤元素或化合物的含量水平。目前,一般以区域地球化学调查获取的表层土壤地球化学资料作为土壤元素背景值统计的资料依据。

基准值和背景值的求取必须同时满足以下条件:样品要有足够的代表性,样品分析方法技术先进,分析质量可靠,数据具有权威性,经过地球化学分布形态检验。在此基础上,统计系列地球化学参数,确定地球化学基准值和背景值。

二、参数计算方法

土壤元素地球化学基准值、背景值统计参数主要有:样本数(N)、极大值(X_{max})、极小值(X_{min})、算术平均值($\overline{X}$)、几何平均值($\overline{X}_g$)、中位数(X_{me})、众值(X_{mo})、算术标准差(S)、变异系数(CV)、分位值($X_{5\%}$、$X_{10\%}$、$X_{25\%}$、$X_{50\%}$、$X_{75\%}$、$X_{90\%}$、$X_{95\%}$)等。

算术平均值($\overline{X}$):$\overline{X} = \dfrac{1}{N}\sum\limits_{i=1}^{N} X_i$

几何平均值($\overline{X}_g$):$\overline{X}_g = \sqrt[N]{\prod\limits_{i=1}^{N} X_i} = \dfrac{1}{N}\sum\limits_{i=1}^{N} \ln X_i$

算术标准差(S):$S = \sqrt{\dfrac{\sum\limits_{i=1}^{N}(X_i - \overline{X})^2}{N}}$

几何标准离差(S_g):$S_g = \exp\left(\sqrt{\dfrac{\sum\limits_{i=1}^{N}(\ln X_i - \ln \overline{X}_g)^2}{N}}\right)$

变异系数(CV):$CV = \dfrac{S}{\overline{X}} \times 100\%$

中位数(X_{me}):将一组数据排序后,处于中间位置的数值。当样本数为奇数时,中位数为第$(N+1)/2$位的数值;当样本数为偶数时,中位数为第$N/2$位与第$(N+1)/2$位数的平均值。

众值(X_{mo}):一组数据中出现频率最高的那个数值。

pH 平均值计算方法:在进行 pH 参数统计时,先将土壤 pH 换算为[H$^+$]平均浓度进行统计计算,然后换算成 pH。换算公式为:[H$^+$] = 10^{-pH},[H$^+$]$_{平均浓度}$ = $\sum 10^{-pH}/N$,pH = $-\lg$[H$^+$]$_{平均浓度}$。

三、统计单元划分

科学合理的统计单元划分是统计土壤元素地球化学参数、确定地球化学基准值和背景值的前提性工作。

本次杭州市土壤元素地球化学基准值、背景值参数统计,参照区域土壤元素地球化学基准值和背景值研究的通用方法,结合代杰瑞和庞绪贵(2019)、张伟等(2021)、苗国文等(2020)及陈永宁等(2014)的研究成果,按照行政区、土壤母质类型、土壤类型、土地利用类型等划分统计单元,分别进行地球化学参数统计。

1. 行政区

根据杭州市行政区及现在统计数据划分情况,分别按照杭州市(全市)、淳安县、临安区、建德市、桐庐县、富阳区、萧山区(含萧山区、大江东产业集聚区)、余杭地区(余杭区、临平区)、主城区(滨江区、西湖区、拱墅区、上城区、钱塘区)等进行统计单元划分。

2. 土壤母质类型

基于杭州市岩石地层地质成因及地球化学特征,全市土壤母质类型按照松散岩类沉积物、古土壤风化物、碎屑岩类风化物、碳酸盐岩类风化物、紫色碎屑岩类风化物、中酸性火成岩类风化物、中基性火成岩类风化物、变质岩类风化物 8 种类型划分统计单元。

3. 土壤类型

杭州市地貌类型多样,成土环境复杂,土壤性质差异较大,全市共有 9 个土类 17 个亚类 41 个土属。本次土壤元素地球化学基准值、背景值研究按照黄壤、红壤、粗骨土、石灰岩土、紫色土、水稻土、潮土、滨海盐土 8 种土壤类型进行统计单元划分,其中山地草甸土由于分布面积有限未参与本次统计计算。

4. 土地利用类型

由于本次调查主要涉及农用地,因此根据土地利用分类,结合杭州市第三次国土调查情况,土地利用分类划分为水田、旱地、园地(茶园、果园、其他园地)、林地(林地、草地、湿地)4 类统计单元。

四、数据处理与背景值确定

基于统计单元内各层次样本数据,依据《区域性土壤环境背景含量统计技术导则(试行)》(HJ 1185—2021)进行数据分布类型检验、异常值判别与处理及区域性土壤环境背景含量的统计和表征。

1. 数据分布形态检验

数据分布形态检验依据《数据的统计处理和解释正态性检验》(GB/T 4882—2001)要求,利用 SPSS 19 对数据频率分布形态进行正态检验。首先对原始数据进行正态分布检验,将不符合正态分布的数据进行对数转换后再进行对数正态分布检验。当数据不服从正态分布或对数正态分布时,根据箱线图法对异常值进行判别剔除后,再进行正态分布或对数正态分布检验。注意:部分统计单元(或部分元素/指标)因样品较少无法进行正态分布检验。

2. 异常值判别与剔除

对于明显来源于局部受污染场所的数据,或者因样品采集、分析检测等导致的异常值,必须进行判别和剔除。由于本次杭州市土壤元素地球化学基准值、背景值研究的数据基础样本量较大,异常值判别采用箱线图法进行。

根据收集整理的原始数据各项元素/指标分别计算第一四分位数(Q_1)、第三四分位数(Q_3),以及四分位距($IQR = Q_3 - Q_1$)、$Q_3 + 1.5IQR$ 值、$Q_1 - 1.5IQR$ 内限值。根据计算结果对内限值以外的异常数据,结合频率分布直方图与点位区域分布特征逐个甄别并剔除。

3. 参数表征与背景值确定

(1)参数表征主要包括统计样本数(N)、极大值(X_{max})、极小值(X_{min})、算术平均值($\overline{X}$)、几何平均值($\overline{X}_g$)、中位数(X_{me})、众值(X_{mo})、算术标准差(S)、几何标准差(S_g)、变异系数(CV)、分位值($X_{5\%}$、$X_{10\%}$、$X_{25\%}$、$X_{50\%}$、$X_{75\%}$、$X_{90\%}$、$X_{95\%}$)、数据分布类型等。

(2)基准值、背景值确定分为以下几种情况:①当数据为正态分布或剔除异常值后正态分布时,取算术平均值作为基准值、背景值;②当数据为对数正态分布或剔除异常值后对数正态分布时,取几何平均值作为基准值、背景值;③当数据经反复剔除后,仍不服从正态分布或对数正态分布时,取众值作为基准值、背景值,有2个众值时取靠近中位数的众值,有3个众值时取中间位众值;④对于样本数少于30件的统计单元,则取中位数作为基准值、背景值。

(3)数值有效位数确定原则:参数统计结果取值原则,数值小于等于50的小数点后保留2位,数值大于50小于等于100的小数点后保留1位,数值大于100的取整数。注意:极个别数值保留3位小数。

说明:本书中样本数单位统一为"件";变异系数(CV)为无量纲,按照计算公式结果用百分数表示,为方便表示本书统一换算成小数,且小数点后保留2位;氧化物、TC、Corg 单位为%,N、P 单位为 g/kg,Au、Ag 单位为 μg/kg,pH 为无量纲,其他元素/指标单位为 mg/kg。

第三章 土壤地球化学基准值

第一节 各行政区土壤地球化学基准值

一、杭州市土壤地球化学基准值

杭州市土壤地球化学基准值数据经正态分布检验,结果表明(表3-1),原始数据中仅Ga、TFe$_2$O$_3$符合正态分布,Br、Cr、Cu、F、Ge、I、Mn、N、Ni、P、Tl、W、MgO、K$_2$O符合对数正态分布,Be、Li、Pb、Rb、Sc、Th、Zr、Al$_2$O$_3$剔除异常值后符合正态分布(简称剔除后正态分布),Ag、Au、Bi、Hg、Mo、S、Sn、Sr、U、V、Y、Na$_2$O剔除异常值后符合对数正态分布(简称剔除后对数分布),其他元素/指标不符合正态分布或对数正态分布。

杭州市深层土壤总体呈酸性,土壤pH基准值为5.69,极大值为8.91,极小值为4.59,基本接近于浙江省基准值,略低于中国基准值。

深层土壤各元素/指标中,绝大多数元素/指标变异系数小于0.40,分布相对均匀;仅Ag、Au、Ni、Se、I、MgO、CaO、P、Cd、Cu、Br、Sb、Mo、W、As、Na$_2$O、pH共17项元素/指标变异系数大于0.40,其中pH变异系数大于0.80,空间变异性较大。

与浙江省土壤基准值相比,杭州市土壤基准值中Sr基准值明显偏低,仅为浙江省基准值的43.63%;Cr、V基准值略低于浙江省基准值,为浙江省基准值的60%~80%;Bi、Co、F、Hg、N、Sb、Zn、Corg基准值略高于浙江省基准值,与浙江省基准值比值在1.2~1.4之间;As、Br、Cu、Mo、Ni、P、Sn、MgO、Na$_2$O基准值明显高于浙江省基准值,与浙江省基准值比值在1.4以上,其中Ni基准值最高,为浙江省基准值的2.34倍;其他元素/指标基准值则与浙江省基准值基本接近。

与中国土壤基准值相比,杭州市土壤基准值中TC、CaO、Na$_2$O、Sr、Cl基准值明显低于中国基准值,为中国基准值的44%以下,其中CaO基准值为0.24%,是中国基准值的9%;而S、MgO基准值略低于中国基准值,为中国基准值的60%~80%;As、Ce、Cu、F、Ga、Ge、Mn、Mo、Rb、Sn、Th、Tl、U、V、Zr、TFe$_2$O$_3$基准值略高于中国基准值,为中国基准值的1.2~1.4倍;La、Li、Co、Se、N、Ti、Nb、B、W、Zn、Br、Corg、I、Hg基准值明显高于中国基准值,是中国基准值的1.4倍以上,其中I、Hg明显相对富集,基准值是中国基准值的3.0倍以上,Hg的基准值最高;其他元素/指标基准值则与浙江省基准值基本接近。

二、淳安县土壤地球化学基准值

淳安县土壤地球化学基准值数据经正态分布检验,结果表明(表3-2),原始数据中仅B、Ga、Ge、La、N、Sc、Ti、Zr、SiO$_2$、Al$_2$O$_3$、TFe$_2$O$_3$、K$_2$O符合正态分布,As、Au、Br、Cd、Cu、F、I、Li、Mo、Ni、P、Sb、Se、Sn、Sr、Tl、W、MgO、CaO、Na$_2$O符合对数正态分布,Be、Bi、Cl、Co、Cr、Mn、Pb、Rb、S、Th、Zn、TC、Corg剔除异常值后符合正态分布,Hg、Nb、U、Y剔除异常值后符合对数正态分布,其他元素/指标不符合正态分布或

第三章 土壤地球化学基准值

表 3-1 杭州市土壤地球化学基准值参数统计表

元素/指标	N	$X_{5\%}$	$X_{10\%}$	$X_{25\%}$	$X_{50\%}$	$X_{75\%}$	$X_{90\%}$	$X_{95\%}$	$\bar{X}$	S	$\bar{X}_g$	S_g	X_{max}	X_{min}	CV	X_{me}	X_{mo}	分布类型	杭州市基准值	浙江省基准值	中国基准值
Ag	938	34.00	43.00	57.0	72.0	98.0	130	150	80.2	33.46	73.7	12.21	180	15.00	0.42	72.0	32.00	剔除后对数分布	73.7	70.0	70.0
As	938	3.79	4.61	6.20	8.62	13.50	22.03	26.91	11.04	6.93	9.31	3.95	33.10	2.09	0.63	8.62	11.20	其他分布	11.20	6.83	9.00
Au	964	0.61	0.72	0.94	1.24	1.70	2.21	2.50	1.36	0.57	1.25	1.56	3.06	0.36	0.42	1.24	0.96	剔除后对数分布	1.25	1.10	1.10
B	1018	23.43	29.00	46.00	61.0	72.8	81.4	87.4	58.6	19.79	54.3	10.41	113	6.83	0.34	61.0	68.0	偏峰分布	68.0	73.0	41.00
Ba	908	326	367	413	472	582	742	871	515	158	494	36.62	1027	181	0.31	472	436	其他分布	436	482	522
Be	975	1.62	1.68	1.94	2.28	2.62	2.93	3.22	2.30	0.49	2.25	1.68	3.77	1.03	0.21	2.28	1.99	剔除后对数分布	2.30	2.31	2.00
Bi	948	0.17	0.20	0.25	0.31	0.38	0.47	0.52	0.32	0.10	0.31	2.18	0.64	0.13	0.32	0.31	0.29	剔除后对数分布	0.31	0.24	0.27
Br	1032	1.50	1.70	2.20	3.00	4.20	5.55	6.87	3.45	1.90	3.06	2.20	21.17	0.68	0.55	3.00	1.50	对数分布	3.06	1.50	1.80
Cd	930	0.05	0.06	0.09	0.12	0.17	0.25	0.30	0.14	0.07	0.12	3.91	0.36	0.02	0.54	0.12	0.11	其他分布	0.11	0.11	0.11
Ce	920	65.0	69.1	76.1	82.9	92.1	105	116	85.3	14.48	84.1	12.85	129	47.30	0.17	82.9	82.0	其他分布	82.0	84.1	62.0
Cl	939	25.59	28.30	32.55	38.20	46.30	59.2	70.4	41.10	12.63	39.39	8.65	80.0	19.00	0.31	38.20	32.00	其他分布	32.00	39.00	72.0
Co	1024	7.37	8.64	10.70	14.40	17.00	19.20	20.80	14.06	4.15	13.40	4.58	26.30	4.69	0.30	14.40	15.70	其他分布	15.70	11.90	11.0
Cr	1032	22.92	30.31	43.80	58.7	71.0	81.7	91.4	58.1	21.21	53.7	10.20	179	7.40	0.37	58.7	51.0	对数正态分布	53.7	71.0	50.0
Cu	1032	10.78	12.30	16.78	22.80	31.80	42.00	49.04	25.96	14.34	23.03	6.30	160	5.23	0.55	22.80	18.40	对数正态分布	23.03	11.20	19.00
F	1032	340	376	440	546	694	898	1036	598	226	563	39.17	2119	198	0.38	546	486	对数正态分布	563	431	456
Ga	1032	12.70	13.90	16.10	18.10	19.90	21.80	23.15	18.04	3.06	17.78	5.30	28.40	9.90	0.17	18.10	19.60	正态分布	18.04	18.92	15.00
Ge	1032	1.27	1.34	1.44	1.56	1.68	1.81	1.89	1.57	0.19	1.56	1.32	2.67	1.04	0.12	1.56	1.62	对数正态分布	1.56	1.50	1.30
Hg	957	0.03	0.04	0.05	0.07	0.09	0.11	0.13	0.07	0.03	0.07	5.19	0.15	0.02	0.39	0.07	0.05	剔除后对数分布	0.07	0.048	0.018
I	1032	1.19	1.69	2.65	3.64	4.77	6.16	6.94	3.81	1.77	3.38	2.38	13.90	0.21	0.47	3.64	3.31	对数正态分布	3.38	3.86	1.00
La	1005	34.30	36.80	40.70	44.40	47.30	49.80	51.3	43.81	5.00	43.51	8.85	57.3	30.70	0.11	44.40	45.50	偏峰分布	45.50	41.00	32.00
Li	1000	26.00	28.30	33.90	40.90	47.30	54.7	59.6	41.27	9.76	40.11	8.42	68.1	20.20	0.24	40.90	39.50	剔除后对数分布	41.27	37.51	29.00
Mn	1032	396	440	581	755	949	1176	1334	793	311	738	45.72	3678	117	0.39	755	593	对数正态分布	738	713	562
Mo	927	0.36	0.41	0.60	0.90	1.37	1.98	2.42	1.07	0.63	0.91	1.78	3.17	0.28	0.59	0.90	0.62	剔除后对数分布	0.91	0.62	0.70
N	1032	0.36	0.41	0.49	0.61	0.78	0.93	1.09	0.65	0.23	0.61	1.57	2.62	0.21	0.36	0.61	0.61	剔除后对数分布	0.61	0.49	0.399
Nb	957	14.04	15.79	17.60	19.20	21.40	23.50	25.20	19.49	3.12	19.24	5.51	28.20	11.50	0.16	19.20	19.10	其他分布	19.10	19.60	12.00
Ni	1032	10.96	13.40	20.30	27.20	35.60	41.99	47.58	28.32	12.29	25.77	6.74	140	4.97	0.43	27.20	22.10	对数正态分布	25.77	11.00	22.00
P	1032	0.23	0.27	0.34	0.43	0.56	0.70	0.78	0.47	0.24	0.43	1.85	4.70	0.12	0.51	0.43	0.45	对数正态分布	0.43	0.24	0.488
Pb	969	16.92	18.98	21.70	24.70	28.30	31.60	34.50	25.06	5.04	24.55	6.37	39.50	12.70	0.20	24.70	23.10	剔除后正态分布	25.06	30.00	21.00

续表 3-1

元素/指标	N	$X_{5\%}$	$X_{10\%}$	$X_{25\%}$	$X_{50\%}$	$X_{75\%}$	$X_{90\%}$	$X_{95\%}$	$\bar{X}$	S	$\bar{X}_g$	S_g	X_{max}	X_{min}	CV	X_{me}	X_{mo}	分布类型	杭州市基准值	浙江省基准值	中国基准值
Rb	984	78.0	84.3	99.7	118	134	153	165	118	25.86	116	15.62	188	51.4	0.22	118	131	剔除后正态分布	118	128	96.0
S	966	58.9	70.4	89.4	112	139	178	196	117	41.00	110	15.89	235	13.60	0.35	112	118	剔除后对数正态分布	110	114	166
Sb	928	0.36	0.43	0.59	0.79	1.16	1.87	2.25	0.97	0.56	0.84	1.74	2.77	0.23	0.58	0.79	0.71	其他分布	0.71	0.53	0.67
Sc	978	7.40	7.90	8.90	9.70	10.60	11.53	12.20	9.74	1.38	9.64	3.75	13.30	6.30	0.14	9.70	9.70	剔除后正态分布	9.74	9.70	9.00
Se	968	0.08	0.11	0.15	0.20	0.27	0.35	0.41	0.22	0.10	0.20	2.98	0.49	0.03	0.44	0.20	0.19	偏峰分布	0.19	0.21	0.13
Sn	957	2.37	2.65	3.15	3.92	4.76	5.94	6.64	4.09	1.27	3.90	2.31	7.87	0.76	0.31	3.92	2.89	剔除后对数正态分布	3.90	2.60	3.00
Sr	919	31.18	33.60	39.10	46.70	58.0	80.5	96.0	51.6	18.37	48.86	9.98	109	22.80	0.36	46.70	41.50	剔除后对数正态分布	48.86	112	197
Th	996	10.19	11.00	12.20	13.80	15.60	17.00	18.02	13.94	2.40	13.73	4.59	20.90	7.37	0.17	13.80	13.80	偏峰分布	13.94	14.50	10.00
Ti	1014	3589	3898	4409	5088	5582	5974	6232	4992	824	4920	135	7286	2663	0.17	5088	5238	对数正态分布	5238	4602	3406
Tl	1032	0.44	0.50	0.60	0.73	0.88	1.07	1.23	0.77	0.26	0.73	1.44	2.29	0.30	0.33	0.73	0.78	剔除后对数正态分布	0.73	0.82	0.60
U	959	2.06	2.27	2.63	3.06	3.65	4.36	4.69	3.19	0.79	3.09	1.98	5.56	1.47	0.25	3.06	3.04	剔除后对数正态分布	3.09	3.14	2.40
V	979	47.09	55.0	68.0	82.1	99.5	118	129	84.7	23.92	81.3	12.71	150	28.70	0.28	82.1	66.0	剔除后对数正态分布	81.3	110	67.0
W	1032	1.24	1.39	1.68	2.06	2.62	3.39	4.21	2.35	1.46	2.15	1.75	28.30	0.84	0.62	2.06	1.74	剔除后正态分布	2.15	1.93	1.50
Y	964	21.40	22.60	24.55	26.70	29.50	33.00	34.90	27.24	3.96	26.96	6.71	38.20	16.50	0.15	26.70	26.60	剔除后对数正态分布	26.96	26.13	23.00
Zn	990	54.2	58.0	67.6	78.6	95.5	108	117	82.0	19.44	79.8	12.51	141	33.00	0.24	78.6	102	偏峰分布	102	77.4	60.0
Zr	965	188	202	234	262	289	326	344	263	45.39	260	25.16	389	162	0.17	262	260	剔除后正态分布	263	287	215
SiO₂	1007	65.4	66.9	68.8	71.1	73.2	74.7	75.5	70.9	3.07	70.8	11.66	79.6	62.1	0.04	71.1	70.0	偏峰分布	70.0	70.5	67.9
Al₂O₃	1004	10.71	11.40	12.56	13.40	14.60	15.60	16.20	13.52	1.57	13.43	4.49	17.80	9.72	0.12	13.40	13.80	剔除后对数正态分布	13.52	14.82	11.90
TFe₂O₃	1032	3.37	3.76	4.46	5.14	5.83	6.43	6.95	5.16	1.05	5.05	2.59	9.94	2.82	0.20	5.14	5.47	正态分布	5.16	4.70	4.10
MgO	1032	0.54	0.64	0.75	0.97	1.33	1.79	1.98	1.12	0.55	1.02	1.52	6.44	0.32	0.49	0.97	0.72	对数正态分布	1.02	0.67	1.36
CaO	893	0.15	0.17	0.22	0.29	0.40	0.57	0.72	0.34	0.17	0.30	2.25	0.95	0.08	0.51	0.29	0.24	其他分布	0.24	0.22	2.57
Na₂O	907	0.12	0.14	0.19	0.27	0.44	0.68	0.86	0.35	0.22	0.29	2.41	1.13	0.07	0.65	0.27	0.21	剔除后对数正态分布	0.29	0.16	1.81
K₂O	1032	1.76	1.87	2.08	2.45	2.85	3.34	3.63	2.52	0.57	2.46	1.77	4.36	0.95	0.23	2.45	1.99	剔除后正态分布	2.46	2.99	2.36
TC	974	0.31	0.36	0.45	0.54	0.68	0.90	0.98	0.58	0.19	0.55	1.60	1.07	0.19	0.33	0.54	0.47	其他分布	0.47	0.43	0.90
Corg	955	0.25	0.30	0.40	0.49	0.57	0.68	0.74	0.49	0.14	0.47	1.74	0.88	0.13	0.29	0.49	0.52	其他分布	0.52	0.42	0.30
pH	1027	5.00	5.14	5.41	5.92	6.83	7.75	8.27	5.57	5.44	6.20	2.91	8.91	4.59	0.98	5.92	5.69	其他分布	5.69	5.12	8.10

注：氧化物、TC、Corg 单位为%，N、P 单位为 g/kg，Au、Ag 单位为 μg/kg，其他元素/指标单位为 mg/kg，pH 为无量纲；浙江省基准值引自《浙江省土壤地球化学基准值特征》（王学求等，2016）；中国基准值引自《全国地球化学基准网建立与土壤地球化学基准值特征》（黄春等，2023）；中国基准值引自《全国地球化学基准网建立与土壤地球化学基准值特征》（黄春等，2023）；后表单位和资料来源相同。

第三章 土壤地球化学基准值

表 3-2 淳安县土壤地球化学基准值参数统计表

元素/指标	N	$X_{5\%}$	$X_{10\%}$	$X_{25\%}$	$X_{50\%}$	$X_{75\%}$	$X_{90\%}$	$X_{95\%}$	$\overline{X}$	S	$\overline{X}_g$	S_g	X_{max}	X_{min}	CV	X_{me}	X_{mo}	分布类型	淳安县基准值	杭州市基准值	浙江省基准值
Ag	242	48.05	56.0	65.0	83.5	120	160	179	94.9	41.61	86.8	13.93	230	15.00	0.44	83.5	110	其他分布	110	73.7	70.0
As	274	5.51	6.12	8.55	16.95	29.23	47.32	69.0	23.67	25.43	16.59	6.55	244	2.74	1.07	16.95	27.20	对数正态分布	16.59	11.20	6.83
Au	274	0.67	0.78	0.96	1.29	1.85	2.55	3.30	1.63	1.35	1.38	1.76	13.20	0.51	0.83	1.29	1.16	对数正态分布	1.38	1.25	1.10
B	274	37.40	46.90	55.2	63.3	73.4	85.1	95.9	64.6	18.06	61.9	10.97	139	16.40	0.28	63.3	65.9	正态分布	64.6	68.0	73.0
Ba	245	319	369	409	502	922	1460	1688	716	446	611	45.12	2148	181	0.62	502	476	其他分布	476	436	482
Be	254	1.66	1.74	1.94	2.22	2.58	2.85	2.99	2.27	0.45	2.22	1.69	3.54	1.06	0.20	2.22	1.99	剔除后正态分布	2.27	2.30	2.31
Bi	246	0.24	0.26	0.30	0.37	0.44	0.51	0.55	0.38	0.10	0.36	1.87	0.70	0.18	0.26	0.37	0.36	剔除后正态分布	0.38	0.31	0.24
Br	274	1.60	1.83	2.32	3.40	4.70	6.17	7.53	3.84	2.02	3.41	2.34	13.50	0.80	0.53	3.40	2.20	对数正态分布	3.41	3.06	1.50
Cd	274	0.06	0.08	0.11	0.17	0.36	0.65	0.91	0.29	0.30	0.20	3.35	1.97	0.03	1.02	0.17	0.11	对数正态分布	0.20	0.11	0.11
Ce	250	71.9	75.6	84.8	99.2	128	175	206	113	42.00	107	15.67	245	47.30	0.37	99.2	114	其他分布	114	82.0	84.1
Cl	242	25.41	28.61	32.30	35.10	39.20	43.19	45.59	35.64	5.94	35.13	7.71	53.7	20.40	0.17	35.10	34.50	剔除后正态分布	35.64	32.00	39.00
Co	265	9.95	10.98	13.70	16.20	18.20	20.00	21.30	15.87	3.35	15.48	4.97	24.20	6.63	0.21	16.20	16.50	剔除后正态分布	15.87	15.70	11.90
Cr	261	42.70	47.70	58.3	67.4	74.6	82.7	88.2	66.3	13.44	64.8	11.26	101	32.50	0.20	67.4	66.3	剔除后正态分布	66.3	53.7	71.0
Cu	274	15.39	18.40	22.62	30.95	42.70	53.9	70.2	35.03	18.60	31.33	7.95	160	7.60	0.53	30.95	29.00	对数正态分布	31.33	23.03	11.20
F	274	322	370	466	614	829	1077	1173	673	284	620	43.72	2119	198	0.42	614	660	对数正态分布	620	563	431
Ga	274	14.27	15.10	16.60	18.20	19.70	21.20	22.10	18.20	2.55	18.02	5.38	26.90	9.90	0.14	18.20	19.60	正态分布	18.20	18.04	18.92
Ge	274	1.28	1.38	1.51	1.62	1.73	1.87	1.94	1.62	0.21	1.61	1.35	2.67	1.04	0.13	1.62	1.62	正态分布	1.62	1.56	1.50
Hg	246	0.05	0.05	0.06	0.08	0.10	0.13	0.14	0.08	0.03	0.08	4.43	0.17	0.02	0.35	0.08	0.11	对数分布	0.08	0.07	0.048
I	274	2.01	2.33	2.96	3.71	4.73	5.91	6.61	3.90	1.43	3.63	2.31	8.23	0.50	0.37	3.71	3.91	对数正态分布	3.63	3.38	3.86
La	274	37.93	40.00	41.80	44.65	46.98	49.31	51.1	44.58	4.33	44.38	8.94	73.3	30.70	0.10	44.65	40.40	正态分布	44.58	45.50	41.00
Li	274	30.07	33.63	38.23	44.20	51.8	62.2	72.1	46.81	14.17	45.06	9.17	150	20.20	0.30	44.20	43.50	对数正态分布	45.06	41.27	37.51
Mn	265	399	466	633	791	952	1115	1220	796	241	756	46.22	1463	155	0.30	791	901	正态分布	796	738	713
Mo	274	0.48	0.55	0.69	1.24	3.35	7.39	12.54	3.16	5.22	1.62	3.01	42.30	0.33	1.65	1.24	1.65	对数正态分布	1.62	0.91	0.62
N	274	0.40	0.47	0.57	0.71	0.87	1.02	1.19	0.73	0.23	0.70	1.46	1.77	0.21	0.32	0.71	0.64	对数正态分布	0.73	0.61	0.49
Nb	254	16.30	16.90	18.10	19.30	21.10	23.30	24.47	19.64	2.37	19.50	5.58	26.10	14.00	0.12	19.30	19.00	剔除后对数正态分布	19.50	19.10	19.60
Ni	274	17.95	20.66	28.07	34.55	39.80	48.07	59.5	35.31	13.02	33.08	7.94	113	8.50	0.37	34.55	36.70	正态分布	33.08	25.77	11.00
P	274	0.26	0.29	0.36	0.45	0.54	0.69	0.82	0.48	0.20	0.45	1.76	2.25	0.16	0.41	0.45	0.45	对数正态分布	0.45	0.43	0.24
Pb	252	19.11	20.60	22.60	26.00	29.62	34.48	38.29	26.74	5.79	26.13	6.68	43.40	10.60	0.22	26.00	26.60	剔除后正态分布	26.74	25.06	30.00

续表 3-2

元素/指标	N	$X_{5\%}$	$X_{10\%}$	$X_{25\%}$	$X_{50\%}$	$X_{75\%}$	$X_{90\%}$	$X_{95\%}$	$\bar{X}$	S	$\bar{X}_g$	S_g	X_{max}	X_{min}	CV	X_{me}	X_{mo}	分布类型	淳安县基准值	杭州市基准值	浙江省基准值
Rb	259	87.9	92.4	102	118	132	146	154	118	21.06	116	15.88	178	62.5	0.18	118	128	剔除后正态分布	118	118	128
S	256	47.67	57.0	74.0	99.3	129	166	184	105	41.66	95.7	14.40	222	13.60	0.40	99.3	102	剔除后正态分布	105	110	114
Sb	274	0.59	0.67	0.80	1.50	2.71	5.04	6.94	2.69	5.58	1.68	2.50	81.5	0.52	2.08	1.50	0.80	对数正态分布	1.68	0.71	0.53
Sc	274	7.56	8.10	9.10	9.80	10.50	11.20	12.00	9.77	1.34	9.68	3.75	16.90	6.10	0.14	9.80	10.00	正态分布	9.77	9.74	9.70
Se	274	0.13	0.14	0.19	0.27	0.42	0.62	1.30	0.40	0.46	0.30	2.54	3.81	0.08	1.16	0.27	0.24	对数正态分布	0.30	0.19	0.21
Sn	274	2.84	3.00	3.48	4.08	4.93	6.34	7.42	4.50	1.83	4.25	2.44	19.50	1.95	0.41	4.08	4.51	对数正态分布	4.25	3.90	2.60
Sr	274	27.59	31.70	35.80	41.40	48.68	57.9	66.3	44.46	15.76	42.52	9.01	147	22.80	0.35	41.40	44.20	剔除后正态分布	42.52	48.86	112
Th	261	10.70	11.10	12.20	13.70	15.00	16.10	17.20	13.72	2.06	13.57	4.60	19.90	8.83	0.15	13.70	15.00	正态分布	13.72	13.94	14.50
Ti	274	4080	4356	4930	5396	5804	6261	6468	5380	869	5314	142	10848	2718	0.16	5396	5238	对数正态分布	5380	5238	4602
Tl	274	0.50	0.53	0.66	0.79	1.00	1.26	1.39	0.86	0.30	0.81	1.39	2.29	0.37	0.34	0.79	0.81	剔除后正态分布	0.81	0.73	0.82
U	253	2.42	2.57	2.82	3.25	4.22	5.44	6.42	3.68	1.20	3.52	2.23	7.22	1.92	0.32	3.25	3.18	对数正态分布	3.52	3.09	3.14
V	248	62.9	71.2	84.9	99.0	117	141	158	103	28.36	99.4	14.69	189	42.10	0.27	99.0	110	偏峰分布	110	81.3	110
W	274	1.71	1.82	2.09	2.52	3.13	4.22	5.43	2.88	1.38	2.67	2.00	15.30	1.02	0.48	2.52	2.93	对数正态分布	2.67	2.15	1.93
Y	258	22.18	23.27	25.80	27.75	30.90	34.30	36.47	28.35	4.21	28.04	6.94	40.50	19.70	0.15	27.75	26.60	剔除后对数分布	28.04	26.96	26.13
Zn	249	61.1	71.2	78.5	90.8	104	117	128	91.9	19.39	89.8	13.68	151	38.40	0.21	90.8	105	剔除后正态分布	91.9	102	77.4
Zr	274	181	189	214	248	270	294	314	245	44.49	242	23.64	511	162	0.18	248	250	正态分布	245	263	287
SiO_2	274	66.3	67.9	69.8	71.8	73.9	75.2	76.0	71.7	3.10	71.6	11.75	82.0	57.9	0.04	71.8	71.8	正态分布	71.7	70.0	70.5
Al_2O_3	274	11.16	11.60	12.60	13.50	14.60	15.60	16.00	13.58	1.56	13.49	4.49	19.10	9.27	0.11	13.50	13.80	正态分布	13.58	13.52	14.82
TFe_2O_3	274	4.15	4.42	4.97	5.47	5.94	6.47	7.05	5.49	0.90	5.42	2.71	9.94	2.82	0.16	5.47	5.47	正态分布	5.49	5.16	4.70
MgO	274	0.66	0.75	0.91	1.10	1.40	1.94	2.22	1.24	0.55	1.15	1.50	4.39	0.34	0.44	1.10	0.99	对数正态分布	1.15	1.02	0.67
CaO	274	0.14	0.17	0.21	0.27	0.39	0.54	0.63	0.33	0.23	0.28	2.33	2.45	0.08	0.69	0.27	0.21	对数正态分布	0.28	0.24	0.22
Na_2O	274	0.10	0.11	0.14	0.18	0.25	0.35	0.50	0.22	0.12	0.19	2.84	0.80	0.07	0.56	0.18	0.15	对数正态分布	0.19	0.29	0.16
K_2O	274	1.63	1.84	2.06	2.40	2.68	2.99	3.18	2.39	0.48	2.35	1.72	3.96	0.95	0.20	2.40	2.37	正态分布	2.39	2.46	2.99
TC	251	0.30	0.35	0.43	0.53	0.59	0.72	0.80	0.53	0.14	0.51	1.61	0.90	0.19	0.27	0.53	0.53	剔除后正态分布	0.53	0.47	0.43
Corg	252	0.28	0.34	0.42	0.51	0.58	0.70	0.78	0.51	0.14	0.49	1.64	0.87	0.17	0.27	0.51	0.51	剔除后正态分布	0.51	0.52	0.42
pH	274	4.99	5.10	5.35	5.78	6.64	7.13	7.30	5.53	5.44	5.99	2.85	7.89	4.62	0.98	5.78	5.59	偏峰分布	5.59	5.69	5.12

对数正态分布。

淳安县深层土壤总体呈酸性，土壤pH基准值为5.59，极大值为7.89，极小值为4.62，基本接近于浙江省基准值和中国基准值。

深层土壤各元素/指标中，大多数元素/指标变异系数在0.40以下，说明分布较为均匀；其中Au、pH、Cd、As、Se、Mo、Sb变异系数大于0.80，空间变异性较大。

与杭州市土壤基准值相比，淳安县土壤基准值中Na_2O基准值为杭州市基准值65.5%；Bi、Cr、W、Ni、V、Ce、Cu基准值略高于杭州市基准值，为杭州市基准值的1.2~1.4倍；Ag、Se、Mo、As、Cd、Sb基准值明显高于杭州市基准值，是杭州市基准值的1.4倍以上；其他元素/指标基准值则与杭州市基准值基本接近。

与浙江省土壤基准值相比，淳安县土壤基准值中Sr基准值明显偏低，仅为浙江省基准值的37.96%；K_2O基准值略低于浙江省基准值，为浙江省基准值的79.93%；Au、Ce、Co、Li、W、CaO、TC、Corg基准值略高于浙江省基准值，为浙江省基准值的1.2~1.4倍；Ag、As、Bi、Br、Cd、Cu、F、Hg、Mo、N、Ni、P、Sb、Se、Sn、MgO基准值明显高于浙江省基准值，是浙江省基准值的1.4倍以上，其中As、Br、Cu、Ni、Sb明显相对富集，基准值是浙江省基准值的2.0倍以上；其他元素/指标基准值则与浙江省基准值基本接近。

三、临安区土壤地球化学基准值

临安区土壤地球化学基准值数据经正态分布检验，结果表明（表3-3），原始数据中仅B、Co、Cr、Cu、F、Ga、Ge、La、Mn、N、Ni、Sc、Zr、SiO_2、Al_2O_3、TFe_2O_3符合正态分布，As、Au、Be、Bi、Br、Ce、Cl、Hg、I、Li、Mo、Nb、P、Pb、Sb、Se、Sn、Sr、Th、Tl、U、V、MgO、Na_2O、K_2O、TC、Corg、pH符合对数正态分布，S、W、Y、Zn剔除异常值后符合正态分布，Cd、Rb、CaO剔除异常值后符合对数正态分布，其他元素/指标不符合正态分布或对数正态分布。

临安区深层土壤总体呈酸性，土壤pH基准值为6.09，极大值为8.21，极小值为4.79，基本接近于杭州市基准值和浙江省基准值。

各元素/指标中，一多半元素/指标变异系数在0.40以下，说明分布较为均匀；其中Mo、pH、Se、Bi、Sb、Au、As变异系数大于0.80，空间变异性较大。

与杭州市土壤基准值相比，临安区土壤基准值中多数元素/指标基准值与杭州市基准值基本接近；Na_2O、Rb、Tl、Ce、U、CaO、Ba、Se、TC、Bi、Cl、Au基准值略高于杭州市基准值，为杭州市基准值的1.2~1.4倍，Ag、Mo、Sb基准值明显高于杭州市基准值，是杭州市基准值的1.4倍以上。

与浙江省土壤基准值相比，临安区土壤基准值中Sr基准值明显偏低，为浙江省基准值的48.48%；B、V基准值略低于浙江省基准值，为浙江省基准值的60%~80%；Au、Ce、Co、N、U、CaO、TC、Corg基准值略高于浙江省基准值，是浙江省基准值的1.2~1.4倍；Ag、As、Bi、Br、Cu、F、Hg、Mo、Ni、P、Sb、Sn、MgO、Na_2O基准值明显高于浙江省基准值，是浙江省基准值的1.4倍以上，Ni基准值更是高达2.66倍；其他元素/指标基准值则与浙江省基准值基本接近。

四、建德市土壤地球化学基准值

建德市土壤地球化学基准值数据经正态分布检验，结果表明（表3-4），原始数据中仅Bi、Cl、Co、Cr、F、Ga、Ge、I、La、Mn、P、Rb、Th、Ti、Tl、U、W、MgO、K_2O、pH共20项元素/指标符合正态分布，Ag、As、Au、Be、Br、Cd、Ce、Cu、Hg、Li、Mo、N、Nb、Ni、Pb、S、Sb、Sc、Se、Sn、Sr、V、Y、Zn、Zr、Al_2O_3、TFe_2O_3、CaO、Na_2O、TC、Corg共31项元素/指标符合对数正态分布，B、Ba、SiO_2剔除异常值后符合正态分布。

建德市深层土壤总体呈酸性，土壤pH基准值为5.48，极大值为8.06，极小值为4.66，基本接近于杭州市基准值和浙江省基准值。

各元素/指标中，多数元素/指标变异系数在0.40以下，说明分布较为均匀；其中Mo、Au、pH、CaO变

杭州市土壤元素背景值

表3-3 临安区土壤地球化学基准值参数统计表

元素/指标	N	$X_{5\%}$	$X_{10\%}$	$X_{25\%}$	$X_{50\%}$	$X_{75\%}$	$X_{90\%}$	$X_{95\%}$	$\bar{X}$	S	$\bar{X}_g$	S_g	X_{max}	X_{min}	CV	X_{me}	X_{mo}	分布类型	临安区基准值	杭州市基准值	浙江省基准值
Ag	177	38.20	47.20	62.0	83.0	120	160	200	94.6	46.68	84.5	13.01	220	32.00	0.49	83.0	110	偏峰分布	110	73.7	70.0
As	189	4.83	5.48	7.30	10.40	19.90	35.82	52.7	19.75	42.84	12.59	4.95	558	3.53	2.17	10.40	15.40	对数正态分布	12.59	11.20	6.83
Au	189	0.58	0.75	1.04	1.43	2.08	3.08	4.36	2.08	3.84	1.50	1.99	47.40	0.38	1.85	1.43	0.58	对数正态分布	1.50	1.25	1.10
B	189	20.20	26.74	39.40	59.0	70.7	84.8	93.1	56.3	23.03	51.0	10.03	124	14.40	0.41	59.0	54.4	正态分布	56.3	68.0	73.0
Ba	177	377	419	455	549	821	1085	1171	654	273	607	39.78	1569	295	0.42	549	550	其他分布	550	436	482
Be	189	1.84	1.98	2.25	2.53	2.86	3.67	4.61	2.74	0.97	2.63	1.82	8.55	1.59	0.35	2.53	2.35	对数正态分布	2.63	2.30	2.31
Bi	189	0.21	0.24	0.29	0.38	0.52	0.88	1.23	0.54	0.73	0.42	2.25	8.91	0.14	1.34	0.38	0.35	对数正态分布	0.42	0.31	0.24
Br	189	1.80	2.00	2.38	3.14	4.20	5.60	7.00	3.70	2.41	3.27	2.24	21.17	0.90	0.65	3.14	3.20	对数正态分布	3.27	3.06	1.50
Cd	171	0.05	0.06	0.08	0.11	0.17	0.30	0.35	0.14	0.09	0.12	4.15	0.42	0.02	0.65	0.11	0.11	剔除后对数分布	0.12	0.11	0.11
Ce	189	76.7	77.7	81.6	88.8	113	146	189	108	52.0	101	14.01	440	73.0	0.48	88.8	104	对数正态分布	101	82.0	84.1
Cl	189	30.50	31.14	36.30	41.90	50.00	67.1	76.7	47.13	22.29	44.21	9.18	225	19.90	0.47	41.90	39.00	对数正态分布	44.21	32.00	39.00
Co	189	6.97	8.31	11.30	15.40	18.00	20.24	21.12	14.70	4.42	13.96	4.74	25.10	5.69	0.30	15.40	17.10	正态分布	14.70	15.70	11.90
Cr	189	19.92	25.78	41.60	62.2	72.3	80.2	86.1	57.6	22.07	52.7	10.14	139	13.20	0.38	62.2	67.0	正态分布	57.6	53.7	71.0
Cu	189	10.00	11.80	17.20	26.50	34.60	41.74	46.66	27.21	13.04	24.23	6.58	92.2	6.40	0.48	26.50	28.20	对数正态分布	27.21	23.03	11.20
F	189	346	401	483	621	762	933	1029	644	212	611	40.51	1341	261	0.33	621	667	正态分布	644	563	431
Ga	189	16.24	17.18	18.20	19.40	20.70	22.50	23.50	19.61	2.22	19.49	5.54	28.40	15.50	0.11	19.40	18.40	正态分布	19.61	18.04	18.92
Ge	189	1.37	1.41	1.51	1.62	1.73	1.87	1.95	1.63	0.17	1.62	1.34	2.28	1.21	0.11	1.62	1.68	正态分布	1.63	1.56	1.50
Hg	189	0.04	0.04	0.05	0.06	0.09	0.13	0.17	0.08	0.05	0.07	5.22	0.53	0.02	0.69	0.06	0.05	对数正态分布	0.07	0.07	0.048
I	189	2.09	2.49	3.08	3.89	4.97	6.06	7.08	4.24	1.86	3.91	2.41	13.90	0.71	0.44	3.89	3.07	对数正态分布	3.91	3.38	3.86
La	189	39.78	40.60	43.00	45.20	47.60	49.82	51.7	45.37	4.00	45.20	9.03	62.2	34.00	0.09	45.20	45.50	正态分布	45.37	45.50	41.00
Li	189	30.06	32.06	39.40	44.60	49.90	59.4	64.1	45.87	12.41	44.46	8.85	127	24.00	0.27	44.60	41.00	对数正态分布	44.46	41.27	37.51
Mn	189	418	479	621	775	1006	1219	1313	826	296	774	47.43	1787	214	0.36	775	648	正态分布	826	738	713
Mo	189	0.54	0.67	0.84	1.23	1.96	3.11	4.69	1.76	1.72	1.36	1.95	13.40	0.45	0.98	1.23	0.74	对数正态分布	1.36	0.91	0.62
N	189	0.39	0.44	0.53	0.67	0.80	0.93	1.09	0.68	0.22	0.65	1.52	1.72	0.28	0.33	0.67	0.53	正态分布	0.65	0.61	0.49
Nb	189	16.74	17.50	18.50	20.00	21.90	23.86	26.00	20.82	4.28	20.50	5.71	54.0	15.80	0.21	20.00	21.40	对数正态分布	20.50	19.10	19.60
Ni	189	10.62	12.92	19.20	30.20	37.60	42.20	46.88	29.27	11.48	26.64	6.91	59.2	6.59	0.39	30.20	27.00	正态分布	29.27	25.77	11.00
P	189	0.23	0.28	0.35	0.42	0.52	0.67	0.71	0.45	0.17	0.42	1.88	1.30	0.12	0.38	0.42	0.32	对数正态分布	0.42	0.43	0.24
Pb	189	20.64	21.28	23.80	26.10	30.30	35.84	42.02	29.10	13.59	27.64	6.83	150	15.10	0.47	26.10	24.00	对数正态分布	27.64	25.06	30.00

续表3-3

元素/指标	N	$X_{5\%}$	$X_{10\%}$	$X_{25\%}$	$X_{50\%}$	$X_{75\%}$	$X_{90\%}$	$X_{95\%}$	$\bar{X}$	S	$\bar{X}_g$	S_g	X_{max}	X_{min}	CV	X_{me}	X_{mo}	分布类型		临安区基准值	杭州市基准值	浙江省基准值
Rb	183	105	111	122	136	166	196	212	146	33.58	143	17.52	236	75.7	0.23	136	134	剔除后对数分布		143	118	128
S	174	75.0	83.0	100.0	116	135	166	186	120	31.34	116	15.82	199	62.9	0.26	116	130	剔除后正态分布		120	110	114
Sb	189	0.49	0.52	0.64	0.86	1.59	2.90	4.33	1.58	2.49	1.08	2.08	25.80	0.38	1.58	0.86	0.64	对数正态分布		1.08	0.71	0.53
Sc	189	7.24	7.60	8.80	9.70	10.80	11.70	12.06	9.75	1.56	9.63	3.73	15.10	6.10	0.16	9.70	9.70	正态分布		9.75	9.74	9.70
Se	189	0.13	0.14	0.17	0.22	0.31	0.44	0.51	0.29	0.32	0.24	2.76	3.61	0.08	1.10	0.22	0.15	对数正态分布		0.24	0.19	0.21
Sn	189	2.57	2.85	3.42	4.16	5.22	7.39	9.65	4.88	2.72	4.43	2.49	23.80	2.16	0.56	4.16	4.35	对数正态分布		4.43	3.90	2.60
Sr	189	37.20	38.50	44.60	53.4	62.2	79.9	91.1	56.4	17.00	54.3	10.28	147	30.10	0.30	53.4	43.60	对数正态分布		54.3	48.86	112
Th	189	12.14	13.08	14.40	15.80	17.50	20.42	22.38	16.24	3.21	15.96	4.93	33.10	10.80	0.20	15.80	14.70	对数正态分布		15.96	13.94	14.50
Ti	186	3076	3604	4440	4996	5520	5890	6087	4897	907	4803	133	7238	2489	0.19	4996	4916	偏峰分布		4916	5238	4602
Tl	189	0.58	0.65	0.76	0.88	1.03	1.19	1.43	0.92	0.27	0.89	1.32	2.14	0.47	0.29	0.88	1.01	对数正态分布		0.89	0.73	0.82
U	189	2.57	2.73	3.04	3.66	4.42	5.72	6.90	4.01	1.51	3.81	2.24	12.00	2.08	0.38	3.66	3.64	对数正态分布		3.81	3.09	3.14
V	189	47.92	52.0	70.3	90.3	104	129	142	94.4	49.83	87.0	13.24	513	32.50	0.53	90.3	100.0	对数正态分布		87.0	81.3	110
W	171	1.38	1.47	1.76	2.20	2.58	2.88	3.42	2.23	0.60	2.15	1.64	4.07	1.13	0.27	2.20	2.20	剔除后正态分布		2.23	2.15	1.93
Y	175	23.54	24.34	25.70	27.20	29.00	31.38	33.69	27.58	2.96	27.43	6.72	35.70	20.70	0.11	27.20	27.60	剔除后正态分布		27.58	26.96	26.13
Zn	180	60.4	62.8	71.8	85.4	98.4	108	116	85.6	17.91	83.7	12.76	131	48.60	0.21	85.4	102	剔除后正态分布		85.6	102	77.4
Zr	189	184	191	217	258	285	324	338	256	47.81	252	24.71	387	166	0.19	258	277	正态分布		256	263	287
SiO$_2$	189	64.5	65.6	67.8	69.6	71.5	72.9	73.5	69.4	2.86	69.3	11.53	74.6	56.1	0.04	69.6	69.4	正态分布		69.4	70.0	70.5
Al$_2$O$_3$	189	12.14	12.48	13.12	13.93	15.30	16.43	17.24	14.30	1.66	14.21	4.64	20.45	11.40	0.12	13.93	14.20	正态分布		14.30	13.52	14.82
TFe$_2$O$_3$	189	3.66	4.06	4.70	5.45	6.04	6.77	7.06	5.41	1.03	5.31	2.68	8.54	3.19	0.19	5.45	5.83	对数正态分布		5.41	5.16	4.70
MgO	189	0.57	0.65	0.81	1.06	1.38	2.01	2.46	1.24	0.77	1.10	1.58	6.44	0.45	0.62	1.06	1.01	对数正态分布		1.10	1.02	0.67
CaO	168	0.17	0.22	0.26	0.30	0.36	0.48	0.51	0.32	0.10	0.30	2.18	0.65	0.12	0.31	0.30	0.31	剔除后对数正态分布		0.30	0.24	0.22
Na$_2$O	189	0.17	0.20	0.25	0.33	0.49	0.67	0.80	0.39	0.21	0.35	2.15	1.40	0.09	0.53	0.33	0.27	对数正态分布		0.35	0.29	0.16
K$_2$O	189	2.13	2.28	2.45	2.76	3.23	3.85	4.12	2.91	0.62	2.84	1.89	4.36	1.35	0.21	2.76	3.01	对数正态分布		2.84	2.46	2.99
TC	189	0.40	0.43	0.49	0.56	0.72	0.94	1.06	0.64	0.24	0.60	1.55	1.80	0.31	0.38	0.56	0.54	对数正态分布		0.60	0.47	0.43
Corg	189	0.38	0.41	0.47	0.54	0.67	0.86	1.00	0.60	0.23	0.57	1.59	1.77	0.29	0.37	0.54	0.49	对数正态分布		0.57	0.52	0.42
pH	189	5.14	5.24	5.45	5.95	6.68	7.06	7.62	5.66	5.60	6.09	2.83	8.21	4.79	0.99	5.95	5.45	对数正态分布		6.09	5.69	5.12

表 3-4 建德市土壤地球化学基准值参数统计表

元素/指标	N	$X_{5\%}$	$X_{10\%}$	$X_{25\%}$	$X_{50\%}$	$X_{75\%}$	$X_{90\%}$	$X_{95\%}$	$\overline{X}$	S	$\overline{X}_g$	S_g	X_{max}	X_{min}	CV	X_{me}	X_{mo}	分布类型	建德市基准值	杭州市基准值	浙江省基准值
Ag	145	32.00	34.40	50.00	63.0	78.0	99.6	118	70.2	48.46	62.9	11.14	540	27.00	0.69	63.0	55.0	对数正态分布	62.9	73.7	70.0
As	145	4.59	5.00	6.01	8.13	10.70	18.36	21.46	10.07	7.10	8.69	3.81	60.6	3.31	0.71	8.13	10.60	对数正态分布	8.69	11.20	6.83
Au	145	0.53	0.62	0.77	1.02	1.44	1.95	2.60	1.33	1.24	1.10	1.74	9.41	0.36	0.93	1.02	0.88	对数正态分布	1.10	1.25	1.10
B	141	22.00	25.00	38.80	51.0	62.6	73.0	77.1	50.7	18.77	46.74	9.68	106	8.00	0.37	51.0	55.0	剔除后正态分布	50.7	68.0	73.0
Ba	134	292	315	372	428	480	531	579	429	84.2	421	33.29	647	224	0.20	428	435	剔除后正态分布	429	436	482
Be	145	1.58	1.64	1.82	2.20	2.53	2.81	3.38	2.27	0.71	2.19	1.69	7.73	1.31	0.31	2.20	2.32	对数正态分布	2.19	2.30	2.31
Bi	145	0.16	0.19	0.22	0.27	0.31	0.37	0.42	0.28	0.09	0.26	2.28	0.95	0.13	0.34	0.27	0.27	正态分布	0.28	0.31	0.24
Br	145	1.30	1.52	1.97	2.58	3.70	4.68	6.05	2.98	1.61	2.65	2.15	12.20	0.68	0.54	2.58	1.90	对数正态分布	2.65	3.06	1.50
Cd	145	0.06	0.07	0.09	0.12	0.17	0.28	0.32	0.15	0.08	0.13	3.66	0.54	0.03	0.56	0.12	0.11	对数正态分布	0.13	0.11	0.11
Ce	145	66.1	67.5	71.0	74.4	80.6	88.4	94.5	76.5	8.95	76.1	12.15	112	59.9	0.12	74.4	71.0	正态分布	76.1	82.0	84.1
Cl	145	21.82	23.68	26.60	30.20	35.60	40.70	45.70	31.82	8.16	30.94	7.16	71.7	19.00	0.26	30.20	27.50	正态分布	31.82	32.00	39.00
Co	145	6.98	8.07	10.00	12.60	15.70	18.40	22.10	13.37	4.65	12.63	4.54	31.00	5.54	0.35	12.60	12.00	正态分布	13.37	15.70	11.90
Cr	145	27.92	30.92	40.00	53.3	63.0	72.4	78.6	52.7	17.37	49.85	9.81	117	18.10	0.33	53.3	59.0	正态分布	52.7	53.7	71.0
Cu	145	12.62	13.90	15.90	19.80	22.90	27.16	30.82	20.40	6.61	19.54	5.70	56.3	8.10	0.32	19.80	19.00	对数正态分布	19.54	23.03	11.20
F	145	310	347	408	517	663	776	797	546	171	520	37.85	1187	255	0.31	517	491	正态分布	546	563	431
Ga	145	13.00	13.74	14.70	16.20	18.30	20.42	22.40	16.82	2.83	16.59	5.08	25.70	11.40	0.17	16.20	15.90	正态分布	16.82	18.04	18.92
Ge	145	1.28	1.37	1.45	1.57	1.78	1.87	1.93	1.60	0.20	1.59	1.34	2.11	1.21	0.13	1.57	1.51	正态分布	1.60	1.56	1.50
Hg	145	0.04	0.04	0.05	0.07	0.09	0.13	0.18	0.08	0.05	0.07	4.82	0.32	0.03	0.59	0.07	0.05	对数正态分布	0.07	0.07	0.048
I	145	1.26	1.57	2.30	3.26	3.99	5.10	5.67	3.28	1.40	2.98	2.25	8.92	0.57	0.43	3.26	3.41	对数正态分布	3.28	3.38	3.86
La	145	30.82	32.22	34.60	38.20	42.40	46.20	47.96	38.63	5.45	38.26	8.11	55.4	26.10	0.14	38.20	39.10	正态分布	38.63	45.50	41.00
Li	145	29.44	31.94	34.70	40.80	47.60	53.0	61.4	43.01	13.96	41.55	8.63	159	26.50	0.32	40.80	37.30	对数正态分布	41.55	41.27	37.51
Mn	145	397	443	582	740	900	1163	1308	778	303	726	45.98	2157	258	0.39	740	771	正态分布	778	738	713
Mo	145	0.44	0.52	0.70	0.89	1.26	1.84	2.22	1.12	0.94	0.95	1.70	8.21	0.28	0.84	0.89	0.76	对数正态分布	0.95	0.91	0.62
N	145	0.37	0.40	0.46	0.54	0.66	0.80	0.88	0.59	0.20	0.56	1.55	1.56	0.33	0.34	0.54	0.58	正态分布	0.56	0.61	0.49
Nb	145	16.20	16.44	18.00	19.98	22.50	26.16	33.84	21.47	6.02	20.86	5.85	55.4	14.60	0.28	19.98	19.10	对数正态分布	20.86	19.10	19.60
Ni	145	10.82	11.98	15.60	22.50	25.80	32.34	36.68	22.77	12.59	20.80	6.06	140	8.07	0.55	22.50	23.60	对数正态分布	20.80	25.77	11.00
P	145	0.21	0.22	0.27	0.36	0.47	0.57	0.64	0.38	0.13	0.36	1.97	0.72	0.13	0.35	0.36	0.27	正态分布	0.38	0.43	0.24
Pb	145	16.90	18.30	20.30	23.00	26.10	30.48	35.28	24.03	6.31	23.37	6.26	64.5	14.80	0.26	23.00	21.40	对数正态分布	23.37	25.06	30.00

第三章 土壤地球化学基准值

续表 3-4

元素/指标	N	$X_{5\%}$	$X_{10\%}$	$X_{25\%}$	$X_{50\%}$	$X_{75\%}$	$X_{90\%}$	$X_{95\%}$	$\overline{X}$	S	$\overline{X}_g$	S_g	X_{max}	X_{min}	CV	X_{me}	X_{mo}	分布类型	建德市基准值	杭州市基准值	浙江省基准值
Rb	145	79.0	82.9	92.1	112	134	145	155	114	24.16	111	15.22	180	73.5	0.21	112	118	正态分布	114	118	128
S	145	56.6	63.5	77.1	101	121	157	215	108	43.87	100.0	14.85	265	34.90	0.41	101	118	对数正态分布	100.0	110	114
Sb	145	0.51	0.54	0.67	0.86	1.06	1.58	1.88	0.98	0.51	0.89	1.53	3.53	0.39	0.52	0.86	0.83	对数正态分布	0.89	0.71	0.53
Sc	145	6.90	7.20	7.90	8.90	9.90	11.20	12.98	9.18	1.96	9.01	3.63	18.90	5.50	0.21	8.90	9.60	对数正态分布	9.01	9.74	9.70
Se	145	0.10	0.11	0.13	0.17	0.23	0.29	0.35	0.19	0.10	0.18	2.96	0.70	0.08	0.49	0.17	0.19	对数正态分布	0.18	0.19	0.21
Sn	145	2.31	2.46	2.85	3.70	4.85	7.65	10.93	4.64	3.31	4.02	2.61	28.10	1.34	0.71	3.70	2.79	对数正态分布	4.02	3.90	2.60
Sr	145	28.80	32.52	37.00	42.50	52.2	66.6	80.0	48.24	21.87	45.13	9.11	163	23.80	0.45	42.50	40.50	正态分布	45.13	48.86	112
Th	145	9.56	10.84	11.70	13.10	15.30	16.46	17.46	13.46	2.63	13.20	4.54	23.20	6.30	0.20	13.10	12.60	正态分布	13.46	13.94	14.50
Ti	145	3529	3713	4282	4859	5469	5978	6479	4920	1007	4822	135	8914	2663	0.20	4859	4842	正态分布	4920	5238	4602
Tl	145	0.44	0.47	0.55	0.64	0.75	0.83	0.88	0.65	0.14	0.64	1.41	1.14	0.39	0.22	0.64	0.63	正态分布	0.65	0.73	0.82
U	145	2.17	2.40	2.60	2.95	3.38	3.90	4.29	3.06	0.71	2.98	1.94	6.23	1.47	0.23	2.95	3.29	正态分布	3.06	3.09	3.14
V	145	45.84	50.8	63.6	74.8	84.7	100.0	123	76.6	22.97	73.6	12.08	180	34.30	0.30	74.8	74.5	对数正态分布	73.6	81.3	110
W	145	1.26	1.40	1.72	2.08	2.51	3.08	3.47	2.18	0.70	2.08	1.66	5.03	0.96	0.32	2.08	1.92	正态分布	2.08	2.15	1.93
Y	145	21.50	22.16	23.50	26.00	28.50	31.42	37.84	26.95	5.59	26.49	6.65	58.2	18.90	0.21	26.00	26.10	对数正态分布	26.49	26.96	26.13
Zn	145	55.8	57.9	63.4	69.8	78.3	97.8	110	74.5	17.46	72.8	11.91	144	50.8	0.23	69.8	69.5	对数正态分布	72.8	102	77.4
Zr	145	221	234	249	265	291	365	458	285	67.1	279	25.90	612	201	0.24	265	263	正态分布	279	263	287
SiO_2	131	69.9	70.7	72.7	73.9	75.2	76.2	76.8	73.8	2.03	73.7	11.92	77.8	68.4	0.03	73.9	74.5	剔除后正态分布	73.8	70.0	70.5
Al_2O_3	145	11.30	11.44	12.20	13.00	13.80	15.16	15.96	13.21	1.63	13.12	4.40	20.10	10.20	0.12	13.00	13.00	对数正态分布	13.12	13.52	14.82
TFe_2O_3	145	3.63	3.91	4.21	4.68	5.32	6.10	6.97	4.89	1.05	4.79	2.53	9.70	3.11	0.21	4.68	4.04	对数正态分布	4.79	5.16	4.70
MgO	145	0.53	0.59	0.67	0.76	0.93	1.05	1.24	0.81	0.21	0.78	1.33	1.57	0.39	0.27	0.76	0.72	对数正态分布	0.81	1.02	0.67
CaO	145	0.16	0.17	0.22	0.28	0.35	0.45	0.58	0.34	0.40	0.29	2.42	4.41	0.11	1.16	0.28	0.27	对数正态分布	0.29	0.24	0.22
Na_2O	145	0.15	0.16	0.19	0.29	0.43	0.65	0.76	0.35	0.20	0.30	2.37	1.03	0.12	0.56	0.29	0.29	对数正态分布	0.30	0.29	0.16
K_2O	145	1.67	1.78	1.98	2.40	2.82	3.13	3.37	2.43	0.54	2.37	1.72	3.82	1.51	0.22	2.40	2.18	正态分布	2.43	2.46	2.99
TC	145	0.25	0.28	0.33	0.42	0.58	0.80	0.97	0.49	0.25	0.45	1.87	1.56	0.20	0.51	0.42	0.31	对数正态分布	0.45	0.47	0.43
Corg	145	0.23	0.27	0.32	0.40	0.55	0.74	0.93	0.47	0.22	0.43	1.88	1.40	0.20	0.48	0.40	0.31	对数正态分布	0.43	0.52	0.42
pH	145	4.90	5.11	5.36	5.75	6.35	6.99	7.30	5.48	5.38	5.90	2.77	8.06	4.66	0.98	5.75	5.44	正态分布	5.48	5.69	5.12

异系数大于 0.80,空间变异性较大。

与杭州市土壤基准值相比,建德市土壤基准值中 As、Zn、B、MgO 基准值略低于杭州市基准值;Sb、CaO 基准值略高于杭州市基准值;其他元素/指标基准值则与杭州市基准值基本接近。

与浙江省土壤基准值相比,建德市土壤基准值中 Sr 基准值明显偏低,仅为浙江省基准值的 40.30%;B、Cr、Pb、TC、V 基准值略低于浙江省基准值,为浙江省基准值的 60%~80%;As、F、MgO、CaO 基准值略高于浙江省基准值,是浙江省基准值的 1.2~1.4 倍;Br、Cu、Hg、Mo、Ni、P、Sb、Sn、Na_2O 基准值明显高于浙江省基准值,是浙江省基准值的 1.4 倍以上;其他元素/指标基准值则与浙江省基准值基本接近。

五、桐庐县土壤地球化学基准值

桐庐县土壤地球化学基准值数据经正态分布检验,结果表明(表 3-5),原始数据中仅 B、Ce、Co、Cr、Cu、Ga、Ge、I、La、Li、Mn、Ni、P、Pb、Rb、Se、Th、Ti、Tl、U、V、Zn、SiO_2、TFe_2O_3、MgO、K_2O 符合正态分布,Ag、As、Au、Be、Bi、Br、Cd、Cl、Hg、Mo、N、Nb、S、Sb、Sc、Sn、Sr、W、Y、Al_2O_3、CaO、Na_2O、pH 符合对数正态分布,Ba、TC、Corg 剔除异常值后符合正态分布,其他元素/指标不符合正态分布或对数正态分布。

桐庐县深层土壤总体呈酸性,土壤 pH 基准值为 5.82,极大值为 8.31,极小值为 4.59,接近于杭州市基准值和浙江省基准值。

各元素/指标中,多数元素/指标变异系数在 0.40 以下,说明分布较为均匀;其中 Sb、pH、Hg、Au、As 变异系数大于 0.80,空间变异性较大。

与杭州市土壤基准值相比,桐庐县土壤基准值中绝大多数元素/指标基准值与杭州基准值接近;B 基准值略低于杭州市基准值,为杭州市基准值的 77.8%,Cl、Mo、Mn、CaO 基准值略高于杭州市基准值,为杭州市基准值的 1.2~1.4 倍。

与浙江省土壤基准值相比,桐庐县土壤基准值中 Sr 基准值明显偏低,为浙江省基准值的 42.17%;B、Cr、V 基准值略低于浙江省基准值,是浙江省基准值的 6%~80%;Bi、Mn、N、MgO、CaO、TC、Corg 基准值略高于浙江省基准值,是浙江省基准值的 1.2~1.4 倍;As、Br、Cu、Hg、Mo、Ni、P、Sb、Sn、Na_2O 基准值明显高于浙江省基准值,是浙江省基准值的 1.4 倍以上;其他元素/指标基准值则与浙江省基准值基本接近。

六、富阳区土壤地球化学基准值

富阳区土壤地球化学基准值数据经正态分布检验,结果表明(表 3-6),原始数据中 B、Ce、Cl、Co、Cr、Ga、Ge、I、La、Li、Mn、N、Ni、P、Rb、S、Sc、Th、Ti、Tl、U、V、SiO_2、Al_2O_3、TFe_2O_3、K_2O、Corg 共 27 项元素/指标符合正态分布,As、Au、Be、Br、Cd、Cu、Hg、Mo、Nb、Pb、Se、Sn、Sr、W、Y、Zn、Zr、MgO、CaO、Na_2O、TC、pH 共 22 项元素/指标符合对数正态分布,Ag、Ba、Bi、F、Sb 剔除异常值后符合正态分布。

富阳区深层土壤总体呈酸性,土壤 pH 基准值为 6.13,极大值为 8.41,极小值为 4.74,基本接近于杭州市基准值和浙江省基准值。

各元素/指标中,多数元素/指标变异系数在 0.40 以下,说明分布较为均匀;而 Cd、pH、CaO、As、Hg 变异系数大于 0.80,空间变异性较大,可能与区内古生代沉积岩、中生代火山岩的地质背景差异性及地形地貌类型复杂多样性有关。

与杭州市土壤基准值相比,富阳区土壤基准值中绝大多数元素/指标基准值与杭州市基准值接近;Zn 基准值为杭州市基准值的 78%;Mo、TC、Na_2O、S、Ba、Cl、Ag 基准值略高于杭州市基准值,为杭州市基准值的 1.2~1.4 倍;I、CaO 基准值明显高于杭州市基准值,其中 CaO 基准值是杭州市基准值的 1.58 倍。

与浙江省土壤基准值相比,富阳区土壤基准值中 Sr 基准值明显低于浙江省基准值,为浙江省基准值的 48.66%;B、Cr、V 基准值略低于浙江省基准值,为浙江省基准值的 60%~80%;Au、Bi、F、I、Mn、S、MgO、TC、Corg 基准值略高于浙江省基准值,是浙江省基准值的 1.2~1.4 倍;Ag、As、Br、Cu、Hg、Mo、Ni、P、Sb、

第三章 土壤地球化学基准值

表3-5 桐庐县土壤地球化学基准值参数统计表

元素/指标	N	$X_{5\%}$	$X_{10\%}$	$X_{25\%}$	$X_{50\%}$	$X_{75\%}$	$X_{90\%}$	$X_{95\%}$	$\bar{X}$	S	$\bar{X}_g$	S_g	X_{max}	X_{min}	CV	X_{me}	X_{mo}	分布类型	桐庐县基准值	杭州市基准值	浙江省基准值
Ag	116	32.00	36.00	49.50	73.5	100.0	130	155	81.8	43.61	72.1	12.25	260	32.00	0.53	73.5	32.00	对数正态分布	72.1	73.7	70.0
As	116	4.75	5.14	6.96	8.87	12.43	27.45	35.72	14.31	19.22	10.37	4.52	158	3.25	1.34	8.87	10.70	对数正态分布	10.37	11.20	6.83
Au	116	0.56	0.65	0.89	1.20	1.57	2.12	2.67	1.50	1.65	1.23	1.74	15.20	0.36	1.10	1.20	1.39	对数正态分布	1.23	1.25	1.10
B	116	13.22	22.00	33.80	55.1	70.0	80.4	89.4	52.9	23.65	46.06	10.10	116	6.83	0.45	55.1	54.8	剔除后正态分布	52.9	68.0	73.0
Ba	110	327	360	434	477	550	663	698	494	108	482	35.87	783	244	0.22	477	482	对数正态分布	494	436	482
Be	116	1.71	1.88	2.04	2.40	3.03	3.65	4.08	2.68	1.02	2.55	1.79	9.98	1.62	0.38	2.40	1.94	对数正态分布	2.55	2.30	2.31
Bi	116	0.20	0.22	0.25	0.29	0.37	0.44	0.63	0.34	0.20	0.31	2.16	1.52	0.15	0.58	0.29	0.32	对数正态分布	0.31	0.31	0.24
Br	116	1.92	2.12	2.54	3.14	4.11	5.18	6.72	3.59	1.62	3.30	2.17	11.50	1.23	0.45	3.14	3.80	对数正态分布	3.30	3.06	1.50
Cd	116	0.06	0.07	0.08	0.11	0.17	0.23	0.26	0.13	0.07	0.12	3.80	0.44	0.04	0.53	0.11	0.10	对数正态分布	0.12	0.11	0.11
Ce	116	76.0	77.2	81.1	86.2	93.6	100.0	104	87.9	9.22	87.4	13.05	118	72.5	0.10	86.2	86.2	正态分布	87.9	82.0	84.1
Cl	116	27.53	28.85	32.38	36.20	43.53	57.9	68.9	40.53	13.13	38.88	8.27	107	22.80	0.32	36.20	35.20	对数正态分布	38.88	32.00	39.00
Co	116	6.05	7.46	9.71	14.30	16.65	18.90	19.73	13.46	4.50	12.61	4.72	24.10	4.69	0.33	14.30	15.60	正态分布	13.46	15.70	11.90
Cr	116	16.57	19.20	28.87	49.20	61.3	73.1	77.5	46.62	19.79	41.53	9.38	84.3	7.40	0.42	49.20	51.8	正态分布	46.62	53.7	71.0
Cu	116	9.97	11.30	14.40	21.20	26.05	32.25	34.70	21.41	8.10	19.86	6.07	42.30	8.00	0.38	21.20	21.20	正态分布	21.41	23.03	11.20
F	110	365	387	426	487	592	716	750	517	127	503	36.13	886	319	0.24	487	476	偏峰分布	476	563	431
Ga	116	15.50	15.85	17.27	19.30	21.80	23.45	24.80	19.58	2.95	19.36	5.48	26.30	13.70	0.15	19.30	17.30	正态分布	19.58	18.04	18.92
Ge	116	1.37	1.40	1.45	1.52	1.62	1.73	1.80	1.54	0.13	1.54	1.29	1.90	1.28	0.09	1.52	1.46	正态分布	1.54	1.56	1.50
Hg	116	0.04	0.05	0.06	0.07	0.08	0.11	0.13	0.08	0.08	0.07	4.87	0.89	0.02	0.99	0.07	0.07	对数正态分布	0.07	0.07	0.048
I	116	2.01	2.52	3.09	3.92	4.66	5.58	7.05	4.02	1.48	3.72	2.38	8.92	0.21	0.37	3.92	2.56	正态分布	4.02	3.38	3.86
La	116	38.45	40.90	43.88	46.25	49.73	53.6	58.4	47.06	6.26	46.66	9.13	71.7	31.90	0.13	46.25	49.40	正态分布	47.06	45.50	41.00
Li	116	28.15	30.65	33.22	40.30	46.80	56.8	62.7	41.80	10.51	40.59	8.62	74.3	25.50	0.25	40.30	40.30	正态分布	41.80	41.27	37.51
Mn	116	475	534	699	852	1057	1266	1450	888	300	839	49.47	1869	311	0.34	852	584	正态分布	888	738	713
Mo	116	0.52	0.58	0.78	1.15	1.75	2.67	3.33	1.45	1.04	1.20	1.81	6.84	0.40	0.72	1.15	1.11	对数正态分布	1.20	0.91	0.62
N	116	0.31	0.39	0.50	0.61	0.73	0.92	1.19	0.65	0.25	0.61	1.61	1.52	0.24	0.39	0.61	0.61	对数正态分布	0.61	0.61	0.49
Nb	116	17.87	18.35	19.08	20.95	25.95	33.05	35.32	23.38	5.92	22.74	5.92	43.90	16.10	0.25	20.95	22.40	对数正态分布	22.74	19.10	19.60
Ni	116	8.93	10.35	12.75	24.95	32.10	39.25	41.03	24.38	10.67	21.70	6.59	47.20	6.33	0.44	24.95	12.00	正态分布	24.38	25.77	11.00
P	116	0.20	0.23	0.31	0.38	0.48	0.56	0.67	0.40	0.15	0.38	1.89	1.07	0.15	0.36	0.38	0.37	正态分布	0.40	0.43	0.24
Pb	116	19.48	20.05	22.45	25.15	27.80	29.95	33.78	25.56	4.88	25.16	6.43	51.5	18.10	0.19	25.15	25.40	正态分布	25.56	25.06	30.00

41

续表 3-5

元素/指标	N	$X_{5\%}$	$X_{10\%}$	$X_{25\%}$	$X_{50\%}$	$X_{75\%}$	$X_{90\%}$	$X_{95\%}$	$\bar{X}$	S	$\bar{X}_g$	S_g	X_{max}	X_{min}	CV	X_{me}	X_{mo}	分布类型	桐庐县基准值	杭州市基准值	浙江省基准值
Rb	116	94.8	97.9	107	123	136	154	169	125	23.07	123	15.87	206	80.0	0.19	123	128	正态分布	125	118	128
S	116	74.0	83.2	100.0	115	142	168	192	124	39.37	118	15.57	274	48.10	0.32	115	115	对数正态分布	118	110	114
Sb	116	0.36	0.45	0.63	0.78	1.04	1.69	2.40	1.02	0.84	0.85	1.77	6.55	0.23	0.83	0.78	0.71	对数正态分布	0.85	0.71	0.53
Sc	116	8.07	8.30	9.45	10.15	10.72	11.75	13.12	10.20	1.53	10.09	3.88	16.20	6.00	0.15	10.15	9.90	对数正态分布	10.09	9.74	9.70
Se	116	0.13	0.13	0.17	0.22	0.26	0.32	0.38	0.22	0.07	0.21	2.68	0.42	0.08	0.34	0.22	0.17	正态分布	0.22	0.19	0.21
Sn	116	2.75	2.88	3.52	4.21	5.38	6.56	7.67	4.74	2.52	4.36	2.51	22.90	1.61	0.53	4.21	4.21	对数正态分布	4.36	3.90	2.60
Sr	116	31.27	32.85	37.38	44.60	51.7	82.8	96.9	50.7	23.41	47.23	9.67	194	24.30	0.46	44.60	50.5	对数正态分布	47.23	48.86	112
Th	116	11.60	12.00	13.28	14.10	15.60	16.60	17.50	14.38	1.93	14.26	4.62	21.50	10.70	0.13	14.10	14.30	正态分布	14.38	13.94	14.50
Ti	116	3546	3847	4525	5304	5740	6056	6252	5118	836	5044	138	7119	3037	0.16	5304	5094	正态分布	5118	5238	4602
Tl	116	0.52	0.55	0.62	0.69	0.79	0.90	0.98	0.72	0.16	0.71	1.34	1.29	0.46	0.22	0.69	0.62	正态分布	0.72	0.73	0.82
U	116	2.30	2.51	2.74	3.11	3.60	4.05	4.54	3.25	0.68	3.19	1.98	5.56	2.07	0.21	3.11	3.50	正态分布	3.25	3.09	3.14
V	116	36.42	42.25	57.3	78.1	89.2	103	114	75.5	23.42	71.6	12.40	144	28.70	0.31	78.1	78.2	对数正态分布	75.5	81.3	110
W	116	1.32	1.44	1.60	1.83	2.25	2.88	3.33	2.03	0.66	1.94	1.56	4.45	0.88	0.32	1.83	1.93	对数正态分布	1.94	2.15	1.93
Y	116	23.40	23.95	25.35	28.05	35.60	41.60	45.53	31.08	7.68	30.26	7.04	62.8	21.30	0.25	28.05	24.50	对数正态分布	30.26	26.96	26.13
Zn	116	62.4	68.5	74.8	82.2	97.7	108	120	87.0	18.37	85.2	12.77	165	50.6	0.21	82.2	102	正态分布	87.0	102	77.4
Zr	101	205	221	249	274	298	409	455	291	74.6	283	25.40	522	176	0.26	274	261	其他分布	261	263	287
SiO₂	116	63.2	64.7	68.7	71.0	72.9	73.8	74.7	70.2	3.85	70.1	11.57	77.1	57.1	0.05	71.0	70.3	正态分布	70.2	70.0	70.5
Al₂O₃	116	12.02	12.38	12.80	13.50	15.01	16.90	17.91	14.11	1.88	14.00	4.60	20.46	10.59	0.13	13.50	12.70	对数正态分布	14.00	13.52	14.82
TFe₂O₃	116	4.18	4.37	4.83	5.29	5.75	6.38	6.75	5.34	0.79	5.28	2.66	8.11	3.53	0.15	5.29	4.83	正态分布	5.34	5.16	4.70
MgO	116	0.48	0.53	0.68	0.83	1.02	1.26	1.47	0.88	0.30	0.83	1.41	1.86	0.32	0.34	0.83	0.97	对数正态分布	0.88	1.02	0.67
CaO	116	0.15	0.16	0.20	0.27	0.39	0.60	0.76	0.35	0.26	0.29	2.37	1.99	0.12	0.75	0.27	0.20	对数正态分布	0.29	0.24	0.22
Na₂O	116	0.16	0.18	0.23	0.29	0.45	0.71	0.93	0.38	0.24	0.33	2.35	1.43	0.13	0.63	0.29	0.26	对数正态分布	0.33	0.29	0.16
K₂O	116	1.86	1.94	2.22	2.63	2.98	3.47	3.65	2.65	0.56	2.60	1.78	4.01	1.79	0.21	2.63	2.83	正态分布	2.65	2.46	2.99
TC	104	0.38	0.42	0.46	0.53	0.58	0.71	0.79	0.54	0.12	0.53	1.52	0.85	0.25	0.21	0.53	0.53	剔除后正态分布	0.54	0.47	0.43
Corg	105	0.37	0.39	0.44	0.49	0.56	0.67	0.72	0.51	0.11	0.50	1.57	0.80	0.24	0.21	0.49	0.44	剔除后正态分布	0.51	0.52	0.42
pH	116	4.94	5.10	5.29	5.62	6.09	7.17	7.63	5.43	5.36	5.82	2.79	8.31	4.59	0.99	5.62	5.69	对数正态分布	5.82	5.69	5.12

第三章 土壤地球化学基准值

表 3 - 6 富阳区土壤地球化学基准值参数统计表

元素/指标	N	$X_{5\%}$	$X_{10\%}$	$X_{25\%}$	$X_{50\%}$	$X_{75\%}$	$X_{90\%}$	$X_{95\%}$	$\bar{X}$	S	$\bar{X}_g$	S_g	X_{max}	X_{min}	CV	X_{me}	X_{mo}	分布类型	富阳区基准值	杭州市基准值	浙江省基准值
Ag	110	38.90	54.0	67.0	96.5	130	160	190	101	43.22	91.6	14.03	220	32.00	0.43	96.5	130	剔除后正态分布	101	73.7	70.0
As	115	5.38	5.92	7.68	9.93	13.85	27.64	36.93	14.43	15.17	11.18	4.80	117	3.29	1.05	9.93	10.20	对数正态分布	11.18	11.20	6.83
Au	115	0.64	0.81	1.04	1.35	2.04	2.89	3.71	1.69	1.11	1.45	1.83	7.29	0.37	0.66	1.35	1.10	对数正态分布	1.45	1.25	1.10
B	115	26.49	29.04	44.55	57.1	72.3	82.4	95.0	57.7	21.57	53.4	10.84	130	11.60	0.37	57.1	45.70	正态分布	57.7	68.0	73.0
Ba	111	348	397	442	525	634	791	858	551	156	530	38.04	984	203	0.28	525	442	剔除后正态分布	551	436	482
Be	115	1.58	1.72	1.96	2.32	2.62	3.15	3.38	2.37	0.63	2.29	1.68	5.19	1.16	0.27	2.32	2.32	对数正态分布	2.29	2.30	2.31
Bi	111	0.19	0.20	0.24	0.29	0.33	0.40	0.41	0.29	0.07	0.28	2.11	0.47	0.16	0.24	0.29	0.29	对数正态分布	0.29	0.31	0.24
Br	115	1.69	1.78	2.49	3.22	4.63	5.82	6.57	3.64	1.66	3.31	2.23	9.64	1.22	0.46	3.22	3.49	正态分布	3.31	3.06	1.50
Cd	115	0.04	0.05	0.08	0.12	0.20	0.30	0.32	0.16	0.14	0.12	3.87	1.25	0.03	0.90	0.12	0.15	对数正态分布	0.12	0.11	0.11
Ce	115	75.6	77.8	80.1	83.4	90.0	97.5	102	86.0	9.09	85.5	13.06	122	72.2	0.11	83.4	84.8	正态分布	86.0	82.0	84.1
Cl	115	30.37	31.42	35.25	40.40	46.15	54.0	58.5	42.43	10.75	41.29	8.75	87.2	26.40	0.25	40.40	39.60	正态分布	42.43	32.00	39.00
Co	115	7.21	8.57	10.45	13.60	16.15	17.92	18.79	13.22	3.84	12.62	4.61	23.60	4.78	0.29	13.60	10.70	正态分布	13.22	15.70	11.90
Cr	115	16.69	22.86	33.70	50.7	62.8	69.4	80.6	48.60	19.32	43.97	9.97	91.4	7.80	0.40	50.7	48.60	对数正态分布	48.60	53.7	71.0
Cu	115	10.41	13.08	16.90	21.90	26.35	33.10	38.82	23.07	11.27	21.21	6.31	107	7.70	0.49	21.90	21.30	正态分布	21.21	23.03	11.20
F	105	351	371	421	501	596	721	794	524	135	508	36.31	922	323	0.26	501	520	剔除后正态分布	524	563	431
Ga	115	14.30	15.00	16.35	17.80	19.60	21.30	22.76	18.10	2.48	17.94	5.22	25.70	13.30	0.14	17.80	17.60	正态分布	18.10	18.04	18.92
Ge	115	1.30	1.35	1.42	1.50	1.57	1.67	1.77	1.50	0.14	1.50	1.28	2.10	1.19	0.09	1.50	1.51	正态分布	1.50	1.56	1.50
Hg	115	0.04	0.05	0.05	0.06	0.09	0.13	0.21	0.10	0.14	0.08	4.80	1.34	0.03	1.45	0.06	0.06	对数正态分布	0.08	0.07	0.048
I	115	2.11	2.54	3.56	4.69	6.04	7.17	7.90	4.80	1.82	4.44	2.61	10.10	1.29	0.38	4.69	4.98	正态分布	4.80	3.38	3.86
La	115	42.00	43.18	44.85	47.40	48.75	51.9	52.9	47.23	3.86	47.08	9.16	59.4	35.40	0.08	47.40	47.50	正态分布	47.23	45.50	41.00
Li	115	26.06	29.40	33.55	38.40	44.10	51.1	58.7	39.73	9.97	38.65	8.53	92.9	22.50	0.25	38.40	39.50	正态分布	39.73	41.27	37.51
Mn	115	512	577	660	832	1016	1293	1387	872	296	828	48.74	2283	321	0.34	832	889	正态分布	872	738	713
Mo	115	0.53	0.60	0.76	1.13	1.44	2.42	2.77	1.31	0.91	1.12	1.71	6.84	0.39	0.70	1.13	1.14	对数正态分布	1.12	0.91	0.62
N	115	0.35	0.38	0.47	0.56	0.70	0.80	0.85	0.58	0.16	0.56	1.53	0.97	0.26	0.27	0.56	0.61	正态分布	0.58	0.61	0.49
Nb	115	16.37	16.94	18.30	19.40	22.60	26.20	29.69	21.05	5.17	20.57	5.62	47.00	12.10	0.25	19.40	18.60	对数正态分布	20.57	19.10	19.60
Ni	115	8.78	10.82	16.90	23.00	29.95	34.72	45.96	24.17	10.28	21.92	6.62	55.2	4.97	0.43	23.00	20.90	正态分布	24.17	25.77	11.00
P	115	0.23	0.26	0.32	0.41	0.53	0.69	0.77	0.44	0.17	0.41	1.83	1.13	0.16	0.39	0.41	0.40	正态分布	0.44	0.43	0.24
Pb	115	18.94	20.70	23.00	24.80	28.10	31.50	38.33	26.85	9.41	25.84	6.72	81.0	13.30	0.35	24.80	24.20	对数正态分布	25.84	25.06	30.00

续表 3-6

元素/指标	N	$X_{5\%}$	$X_{10\%}$	$X_{25\%}$	$X_{50\%}$	$X_{75\%}$	$X_{90\%}$	$X_{95\%}$	$\overline{X}$	S	$\overline{X}_g$	S_g	X_{max}	X_{min}	CV	X_{me}	X_{mo}	分布类型	富阳区基准值	杭州市基准值	浙江省基准值
Rb	115	82.7	88.4	98.0	110	132	146	157	115	24.88	112	15.17	195	54.0	0.22	110	133	正态分布	115	118	128
S	115	90.7	96.0	108	128	157	189	212	137	40.54	131	17.16	293	63.0	0.30	128	119	正态分布	137	110	114
Sb	100	0.47	0.50	0.59	0.77	0.96	1.15	1.55	0.82	0.31	0.77	1.47	1.83	0.24	0.38	0.77	0.72	剔除后正态分布	0.82	0.71	0.53
Sc	115	7.45	8.44	9.20	9.90	10.70	11.82	12.60	9.96	1.61	9.83	3.82	16.30	5.10	0.16	9.90	10.00	正态分布	9.96	9.74	9.70
Se	115	0.12	0.13	0.17	0.21	0.27	0.33	0.39	0.23	0.08	0.21	2.59	0.47	0.08	0.36	0.21	0.21	对数正态分布	0.21	0.19	0.21
Sn	115	2.32	2.71	3.25	4.02	5.31	7.15	8.45	4.70	3.14	4.21	2.55	32.50	0.76	0.67	4.02	4.27	对数正态分布	4.21	3.90	2.60
Sr	115	34.11	37.84	45.00	51.5	64.8	83.5	102	57.7	21.55	54.5	10.14	153	25.40	0.37	51.5	63.6	正态分布	54.5	48.86	112
Th	115	10.57	11.50	12.50	13.80	15.20	16.80	18.34	13.98	2.47	13.75	4.60	22.00	5.67	0.18	13.80	14.70	正态分布	13.98	13.94	14.50
Ti	115	3430	4086	4607	5161	5608	5912	6018	5057	806	4986	138	7412	2617	0.16	5161	5873	正态分布	5057	5238	4602
Tl	115	0.47	0.51	0.59	0.69	0.78	0.88	0.97	0.69	0.15	0.68	1.37	1.08	0.30	0.22	0.69	0.71	正态分布	0.69	0.73	0.82
U	115	2.39	2.52	2.74	3.10	3.52	4.18	4.75	3.24	0.76	3.16	2.01	5.98	1.58	0.24	3.10	3.08	对数正态分布	3.24	3.09	3.14
V	115	44.63	51.4	62.9	77.1	89.2	106	119	78.0	22.66	74.8	12.69	147	29.10	0.29	77.1	80.0	正态分布	78.0	81.3	110
W	115	1.29	1.41	1.56	1.82	2.06	2.39	3.00	1.91	0.55	1.85	1.54	4.96	1.17	0.29	1.82	1.55	对数正态分布	1.85	2.15	1.93
Y	115	21.84	22.80	24.70	27.10	29.90	36.22	37.92	28.35	5.90	27.84	6.72	54.4	19.70	0.21	27.10	29.80	对数正态分布	27.84	26.96	26.13
Zn	115	57.8	60.5	67.6	77.0	91.9	106	113	83.0	29.24	79.8	12.66	279	49.10	0.35	77.0	70.6	对数正态分布	79.8	102	77.4
Zr	115	220	234	250	277	312	383	418	292	70.3	285	25.51	636	170	0.24	277	287	对数正态分布	285	263	287
SiO$_2$	115	65.2	66.8	69.1	71.5	72.9	74.0	74.7	70.8	2.81	70.8	11.64	75.2	64.0	0.04	71.5	70.8	正态分布	70.8	70.0	70.5
Al$_2$O$_3$	115	12.18	12.39	12.83	13.51	14.37	15.38	15.71	13.71	1.15	13.66	4.52	17.50	11.36	0.08	13.51	13.69	正态分布	13.71	13.52	14.82
TFe$_2$O$_3$	115	3.80	4.25	4.68	5.08	5.74	6.26	6.68	5.17	0.85	5.10	2.63	7.83	3.19	0.16	5.08	5.12	正态分布	5.17	5.16	4.70
MgO	115	0.52	0.60	0.67	0.80	0.92	1.24	1.44	0.86	0.28	0.82	1.36	2.09	0.43	0.33	0.80	0.67	对数正态分布	0.82	1.02	0.67
CaO	115	0.16	0.19	0.24	0.34	0.49	0.86	1.19	0.49	0.50	0.38	2.32	3.21	0.13	1.02	0.34	0.24	对数正态分布	0.38	0.24	0.22
Na$_2$O	115	0.16	0.18	0.21	0.37	0.62	0.80	0.91	0.44	0.27	0.36	2.47	1.27	0.11	0.62	0.37	0.21	对数正态分布	0.36	0.29	0.16
K$_2$O	115	1.76	1.91	2.02	2.41	2.94	3.34	3.44	2.52	0.57	2.46	1.74	4.07	1.43	0.22	2.41	1.99	正态分布	2.52	2.46	2.99
TC	115	0.43	0.45	0.48	0.55	0.67	0.79	0.91	0.60	0.19	0.58	1.48	1.80	0.40	0.31	0.55	0.69	正态分布	0.58	0.47	0.43
Corg	115	0.41	0.43	0.46	0.51	0.58	0.66	0.69	0.53	0.10	0.52	1.50	0.83	0.36	0.18	0.51	0.54	正态分布	0.53	0.52	0.42
pH	115	4.97	5.08	5.34	5.65	6.92	7.76	8.21	5.50	5.43	6.13	2.88	8.41	4.74	0.99	5.65	5.53	对数正态分布	6.13	5.69	5.12

第三章 土壤地球化学基准值

Sn、CaO、Na$_2$O 基准值明显高于浙江省基准值，是浙江省基准值的 1.4 倍以上；其他元素/指标基准值则与浙江省基准值基本接近。

七、萧山区土壤地球化学基准值

萧山区土壤地球化学基准值数据经正态分布检验，结果表明（表 3-7），原始数据中 Ag、Au、Br、Cd、Ce、Co、F、Ge、I、La、N、Ni、P、Sc、Th、U、W、Zn、Zr、Corg 共 20 项元素/指标符合正态分布，As、Be、Bi、Cl、Cr、Cu、Ga、Hg、Li、Mo、Nb、Pb、Rb、S、Sb、Se、Sn、Tl、Y、SiO$_2$、Al$_2$O$_3$、TFe$_2$O$_3$、K$_2$O 共 23 项元素/指标符合对数正态分布，B、Ti 剔除异常值后符合正态分布，V 剔除异常值后符合对数正态分布，其他元素/指标不符合正态分布或对数正态分布。

萧山区深层土壤总体呈中偏碱性，土壤 pH 基准值为 8.43，极大值为 9.33，极小值为 4.93，明显高于杭州市基准值和浙江省基准值。

各元素/指标中，多数元素/指标变异系数在 0.40 以下，说明分布较为均匀；而 Mo、Pb、S、pH 变异系数大于 0.80，空间变异性较大。

与杭州市土壤基准值相比，萧山区土壤基准值中 Mo、As 基准值明显偏低，为杭州市基准值的 60% 以下；Se、Mn、Sb、Zn、W、Cu、Tl、Co、Bi、U、Li、TFe$_2$O$_3$、Rb、Nb、Corg、Th、Ga、Hg 基准值略低于杭州市基准值，为杭州市基准值的 60%~80%；Au、P 基准值略高于杭州市基准值，为杭州市基准值的 1.2~1.4 倍；Na$_2$O、MgO、TC、Cl、CaO、Sr 基准值是杭州市基准值的 1.4 倍以上，Na$_2$O 基准值高达杭州市基准值的 6.31 倍；其他元素/指标基准值接近杭州市基准值。

与浙江省土壤基准值相比，萧山区土壤基准值中 Se 基准值明显偏低，为浙江省基准值的 57.14%；As、Cr、Ga、I、Mn、Mo、Nb、Pb、Rb、Th、Tl、U、V、W、K$_2$O 基准值略低于浙江省基准值，为浙江省基准值的 60%~80%；Au、Sr 基准值略高于浙江省基准值，是浙江省基准值的 1.2~1.4 倍；Br、Cl、Cu、Ni、P、Sn、MgO、CaO、Na$_2$O、TC 基准值明显高于浙江省基准值，是浙江省基准值的 1.4 倍以上；其他元素/指标基准值则与浙江省基准值基本接近。

八、余杭地区土壤地球化学基准值

余杭地区（包括余杭区、临平区）土壤地球化学基准值数据经正态分布检验，结果表明（表 3-8），原始数据中 Br、Ce、Cl、Co、Cr、Cu、Ga、Ge、I、La、Li、Mn、Nb、Ni、P、Rb、Sc、Se、Sr、Th、Ti、Tl、U、V、Y、Zn、Zr、SiO$_2$、Al$_2$O$_3$、Fe$_2$O$_3$、MgO、Na$_2$O、K$_2$O、pH 共 34 项元素/指标符合正态分布，As、Au、Be、Bi、Cd、Hg、Mo、N、Pb、S、Sb、Sn、W、CaO、TC、Corg 共 16 项元素/指标符合对数正态分布，Ag、Ba、F 剔除异常值后符合正态分布，B 不符合正态分布或对数正态分布。

余杭地区深层土壤总体呈弱酸性，土壤 pH 基准值为 5.60，极大值为 8.34，极小值为 4.79，基本接近于杭州市基准值和浙江省基准值。

各元素/指标中，多数元素/指标变异系数在 0.40 以下，说明分布较为均匀；而 W、Mo、CaO、As、pH、Bi、S 变异系数大于 0.80，说明空间变异性较大。

与杭州市土壤基准值相比，余杭地区土壤基准值中 Zn 基准值为杭州市基准值的 79.4%；Au、Cr、Bi、TC、Se 基准值略高于杭州市基准值，为杭州市基准值的 1.2~1.4 倍；S、Sr、Cl、CaO、Na$_2$O 基准值是杭州市基准值的 1.4 倍以上；其他元素/指标基准值接近杭州市基准值。

与浙江省土壤基准值相比，余杭地区土壤基准值中 Sr 基准值略低于浙江省基准值，是浙江省基准值的 76.79%；As、Au、Co、F、Hg、Mo、Sb 基准值略高于浙江省基准值，是浙江省基准值的 1.2~1.4 倍；Bi、Cl、Cu、Ni、P、S、Sn、MgO、CaO、Na$_2$O、TC 基准值明显高于浙江省基准值，是浙江省基准值的 1.4 倍以上；其他元素/指标基准值则与浙江省基准值基本接近。

杭州市土壤元素背景值

表 3-7 萧山区土壤地球化学基准值参数统计表

元素/指标	N	$X_{5\%}$	$X_{10\%}$	$X_{25\%}$	$X_{50\%}$	$X_{75\%}$	$X_{90\%}$	$X_{95\%}$	$\bar{X}$	S	$\bar{X}_g$	S_g	X_{max}	X_{min}	CV	X_{me}	X_{mo}	分布类型	萧山区基准值	杭州市基准值	浙江省基准值
Ag	78	39.55	43.00	48.00	59.0	80.0	99.5	121	66.6	25.69	62.5	10.42	157	33.00	0.39	59.0	43.00	正态分布	66.6	73.7	70.0
As	78	3.21	3.56	3.88	4.61	6.03	8.67	12.09	5.46	2.64	5.02	2.61	14.60	2.09	0.48	4.61	4.70	对数正态分布	5.02	11.20	6.83
Au	78	0.73	0.82	1.06	1.44	1.78	2.25	2.59	1.52	0.72	1.40	1.54	5.56	0.63	0.47	1.44	1.46	正态分布	1.52	1.25	1.10
B	68	59.0	63.4	68.0	73.5	78.0	83.0	84.7	72.7	8.34	72.2	11.83	92.0	49.00	0.11	73.5	73.0	剔除后正态分布	72.7	68.0	73.0
Ba	74	392	400	407	430	499	556	594	458	69.4	453	32.97	645	343	0.15	430	408	偏峰分布	408	436	482
Be	78	1.58	1.60	1.67	1.81	2.22	2.65	2.75	1.99	0.42	1.95	1.50	3.13	1.46	0.21	1.81	1.68	对数正态分布	1.95	2.30	2.31
Bi	78	0.15	0.16	0.17	0.19	0.26	0.33	0.41	0.24	0.11	0.22	2.67	0.91	0.14	0.47	0.19	0.17	对数正态分布	0.22	0.31	0.24
Br	78	1.50	1.50	1.70	2.40	3.32	4.05	4.80	2.64	1.14	2.43	1.90	5.90	1.13	0.43	2.40	1.50	正态分布	2.64	3.06	1.50
Cd	78	0.07	0.08	0.09	0.11	0.12	0.14	0.15	0.11	0.03	0.11	3.71	0.24	0.04	0.28	0.11	0.10	正态分布	0.11	0.11	0.11
Ce	78	57.1	59.0	63.5	70.8	77.9	83.4	89.4	71.3	10.02	70.6	11.37	95.0	48.18	0.14	70.8	74.0	正态分布	71.3	82.0	84.1
Cl	78	40.53	47.00	54.2	73.0	91.8	127	167	83.4	49.24	74.4	13.35	310	32.00	0.59	73.0	78.0	对数正态分布	74.4	32.00	39.00
Co	78	7.43	8.41	9.17	10.17	12.57	15.03	17.11	11.19	3.20	10.82	3.92	23.90	6.50	0.29	10.17	11.80	正态分布	11.19	15.70	11.90
Cr	78	36.27	42.74	47.25	52.5	61.5	80.3	83.6	56.7	15.63	54.8	10.16	112	23.80	0.28	52.5	51.0	对数正态分布	54.8	53.7	71.0
Cu	78	9.23	10.59	11.90	15.66	20.02	28.09	36.55	17.54	8.42	15.98	4.93	45.94	5.23	0.48	15.66	20.61	对数正态分布	15.98	23.03	11.20
F	78	378	387	417	462	509	574	630	472	83.7	466	34.19	766	255	0.18	462	465	正态分布	472	563	431
Ga	78	11.11	11.61	12.38	13.20	17.16	19.00	19.74	14.66	3.05	14.37	4.51	23.01	10.50	0.21	13.20	13.00	对数正态分布	14.37	18.04	18.92
Ge	78	1.23	1.23	1.29	1.40	1.54	1.58	1.63	1.42	0.14	1.41	1.24	1.73	1.19	0.10	1.40	1.23	正态分布	1.42	1.56	1.50
Hg	78	0.03	0.03	0.04	0.05	0.07	0.10	0.12	0.06	0.03	0.05	6.07	0.18	0.02	0.52	0.05	0.03	对数正态分布	0.05	0.07	0.048
I	78	0.82	0.98	1.54	2.42	3.43	4.80	5.85	2.72	1.55	2.30	2.10	7.25	0.43	0.57	2.42	2.14	正态分布	2.72	3.38	3.86
La	78	31.44	32.32	34.72	39.02	42.20	45.23	46.61	38.90	5.28	38.55	8.12	53.2	26.81	0.14	39.02	39.50	对数正态分布	38.90	45.50	41.00
Li	78	24.36	24.97	25.85	28.20	34.75	44.20	45.96	31.30	7.75	30.51	7.14	64.8	21.10	0.25	28.20	25.30	对数正态分布	30.51	41.27	37.51
Mn	75	398	411	430	481	664	791	894	548	159	528	35.79	1004	323	0.29	481	456	其他分布	456	738	713
Mo	78	0.31	0.32	0.34	0.39	0.53	1.09	1.25	0.56	0.47	0.47	2.08	3.72	0.28	0.85	0.39	0.33	对数正态分布	0.47	0.91	0.62
N	78	0.38	0.39	0.43	0.49	0.63	0.77	0.86	0.55	0.16	0.53	1.61	1.02	0.32	0.29	0.49	0.57	对数正态分布	0.55	0.61	0.49
Nb	78	11.35	12.27	13.39	14.43	16.65	19.51	21.14	15.25	2.98	14.99	4.63	25.20	10.25	0.20	14.43	16.00	正态分布	14.99	19.10	19.60
Ni	78	13.98	15.48	20.82	22.45	26.89	31.88	34.23	23.75	6.45	22.88	6.25	49.00	9.50	0.27	22.45	22.10	对数正态分布	23.75	25.77	11.00
P	78	0.29	0.37	0.48	0.64	0.70	0.77	0.79	0.60	0.17	0.57	1.51	1.25	0.25	0.28	0.64	0.65	正态分布	0.60	0.43	0.24
Pb	78	14.35	15.75	16.81	19.60	23.25	28.91	30.95	22.69	20.28	20.51	5.64	194	12.73	0.89	19.60	19.60	对数正态分布	20.51	25.06	30.00

续表 3-7

元素/指标	N	$X_{5\%}$	$X_{10\%}$	$X_{25\%}$	$X_{50\%}$	$X_{75\%}$	$X_{90\%}$	$X_{95\%}$	$\bar{X}$	S	$\bar{X}_g$	S_g	X_{max}	X_{min}	CV	X_{me}	X_{mo}	分布类型	萧山区基准值	杭州市基准值	浙江省基准值
Rb	78	72.2	73.0	76.2	84.8	102	118	132	91.5	20.45	89.6	13.06	162	67.3	0.22	84.8	87.4	对数正态分布	89.6	118	128
S	78	71.5	83.5	94.0	108	171	227	299	156	141	129	17.01	936	55.0	0.91	108	101	对数正态分布	129	110	114
Sb	78	0.31	0.31	0.35	0.42	0.54	0.82	0.94	0.50	0.26	0.46	1.91	2.06	0.25	0.53	0.42	0.31	对数正态分布	0.46	0.71	0.53
Sc	78	7.56	7.96	8.88	9.71	10.86	12.42	13.30	10.02	1.81	9.86	3.72	14.50	6.20	0.18	9.71	10.36	正态分布	10.02	9.74	9.70
Se	78	0.04	0.05	0.06	0.12	0.20	0.31	0.38	0.15	0.12	0.12	4.83	0.54	0.03	0.77	0.12	0.06	对数正态分布	0.12	0.19	0.21
Sn	78	2.07	2.17	2.52	3.38	5.12	7.03	11.65	4.46	3.17	3.81	2.42	21.13	1.85	0.71	3.38	2.19	对数正态分布	3.81	3.90	2.60
Sr	78	61.6	81.0	104	144	161	168	171	131	36.65	124	17.61	177	41.00	0.28	144	156	偏峰分布	156	48.86	112
Th	69	8.54	9.40	9.83	10.99	12.04	12.72	13.70	11.02	1.73	10.89	3.97	16.50	6.52	0.16	10.99	11.00	正态分布	11.02	13.94	14.50
Ti	78	3791	3824	4009	4162	4409	4761	4926	4235	353	4221	120	5126	3502	0.08	4162	4409	剔除后正态分布	4235	5238	4602
Tl	78	0.38	0.39	0.43	0.48	0.60	0.72	0.76	0.53	0.14	0.51	1.61	1.04	0.35	0.26	0.48	0.47	对数正态分布	0.51	0.73	0.82
U	78	1.69	1.77	1.95	2.15	2.43	2.85	3.31	2.24	0.46	2.20	1.60	3.55	1.48	0.21	2.15	2.16	正态分布	2.24	3.09	3.14
V	76	61.8	64.6	66.0	69.5	84.5	100.0	105	76.0	15.20	74.6	11.78	115	46.00	0.20	69.5	67.0	剔除后对数正态分布	74.6	81.3	110
W	78	1.02	1.08	1.24	1.43	1.65	1.81	1.89	1.46	0.31	1.43	1.31	2.60	0.92	0.21	1.43	1.50	正态分布	1.46	2.15	1.93
Y	78	19.28	20.92	22.00	23.99	25.79	30.18	32.66	24.65	4.39	24.31	6.16	44.30	18.00	0.18	23.99	24.00	对数正态分布	24.31	26.96	26.13
Zn	78	51.0	53.0	56.2	65.0	76.5	85.1	90.3	68.5	17.43	66.7	10.93	166	46.00	0.25	65.0	57.0	正态分布	68.5	102	77.4
Zr	78	236	245	265	304	342	396	424	313	62.8	308	27.30	547	194	0.20	304	248	正态分布	313	263	287
SiO$_2$	78	66.9	67.4	68.2	69.0	70.4	72.3	73.7	69.4	2.69	69.3	11.45	79.6	59.4	0.04	69.0	69.4	对数正态分布	69.3	70.0	70.5
Al$_2$O$_3$	78	10.11	10.18	10.49	11.20	14.41	15.34	15.55	12.27	2.08	12.11	4.10	17.21	10.06	0.17	11.20	12.79	对数正态分布	12.11	13.52	14.82
TFe$_2$O$_3$	78	3.18	3.20	3.34	3.59	4.29	4.97	5.87	3.96	0.93	3.87	2.16	7.94	3.07	0.23	3.59	3.40	对数正态分布	3.87	5.16	4.70
MgO	77	0.58	0.75	1.25	1.70	1.82	1.90	1.99	1.51	0.46	1.41	1.62	2.48	0.43	0.30	1.70	1.79	其他分布	1.79	1.02	0.67
CaO	78	0.30	0.49	0.80	2.76	3.75	3.95	4.02	2.28	1.50	1.62	2.93	4.82	0.15	0.66	2.76	0.79	其他分布	0.79	0.24	0.22
Na$_2$O	72	1.18	1.33	1.63	1.82	1.88	1.95	1.97	1.71	0.27	1.68	1.47	1.95	0.81	0.16	1.82	1.83	对数正态分布	1.83	0.29	0.16
K$_2$O	78	1.87	1.90	1.96	2.06	2.32	2.68	3.01	2.20	0.40	2.17	1.58	3.82	1.63	0.18	2.06	1.98	对数正态分布	2.17	2.46	2.99
TC	78	0.41	0.45	0.66	0.95	1.04	1.14	1.19	0.86	0.22	0.81	1.44	1.45	0.30	0.31	0.95	1.01	偏峰分布	1.01	0.47	0.43
Corg	78	0.19	0.22	0.28	0.38	0.49	0.67	0.77	0.41	0.20	0.37	2.16	1.14	0.12	0.48	0.38	0.42	正态分布	0.41	0.52	0.42
pH	78	5.73	6.31	7.04	8.23	8.50	8.71	8.93	6.36	5.76	7.74	3.37	9.33	4.93	0.91	8.23	8.43	其他分布	8.43	5.69	5.12

杭州市土壤元素背景值

表3-8 余杭地区土壤地球化学基准值参数统计表

元素/指标	N	$X_{5\%}$	$X_{10\%}$	$X_{25\%}$	$X_{50\%}$	$X_{75\%}$	$X_{90\%}$	$X_{95\%}$	$\bar{X}$	S	$\bar{X}_g$	S_g	X_{max}	X_{min}	CV	X_{me}	X_{mo}	分布类型	余杭地区基准值	杭州市基准值	浙江省基准值
Ag	63	32.00	34.80	58.5	70.0	82.5	94.8	109	69.7	22.14	66.0	11.54	132	32.00	0.32	70.0	32.00	剔除后正态分布	69.7	73.7	70.0
As	71	3.29	3.62	5.73	8.22	13.00	22.80	27.95	11.94	11.42	9.02	3.90	71.6	2.77	0.96	8.22	5.85	对数正态分布	9.02	11.20	6.83
Au	71	0.77	0.84	1.17	1.50	2.01	2.29	3.10	1.70	1.09	1.52	1.65	9.06	0.64	0.64	1.50	1.16	对数正态分布	1.52	1.25	1.10
B	71	24.50	30.80	45.40	66.0	71.5	78.0	82.3	59.3	18.49	55.7	10.58	96.6	19.70	0.31	66.0	71.0	偏峰分布	71.0	68.0	73.0
Ba	64	391	424	449	502	589	658	742	522	105	512	35.98	787	264	0.20	502	449	剔除后正态分布	522	436	482
Be	71	1.82	1.91	2.17	2.47	2.83	3.43	3.69	2.61	0.80	2.52	1.80	7.53	1.59	0.31	2.47	2.65	对数正态分布	2.52	2.30	2.31
Bi	71	0.23	0.27	0.30	0.36	0.48	0.61	1.40	0.51	0.59	0.41	2.15	4.67	0.16	1.16	0.36	0.39	对数正态分布	0.41	0.31	0.24
Br	71	1.50	1.50	1.80	2.67	4.29	5.29	6.00	3.14	1.57	2.79	2.06	7.80	1.49	0.50	2.67	1.50	正态分布	3.14	3.06	1.50
Cd	71	0.04	0.05	0.08	0.11	0.14	0.21	0.28	0.13	0.09	0.11	4.20	0.55	0.02	0.71	0.11	0.11	对数正态分布	0.11	0.11	0.11
Ce	71	64.5	67.0	77.7	84.1	88.9	96.0	103	83.2	12.49	82.3	12.46	121	49.00	0.15	84.1	82.0	正态分布	83.2	82.0	84.1
Cl	71	33.35	39.00	45.35	58.0	77.5	97.0	118	64.6	25.00	60.2	11.55	132	29.30	0.39	58.0	67.0	正态分布	64.6	32.00	39.00
Co	71	9.85	10.30	12.20	14.90	17.45	18.90	20.85	14.99	3.65	14.55	4.72	25.00	8.17	0.24	14.90	14.90	正态分布	14.99	15.70	11.90
Cr	71	29.10	33.60	46.00	65.0	85.0	107	116	67.6	26.85	62.2	11.54	127	22.50	0.40	65.0	62.0	正态分布	67.6	53.7	71.0
Cu	71	11.30	12.30	17.51	23.04	29.09	37.21	39.61	24.14	9.60	22.27	6.13	51.2	7.13	0.40	23.04	23.60	正态分布	24.14	23.03	11.20
F	68	430	477	510	586	656	778	833	596	124	583	39.11	871	294	0.21	586	581	剔除后正态分布	596	563	431
Ga	71	13.85	15.80	17.20	18.60	19.95	22.30	24.15	18.79	2.94	18.56	5.38	28.10	11.90	0.16	18.60	19.50	正态分布	18.79	18.04	18.92
Ge	71	1.26	1.38	1.48	1.56	1.60	1.69	1.74	1.54	0.13	1.54	1.29	1.93	1.20	0.09	1.56	1.58	正态分布	1.54	1.56	1.50
Hg	71	0.03	0.03	0.04	0.05	0.07	0.11	0.15	0.07	0.05	0.06	5.95	0.38	0.02	0.77	0.05	0.05	对数正态分布	0.06	0.07	0.048
I	71	0.93	1.00	1.58	3.21	5.10	6.75	7.29	3.51	2.25	2.79	2.35	10.50	0.50	0.64	3.21	7.98	正态分布	3.51	3.38	3.86
La	71	36.75	38.30	41.50	45.00	47.80	50.8	52.1	44.73	5.16	44.44	8.82	59.6	30.80	0.12	45.00	45.00	正态分布	44.73	45.50	41.00
Li	71	26.65	27.60	34.80	40.50	46.95	54.9	57.5	41.21	9.63	40.10	8.53	65.0	23.80	0.23	40.50	39.90	正态分布	41.21	41.27	37.51
Mn	71	354	393	457	643	816	1111	1391	697	307	641	40.96	1695	257	0.44	643	645	正态分布	697	738	713
Mo	71	0.32	0.37	0.43	0.78	1.31	1.98	2.57	1.06	0.90	0.81	2.12	4.93	0.28	0.85	0.78	0.40	对数正态分布	0.81	0.91	0.62
N	71	0.38	0.39	0.44	0.53	0.66	0.91	1.06	0.58	0.21	0.55	1.59	1.26	0.34	0.36	0.53	0.49	对数正态分布	0.55	0.61	0.49
Nb	71	12.45	14.50	16.80	19.40	21.80	24.40	27.30	19.78	5.41	19.15	5.42	47.00	10.50	0.27	19.40	17.00	正态分布	19.78	19.10	19.60
Ni	71	14.45	17.80	22.45	28.20	37.55	41.70	48.05	29.56	10.07	27.79	7.18	52.8	9.04	0.34	28.20	25.80	正态分布	29.56	25.77	11.00
P	71	0.24	0.27	0.31	0.42	0.60	0.70	0.79	0.47	0.19	0.43	1.86	0.99	0.17	0.40	0.42	0.32	正态分布	0.47	0.43	0.24
Pb	71	18.05	20.60	23.60	27.20	30.30	36.20	52.2	28.85	9.71	27.62	6.75	73.8	14.70	0.34	27.20	29.10	对数正态分布	27.62	25.06	30.00

元素/指标	N	$X_{5\%}$	$X_{10\%}$	$X_{25\%}$	$X_{50\%}$	$X_{75\%}$	$X_{90\%}$	$X_{95\%}$	$\overline{X}$	S	$\overline{X}_g$	S_g	X_{max}	X_{min}	CV	X_{me}	X_{mo}	分布类型	余杭地区基准值	杭州市基准值	浙江省基准值
Rb	71	92.8	99.0	108	127	151	166	178	133	35.01	129	16.46	292	76.6	0.26	127	123	正态分布	133	118	128
S	71	66.0	80.0	108	156	226	536	884	256	313	177	22.52	1645	54.0	1.22	156	160	对数正态分布	177	110	114
Sb	71	0.32	0.39	0.52	0.68	0.97	1.45	2.03	0.86	0.54	0.73	1.83	2.82	0.23	0.63	0.68	0.64	对数正态分布	0.73	0.71	0.53
Sc	71	8.35	8.70	9.65	10.80	12.79	14.80	16.60	11.39	2.42	11.15	4.15	17.90	7.40	0.21	10.80	9.70	正态分布	11.39	9.74	9.70
Se	71	0.09	0.11	0.16	0.22	0.29	0.33	0.38	0.23	0.10	0.20	3.03	0.48	0.03	0.43	0.22	0.22	对数正态分布	0.23	0.19	0.21
Sn	71	2.49	2.85	3.38	3.95	4.80	7.08	8.43	4.56	2.52	4.16	2.46	20.00	1.33	0.55	3.95	3.95	正态分布	4.16	3.90	2.60
Sr	71	42.90	48.50	60.2	82.0	107	126	142	86.0	31.32	80.3	13.65	165	32.90	0.36	82.0	94.0	正态分布	86.0	48.86	112
Th	71	10.15	11.60	13.30	14.90	16.40	18.10	19.10	15.14	3.98	14.76	4.71	40.20	8.78	0.26	14.90	15.20	正态分布	15.14	13.94	14.50
Ti	71	3929	4127	4456	4869	5370	5925	6144	4933	715	4881	130	6516	3077	0.14	4869	4933	正态分布	4933	5238	4602
Tl	71	0.53	0.58	0.67	0.77	0.92	1.04	1.21	0.81	0.22	0.79	1.34	1.72	0.43	0.27	0.77	0.65	正态分布	0.81	0.73	0.82
U	71	1.92	2.20	2.67	3.20	3.86	4.87	5.75	3.42	1.20	3.24	2.06	8.71	1.63	0.35	3.20	3.44	正态分布	3.42	3.09	3.14
V	71	59.2	66.0	76.2	87.7	106	118	125	90.6	20.46	88.2	13.32	133	43.20	0.23	87.7	76.2	对数正态分布	90.6	81.3	110
W	71	1.30	1.50	1.77	2.12	2.59	3.30	4.08	2.49	2.10	2.21	1.79	18.70	0.98	0.84	2.12	2.40	正态分布	2.21	2.15	1.93
Y	71	23.20	24.80	26.35	28.10	31.25	33.37	35.65	28.91	4.27	28.62	6.91	47.10	19.00	0.15	28.10	28.00	正态分布	28.91	26.96	26.13
Zn	71	53.5	57.6	63.7	76.4	95.8	109	119	81.0	21.38	78.3	12.40	142	46.00	0.26	76.4	80.0	正态分布	81.0	102	77.4
Zr	71	200	212	238	287	310	343	366	282	53.2	277	25.15	458	192	0.19	287	285	正态分布	282	263	287
SiO$_2$	71	60.0	61.6	66.1	68.4	71.0	73.2	73.4	68.1	4.19	68.0	11.29	75.5	54.6	0.06	68.4	67.7	正态分布	68.1	70.0	70.5
Al$_2$O$_3$	71	11.95	12.33	13.23	14.39	15.94	16.89	17.85	14.59	2.07	14.46	4.69	23.26	10.55	0.14	14.39	15.05	正态分布	14.59	13.52	14.82
TFe$_2$O$_3$	71	3.33	3.94	4.44	5.19	5.86	6.94	7.33	5.27	1.14	5.15	2.58	8.33	3.18	0.22	5.19	5.19	正态分布	5.27	5.16	4.70
MgO	71	0.67	0.68	0.76	1.08	1.52	1.78	1.87	1.15	0.42	1.08	1.47	1.98	0.55	0.37	1.08	1.43	正态分布	1.15	1.02	0.67
CaO	71	0.20	0.22	0.28	0.59	1.05	1.93	2.40	0.82	0.69	0.59	2.32	2.89	0.14	0.85	0.59	0.25	对数正态分布	0.59	0.24	0.22
Na$_2$O	71	0.18	0.22	0.51	0.86	1.32	1.67	1.79	0.91	0.54	0.73	2.10	2.06	0.12	0.59	0.86	0.59	正态分布	0.91	0.29	0.16
K$_2$O	71	1.75	1.98	2.21	2.56	2.91	3.51	3.66	2.62	0.56	2.56	1.79	3.98	1.54	0.22	2.56	2.56	正态分布	2.62	2.46	2.99
TC	71	0.42	0.43	0.47	0.54	0.91	1.20	1.40	0.72	0.37	0.65	1.62	2.07	0.34	0.51	0.54	0.43	正态分布	0.65	0.47	0.43
Corg	71	0.22	0.25	0.41	0.47	0.58	0.91	1.12	0.54	0.31	0.48	1.95	1.88	0.11	0.58	0.47	0.58	对数正态分布	0.48	0.52	0.42
pH	71	4.99	5.13	5.45	6.27	7.25	7.96	8.13	5.60	5.43	6.41	2.99	8.34	4.79	0.97	6.27	6.48	正态分布	5.60	5.69	5.12

九、主城区土壤地球化学基准值

主城区(包括西湖区、上城区、拱墅区、滨江区、钱塘新区)土壤地球化学基准值数据经正态分布检验,结果表明(表3-9),原始数据中As、B、Ba、Be、Cd、Ce、Cl、Co、Cr、F、Ga、Ge、La、Li、Mn、Mo、Nb、Ni、Rb、Sb、Sc、Sr、Th、Ti、Tl、U、V、W、Y、Zn、Zr、SiO_2、Al_2O_3、TFe_2O_3、MgO、CaO、Na_2O、K_2O、pH 共39项元素/指标符合正态分布,Ag、Au、Bi、Br、Cu、Hg、I、N、P、Pb、S、Se、Sn、TC、Corg 共15项元素/指标符合对数正态分布。

主城区深层土壤总体呈弱酸性,土壤pH基准值为5.88,极大值为9.06,极小值为4.74,基本接近于杭州市基准值和浙江省基准值。

各元素/指标中,一多半元素/指标变异系数均在0.40以下,说明分布较为均匀;而I、P、pH、Pb、Corg、Se、Ag、S、Sn、Au、Hg变异系数大于0.80,其中Au、Hg变异系数不小于2.00,说明空间变异性较大。

与杭州市土壤基准值相比,主城区土壤基准值中I、Mo基准值明显偏低;Zn、W、Se、Corg、Br、As、Co、Cu、Tl、Mn、Rb、Nb基准值略低于杭州市基准值;MgO基准值为杭州市基准值的1.30倍;P、Au、TC、S、Sr、Cl、Na_2O、CaO基准值明显高于杭州市基准值,为杭州市基准值的1.4倍以上,其中 Na_2O、CaO基准值是杭州市基准值的4.0倍以上;其他元素/指标基准值则与杭州市基准值基本接近。

与浙江省土壤基准值相比,主城区土壤基准值中I基准值明显偏低,为浙江省基准值的45.60%;Ga、Nb、Pb、Rb、Se、Tl、V、W、K_2O基准值略低于浙江省基准值,为浙江省基准值的60%~80%;Au、Br、Cl、Cu、Hg、Ni、P、S、Sn、MgO、CaO、Na_2O、TC基准值明显高于浙江省基准值,是浙江省基准值的1.4倍以上;其他元素/指标基准值则与浙江省基准值基本接近。

第二节 主要土壤母质类型地球化学基准值

一、松散岩类沉积物土壤母质地球化学基准值

松散岩类沉积物地球化学基准值数据经正态分布检验,结果表明(表3-10),原始数据中Ce、Ga、I、La、Nb、Th、Tl、W、Y、Zr共10项元素/指标符合正态分布,Ag、As、Au、Be、Bi、Cl、Co、Cr、Cu、Hg、Li、Mo、N、Ni、Pb、S、Sb、Sc、Se、Sn、U、V、K_2O、Corg共24项元素/指标符合对数正态分布,B、Cd、F、P、Ti、SiO_2剔除异常值后符合正态分布,Zn剔除异常值后符合对数正态分布,其他元素/指标不符合正态分布或对数正态分布。

松散岩类沉积物区深层土壤总体呈碱性,土壤pH基准值为8.43,极大值为9.33,极小值为4.83,明显高于杭州市基准值。

各元素/指标中,多数元素/指标变异系数在0.40以下,说明分布较为均匀;其中pH、Se、Mo、Ag、S、Sn、Au、Hg变异系数大于0.80,空间变异性较大。

与杭州市土壤基准值相比,松散岩类沉积物区土壤基准值中绝大多数元素/指标基准值与杭州市基准值接近;而Br、As、Mo基准值明显偏低,不足杭州市基准值的60%;Mn、TFe_2O_3、Se、Zn、I、Sb、Corg、W、Co、Cu基准值略低于杭州市基准值;Au、P、S基准值略高于杭州市基准值,是杭州市基准值的1.2~1.4倍;Cl、MgO、TC、Sr、CaO、Na_2O明显相对富集,基准值是杭州市基准值的1.4倍以上,Na_2O基准值最高,为杭州市基准值的6.31倍。

表3-9 主城区土壤地球化学基准参数统计表

元素/指标	N	$X_{5\%}$	$X_{10\%}$	$X_{25\%}$	$X_{50\%}$	$X_{75\%}$	$X_{90\%}$	$X_{95\%}$	$\overline{X}$	S	$\overline{X}_g$	S_g	X_{max}	X_{min}	CV	X_{me}	X_{mo}	分布类型	主城区基准值	杭州市基准值	浙江省基准值
Ag	44	43.00	48.30	54.8	65.5	75.0	121	180	102	148	74.5	12.71	788	42.00	1.45	65.5	75.0	对数正态分布	74.5	73.7	70.0
As	44	3.18	3.24	3.99	5.46	9.31	11.80	12.50	6.92	3.70	6.11	3.02	19.98	2.98	0.53	5.46	3.18	正态分布	6.92	11.20	6.83
Au	44	0.78	0.99	1.24	1.61	2.17	3.58	9.09	3.67	9.45	1.89	2.46	61.8	0.58	2.58	1.61	1.61	对数正态分布	1.89	1.25	1.10
B	44	51.8	55.4	61.8	72.0	76.0	80.1	89.6	69.9	11.50	68.9	11.56	97.5	38.30	0.16	72.0	72.0	正态分布	69.9	68.0	73.0
Ba	44	338	376	398	430	472	528	582	438	79.2	431	32.84	671	203	0.18	430	433	正态分布	438	436	482
Be	44	1.54	1.58	1.66	1.83	2.25	2.52	2.62	1.95	0.41	1.91	1.55	3.16	1.03	0.21	1.83	1.76	正态分布	1.95	2.30	2.31
Bi	44	0.15	0.16	0.18	0.26	0.34	0.50	0.66	0.31	0.20	0.27	2.36	1.21	0.13	0.63	0.26	0.17	对数正态分布	0.27	0.31	0.24
Br	44	1.50	1.50	1.60	2.12	2.67	4.23	5.10	2.47	1.22	2.25	1.83	6.60	1.39	0.49	2.12	1.50	正态分布	2.25	3.06	1.50
Cd	44	0.05	0.06	0.09	0.11	0.14	0.19	0.25	0.13	0.07	0.11	3.93	0.39	0.04	0.58	0.11	0.14	正态分布	0.13	0.11	0.11
Ce	44	58.0	62.0	68.4	75.0	81.1	90.2	91.9	75.2	10.03	74.5	11.96	95.7	57.7	0.13	75.0	72.0	正态分布	75.2	82.0	84.1
Cl	44	34.32	40.31	58.0	76.7	93.5	113	116	79.0	35.79	72.6	12.95	248	32.10	0.45	76.7	81.0	正态分布	79.0	32.00	39.00
Co	44	8.12	8.33	9.00	10.93	14.61	16.27	17.67	11.78	3.16	11.39	4.23	19.20	7.94	0.27	10.93	11.50	对数正态分布	11.78	15.70	11.90
Cr	44	43.00	44.00	47.95	56.3	76.2	98.0	104	63.8	21.64	60.6	11.15	127	32.40	0.34	56.3	63.0	正态分布	63.8	53.7	71.0
Cu	44	8.89	9.79	12.60	16.55	20.89	32.53	36.61	19.84	12.95	17.38	5.53	84.3	7.90	0.65	16.55	19.80	对数正态分布	17.38	23.03	11.20
F	44	344	369	417	450	537	601	657	474	111	462	34.99	833	233	0.23	450	486	正态分布	474	563	431
Ga	44	10.82	11.21	12.66	14.44	16.26	20.24	21.09	14.98	3.16	14.67	4.78	21.75	10.10	0.21	14.44	15.80	正态分布	14.98	18.04	18.92
Ge	44	1.23	1.25	1.34	1.41	1.49	1.54	1.57	1.41	0.11	1.40	1.24	1.60	1.20	0.08	1.41	1.36	正态分布	1.41	1.56	1.50
Hg	44	0.03	0.03	0.04	0.06	0.10	0.17	0.62	0.19	0.62	0.07	6.00	4.09	0.02	3.24	0.06	0.04	对数正态分布	0.07	0.07	0.048
I	44	0.61	0.86	1.08	1.58	2.67	5.42	6.66	2.32	2.04	1.76	2.11	9.92	0.50	0.88	1.58	1.33	对数正态分布	1.76	3.38	3.86
La	44	32.91	33.10	38.78	43.48	46.91	50.4	51.7	42.55	6.06	42.11	8.57	52.8	30.40	0.14	43.48	42.60	正态分布	42.55	45.50	41.00
Li	44	23.76	24.56	26.35	31.25	39.08	49.05	50.00	34.29	9.64	33.11	7.67	63.9	23.50	0.28	31.25	28.00	正态分布	34.29	41.27	37.51
Mn	44	388	403	423	516	645	875	991	578	220	547	38.19	1381	279	0.38	516	586	正态分布	578	738	713
Mo	44	0.31	0.32	0.37	0.42	0.59	0.78	0.84	0.50	0.18	0.47	1.80	1.06	0.28	0.37	0.42	0.41	正态分布	0.50	0.91	0.62
N	44	0.35	0.36	0.43	0.51	0.68	1.04	1.15	0.63	0.39	0.57	1.68	2.62	0.32	0.61	0.51	0.46	对数正态分布	0.57	0.61	0.49
Nb	44	10.81	11.67	12.70	15.94	17.20	18.65	19.96	15.22	3.09	14.89	4.70	21.00	8.30	0.20	15.94	16.60	正态分布	15.22	19.10	19.60
Ni	44	18.35	19.62	20.48	23.00	31.80	37.65	39.86	26.25	7.95	25.21	6.73	51.5	13.70	0.30	23.00	24.90	正态分布	26.25	25.77	11.00
P	44	0.32	0.38	0.49	0.67	0.78	0.96	1.59	0.80	0.73	0.66	1.75	4.70	0.24	0.91	0.67	0.72	对数正态分布	0.66	0.43	0.24
Pb	44	14.30	15.39	18.44	21.84	26.26	35.08	38.86	27.71	28.26	23.56	6.53	201	12.70	1.02	21.84	23.90	对数正态分布	23.56	25.06	30.00

续表 3-9

元素/指标	N	$X_{5\%}$	$X_{10\%}$	$X_{25\%}$	$X_{50\%}$	$X_{75\%}$	$X_{90\%}$	$X_{95\%}$	$\bar{X}$	S	$\bar{X}_g$	S_g	X_{max}	X_{min}	CV	X_{me}	X_{mo}	分布类型	主城区基准值	杭州市基准值	浙江省基准值
Rb	44	68.8	74.4	78.4	86.0	110	120	133	93.0	21.74	90.5	13.59	146	45.30	0.23	86.0	82.0	正态分布	93.0	118	128
S	44	75.2	79.0	106	138	238	510	1081	279	405	174	22.11	1911	53.0	1.46	138	79.0	对数正态分布	174	110	114
Sb	44	0.26	0.28	0.35	0.50	0.80	1.00	1.03	0.62	0.45	0.53	1.96	2.90	0.25	0.72	0.50	0.74	正态分布	0.62	0.71	0.53
Sc	44	8.15	8.28	8.95	9.68	11.62	13.97	14.43	10.51	2.15	10.31	3.95	16.00	7.80	0.20	9.68	9.66	对数正态分布	10.51	9.74	9.70
Se	44	0.03	0.04	0.07	0.16	0.27	0.31	0.39	0.21	0.26	0.13	4.49	1.64	0.03	1.27	0.16	0.04	对数正态分布	0.13	0.19	0.21
Sn	44	2.11	2.35	2.81	3.60	5.21	13.56	33.23	8.31	16.09	4.64	3.39	100.0	1.76	1.94	3.60	8.07	正态分布	4.64	3.90	2.60
Sr	44	40.40	50.2	85.1	119	149	159	165	115	39.94	106	15.75	174	36.80	0.35	119	104	正态分布	115	48.86	112
Th	44	9.50	9.61	11.20	12.45	13.92	15.90	16.69	12.70	2.37	12.49	4.33	18.64	8.00	0.19	12.45	14.20	正态分布	12.70	13.94	14.50
Ti	44	3692	3845	4091	4326	4696	5194	5841	4457	641	4413	123	6167	2760	0.14	4326	4255	正态分布	4457	5238	4602
Tl	44	0.39	0.40	0.45	0.54	0.63	0.80	0.86	0.57	0.15	0.55	1.52	0.89	0.37	0.26	0.54	0.56	正态分布	0.57	0.73	0.82
U	44	1.90	2.04	2.23	2.44	2.80	3.27	3.68	2.55	0.52	2.50	1.75	3.95	1.74	0.20	2.44	2.50	正态分布	2.55	3.09	3.14
V	44	61.0	62.0	66.0	73.4	89.1	106	116	79.1	18.64	77.2	12.45	135	56.6	0.24	73.4	66.0	正态分布	79.1	81.3	110
W	44	0.94	0.98	1.17	1.48	1.70	2.07	2.26	1.49	0.39	1.44	1.40	2.30	0.84	0.26	1.48	1.48	正态分布	1.49	2.15	1.93
Y	44	19.00	20.72	22.33	24.78	28.00	30.08	31.95	24.88	4.10	24.53	6.40	33.00	14.45	0.16	24.78	25.00	正态分布	24.88	26.96	26.13
Zn	44	49.00	50.5	52.8	61.8	76.5	101	128	69.4	24.20	66.0	11.45	134	33.00	0.35	61.8	52.0	正态分布	69.4	102	77.4
Zr	44	219	238	254	306	340	395	412	306	61.2	300	26.60	445	192	0.20	306	351	正态分布	306	263	287
SiO$_2$	44	64.1	65.0	68.8	69.7	71.2	73.4	74.0	69.6	3.35	69.5	11.35	76.8	59.7	0.05	69.7	70.8	正态分布	69.6	70.0	70.5
Al$_2$O$_3$	44	10.25	10.35	10.85	12.29	13.62	15.06	15.61	12.45	1.83	12.32	4.28	17.15	9.85	0.15	12.29	12.31	正态分布	12.45	13.52	14.82
TFe$_2$O$_3$	44	3.20	3.25	3.37	4.04	5.21	5.68	6.55	4.32	1.10	4.19	2.36	6.83	2.96	0.25	4.04	3.38	正态分布	4.32	5.16	4.70
MgO	44	0.55	0.64	1.11	1.44	1.67	1.78	1.84	1.33	0.43	1.24	1.57	1.98	0.32	0.32	1.44	1.73	正态分布	1.33	1.02	0.67
CaO	44	0.17	0.23	0.85	1.33	2.86	3.79	3.97	1.81	1.30	1.27	2.70	4.16	0.12	0.72	1.33	1.44	正态分布	1.81	0.24	0.22
Na$_2$O	44	0.14	0.17	0.97	1.50	1.82	1.90	1.94	1.29	0.63	1.02	2.35	2.06	0.14	0.49	1.50	1.83	正态分布	1.29	0.29	0.16
K$_2$O	44	1.45	1.69	1.90	2.04	2.32	2.54	2.74	2.09	0.37	2.06	1.59	2.84	1.20	0.18	2.04	2.08	正态分布	2.09	2.46	2.99
TC	44	0.38	0.46	0.56	0.68	0.94	1.08	1.64	0.86	0.63	0.74	1.68	3.51	0.27	0.73	0.68	0.97	对数正态分布	0.74	0.47	0.43
Corg	44	0.15	0.16	0.20	0.43	0.53	0.80	1.08	0.52	0.60	0.38	2.56	3.13	0.10	1.15	0.43	0.47	对数正态分布	0.52	0.52	0.42
pH	44	5.12	5.60	6.70	7.72	8.37	8.56	8.70	5.88	5.42	7.41	3.20	9.06	4.74	0.92	7.72	8.37	正态分布	5.88	5.69	5.12

第三章　土壤地球化学基准值

表 3-10　松散岩类沉积物土壤母质地球化学基准值参数统计表

元素/指标	N	$X_{5\%}$	$X_{10\%}$	$X_{25\%}$	$X_{50\%}$	$X_{75\%}$	$X_{90\%}$	$X_{95\%}$	$\bar{X}$	S	$\bar{X}_g$	S_g	X_{max}	X_{min}	CV	X_{me}	X_{mo}	分布类型	松散岩沉积物基准值	杭州市基准值
Ag	141	42.00	43.00	53.0	68.0	81.0	120	134	86.7	96.8	71.5	11.92	788	32.00	1.12	68.0	68.0	对数正态分布	71.5	73.7
As	141	3.18	3.55	3.99	5.16	8.22	12.53	16.00	6.94	4.51	5.96	3.01	25.40	2.64	0.65	5.16	3.99	对数正态分布	5.96	11.20
Au	141	0.77	0.93	1.11	1.48	2.07	2.44	3.17	2.22	5.35	1.58	1.86	61.8	0.58	2.41	1.48	1.46	对数正态分布	1.58	1.25
B	128	55.3	60.7	66.0	72.0	76.0	81.3	84.3	71.0	8.80	70.4	11.69	93.7	47.20	0.12	72.0	68.0	剔除后正态分布	71.0	68.0
Ba	136	396	401	412	445	511	584	607	471	74.1	466	34.18	682	360	0.16	445	404	其他分布	404	436
Be	141	1.59	1.64	1.72	2.09	2.45	2.77	3.03	2.15	0.48	2.10	1.60	3.92	1.54	0.22	2.09	1.65	对数正态分布	2.10	2.30
Bi	141	0.16	0.16	0.18	0.28	0.38	0.49	0.54	0.30	0.15	0.28	2.39	1.21	0.13	0.50	0.28	0.17	对数正态分布	0.28	0.31
Br	136	1.50	1.50	1.50	2.10	2.73	3.69	3.95	2.29	0.83	2.15	1.73	4.60	1.30	0.36	2.10	1.50	其他分布	1.50	3.06
Cd	129	0.07	0.08	0.09	0.11	0.13	0.15	0.17	0.11	0.03	0.11	3.67	0.20	0.04	0.27	0.11	0.12	剔除后正态分布	0.11	0.11
Ce	141	58.0	59.3	66.4	76.0	83.1	89.3	92.0	75.2	11.59	74.4	11.88	124	48.18	0.15	76.0	65.0	正态分布	75.2	82.0
Cl	141	32.80	39.00	53.0	74.0	93.0	118	136	79.6	40.57	71.9	13.13	310	28.60	0.51	74.0	81.0	对数正态分布	71.9	32.00
Co	141	8.41	8.84	9.67	11.30	14.58	17.60	19.10	12.39	3.51	11.96	4.31	25.00	7.94	0.28	11.30	10.30	对数正态分布	11.96	15.70
Cr	141	43.30	45.90	49.00	57.5	77.0	96.0	111	65.0	21.54	61.9	11.33	127	27.00	0.33	57.5	48.00	对数正态分布	61.9	53.7
Cu	141	9.82	10.76	12.58	18.17	24.78	32.23	37.21	20.10	10.11	18.19	5.56	84.3	7.13	0.50	18.17	18.10	对数正态分布	18.19	23.03
F	133	376	404	443	486	545	610	647	496	81.3	489	35.48	694	294	0.16	486	465	剔除后正态分布	496	563
Ga	141	11.16	11.84	12.64	15.90	18.20	20.31	21.10	15.81	3.32	15.47	4.88	24.20	10.10	0.21	15.90	16.70	正态分布	15.81	18.04
Ge	141	1.23	1.27	1.35	1.48	1.55	1.60	1.65	1.46	0.14	1.45	1.26	1.79	1.20	0.09	1.48	1.53	偏峰分布	1.53	1.56
Hg	141	0.03	0.03	0.04	0.05	0.08	0.12	0.17	0.10	0.35	0.06	6.12	4.09	0.02	3.39	0.05	0.04	对数正态分布	0.06	0.07
I	141	0.70	0.94	1.29	2.09	2.91	4.27	5.05	2.34	1.41	1.97	1.97	8.26	0.43	0.60	2.09	2.49	对数正态分布	2.34	3.38
La	141	32.46	33.90	37.88	41.36	46.28	49.90	51.9	41.82	5.82	41.41	8.52	52.8	26.81	0.14	41.36	39.60	正态分布	41.82	45.50
Li	141	25.00	25.40	27.50	35.70	45.00	49.60	56.4	37.02	10.54	35.65	7.93	74.3	23.60	0.28	35.70	28.00	其他分布	35.65	41.27
Mn	133	389	406	427	495	661	761	823	547	152	527	36.57	1052	257	0.28	495	455	正态分布	455	738
Mo	141	0.30	0.32	0.35	0.41	0.61	0.98	1.19	0.59	0.58	0.49	2.04	4.67	0.28	0.98	0.41	0.37	对数正态分布	0.49	0.91
N	141	0.34	0.38	0.43	0.52	0.64	0.82	0.94	0.56	0.19	0.54	1.59	1.25	0.32	0.34	0.52	0.55	正态分布	0.54	0.61
Nb	141	11.34	12.07	13.39	15.70	18.30	20.00	21.80	15.93	3.29	15.60	4.82	25.50	8.30	0.21	15.70	16.70	正态分布	15.93	19.10
Ni	141	19.20	20.20	21.80	25.60	32.10	40.20	43.60	27.78	8.15	26.72	6.93	52.8	12.00	0.29	25.60	22.10	对数正态分布	26.72	25.77
P	137	0.30	0.33	0.48	0.61	0.70	0.77	0.83	0.59	0.17	0.56	1.57	0.99	0.20	0.29	0.61	0.70	剔除后正态分布	0.59	0.43
Pb	141	14.70	15.91	17.73	21.98	27.18	30.83	34.57	24.22	16.53	22.42	6.11	201	12.70	0.68	21.98	23.90	对数正态分布	22.42	25.06

续表 3-10

元素/指标	N	$X_{5\%}$	$X_{10\%}$	$X_{25\%}$	$X_{50\%}$	$X_{75\%}$	$X_{90\%}$	$X_{95\%}$	$\overline{X}$	S	$\overline{X}_g$	S_g	X_{max}	X_{min}	CV	X_{me}	X_{mo}	分布类型	松散岩沉积物基准值	杭州市基准值
Rb	141	73.3	75.0	79.4	102	120	133	147	102	23.74	99.6	14.20	166	71.2	0.23	102	104	偏峰分布	104	118
S	141	65.0	76.0	96.0	114	213	385	891	228	324	150	20.62	1911	53.0	1.42	114	103	对数正态分布	150	110
Sb	141	0.29	0.31	0.36	0.44	0.71	0.99	1.36	0.59	0.36	0.51	1.92	2.90	0.23	0.62	0.44	0.31	对数正态分布	0.51	0.71
Sc	141	8.22	8.60	9.20	10.20	12.30	13.90	14.80	10.83	2.13	10.64	4.01	17.40	7.60	0.20	10.20	9.90	对数正态分布	10.64	9.74
Se	141	0.04	0.04	0.07	0.14	0.22	0.29	0.33	0.17	0.16	0.13	4.28	1.64	0.03	0.98	0.14	0.04	对数正态分布	0.13	0.19
Sn	141	2.10	2.20	2.85	3.58	4.52	6.28	8.83	5.04	8.83	3.86	2.53	100.0	1.71	1.75	3.58	3.35	对数正态分布	3.86	3.90
Sr	141	47.90	57.2	89.0	118	156	165	169	118	39.52	110	16.32	175	39.50	0.34	118	143	偏峰分布	143	48.86
Th	141	9.45	9.70	10.81	12.46	14.50	16.25	17.30	12.79	2.54	12.55	4.31	19.90	8.00	0.20	12.46	13.00	正态分布	12.79	13.94
Ti	137	3803	3884	4078	4387	4755	5201	5355	4439	506	4411	125	5858	3077	0.11	4387	4409	剔除后正态分布	4439	5238
Tl	141	0.39	0.41	0.47	0.59	0.72	0.86	0.89	0.61	0.17	0.59	1.52	1.03	0.36	0.27	0.59	0.44	正态分布	0.61	0.73
U	141	1.77	1.81	2.05	2.37	2.94	3.67	3.98	2.59	0.74	2.50	1.77	5.55	1.48	0.28	2.37	2.06	对数正态分布	2.50	3.09
V	141	64.0	65.0	67.8	77.4	97.0	110	123	83.3	19.00	81.4	12.78	135	56.6	0.23	77.4	66.0	对数正态分布	81.4	81.3
W	141	0.98	1.08	1.28	1.58	1.90	2.22	2.40	1.63	0.46	1.57	1.44	3.30	0.84	0.28	1.58	1.39	正态分布	1.63	2.15
Y	141	20.65	21.27	22.73	25.30	28.30	31.80	33.00	25.97	4.10	25.65	6.52	37.00	18.00	0.16	25.30	28.00	剔除后对数分布	25.97	26.96
Zn	138	50.9	52.0	56.0	68.2	81.6	92.3	101	70.4	16.45	68.6	11.49	115	46.00	0.23	68.2	54.0	正态分布	68.6	102
Zr	141	208	225	248	285	326	370	410	292	58.2	286	26.13	478	192	0.20	285	286	正态分布	292	263
SiO$_2$	133	65.4	66.1	67.9	69.1	70.8	72.3	73.2	69.2	2.28	69.1	11.45	74.0	62.9	0.03	69.1	69.3	剔除后正态分布	69.2	70.0
Al$_2$O$_3$	141	10.19	10.32	10.71	12.80	14.39	15.83	16.51	12.81	2.12	12.64	4.34	17.75	10.06	0.17	12.80	12.80	其他分布	12.80	13.52
TFe$_2$O$_3$	140	3.20	3.25	3.42	4.25	5.07	6.05	6.82	4.44	1.14	4.30	2.37	7.58	3.16	0.26	4.25	3.20	其他分布	3.20	5.16
MgO	141	0.74	0.85	1.09	1.55	1.79	1.87	1.96	1.45	0.41	1.39	1.49	2.48	0.62	0.28	1.55	1.79	其他分布	1.79	1.02
CaO	141	0.40	0.47	0.78	1.25	3.47	3.91	3.97	1.92	1.38	1.40	2.45	4.82	0.17	0.72	1.25	0.81	其他分布	0.81	0.24
Na$_2$O	141	0.30	0.38	1.01	1.60	1.86	1.93	1.97	1.39	0.56	1.20	1.96	2.06	0.12	0.40	1.60	1.83	其他分布	1.83	0.29
K$_2$O	141	1.88	1.91	1.99	2.14	2.44	2.74	2.89	2.24	0.34	2.22	1.61	3.24	1.54	0.15	2.14	1.98	对数正态分布	2.22	2.46
TC	138	0.41	0.48	0.54	0.85	1.01	1.15	1.22	0.81	0.29	0.76	1.49	1.67	0.27	0.36	0.85	1.01	其他分布	1.01	0.47
Corg	141	0.16	0.19	0.25	0.42	0.52	0.76	0.86	0.46	0.35	0.38	2.26	2.97	0.10	0.75	0.42	0.25	对数正态分布	0.38	0.52
pH	141	5.70	5.98	6.85	7.75	8.41	8.58	8.72	6.32	5.77	7.56	3.25	9.33	4.83	0.91	7.75	8.43	偏峰分布	8.43	5.69

注：氧化物、TC、Corg 单位为%，N、P 单位为 g/kg，Au、Ag 单位为 μg/kg，pH 为无量纲，其他元素/指标单位为 mg/kg；后表单位相同。

第三章 土壤地球化学基准值

二、古土壤风化物土壤母质地球化学基准值

古土壤风化物区采集深层土壤样品6件,其地球化学基准值统计数据见表3-11。

古土壤风化物区深层土壤总体为弱酸性,土壤pH基准值为6.50,极大值为7.76,极小值为5.41,接近于杭州市基准值。

各元素/指标中,多数元素/指标变异系数在0.40以下,说明分布较为均匀;其中pH、Sn变异系数大于0.80,空间变异性较大。

与杭州市土壤基准值相比,古土壤风化物区土壤基准值中绝大多数元素/指标基准值与杭州市基准值接近;Zn、Cd、Ni、W、MgO、B、Ag、Cu、N、Corg、Cr、Sn、As、Sb、Mo基准值略低于杭州市基准值;CaO、Au、Sr、Cl、Na_2O基准值明显高于杭州市基准值,是杭州市基准值的1.4倍以上,其中Na_2O基准值最高,为杭州市基准值的1.9倍。

三、碎屑岩类风化物土壤母质地球化学基准值

碎屑岩类风化物地球化学基准值数据经正态分布检验,结果表明(表3-12),原始数据中Cr、Ga、Ge、Sc、Al_2O_3、TFe_2O_3、K_2O符合正态分布,Au、B、Be、Br、Cd、Cu、F、I、Li、Mn、N、Ni、Rb、Sr、Th、Tl、W、Y、MgO、pH共20项元素/指标符合对数正态分布,La、P、Pb、S、Ti、V、Zn、Zr、SiO_2、Corg剔除异常值后符合正态分布,Ag、As、Bi、Cl、Hg、Mo、Nb、Sb、Se、Sn、U、CaO、Na_2O、TC剔除异常值后符合对数正态分布,其他元素/指标不符合正态分布或对数正态分布。

碎屑岩类风化物区深层土壤总体为弱酸性,土壤pH基准值为5.92,极大值为8.49,极小值为4.74,接近于杭州市基准值。

各元素/指标中,多数元素/指标变异系数在0.40以下,说明分布较为均匀;其中Cd、pH变异系数大于0.80,空间变异性较大。

与杭州市土壤基准值相比,碎屑岩类风化物区土壤基准值中绝大多数元素/指标基准值与杭州市基准值接近;Na_2O基准值为杭州市基准值的72%;Cd、Ce、Sb略高于杭州市基准值,是杭州市基准值的1.2~1.4倍。

四、碳酸盐岩类风化物土壤母质地球化学基准值

碳酸盐岩类风化物地球化学基准值数据经正态分布检验,结果表明(表3-13),原始数据中B、Be、Br、Co、Cr、F、Ga、Ge、I、La、Mn、N、Ni、P、Sc、Th、Ti、Tl、Y、SiO_2、Al_2O_3、TFe_2O_3、MgO、Na_2O、K_2O、Corg、pH共27项元素/指标符合正态分布,As、Au、Cd、Ce、Cl、Cu、Hg、Li、Mo、Nb、Pb、Rb、S、Sb、Se、Sn、Sr、U、V、W、Zr、CaO、TC共23项元素/指标符合对数正态分布,Bi、Zn剔除异常值后符合正态分布,Ag、Ba剔除异常值后符合对数正态分布。

碳酸盐岩类风化物区深层土壤总体为中偏碱性,土壤pH基准值为6.08,极大值为8.41,极小值为4.59,接近于杭州市基准值。

各元素/指标中,多数元素/指标变异系数在0.40以下,说明分布较为均匀;其中pH、Se、Mo、Sb、Cd、Hg、Au变异系数大于0.80,空间变异性较大。

与杭州市土壤基准值相比,碳酸盐岩类风化物区土壤基准值中绝大多数元素/指标基准值与杭州市基准值接近;I、S、Tl、N、TC、Bi、Cr、P基准值略高于杭州市基准值,为杭州市基准值的1.2~1.4倍;U、Hg、Ni、MgO、V、F、Cu、Au、Ag、Ce、CaO、Se、Ba、Cd、As、Mo、Sb基准值明显高于杭州市基准值,是杭州市基准值的1.4倍以上,其中Cd、Mo、Sb明显富集,基准值是杭州市基准值的2.5倍以上。

表 3-11 古土壤风化物土壤母质基准值地球化学基准参数统计表

元素/指标	N	$X_{5\%}$	$X_{10\%}$	$X_{25\%}$	$X_{50\%}$	$X_{75\%}$	$X_{90\%}$	$X_{95\%}$	$\bar{X}$	S	$\bar{X}_g$	S_g	X_{max}	X_{min}	CV	X_{me}	X_{mo}	古土壤风化物基准值	杭州市基准值
Ag	6	32.00	32.00	36.00	55.0	63.5	73.5	78.2	53.5	20.04	50.3	9.16	83.0	32.00	0.37	55.0	32.00	55.0	73.7
As	6	3.84	4.30	5.67	7.25	8.68	9.29	9.39	6.95	2.33	6.56	2.94	9.50	3.38	0.33	7.25	7.01	7.25	11.20
Au	6	0.85	0.93	1.13	1.81	2.52	3.27	3.62	2.00	1.20	1.72	1.96	3.96	0.77	0.60	1.81	2.35	1.81	1.25
B	6	33.15	36.60	44.65	50.7	54.6	66.0	71.5	51.1	15.59	49.11	9.42	77.0	29.70	0.31	50.7	53.3	50.7	68.0
Ba	6	271	340	477	516	834	1024	1072	626	336	546	33.09	1121	203	0.54	516	553	516	436
Be	6	1.34	1.66	2.29	2.33	2.43	2.53	2.56	2.17	0.57	2.08	1.62	2.60	1.03	0.26	2.33	2.29	2.33	2.30
Bi	6	0.26	0.26	0.27	0.29	0.29	0.30	0.31	0.28	0.02	0.28	1.98	0.32	0.25	0.08	0.29	0.29	0.29	0.31
Br	6	1.65	1.70	1.98	2.55	2.77	2.97	3.04	2.40	0.59	2.34	1.69	3.10	1.60	0.25	2.55	2.54	2.55	3.06
Cd	6	0.03	0.03	0.05	0.08	0.10	0.11	0.11	0.07	0.03	0.06	4.69	0.11	0.03	0.46	0.08	0.08	0.08	0.11
Ce	6	68.5	70.9	76.1	79.0	95.5	101	101	83.6	14.16	82.6	11.49	101	66.0	0.17	79.0	81.0	79.0	82.0
Cl	6	38.05	39.30	42.97	52.2	70.7	86.5	92.2	59.3	23.33	55.9	10.18	98.0	36.80	0.39	52.2	57.9	52.2	32.00
Co	6	8.79	9.68	11.92	13.63	14.65	16.35	17.07	13.22	3.34	12.83	4.38	17.80	7.91	0.25	13.63	13.36	13.63	15.70
Cr	6	27.17	28.95	34.38	41.80	54.0	67.2	72.1	46.00	18.66	43.06	8.76	77.0	25.40	0.41	41.80	43.60	41.80	53.7
Cu	6	12.05	13.00	15.17	17.23	19.25	20.20	20.54	16.81	3.57	16.46	4.97	20.89	11.10	0.21	17.23	15.97	17.23	23.03
F	6	310	386	546	574	608	642	654	534	154	507	30.79	666	233	0.29	574	540	574	563
Ga	6	12.28	13.65	16.41	17.77	19.18	19.35	19.43	16.92	3.26	16.61	4.64	19.50	10.91	0.19	17.77	16.43	17.77	18.04
Ge	6	1.28	1.28	1.30	1.37	1.46	1.54	1.57	1.40	0.13	1.39	1.23	1.60	1.27	0.09	1.37	1.37	1.37	1.56
Hg	6	0.04	0.04	0.05	0.06	0.07	0.11	0.12	0.07	0.04	0.06	4.55	0.14	0.04	0.51	0.06	0.07	0.06	0.07
I	6	1.57	1.81	2.52	3.33	4.38	4.71	4.72	3.28	1.34	3.01	2.08	4.73	1.33	0.41	3.33	3.19	3.33	3.38
La	6	35.44	37.97	43.18	43.90	46.45	49.00	49.90	43.62	6.00	43.25	7.89	50.8	32.90	0.14	43.90	43.60	43.90	45.50
Li	6	25.60	27.50	32.22	35.20	37.95	39.95	40.52	34.22	6.16	33.70	7.02	41.10	23.70	0.18	35.20	35.00	35.20	41.27
Mn	6	496	502	528	598	683	752	778	618	120	608	35.30	805	489	0.19	598	634	598	738
Mo	6	0.44	0.46	0.53	0.72	1.06	1.17	1.19	0.78	0.34	0.72	1.62	1.22	0.41	0.43	0.72	0.90	0.72	0.91
N	6	0.34	0.37	0.43	0.46	0.49	0.56	0.59	0.46	0.10	0.45	1.55	0.63	0.31	0.22	0.46	0.48	0.46	0.61
Nb	6	9.93	11.35	14.91	17.30	20.05	21.50	21.80	16.72	4.92	15.99	4.50	22.10	8.52	0.29	17.30	17.10	17.30	19.10
Ni	6	11.15	12.00	14.07	18.80	25.93	30.80	32.65	20.53	9.18	18.85	5.63	34.50	10.30	0.45	18.80	22.40	18.80	25.77
P	6	0.30	0.32	0.36	0.38	0.41	0.45	0.47	0.38	0.07	0.38	1.74	0.49	0.28	0.18	0.38	0.37	0.38	0.43
Pb	6	22.09	22.59	24.02	25.35	26.98	29.26	30.14	25.73	3.26	25.57	6.06	31.02	21.59	0.13	25.35	25.40	25.35	25.06

续表 3-11

元素/指标	N	$X_{5\%}$	$X_{10\%}$	$X_{25\%}$	$X_{50\%}$	$X_{75\%}$	$X_{90\%}$	$X_{95\%}$	$\bar{X}$	S	$\bar{X}_g$	S_g	X_{max}	X_{min}	CV	X_{me}	X_{mo}	古土壤风化物基准值	杭州市基准值
Rb	6	57.0	68.7	95.0	121	143	152	155	114	41.89	105	12.84	158	45.30	0.37	121	104	121	118
S	6	95.0	97.0	102	108	136	151	154	118	26.01	116	14.57	157	93.0	0.22	108	108	108	110
Sb	6	0.41	0.45	0.52	0.56	0.88	1.27	1.42	0.76	0.44	0.67	1.65	1.57	0.38	0.58	0.56	0.60	0.56	0.71
Sc	6	8.43	8.59	9.10	10.10	10.65	11.20	11.45	9.96	1.26	9.89	3.59	11.70	8.27	0.13	10.10	9.70	10.10	9.74
Se	6	0.14	0.14	0.16	0.21	0.23	0.26	0.27	0.20	0.06	0.20	2.40	0.28	0.13	0.28	0.21	0.21	0.21	0.19
Sn	6	1.19	1.62	2.58	3.04	3.93	20.30	28.36	8.32	13.81	3.72	4.43	36.42	0.76	1.66	3.04	4.18	3.04	3.90
Sr	6	43.90	46.80	54.0	75.9	109	138	149	86.8	45.64	77.5	12.05	161	41.00	0.53	75.9	93.4	75.9	48.86
Th	6	10.02	10.84	12.55	12.70	13.55	15.11	15.76	12.89	2.33	12.70	3.98	16.40	9.19	0.18	12.70	12.70	12.70	13.94
Ti	6	3146	3531	4325	4706	5062	5526	5752	4588	1078	4467	103	5977	2760	0.24	4706	4393	4706	5238
Tl	6	0.44	0.48	0.58	0.68	0.75	0.77	0.77	0.64	0.14	0.63	1.45	0.77	0.40	0.22	0.68	0.63	0.68	0.73
U	6	2.42	2.49	2.64	2.70	3.15	3.50	3.60	2.90	0.50	2.86	1.77	3.70	2.35	0.17	2.70	2.72	2.70	3.09
V	6	58.8	59.5	64.8	79.3	86.6	89.0	89.5	75.9	13.60	74.9	11.16	90.0	58.1	0.18	79.3	76.2	79.3	81.3
W	6	1.21	1.30	1.50	1.58	2.16	2.63	2.77	1.83	0.66	1.74	1.55	2.91	1.12	0.36	1.58	1.60	1.58	2.15
Y	6	17.06	19.67	25.27	26.56	27.76	28.75	29.07	25.00	5.39	24.38	5.73	29.40	14.45	0.22	26.56	24.90	26.56	26.96
Zn	6	38.90	44.80	56.9	64.0	70.8	73.7	75.1	60.8	15.73	58.7	9.46	76.4	33.00	0.26	64.0	57.7	64.0	102
Zr	6	220	223	242	279	302	363	390	288	71.8	282	22.92	417	216	0.25	279	280	279	263
SiO_2	6	67.0	67.6	69.2	70.5	71.1	74.0	75.4	70.7	3.44	70.6	10.56	76.8	66.4	0.05	70.5	70.7	70.5	70.0
Al_2O_3	6	12.38	12.72	13.48	14.03	14.66	15.48	15.85	14.08	1.41	14.02	4.28	16.21	12.03	0.10	14.03	14.37	14.03	13.52
TFe_2O_3	6	3.63	3.97	4.68	5.02	5.47	5.65	5.72	4.88	0.90	4.80	2.39	5.79	3.28	0.18	5.02	4.70	5.02	5.16
MgO	6	0.40	0.48	0.66	0.75	1.06	1.30	1.38	0.85	0.40	0.76	1.66	1.46	0.32	0.48	0.75	0.83	0.75	1.02
CaO	6	0.22	0.23	0.29	0.43	0.61	0.93	1.06	0.53	0.36	0.45	2.07	1.20	0.21	0.69	0.43	0.48	0.43	0.24
Na_2O	6	0.22	0.29	0.46	0.55	0.92	1.29	1.42	0.71	0.50	0.56	2.22	1.55	0.15	0.70	0.55	0.57	0.55	0.29
K_2O	6	1.39	1.58	2.02	2.50	2.81	3.17	3.35	2.42	0.81	2.29	1.72	3.53	1.20	0.33	2.50	2.22	2.50	2.46
TC	6	0.42	0.42	0.44	0.47	0.49	0.56	0.59	0.49	0.08	0.48	1.50	0.63	0.42	0.16	0.47	0.49	0.47	0.47
Corg	6	0.37	0.38	0.39	0.40	0.45	0.47	0.47	0.42	0.04	0.41	1.66	0.47	0.36	0.10	0.40	0.41	0.40	0.52
pH	6	5.67	5.92	6.43	6.50	7.02	7.46	7.61	6.08	5.82	6.63	2.86	7.76	5.41	0.96	6.50	6.56	6.50	5.69

表 3-12　碎屑岩类风化物土壤母质地球化学基准值参数统计表

元素/指标	N	$X_{5\%}$	$X_{10\%}$	$X_{25\%}$	$X_{50\%}$	$X_{75\%}$	$X_{90\%}$	$X_{95\%}$	$\overline{X}$	S	$\overline{X}_g$	S_g	X_{max}	X_{min}	CV	X_{me}	X_{mo}	分布类型	碎屑岩类风化物基准值	杭州市基准值
Ag	440	39.95	47.90	60.8	76.0	110	140	170	86.8	37.84	79.5	12.90	200	31.00	0.44	76.0	110	剔除后对数分布	79.5	73.7
As	422	5.16	5.85	7.48	9.59	15.28	24.70	29.49	12.39	7.45	10.68	4.29	36.20	3.25	0.60	9.59	10.60	剔除后对数分布	10.68	11.20
Au	469	0.70	0.80	0.97	1.31	1.85	2.66	3.36	1.64	1.29	1.39	1.75	11.80	0.45	0.78	1.31	0.96	对数正态分布	1.39	1.25
B	469	38.88	45.48	54.4	63.3	74.0	83.3	95.0	64.7	17.42	62.4	11.10	153	21.10	0.27	63.3	55.0	对数正态分布	62.4	68.0
Ba	403	350	378	415	458	533	661	740	489	118	477	35.73	922	270	0.24	458	433	其他分布	433	436
Be	469	1.59	1.66	1.84	2.11	2.42	2.86	3.21	2.25	0.76	2.17	1.68	9.98	1.06	0.34	2.11	1.80	对数正态分布	2.17	2.30
Bi	421	0.20	0.22	0.25	0.31	0.38	0.45	0.51	0.33	0.10	0.31	2.10	0.63	0.13	0.29	0.31	0.29	剔除后对数分布	0.31	0.31
Br	469	1.69	1.96	2.40	3.20	4.39	6.01	7.45	3.67	1.85	3.30	2.25	13.50	0.90	0.50	3.20	2.20	对数正态分布	3.30	3.06
Cd	469	0.05	0.06	0.09	0.13	0.20	0.37	0.53	0.19	0.20	0.14	3.96	1.97	0.03	1.05	0.13	0.11	其他分布	0.14	0.11
Ce	419	70.9	73.1	78.3	82.9	91.7	105	113	86.3	12.77	85.5	13.00	128	57.7	0.15	82.9	104	其他分布	104	82.0
Cl	429	25.80	28.26	32.10	35.80	41.00	47.82	52.5	37.19	7.65	36.44	8.03	59.4	21.30	0.21	35.80	32.00	剔除后对数分布	36.44	32.00
Co	464	9.84	11.03	13.80	16.10	18.02	20.00	20.90	15.81	3.28	15.44	4.95	24.20	7.59	0.21	16.10	15.70	其他分布	15.70	15.70
Cr	469	38.00	44.92	54.7	64.6	72.0	80.5	86.9	64.0	15.26	62.1	10.90	141	23.60	0.24	64.6	63.0	正态分布	64.0	53.7
Cu	469	15.28	18.05	20.90	25.40	32.30	41.72	48.52	28.44	12.68	26.45	6.81	120	8.68	0.45	25.40	24.30	对数正态分布	26.45	23.03
F	469	326	363	420	523	656	820	979	565	203	535	38.56	1519	250	0.36	523	626	对数正态分布	535	563
Ga	469	13.60	14.38	15.80	17.50	19.50	20.80	21.70	17.60	2.55	17.42	5.26	26.40	10.74	0.15	17.50	17.30	对数正态分布	17.60	18.04
Ge	469	1.29	1.36	1.45	1.57	1.66	1.77	1.84	1.57	0.17	1.56	1.32	2.35	1.08	0.11	1.57	1.57	正态分布	1.57	1.56
Hg	432	0.04	0.05	0.06	0.07	0.09	0.11	0.13	0.07	0.03	0.07	4.92	0.16	0.02	0.35	0.07	0.11	剔除后正态分布	0.07	0.07
I	469	1.87	2.28	2.99	3.83	4.89	6.30	7.05	4.07	1.58	3.76	2.41	10.10	0.64	0.39	3.83	3.24	对数正态分布	3.76	3.38
La	452	36.85	39.61	42.00	45.00	47.30	49.70	51.00	44.57	4.16	44.37	8.95	55.4	33.10	0.09	45.00	45.50	剔除后对数分布	44.57	45.50
Li	469	30.48	33.38	37.20	42.60	49.20	58.0	62.7	44.31	10.79	43.16	8.87	98.2	23.80	0.24	42.60	39.50	对数正态分布	43.16	41.27
Mn	469	466	546	683	862	1034	1230	1437	888	316	840	49.41	3678	214	0.36	862	901	对数正态分布	840	738
Mo	412	0.44	0.50	0.61	0.79	1.15	1.60	1.97	0.94	0.48	0.84	1.58	2.62	0.28	0.51	0.79	0.53	剔除后正态分布	0.84	0.91
N	469	0.41	0.45	0.54	0.66	0.80	0.91	1.02	0.68	0.21	0.66	1.46	2.62	0.28	0.31	0.66	0.61	对数正态分布	0.66	0.61
Nb	449	16.14	16.80	18.00	19.10	20.50	22.00	22.90	19.27	1.99	19.17	5.51	24.70	14.37	0.10	19.10	18.50	剔除后正态分布	19.17	19.10
Ni	469	18.58	21.10	25.00	31.00	36.90	42.20	47.48	31.91	10.31	30.44	7.31	113	9.81	0.32	31.00	25.90	对数正态分布	30.44	25.77
P	444	0.26	0.28	0.35	0.42	0.49	0.59	0.64	0.43	0.11	0.41	1.78	0.73	0.16	0.26	0.42	0.45	剔除后正态分布	0.43	0.43
Pb	432	17.95	19.40	21.40	24.10	27.12	30.30	33.49	24.44	4.42	24.05	6.31	38.30	13.70	0.18	24.10	23.10	剔除后正态分布	24.44	25.06

第三章 土壤地球化学基准值

续表 3-12

元素/指标	N	$X_{5\%}$	$X_{10\%}$	$X_{25\%}$	$X_{50\%}$	$X_{75\%}$	$X_{90\%}$	$X_{95\%}$	$\overline{X}$	S	$\overline{X}_g$	S_g	X_{max}	X_{min}	CV	X_{mc}	X_{mo}	分布类型	碎屑岩类风化物基准值	杭州市基准值
Rb	469	81.9	88.0	97.4	113	131	145	158	116	27.81	113	15.46	371	51.4	0.24	113	122	对数正态分布	113	118
S	440	57.0	66.8	85.0	107	128	160	178	109	35.96	103	15.26	207	18.30	0.33	107	118	剔除后正态分布	109	110
Sb	424	0.51	0.56	0.68	0.86	1.38	2.06	2.41	1.09	0.58	0.97	1.62	2.90	0.33	0.53	0.86	0.71	剔除后对数正态分布	0.97	0.71
Sc	469	7.90	8.50	9.30	10.00	10.70	11.60	12.10	10.03	1.27	9.95	3.82	15.10	6.70	0.13	10.00	9.50	正态分布	10.03	9.74
Se	431	0.13	0.14	0.17	0.21	0.27	0.34	0.39	0.23	0.08	0.22	2.60	0.46	0.07	0.35	0.21	0.21	剔除后对数正态分布	0.22	0.19
Sn	439	2.55	2.80	3.25	3.91	4.75	5.86	6.70	4.12	1.22	3.95	2.33	7.57	1.34	0.30	3.91	4.08	剔除后对数正态分布	3.95	3.90
Sr	469	30.10	33.08	37.70	44.20	51.8	62.0	74.7	47.00	15.58	45.04	9.34	163	22.80	0.33	44.20	41.50	对数正态分布	45.04	48.86
Th	469	10.64	11.08	12.10	13.40	14.80	16.20	17.26	13.58	2.38	13.39	4.55	33.10	6.75	0.18	13.40	12.20	对数正态分布	13.39	13.94
Ti	461	4303	4508	4981	5479	5841	6092	6322	5406	616	5370	143	7078	3801	0.11	5479	5395	剔除后正态分布	5406	5238
Tl	469	0.47	0.50	0.57	0.68	0.82	1.03	1.20	0.74	0.25	0.70	1.43	2.29	0.32	0.34	0.68	0.64	对数正态分布	0.70	0.73
U	430	2.29	2.43	2.62	2.88	3.28	3.71	4.11	2.98	0.53	2.94	1.90	4.56	1.47	0.18	2.88	2.95	剔除后对数正态分布	2.94	3.09
V	435	62.6	70.1	78.0	87.7	99.1	110	117	88.7	16.32	87.1	13.20	138	48.90	0.18	87.7	110	剔除后对数正态分布	88.7	81.3
W	469	1.30	1.41	1.64	2.03	2.52	3.32	4.17	2.32	1.37	2.12	1.74	18.70	0.88	0.59	2.03	1.74	对数正态分布	2.12	2.15
Y	469	21.50	22.60	24.40	26.50	28.70	32.10	35.02	27.17	5.10	26.81	6.70	91.3	17.00	0.19	26.50	25.40	对数正态分布	26.81	26.96
Zn	448	57.0	60.8	70.8	82.2	94.2	105	114	83.0	17.44	81.1	12.69	134	49.10	0.21	82.2	102	剔除后正态分布	83.0	102
Zr	459	192	207	235	259	276	291	306	255	33.36	253	24.46	342	171	0.13	259	269	剔除后正态分布	255	263
SiO$_2$	463	66.8	68.0	70.0	71.9	73.6	75.0	75.8	71.7	2.70	71.7	11.75	78.5	64.5	0.04	71.9	70.0	正态分布	71.7	70.0
Al$_2$O$_3$	469	11.38	11.90	12.54	13.31	14.30	15.15	15.67	13.44	1.32	13.37	4.47	17.80	9.72	0.10	13.31	13.80	正态分布	13.44	13.52
TFe$_2$O$_3$	469	4.07	4.39	4.91	5.43	6.00	6.51	6.99	5.47	0.87	5.40	2.70	8.87	2.96	0.16	5.43	5.47	正态分布	5.47	5.16
MgO	469	0.64	0.68	0.80	0.97	1.22	1.58	1.81	1.09	0.53	1.01	1.41	6.44	0.50	0.49	0.97	0.99	对数正态分布	1.01	1.02
CaO	428	0.15	0.17	0.21	0.26	0.33	0.41	0.47	0.27	0.09	0.26	2.32	0.55	0.10	0.34	0.26	0.27	剔除后对数正态分布	0.26	0.24
Na$_2$O	428	0.12	0.14	0.17	0.21	0.27	0.34	0.38	0.23	0.08	0.21	2.54	0.48	0.07	0.35	0.21	0.19	剔除后对数正态分布	0.21	0.29
K$_2$O	469	1.67	1.79	1.99	2.31	2.63	2.94	3.09	2.34	0.46	2.30	1.69	4.31	1.39	0.20	2.31	1.99	正态分布	2.34	2.46
TC	441	0.34	0.38	0.46	0.54	0.62	0.74	0.85	0.55	0.15	0.53	1.56	0.98	0.21	0.26	0.54	0.47	剔除后正态分布	0.53	0.47
Corg	436	0.33	0.37	0.43	0.51	0.59	0.69	0.76	0.52	0.13	0.50	1.60	0.86	0.20	0.24	0.51	0.52	剔除后正态分布	0.52	0.52
pH	469	5.04	5.15	5.34	5.70	6.46	7.01	7.35	5.53	5.48	5.92	2.81	8.49	4.74	0.99	5.70	5.62	对数正态分布	5.92	5.69

表 3-13 碳酸盐岩类风化物土壤母质地球化学基准值参数统计表

元素/指标	N	$X_{5\%}$	$X_{10\%}$	$X_{25\%}$	$X_{50\%}$	$X_{75\%}$	$X_{90\%}$	$X_{95\%}$	$\bar{X}$	S	$\bar{X}_g$	S_g	X_{max}	X_{min}	CV	X_{me}	X_{mo}	分布类型	碳酸盐岩类风化物基准值	杭州市基准值
Ag	99	61.8	68.8	88.5	130	170	260	291	141	70.7	125	16.53	350	32.00	0.50	130	140	剔除后对数分布	125	73.7
As	108	9.07	11.76	17.50	25.75	37.35	67.7	84.8	32.86	25.24	26.05	7.34	131	5.50	0.77	25.75	15.20	对数正态分布	26.05	11.20
Au	108	0.97	1.10	1.37	1.85	2.54	4.05	6.53	2.64	2.90	2.06	2.11	23.10	0.74	1.10	1.85	2.31	对数正态分布	2.06	1.25
B	108	45.03	50.9	57.9	68.8	80.7	95.0	103	70.1	18.14	67.7	11.42	124	19.70	0.26	68.8	69.6	正态分布	70.1	68.0
Ba	103	413	477	740	1060	1670	2326	2608	1249	694	1073	56.6	3158	287	0.56	1060	1104	剔除后对数分布	1073	436
Be	108	1.94	2.10	2.29	2.54	2.73	3.19	3.45	2.57	0.45	2.53	1.77	4.04	1.67	0.17	2.54	2.61	正态分布	2.57	2.30
Bi	97	0.27	0.29	0.35	0.41	0.48	0.52	0.55	0.42	0.09	0.40	1.78	0.68	0.20	0.23	0.41	0.37	剔除后正态分布	0.42	0.31
Br	108	2.04	2.20	2.75	3.50	4.33	5.17	5.66	3.60	1.14	3.43	2.18	6.92	1.50	0.32	3.50	4.00	正态分布	3.60	3.06
Cd	108	0.11	0.14	0.20	0.33	0.53	0.86	1.19	0.44	0.36	0.34	2.65	2.17	0.08	0.82	0.33	0.20	对数正态分布	0.34	0.11
Ce	108	78.9	83.5	96.7	125	197	267	308	161	106	142	17.50	945	70.0	0.66	125	122	对数正态分布	142	82.0
Cl	108	25.00	27.84	32.60	36.60	41.28	45.63	52.9	38.01	11.01	36.77	8.14	104	19.90	0.29	36.60	40.90	对数正态分布	36.77	32.00
Co	108	10.63	12.39	14.67	16.20	17.80	19.23	19.89	16.18	3.21	15.88	4.99	31.20	8.17	0.20	16.20	16.20	正态分布	16.18	15.70
Cr	108	43.43	53.0	64.4	73.3	79.0	88.4	95.8	72.3	16.78	70.2	11.65	139	28.90	0.23	73.3	76.4	正态分布	72.3	53.7
Cu	108	20.04	22.60	31.35	38.35	46.30	57.2	75.0	40.87	18.65	37.77	8.19	160	14.00	0.46	38.35	42.00	对数正态分布	37.77	23.03
F	108	442	528	724	898	1062	1249	1303	902	288	854	49.39	2119	301	0.32	898	894	正态分布	902	563
Ga	108	15.90	16.44	17.80	18.80	19.92	21.20	22.70	18.92	2.20	18.80	5.48	28.10	13.10	0.12	18.80	18.30	正态分布	18.92	18.04
Ge	108	1.27	1.40	1.50	1.62	1.73	1.85	1.94	1.61	0.19	1.60	1.35	2.02	1.04	0.12	1.62	1.65	正态分布	1.61	1.56
Hg	108	0.05	0.06	0.07	0.10	0.13	0.18	0.28	0.12	0.13	0.10	4.26	1.34	0.04	1.09	0.10	0.13	对数正态分布	0.10	0.07
I	108	2.22	2.52	3.15	3.88	4.78	6.09	6.55	4.11	1.43	3.88	2.41	10.50	1.41	0.35	3.88	3.88	正态分布	4.11	3.38
La	108	39.99	41.37	42.70	45.20	47.52	49.63	50.8	45.31	3.74	45.15	9.01	59.6	33.80	0.08	45.20	45.20	正态分布	45.31	45.50
Li	108	35.88	38.15	41.30	44.95	54.3	61.7	68.7	48.05	10.08	47.10	9.30	87.1	30.00	0.21	44.95	39.50	对数正态分布	47.10	41.27
Mn	108	484	534	615	746	894	1054	1198	783	247	749	46.45	1790	365	0.32	746	784	正态分布	783	738
Mo	108	0.83	1.00	1.46	2.12	4.58	7.72	10.37	3.74	3.87	2.60	2.62	25.00	0.58	1.03	2.12	3.97	对数正态分布	2.60	0.91
N	108	0.50	0.53	0.63	0.78	0.90	1.09	1.24	0.80	0.22	0.77	1.38	1.48	0.44	0.28	0.78	0.80	正态分布	0.80	0.61
Nb	108	16.30	16.67	17.48	18.90	20.10	22.99	24.45	19.45	3.52	19.21	5.55	41.00	15.80	0.18	18.90	19.60	对数正态分布	19.21	19.10
Ni	108	22.24	24.15	34.25	38.75	42.95	49.95	58.1	39.19	10.75	37.70	8.15	80.8	11.80	0.27	38.75	39.00	对数正态分布	39.19	25.77
P	108	0.32	0.35	0.46	0.56	0.70	0.81	0.86	0.58	0.19	0.55	1.61	1.33	0.20	0.33	0.56	0.57	正态分布	0.58	0.43
Pb	108	21.04	21.74	24.30	28.15	31.85	42.59	55.6	32.42	19.44	29.81	7.28	171	16.10	0.60	28.15	29.30	对数正态分布	29.81	25.06

续表 3-13

元素/指标	N	$X_{5\%}$	$X_{10\%}$	$X_{25\%}$	$X_{50\%}$	$X_{75\%}$	$X_{90\%}$	$X_{95\%}$	$\overline{X}$	S	$\overline{X}_g$	S_g	X_{max}	X_{min}	CV	X_{me}	X_{mo}	分布类型	碳酸盐岩类风化物基准值	杭州市基准值
Rb	108	96.7	103	114	124	133	145	152	125	21.01	123	16.20	234	84.6	0.17	124	131	对数正态分布	123	118
S	108	78.4	90.3	109	130	165	214	245	147	71.4	135	17.50	597	49.50	0.49	130	134	对数正态分布	135	110
Sb	108	0.86	1.04	1.59	2.31	3.86	5.30	6.85	3.20	3.37	2.48	2.26	29.30	0.70	1.06	2.31	3.86	正态分布	2.48	0.71
Sc	108	8.30	8.60	9.50	10.30	11.12	12.13	12.86	10.40	1.45	10.30	3.90	16.60	7.20	0.14	10.30	9.80	正态分布	10.40	9.74
Se	108	0.17	0.19	0.23	0.33	0.43	0.73	1.04	0.44	0.45	0.35	2.42	3.61	0.13	1.03	0.33	0.20	对数正态分布	0.35	0.19
Sn	108	2.91	3.25	3.74	4.29	5.08	6.58	6.99	4.71	1.81	4.47	2.48	14.30	2.24	0.38	4.29	3.98	对数正态分布	4.47	3.90
Sr	108	32.84	35.80	40.23	47.20	54.9	64.8	76.7	49.99	16.30	48.03	9.68	146	28.80	0.33	47.20	47.90	对数正态分布	48.03	48.86
Th	108	11.90	12.40	14.17	15.10	16.00	16.70	17.43	15.11	1.80	15.01	4.82	22.10	11.20	0.12	15.10	16.00	正态分布	15.11	13.94
Ti	108	4503	4695	5080	5320	5609	5937	6249	5321	561	5292	140	7559	3487	0.11	5320	5391	正态分布	5321	5238
Tl	108	0.67	0.72	0.78	0.90	1.07	1.24	1.37	0.93	0.21	0.91	1.26	1.48	0.46	0.23	0.90	0.81	正态分布	0.93	0.73
U	108	2.85	3.16	3.50	4.09	5.06	6.47	7.76	4.66	2.24	4.35	2.45	19.30	2.34	0.48	4.09	4.60	对数正态分布	4.35	3.09
V	108	78.2	87.6	106	126	143	190	212	140	73.3	129	16.44	522	45.30	0.52	126	133	对数正态分布	129	81.3
W	108	1.45	1.66	1.92	2.40	3.10	3.69	4.95	2.65	1.10	2.48	1.83	7.54	1.21	0.42	2.40	2.17	正态分布	2.48	2.15
Y	108	23.24	23.77	26.18	28.00	31.73	34.63	36.75	29.14	4.58	28.81	7.00	49.20	21.40	0.16	28.00	28.00	剔除后正态分布	29.14	26.96
Zn	91	74.3	82.7	95.0	103	112	119	129	103	15.90	102	14.24	152	63.1	0.15	103	101	对数正态分布	103	102
Zr	108	174	181	194	215	246	284	332	229	55.4	224	22.99	481	166	0.24	215	213	正态分布	224	263
SiO$_2$	108	65.4	66.9	68.9	70.9	73.0	74.3	75.2	70.6	3.31	70.5	11.55	77.4	54.6	0.05	70.9	70.9	正态分布	70.6	70.0
Al$_2$O$_3$	108	11.60	11.84	12.60	13.20	14.02	14.98	15.59	13.40	1.52	13.32	4.49	23.26	10.20	0.11	13.20	13.00	正态分布	13.40	13.52
TFe$_2$O$_3$	108	4.64	4.79	5.23	5.54	5.99	6.57	6.79	5.63	0.75	5.58	2.73	8.33	3.96	0.13	5.54	5.52	正态分布	5.63	5.16
MgO	108	0.68	0.74	1.07	1.38	2.01	2.37	2.76	1.57	0.70	1.43	1.63	4.39	0.52	0.45	1.38	1.30	正态分布	1.57	1.02
CaO	108	0.26	0.31	0.35	0.47	0.65	1.21	1.95	0.64	0.49	0.53	1.93	2.45	0.12	0.77	0.47	0.55	对数正态分布	0.53	1.02
Na$_2$O	108	0.11	0.13	0.16	0.22	0.28	0.34	0.40	0.24	0.10	0.22	2.52	0.67	0.10	0.43	0.22	0.22	正态分布	0.24	0.29
K$_2$O	108	1.82	2.02	2.19	2.44	2.76	3.14	3.34	2.50	0.45	2.46	1.75	3.82	1.48	0.18	2.44	2.44	对数正态分布	2.50	2.46
TC	108	0.39	0.44	0.52	0.57	0.77	0.90	0.96	0.64	0.18	0.61	1.47	1.26	0.31	0.29	0.57	0.53	正态分布	0.61	0.47
Corg	108	0.37	0.43	0.49	0.55	0.68	0.78	0.86	0.58	0.15	0.57	1.51	1.07	0.30	0.26	0.55	0.52	对数正态分布	0.58	0.52
pH	108	5.51	5.73	6.29	6.78	7.28	8.03	8.18	6.08	5.58	6.81	3.04	8.41	4.59	0.92	6.78	6.76	正态分布	6.08	5.69

五、紫色碎屑岩类风化物土壤母质地球化学基准值

紫色碎屑岩类风化物土壤母质地球化学基准值数据经正态分布检验,结果表明(表3-14),原始数据中基准值Ag、Ba、Be、Bi、Br、Cd、Cl、Co、Cr、Cu、F、Ga、Ge、Hg、I、La、Li、Mn、N、Nb、Ni、P、Pb、Rb、S、Sb、Sc、Se、Sr、Th、Ti、Tl、U、V、W、Y、Zn、Zr、SiO_2、Al_2O_3、TFe_2O_3、MgO、CaO、Na_2O、K_2O、TC、Corg、pH 共48项元素/指标符合正态分布,As、Au、B、Ce、Mo、Sn 符合对数正态分布。

紫色碎屑岩类风化物区深层土壤总体为弱酸性,土壤 pH 基准值为5.69,极大值为7.63,极小值为4.83,与杭州市基准值一致。

各元素/指标中,大多数元素/指标变异系数在0.40以下,说明分布较为均匀;其中 pH、Mo 变异系数大于0.80,空间变异性较大。

与杭州市土壤基准值相比,紫色碎屑岩类风化物区土壤基准值中绝大多数元素/指标基准值与杭州市基准值接近;As、B、I、Ni、Se、Br、Zn、TC、N、Corg、P、Co 基准值略偏低,为杭州市基准值的60%~80%;CaO、Sb 基准值略高于杭州市基准值,是杭州市基准值的1.2~1.4倍;Na_2O 的基准值是杭州市基准值的1.48倍。

六、中酸性火成岩类风化物土壤母质地球化学基准值

中酸性火成岩类风化物地球化学基准值数据经正态分布检验,结果表明(表3-15),原始数据中 Cr、F、Ga、La、Mn、Ni、Ti、SiO_2、Al_2O_3、TFe_2O_3、K_2O 共11项元素/指标符合正态分布,As、Au、B、Be、Br、Cd、Ce、Cl、Co、Cu、Ge、Hg、I、Li、Mo、N、Nb、P、Rb、Sc、Se、Sn、Sr、Tl、U、V、W、Y、Zn、MgO、Na_2O、pH 共32项元素/指标符合对数正态分布,Ag、Ba、Bi、Pb、S、Sb、Th、Zr 共8项元素/指标剔除异常值后符合正态分布,CaO、TC、Corg 剔除异常值后符合对数正态分布。

中酸性火成岩类风化物区深层土壤总体为弱酸性,土壤 pH 基准值为5.70,极大值为8.29,极小值为4.61,与杭州市基准值基本接近。

各元素/指标中,多数元素/指标变异系数在0.40以下,说明分布较为均匀;其中 Cd、As、pH、Au 变异系数大于0.80,空间变异性较大。

与杭州市土壤基准值相比,中酸性火成岩类风化物区土壤基准值中绝大多数元素/指标基准值与杭州市基准值接近;B 基准值明显偏低,是杭州市基准值的50%;As、P、Zn、V、MgO、Cu、Cr、Ni、Co 基准值略偏低;Cl、Nb、K_2O、Rb、Be、U 基准值略高于杭州市基准值,是杭州市基准值的1.2~1.4倍;Na_2O、Mo 基准值是杭州市基准值的1.4倍以上。

七、中基性火成岩类风化物土壤母质地球化学基准值

中基性火成岩类风化物区采集深层土壤样品2件,其地球化学基准值数据统计见表3-16。

中基性火成岩类风化物区深层土壤总体为弱酸性,土壤 pH 基准值为6.21,极大值为6.25,极小值为6.16,接近于杭州市基准值。

各元素/指标中,多数元素/指标变异系数在0.40以下,说明分布较为均匀;其中 Ni、Li、pH 变异系数大于0.80,空间变异性较大。

与杭州市土壤基准值相比,中基性火成岩类风化物区土壤基准值中绝大多数元素/指标基准值与杭州市基准值接近;B 基准值明显偏低,是杭州市基准值的51%;Hg 基准值略偏低,为杭州市基准值的71%;P、Ti、U、Br、Mo、Ga、I、TFe_2O_3、MgO、Sr、Cl、TC 基准值略高于杭州市基准值,是杭州市基准值的1.2~1.4倍;Ag、As、Co、Cr、F、Mn、Nb、Sb、Sn、Y、Zr、Be、Cd、Li、CaO、Na_2O、Ni 基准值是杭州市基准值的1.4倍以上。

第三章 土壤地球化学基准值

表 3-14 紫色碎屑岩类风化物土壤母质地球化学基准值参数统计表

元素/指标	N	$X_{5\%}$	$X_{10\%}$	$X_{25\%}$	$X_{50\%}$	$X_{75\%}$	$X_{90\%}$	$X_{95\%}$	$\overline{X}$	S	$\overline{X}_g$	S_g	X_{max}	X_{min}	CV	X_{me}	X_{mo}	分布类型	紫色碎屑岩类风化物基准值	杭州市基准值
Ag	30	41.70	45.90	58.5	68.5	75.8	96.4	105	70.2	19.49	67.7	11.37	120	36.00	0.28	68.5	72.0	正态分布	70.2	73.7
As	30	4.81	5.32	5.90	7.60	8.69	10.80	15.82	8.90	6.97	7.79	3.34	42.70	4.03	0.78	7.60	5.90	对数正态分布	7.79	11.20
Au	30	0.67	0.74	0.86	1.35	1.66	1.86	3.48	1.46	1.00	1.26	1.70	4.89	0.44	0.69	1.35	0.83	对数正态分布	1.26	1.25
B	30	28.35	33.60	40.55	50.2	58.5	72.1	92.8	56.9	37.92	50.5	10.19	236	17.00	0.67	50.2	57.0	对数正态分布	50.5	68.0
Ba	30	335	351	397	438	487	620	752	475	152	457	33.43	1060	301	0.32	438	424	正态分布	475	436
Be	30	1.97	2.04	2.20	2.32	2.53	2.73	2.79	2.34	0.26	2.33	1.66	2.83	1.84	0.11	2.32	2.32	正态分布	2.34	2.30
Bi	30	0.18	0.22	0.25	0.27	0.32	0.35	0.37	0.28	0.05	0.27	2.13	0.37	0.16	0.19	0.27	0.27	正态分布	0.28	0.31
Br	30	1.07	1.29	1.57	1.92	2.31	2.72	2.87	2.00	0.78	1.87	1.69	4.94	0.68	0.39	1.92	1.95	正态分布	2.00	3.06
Cd	30	0.07	0.08	0.10	0.13	0.16	0.19	0.22	0.13	0.05	0.13	3.44	0.27	0.07	0.36	0.12	0.12	正态分布	0.13	0.11
Ce	30	65.9	67.1	69.2	71.8	75.8	91.4	105	76.0	14.95	74.9	11.78	136	61.1	0.20	71.8	72.0	对数正态分布	74.9	82.0
Cl	30	21.13	21.66	24.60	27.75	30.83	39.50	41.68	28.97	6.63	28.29	6.71	44.60	19.00	0.23	27.75	28.00	正态分布	28.97	32.00
Co	30	8.22	9.18	10.43	11.65	13.50	15.07	17.48	12.05	2.91	11.73	4.28	20.40	6.95	0.24	11.65	11.80	正态分布	12.05	15.70
Cr	30	35.34	36.54	41.03	46.10	54.3	58.5	61.7	47.44	8.44	46.72	9.25	62.9	33.70	0.18	46.10	48.60	正态分布	47.44	53.7
Cu	30	14.42	15.39	16.33	19.00	23.22	27.53	30.77	20.73	6.19	20.00	5.72	42.70	12.80	0.30	19.00	23.30	正态分布	20.73	23.03
F	30	440	540	611	674	748	812	831	667	121	655	42.41	863	367	0.18	674	779	正态分布	667	563
Ga	30	14.76	15.29	15.80	16.50	17.52	18.21	19.29	16.69	1.40	16.64	5.00	20.10	14.20	0.08	16.50	16.30	正态分布	16.69	18.04
Ge	30	1.44	1.53	1.67	1.79	1.84	1.88	1.93	1.75	0.15	1.74	1.40	2.07	1.40	0.09	1.79	1.80	正态分布	1.75	1.56
Hg	30	0.04	0.04	0.05	0.05	0.07	0.10	0.13	0.06	0.03	0.06	5.27	0.16	0.03	0.45	0.05	0.05	正态分布	0.06	0.07
I	30	0.96	1.33	1.56	2.31	3.11	3.41	3.89	2.35	0.94	2.14	1.94	4.20	0.57	0.40	2.31	1.36	正态分布	2.35	3.38
La	30	33.42	34.39	36.65	37.95	39.50	42.36	45.20	38.36	3.92	38.18	7.98	50.6	30.70	0.10	37.95	38.70	正态分布	38.36	45.50
Li	30	29.36	32.10	37.53	42.25	49.28	52.1	58.4	43.03	8.98	42.14	8.58	66.8	27.40	0.21	42.25	41.10	正态分布	43.03	41.27
Mn	30	398	437	480	576	707	830	931	606	167	584	39.74	968	309	0.28	576	593	正态分布	606	738
Mo	30	0.62	0.70	0.76	1.05	1.20	1.52	3.31	1.35	1.52	1.07	1.75	8.42	0.48	1.12	1.05	1.08	对数正态分布	1.07	0.91
N	30	0.34	0.37	0.40	0.47	0.53	0.63	0.64	0.48	0.11	0.47	1.57	0.80	0.30	0.23	0.47	0.42	正态分布	0.48	0.61
Nb	30	18.28	18.86	20.02	21.25	22.45	24.99	25.85	21.47	2.32	21.35	5.75	26.20	17.50	0.11	21.25	22.10	正态分布	21.47	19.10
Ni	30	13.69	14.76	15.25	19.45	24.20	26.18	31.27	20.07	5.65	19.33	5.65	32.60	10.90	0.28	19.45	24.40	正态分布	20.07	25.77
P	30	0.21	0.22	0.25	0.30	0.37	0.42	0.49	0.32	0.11	0.31	2.06	0.72	0.20	0.33	0.30	0.31	正态分布	0.32	0.43
Pb	30	20.17	20.50	21.87	24.00	26.27	28.32	29.65	24.25	3.29	24.05	6.23	33.50	19.60	0.14	24.00	24.00	正态分布	24.25	25.06

续表 3-14

元素/指标	N	$X_{5\%}$	$X_{10\%}$	$X_{25\%}$	$X_{50\%}$	$X_{75\%}$	$X_{90\%}$	$X_{95\%}$	$\bar{X}$	S	$\bar{X}_g$	S_g	X_{max}	X_{min}	CV	X_{me}	X_{mo}	分布类型	紫色碎屑岩类风化物基准值	杭州市基准值
Rb	30	103	107	118	123	130	142	145	124	14.24	123	15.96	161	99.0	0.11	123	118	正态分布	124	118
S	30	57.9	63.2	68.9	87.3	104	118	123	88.1	25.07	84.7	13.22	160	38.80	0.28	87.3	118	正态分布	88.1	110
Sb	30	0.56	0.72	0.79	0.91	1.06	1.29	1.42	0.94	0.24	0.91	1.31	1.50	0.50	0.26	0.91	0.79	正态分布	0.94	0.71
Sc	30	7.04	7.19	7.48	8.30	8.75	9.33	9.60	8.35	1.20	8.27	3.41	13.20	6.90	0.14	8.30	8.30	正态分布	8.35	9.74
Se	30	0.08	0.08	0.11	0.13	0.17	0.21	0.23	0.14	0.05	0.13	3.30	0.24	0.08	0.33	0.13	0.12	正态分布	0.14	0.19
Sn	30	2.39	2.43	2.78	3.16	4.69	7.88	13.01	4.73	3.73	3.97	2.63	18.59	2.24	0.79	3.16	3.14	对数正态分布	3.97	3.90
Sr	30	34.89	36.89	41.47	46.25	53.7	63.5	68.9	50.9	19.27	48.66	9.46	140	34.70	0.38	46.25	50.3	正态分布	50.9	48.86
Th	30	11.54	12.51	13.43	14.95	16.27	17.30	17.46	14.81	2.14	14.65	4.77	19.90	9.62	0.14	14.95	14.90	正态分布	14.81	13.94
Ti	30	3560	3725	4080	4466	5002	5203	5261	4499	643	4454	125	6133	3245	0.14	4466	4487	正态分布	4499	5238
Tl	30	0.62	0.63	0.65	0.72	0.78	0.85	0.91	0.73	0.10	0.72	1.25	0.98	0.59	0.14	0.72	0.63	正态分布	0.73	0.73
U	30	2.56	2.58	2.82	3.09	3.42	3.79	4.08	3.19	0.63	3.14	1.95	5.46	2.19	0.20	3.09	3.28	正态分布	3.19	3.09
V	30	54.3	56.2	64.0	70.4	77.2	88.5	97.9	72.4	14.26	71.1	11.63	118	51.2	0.20	70.4	74.5	正态分布	72.4	81.3
W	30	1.73	1.76	1.99	2.27	2.66	3.04	3.30	2.45	0.75	2.36	1.71	5.61	1.62	0.31	2.27	2.49	正态分布	2.45	2.15
Y	30	20.64	22.60	24.15	25.40	27.80	29.23	29.77	25.64	2.88	25.47	6.36	30.70	18.90	0.11	25.40	26.00	正态分布	25.64	26.96
Zn	30	56.5	57.0	62.8	66.3	70.7	75.4	82.0	67.4	7.98	67.0	11.15	88.7	54.6	0.12	66.3	66.6	正态分布	67.4	102
Zr	30	234	243	250	267	303	318	328	276	37.82	273	24.66	395	206	0.14	267	284	正态分布	276	263
SiO$_2$	30	71.2	71.6	73.1	74.2	75.2	76.0	76.4	73.8	2.18	73.8	11.74	77.0	65.6	0.03	74.2	74.5	正态分布	73.8	70.0
Al$_2$O$_3$	30	11.79	11.99	12.30	12.80	13.47	14.21	14.46	12.96	0.96	12.93	4.33	16.00	11.60	0.07	12.80	13.30	正态分布	12.96	13.52
TFe$_2$O$_3$	30	3.91	3.95	4.26	4.59	4.73	5.38	5.51	4.64	0.64	4.60	2.42	7.09	3.84	0.14	4.59	4.68	正态分布	4.64	5.16
MgO	30	0.63	0.67	0.72	0.89	0.97	1.06	1.21	0.87	0.20	0.85	1.26	1.46	0.55	0.23	0.89	0.72	正态分布	0.87	1.02
CaO	30	0.21	0.24	0.28	0.33	0.37	0.38	0.44	0.33	0.09	0.32	2.04	0.66	0.17	0.27	0.33	0.37	正态分布	0.33	0.24
Na$_2$O	30	0.22	0.26	0.29	0.41	0.47	0.69	0.84	0.43	0.20	0.39	1.95	1.03	0.16	0.47	0.41	0.42	正态分布	0.43	0.29
K$_2$O	30	2.22	2.27	2.41	2.69	2.86	2.98	3.04	2.65	0.29	2.63	1.77	3.34	2.18	0.11	2.69	2.69	正态分布	2.65	2.46
TC	30	0.24	0.26	0.29	0.32	0.39	0.46	0.55	0.35	0.11	0.34	1.94	0.72	0.20	0.31	0.32	0.32	正态分布	0.35	0.47
Corg	30	0.22	0.24	0.27	0.32	0.39	0.45	0.53	0.34	0.11	0.33	1.98	0.71	0.20	0.31	0.32	0.31	正态分布	0.34	0.52
pH	30	5.18	5.32	5.49	6.39	7.00	7.23	7.51	5.69	5.50	6.29	2.86	7.63	4.83	0.97	6.39	6.74	正态分布	5.69	5.69

表3-15 中酸性火成岩类风化物土壤母质地球化学基准值参数统计表

元素/指标	N	$X_{5\%}$	$X_{10\%}$	$X_{25\%}$	$X_{50\%}$	$X_{75\%}$	$X_{90\%}$	$X_{95\%}$	$\overline{X}$	S	$\overline{X}_g$	S_g	X_{max}	X_{min}	CV	X_{me}	X_{mo}	分布类型	中酸性火成岩类风化物基准值	杭州市基准值
Ag	211	32.00	32.00	49.00	67.0	90.5	110	130	70.9	29.96	64.9	11.37	160	27.00	0.42	67.0	32.00	剔除后正态分布	70.9	73.7
As	227	4.37	4.82	6.07	8.13	11.35	18.32	24.42	10.72	9.65	8.76	3.84	90.6	2.09	0.90	8.13	10.20	对数正态分布	8.76	11.20
Au	227	0.49	0.58	0.72	1.02	1.35	1.97	2.52	1.38	3.15	1.05	1.74	47.40	0.36	2.28	1.02	0.58	对数正态分布	1.05	1.25
B	227	14.12	17.24	24.80	33.90	49.50	64.1	74.6	38.40	19.31	33.85	8.10	116	6.83	0.50	33.90	24.00	对数正态分布	33.85	68.0
Ba	216	295	324	404	506	619	742	823	522	159	498	37.09	957	203	0.30	506	514	剔除后正态分布	522	436
Be	227	2.00	2.15	2.38	2.73	3.31	4.33	5.18	3.02	1.03	2.89	1.94	7.53	1.54	0.34	2.73	2.75	对数正态分布	2.89	2.30
Bi	199	0.17	0.20	0.24	0.28	0.34	0.40	0.46	0.29	0.08	0.28	2.22	0.52	0.14	0.34	0.28	0.28	剔除后正态分布	0.29	0.31
Br	227	1.57	1.88	2.37	3.30	4.80	6.34	7.25	3.89	2.45	3.39	2.38	21.17	0.76	0.63	3.30	4.60	对数正态分布	3.39	3.06
Cd	227	0.05	0.06	0.08	0.11	0.15	0.22	0.28	0.13	0.12	0.11	4.15	1.25	0.01	0.89	0.11	0.12	对数正态分布	0.11	0.11
Ce	227	70.3	73.1	79.0	86.8	94.7	107	121	89.6	18.39	88.1	13.16	189	58.0	0.21	86.8	79.7	对数正态分布	88.1	82.0
Cl	227	27.33	30.40	35.45	43.30	54.1	68.9	74.0	46.77	18.13	44.07	9.22	145	19.60	0.39	43.30	32.20	对数正态分布	44.07	32.00
Co	227	5.88	6.54	7.86	9.97	12.50	15.50	17.97	10.72	3.92	10.09	3.96	26.30	4.69	0.37	9.97	10.30	对数正态分布	10.09	15.70
Cr	227	14.93	18.26	24.30	33.80	43.80	55.4	60.1	35.85	15.79	32.56	7.69	113	7.40	0.44	33.80	43.80	正态分布	35.85	53.7
Cu	227	8.69	9.86	12.00	14.90	20.05	27.22	34.73	17.59	10.00	15.88	5.17	107	5.23	0.57	14.90	14.50	对数正态分布	15.88	23.03
F	227	338	368	432	549	664	763	842	565	169	541	38.36	1279	255	0.30	549	491	正态分布	565	563
Ga	227	16.19	17.16	18.38	19.90	22.05	23.90	25.46	20.22	2.80	20.03	5.65	28.40	10.60	0.14	19.90	18.40	正态分布	20.22	18.04
Ge	227	1.34	1.39	1.44	1.54	1.72	1.87	1.93	1.58	0.19	1.57	1.32	2.11	1.19	0.12	1.54	1.47	对数正态分布	1.57	1.56
Hg	227	0.03	0.04	0.05	0.06	0.08	0.10	0.13	0.07	0.05	0.06	5.31	0.53	0.03	0.70	0.06	0.05	对数正态分布	0.06	0.07
I	227	1.65	2.13	3.09	3.92	5.36	6.90	7.59	4.37	2.03	3.90	2.55	13.90	0.21	0.46	3.92	3.07	对数正态分布	3.90	3.38
La	227	33.06	35.46	40.35	44.70	48.25	53.3	58.5	44.86	7.19	44.28	9.04	71.7	26.10	0.16	44.70	47.80	对数正态分布	44.86	45.50
Li	227	25.03	26.96	31.00	36.70	45.50	53.2	64.5	39.69	13.57	37.88	8.03	127	21.10	0.34	36.70	32.20	对数正态分布	37.88	41.27
Mn	227	363	430	581	745	905	1190	1356	776	293	723	45.73	1869	258	0.38	745	771	正态分布	776	738
Mo	227	0.66	0.82	1.06	1.35	1.89	2.46	3.03	1.58	0.90	1.40	1.67	8.06	0.28	0.57	1.35	1.39	对数正态分布	1.40	0.91
N	227	0.33	0.36	0.43	0.52	0.70	1.01	1.17	0.61	0.27	0.56	1.68	1.56	0.24	0.44	0.52	0.61	对数正态分布	0.56	0.61
Nb	227	17.95	19.26	21.25	23.20	27.75	34.38	37.75	25.30	6.63	24.57	6.36	55.4	13.40	0.26	23.20	22.50	对数正态分布	24.57	19.10
Ni	227	8.25	9.06	11.40	15.90	20.20	25.54	29.68	16.79	7.11	15.46	5.03	50.8	4.97	0.42	15.90	11.00	正态分布	16.79	25.77
P	227	0.18	0.21	0.27	0.34	0.43	0.55	0.63	0.37	0.14	0.34	2.05	1.07	0.12	0.39	0.34	0.33	对数正态分布	0.34	0.43
Pb	214	20.57	22.03	24.13	26.75	29.48	33.57	35.14	27.06	4.38	26.71	6.66	38.00	15.50	0.16	26.75	24.50	剔除后正态分布	27.06	25.06

续表 3-15

元素/指标	N	$X_{5\%}$	$X_{10\%}$	$X_{25\%}$	$X_{50\%}$	$X_{75\%}$	$X_{90\%}$	$X_{95\%}$	$\overline{X}$	S	$\overline{X}_g$	S_g	X_{max}	X_{min}	CV	X_{me}	X_{mo}	分布类型	中酸性火成岩类风化物基准值	杭州市基准值
Rb	227	100.0	108	128	148	172	214	236	155	45.19	150	17.84	344	67.3	0.29	148	136	对数正态分布	150	118
S	220	71.6	80.4	103	124	160	188	203	130	41.44	124	16.74	242	31.00	0.32	124	130	剔除后正态分布	130	110
Sb	205	0.38	0.46	0.55	0.70	0.84	1.02	1.12	0.71	0.23	0.67	1.51	1.45	0.23	0.32	0.70	0.71	剔除后正态分布	0.71	0.71
Sc	227	6.43	7.06	7.90	8.90	9.90	11.14	12.87	9.08	2.02	8.88	3.61	18.90	5.10	0.22	8.90	8.30	对数正态分布	8.88	9.74
Se	227	0.10	0.12	0.16	0.20	0.28	0.37	0.42	0.23	0.10	0.21	2.79	0.69	0.06	0.45	0.20	0.19	对数正态分布	0.21	0.19
Sn	227	2.43	2.70	3.34	4.33	5.71	8.24	10.45	5.19	3.42	4.55	2.65	28.10	1.33	0.66	4.33	2.89	对数正态分布	4.55	3.90
Sr	227	32.90	35.80	42.60	54.1	76.8	99.2	117	62.5	28.28	57.3	11.14	194	22.90	0.45	54.1	44.10	对数正态分布	57.3	48.86
Th	210	11.00	11.98	13.80	15.60	17.38	19.32	20.85	15.62	2.90	15.35	4.84	23.50	8.78	0.19	15.60	15.60	剔除后正态分布	15.62	13.94
Ti	227	2799	3133	3726	4312	4827	5438	6083	4363	1027	4249	125	8914	2268	0.24	4312	4710	正态分布	4363	5238
Tl	227	0.58	0.64	0.71	0.82	0.98	1.21	1.45	0.89	0.27	0.85	1.35	2.06	0.40	0.30	0.82	0.76	对数正态分布	0.85	0.73
U	227	2.64	2.92	3.25	3.71	4.52	5.81	6.95	4.05	1.31	3.88	2.25	9.76	1.48	0.32	3.71	3.57	对数正态分布	3.88	3.09
V	227	36.75	41.74	49.70	60.7	75.6	95.8	107	65.9	24.17	62.2	10.98	180	28.70	0.37	60.7	103	对数正态分布	62.2	81.3
W	227	1.53	1.67	1.90	2.38	2.98	4.04	4.87	2.78	2.09	2.50	1.87	28.30	1.24	0.75	2.38	1.91	对数正态分布	2.50	2.15
Y	227	23.25	24.60	26.55	30.00	37.35	44.50	49.77	32.79	8.56	31.83	7.34	62.8	18.00	0.26	30.00	31.00	对数正态分布	31.83	26.96
Zn	227	57.8	61.6	68.5	77.0	94.6	110.0	125	83.0	22.14	80.5	12.65	205	46.00	0.27	77.0	107	对数正态分布	80.5	102
Zr	207	226	240	258	300	348	414	462	312	70.1	305	27.70	515	178	0.22	300	315	剔除后正态分布	312	264
SiO_2	227	62.7	64.3	67.7	69.6	72.4	73.9	75.2	69.5	3.96	69.4	11.52	79.6	57.1	0.06	69.6	69.6	正态分布	69.5	70.0
Al_2O_3	227	12.16	12.70	13.44	14.60	16.01	17.92	18.55	14.88	1.99	14.75	4.76	20.46	10.09	0.13	14.60	14.60	正态分布	14.88	13.52
TFe_2O_3	227	3.29	3.52	4.14	4.66	5.20	5.88	6.43	4.73	0.99	4.64	2.48	9.70	3.07	0.21	4.66	4.14	正态分布	4.73	5.16
MgO	227	0.46	0.50	0.59	0.73	0.90	1.13	1.36	0.79	0.36	0.74	1.47	3.44	0.32	0.45	0.73	0.72	对数正态分布	0.74	1.02
CaO	206	0.15	0.17	0.21	0.27	0.34	0.43	0.48	0.29	0.10	0.27	2.29	0.57	0.11	0.35	0.27	0.31	剔除后正态分布	0.27	0.24
Na_2O	227	0.22	0.29	0.37	0.52	0.71	0.95	1.29	0.59	0.33	0.52	1.81	1.88	0.15	0.55	0.52	0.58	对数正态分布	0.52	0.29
K_2O	227	2.27	2.43	2.66	3.15	3.51	3.88	4.07	3.11	0.58	3.06	1.96	4.36	1.35	0.19	3.15	3.01	对数正态分布	3.11	2.46
TC	205	0.31	0.37	0.43	0.50	0.58	0.73	0.86	0.52	0.15	0.50	1.62	0.98	0.21	0.29	0.50	0.43	剔除后正态分布	0.50	0.47
Corg	204	0.30	0.34	0.41	0.47	0.54	0.69	0.73	0.49	0.14	0.47	1.67	0.93	0.20	0.28	0.47	0.51	剔除后正态分布	0.47	0.52
pH	227	4.95	5.06	5.21	5.51	6.01	6.61	7.23	5.39	5.40	5.70	2.73	8.29	4.61	1.00	5.51	5.58	对数正态分布	5.70	5.69

第三章 土壤地球化学基准值

表3-16 中基性火成岩类风化物土壤母质地球化学基准值参数统计表

元素/指标	N	$X_{5\%}$	$X_{10\%}$	$X_{25\%}$	$X_{50\%}$	$X_{75\%}$	$X_{90\%}$	$X_{95\%}$	$\bar{X}$	S	$\bar{X}_g$	S_g	X_{max}	X_{min}	CV	X_{me}	X_{mo}	中基性火成岩类风化物基准值	杭州市基准值
Ag	2	56.4	61.9	78.2	105	133	149	155	105	77.1	90.3	13.48	160	51.0	0.73	105	51.0	105	73.7
As	2	13.08	13.47	14.62	16.55	18.47	19.63	20.01	16.55	5.44	16.10	3.64	20.40	12.70	0.33	16.55	12.70	16.55	11.20
Au	2	0.96	1.00	1.11	1.30	1.49	1.60	1.64	1.30	0.54	1.24	1.49	1.68	0.92	0.41	1.30	1.68	1.30	1.25
B	2	31.36	31.73	32.82	34.65	36.47	37.57	37.93	34.65	5.16	34.46	6.21	38.30	31.00	0.15	34.65	31.00	34.65	68.0
Ba	2	396	399	407	422	436	444	447	422	40.31	421	21.23	450	393	0.10	422	393	422	436
Be	2	2.66	2.92	3.73	5.06	6.40	7.20	7.46	5.06	3.78	4.30	2.08	7.73	2.39	0.75	5.06	7.73	5.06	2.30
Bi	2	0.21	0.22	0.26	0.31	0.36	0.40	0.41	0.31	0.16	0.29	2.43	0.42	0.20	0.50	0.31	0.20	0.31	0.31
Br	2	3.80	3.80	3.82	3.84	3.87	3.89	3.89	3.84	0.08	3.84	1.98	3.90	3.79	0.02	3.84	3.79	3.84	3.06
Cd	2	0.17	0.18	0.21	0.25	0.30	0.32	0.33	0.25	0.13	0.23	2.69	0.34	0.16	0.51	0.25	0.16	0.25	0.11
Ce	2	79.7	80.0	81.2	83.0	84.8	86.0	86.3	83.0	5.23	82.9	8.91	86.7	79.3	0.06	83.0	79.3	83.0	82.0
Cl	2	36.77	37.44	39.45	42.80	46.15	48.16	48.83	42.80	9.48	42.27	7.08	49.50	36.10	0.22	42.80	36.10	42.80	32.00
Co	2	23.76	23.91	24.38	25.15	25.93	26.39	26.55	25.15	2.19	25.10	4.86	26.70	23.60	0.09	25.15	23.60	25.15	15.70
Cr	2	56.6	59.8	69.3	85.2	101	111	114	85.2	44.97	79.0	7.59	117	53.4	0.53	85.2	53.4	85.2	53.7
Cu	2	19.73	20.45	22.62	26.25	29.88	32.05	32.77	26.25	10.25	25.23	5.92	33.50	19.00	0.39	26.25	19.00	26.25	23.03
F	2	478	516	628	814	1000	1112	1150	814	528	724	21.86	1187	441	0.65	814	441	814	563
Ga	2	21.81	21.91	22.23	22.75	23.27	23.59	23.69	22.75	1.48	22.73	4.66	23.80	21.70	0.07	22.75	21.70	22.75	18.04
Ge	2	1.59	1.60	1.64	1.71	1.77	1.81	1.82	1.71	0.18	1.70	1.27	1.83	1.58	0.10	1.71	1.58	1.71	1.56
Hg	2	0.05	0.05	0.05	0.05	0.05	0.06	0.06	0.05	0.01	0.05	4.62	0.06	0.05	0.12	0.05	0.06	0.05	0.07
I	2	3.50	3.58	3.83	4.26	4.69	4.94	5.03	4.26	1.20	4.17	2.32	5.11	3.41	0.28	4.26	3.41	4.26	3.38
La	2	52.9	53.1	53.4	54.1	54.8	55.1	55.3	54.1	1.84	54.1	7.27	55.4	52.8	0.03	54.1	52.8	54.1	45.50
Li	2	43.48	49.56	67.8	98.2	129	147	153	98.2	86.0	77.1	7.03	159	37.40	0.88	98.2	37.40	98.2	41.27
Mn	2	1228	1232	1246	1269	1292	1306	1310	1269	65.1	1268	34.98	1315	1223	0.05	1269	1223	1269	738
Mo	2	0.99	1.00	1.05	1.14	1.23	1.28	1.29	1.14	0.24	1.13	1.16	1.31	0.97	0.21	1.14	1.31	1.14	0.91
N	2	0.50	0.51	0.55	0.62	0.69	0.73	0.74	0.62	0.19	0.61	1.53	0.76	0.48	0.31	0.62	0.48	0.62	0.61
Nb	2	20.21	21.82	26.65	34.70	42.75	47.58	49.19	34.70	22.77	30.74	4.69	50.8	18.60	0.66	34.70	50.8	34.70	19.10
Ni	2	39.39	44.69	60.6	87.0	114	129	135	87.0	74.9	69.1	6.69	140	34.10	0.86	87.0	34.10	87.0	25.77
P	2	0.48	0.48	0.50	0.52	0.55	0.57	0.57	0.52	0.07	0.52	1.47	0.58	0.47	0.14	0.52	0.47	0.52	0.43
Pb	2	16.39	17.38	20.35	25.30	30.25	33.22	34.21	25.30	14.00	23.28	4.17	35.20	15.40	0.55	25.30	15.40	25.30	25.06

续表 3-16

元素/指标	N	$X_{5\%}$	$X_{10\%}$	$X_{25\%}$	$X_{50\%}$	$X_{75\%}$	$X_{90\%}$	$X_{95\%}$	$\bar{X}$	S	$\bar{X}_g$	S_g	X_{max}	X_{min}	CV	X_{me}	X_{mo}	中基性火成岩类风化物基准值	杭州市基准值
Rb	2	78.9	82.8	94.5	114	134	145	149	114	55.2	107	8.92	153	75.0	0.48	114	75.0	114	118
S	2	102	104	108	116	124	128	130	116	21.21	115	10.09	131	101	0.18	116	101	116	110
Sb	2	0.90	0.92	0.96	1.02	1.09	1.13	1.15	1.02	0.19	1.02	1.16	1.16	0.89	0.19	1.02	0.89	1.02	0.71
Sc	2	9.86	10.02	10.50	11.30	12.10	12.58	12.74	11.30	2.26	11.19	3.62	12.90	9.70	0.20	11.30	12.90	11.30	9.74
Se	2	0.13	0.13	0.15	0.18	0.22	0.24	0.24	0.18	0.09	0.17	3.07	0.25	0.12	0.50	0.18	0.12	0.18	0.19
Sn	2	4.74	4.84	5.17	5.71	6.24	6.57	6.67	5.71	1.52	5.60	2.20	6.78	4.63	0.27	5.71	4.63	5.71	3.90
Sr	2	56.0	57.0	60.2	65.5	70.9	74.1	75.1	65.5	15.06	64.7	8.78	76.2	54.9	0.23	65.5	54.9	65.5	48.86
Th	2	9.74	10.27	11.86	14.50	17.15	18.74	19.27	14.50	7.49	13.50	3.24	19.80	9.21	0.52	14.50	9.21	14.50	13.94
Ti	2	5404	5509	5826	6355	6884	7201	7306	6355	1495	6266	86.4	7412	5298	0.24	6355	5298	6355	5238
Tl	2	0.43	0.46	0.53	0.66	0.78	0.85	0.88	0.66	0.35	0.61	1.81	0.90	0.41	0.53	0.66	0.90	0.66	0.73
U	2	2.62	2.74	3.12	3.76	4.40	4.78	4.90	3.76	1.80	3.54	1.78	5.03	2.49	0.48	3.76	2.49	3.76	3.09
V	2	69.8	71.9	78.0	88.2	98.5	105	107	88.2	28.92	85.8	10.55	109	67.8	0.33	88.2	67.8	88.2	81.3
W	2	2.32	2.32	2.32	2.33	2.33	2.34	2.34	2.33	0.01	2.33	1.53	2.34	2.32	0.01	2.33	2.34	2.33	2.15
Y	2	37.11	37.73	39.57	42.65	45.72	47.57	48.18	42.65	8.70	42.20	6.08	48.80	36.50	0.20	42.65	36.50	42.65	26.96
Zn	2	89.7	92.3	100.0	114	127	135	137	114	37.48	110	9.45	140	87.0	0.33	114	87.0	114	102
Zr	2	375	378	389	408	426	437	440	408	51.6	406	19.29	444	371	0.13	408	371	408	263
SiO_2	2	65.3	65.4	65.7	66.3	66.9	67.3	67.4	66.3	1.66	66.3	8.07	67.5	65.2	0.03	66.3	65.2	66.3	70.0
Al_2O_3	2	14.51	14.52	14.53	14.55	14.58	14.59	14.60	14.55	0.06	14.55	3.81	14.60	14.51	0.01	14.55	14.51	14.55	13.52
TFe_2O_3	2	6.39	6.41	6.45	6.52	6.59	6.63	6.65	6.52	0.20	6.52	2.58	6.66	6.38	0.03	6.52	6.38	6.52	5.16
MgO	2	1.15	1.16	1.21	1.29	1.38	1.43	1.44	1.29	0.23	1.28	1.15	1.46	1.13	0.18	1.29	1.13	1.29	1.02
CaO	2	0.54	0.54	0.56	0.58	0.61	0.63	0.63	0.58	0.08	0.58	1.27	0.64	0.53	0.13	0.58	0.53	0.58	0.24
Na_2O	2	0.64	0.68	0.78	0.94	1.10	1.20	1.24	0.94	0.47	0.88	1.47	1.27	0.61	0.50	0.94	0.61	0.94	0.29
K_2O	2	2.22	2.27	2.44	2.72	3.00	3.17	3.22	2.72	0.79	2.66	1.55	3.28	2.16	0.29	2.72	2.16	2.72	2.46
TC	2	0.47	0.49	0.55	0.64	0.73	0.79	0.81	0.64	0.27	0.61	1.65	0.83	0.45	0.42	0.64	0.83	0.64	0.47
Corg	2	0.43	0.45	0.51	0.61	0.71	0.77	0.79	0.61	0.28	0.58	1.75	0.81	0.41	0.46	0.61	0.41	0.61	0.52
pH	2	6.16	6.17	6.18	6.21	6.23	6.24	6.25	6.20	7.04	6.21	2.48	6.25	6.16	1.13	6.21	6.16	6.21	5.69

八、变质岩类风化物土壤母质地球化学基准值

变质岩类风化物区采集深层土壤样品 4 件,其地球化学基准值数据统计见表 3-17。

变质岩类风化物区深层土壤总体为弱酸性,土壤 pH 基准值为 6.05,极大值为 6.28,极小值为 5.04,接近于杭州市基准值。

各元素/指标中,多数元素/指标变异系数在 0.40 以下,说明分布较为均匀;其中 Corg、pH 变异系数大于 0.80,空间变异性较大。

与杭州市土壤基准值相比,变质岩类风化物区土壤基准值中绝大多数元素/指标基准值与杭州市基准值接近;B、Tl、Th、Bi、U 基准值明显偏低,在杭州市基准值的 60% 以下;Rb、Li、F、As、Pb、Cr 基准值略偏低,为杭州市基准值的 60%~80%;Corg、Co、Ba、Ti、TFe_2O_3、Ag、Y、Sc 基准值略高于杭州市基准值,为杭州市基准值的 1.2~1.4 倍;V、Mn、TC、Cu、Cl、S、I、Br、Se、Sr、CaO、Na_2O 基准值明显高于杭州市基准值,是杭州市基准值的 1.4 倍以上,其中 Sr、CaO、Na_2O 基准值是杭州市基准值的 2.0 倍以上。

第三节 主要土壤类型地球化学基准值

一、黄壤土壤地球化学基准值

黄壤土壤地球化学基准值数据经正态分布检验,结果表明(表 3-18),原始数据中 B、Co、Cr、F、Ga、Ge、I、La、Li、N、Nb、P、Rb、Sc、Th、Ti、Tl、SiO_2、Al_2O_3、TFe_2O_3、K_2O、TC、Corg 共 23 项元素/指标符合正态分布,As、Au、Be、Bi、Br、Cl、Cu、Hg、Mo、Ni、Pb、S、Sb、Se、Sn、Sr、U、V、Y、Zn、Zr、MgO、Na_2O 共 23 项元素/指标符合对数正态分布,Ag、Ce、Mn、W、CaO、pH 剔除异常值后符合正态分布,Cd 剔除异常值后符合对数正态分布,Ba 不符合正态分布或对数正态分布。

黄壤区深层土壤总体为弱酸性,土壤 pH 基准值为 5.36,极大值为 6.04,极小值为 4.98,接近于杭州市基准值。

各元素/指标中,SiO_2、La、Ge、Al_2O_3 等 24 项元素/指标变异系数在 0.40 以下,说明分布较为均匀;其中 Au、Na_2O、Se、pH、As、Sb、Mo 变异系数大于 0.80,空间变异性较大。

与杭州市土壤基准值相比,黄壤区土壤基准值中绝大多数元素/指标基准值与杭州市基准值接近;B 基准值略偏低,为杭州市基准值的 69%;Rb、Tl、U、Bi、S、N、Corg、Na_2O 基准值略高于杭州市基准值,是杭州市基准值的 1.2~1.4 倍;Sb、Cl、Mo、Se、I、Br、TC 明显富集,基准值是杭州市基准值的 1.4 倍以上。

二、红壤土壤地球化学基准值

红壤土壤地球化学基准值数据经正态分布检验,结果表明(表 3-19),原始数据中 B、Cr、Ga、Ge、Ni、TFe_2O_3 符合正态分布,Au、Br、Cu、F、I、Li、N、P、Rb、Tl、W、Al_2O_3、MgO、Na_2O、K_2O、pH 共 16 项元素/指标符合对数正态分布,Be、La、Mn、Sc、Th、Ti、V、Zn、Zr、SiO_2 剔除异常值后符合正态分布,Ag、Bi、Cl、Hg、Mo、Pb、S、Se、Sn、Sr、U、Y、CaO、TC、Corg 共 15 项元素/指标剔除异常值后符合对数正态分布,其他元素/指标不符合正态分布或对数正态分布。

红壤区深层土壤总体为弱酸性,土壤 pH 基准值为 5.93,极大值为 8.49,极小值为 4.70,接近于杭州市基准值。

表 3-17 变质岩类风化物土壤母质地球化学基准值参数统计表

元素/指标	N	$X_{5\%}$	$X_{10\%}$	$X_{25\%}$	$X_{50\%}$	$X_{75\%}$	$X_{90\%}$	$X_{95\%}$	$\bar{X}$	S	$\bar{X}_g$	S_g	X_{max}	X_{min}	CV	X_{me}	X_{mo}	变质岩类风化物基准值	杭州市基准值
Ag	4	91.2	92.4	96.0	98.5	104	114	117	102	12.82	101	12.30	120	90.0	0.13	98.5	99.0	98.5	73.7
As	4	6.71	6.89	7.43	8.12	12.31	19.15	21.42	11.62	8.09	10.05	3.31	23.70	6.53	0.70	8.12	8.52	8.12	11.20
Au	4	0.98	1.02	1.11	1.44	1.71	1.72	1.72	1.39	0.39	1.34	1.34	1.72	0.95	0.28	1.44	1.17	1.44	1.25
B	4	25.25	25.40	25.85	26.80	29.48	33.03	34.22	28.53	4.69	28.26	6.28	35.40	25.10	0.16	26.80	27.50	26.80	68.0
Ba	4	530	532	540	558	602	653	670	583	72.0	580	30.24	687	527	0.12	558	573	558	436
Be	4	1.26	1.30	1.40	2.00	2.58	2.66	2.68	1.99	0.75	1.88	1.52	2.71	1.23	0.38	2.00	1.46	2.00	2.30
Bi	4	0.17	0.17	0.18	0.18	0.29	0.48	0.55	0.29	0.22	0.24	2.93	0.61	0.17	0.76	0.18	0.18	0.18	0.31
Br	4	4.03	4.35	5.33	6.12	7.70	10.10	10.90	6.91	3.40	6.34	2.74	11.70	3.70	0.49	6.12	6.37	6.12	3.06
Cd	4	0.08	0.08	0.09	0.11	0.15	0.21	0.23	0.13	0.08	0.12	0.01	0.25	0.07	0.59	0.11	0.11	0.11	0.11
Ce	4	78.0	78.4	79.6	83.9	96.6	113	119	92.3	21.52	90.7	10.80	124	77.6	0.23	83.9	87.4	83.9	82.0
Cl	4	43.60	44.50	47.20	50.6	55.7	61.2	63.1	52.2	9.38	51.6	8.35	64.9	42.70	0.18	50.6	52.6	50.6	32.00
Co	4	14.28	14.65	15.77	19.65	23.15	23.60	23.75	19.27	4.89	18.79	5.03	23.90	13.90	0.25	19.65	16.40	19.65	15.70
Cr	4	25.70	27.61	33.32	39.50	43.52	45.37	45.98	37.35	9.94	36.22	6.78	46.60	23.80	0.27	39.50	36.50	39.50	53.7
Cu	4	23.58	24.66	27.90	35.25	43.52	48.43	50.1	36.18	12.80	34.46	7.55	51.7	22.50	0.35	35.25	40.80	35.25	23.03
F	4	368	370	376	384	418	474	492	411	67.2	407	24.64	511	366	0.16	384	387	384	563
Ga	4	19.11	19.21	19.53	20.55	21.65	22.10	22.25	20.63	1.55	20.58	5.04	22.40	19.00	0.08	20.55	21.40	20.55	18.04
Ge	4	1.33	1.34	1.35	1.42	1.53	1.61	1.64	1.46	0.15	1.45	1.23	1.67	1.33	0.11	1.42	1.48	1.42	1.56
Hg	4	0.04	0.04	0.05	0.07	0.09	0.09	0.09	0.07	0.03	0.06	4.82	0.10	0.03	0.40	0.07	0.06	0.07	0.07
I	4	4.70	4.86	5.34	5.87	6.24	6.43	6.50	5.71	0.87	5.66	2.63	6.56	4.54	0.15	5.87	5.61	5.87	3.38
La	4	42.78	43.26	44.70	46.55	49.00	51.5	52.4	47.15	4.58	46.99	7.91	53.2	42.30	0.10	46.55	47.60	46.55	45.50
Li	4	23.00	23.60	25.40	27.45	32.25	39.00	41.25	30.20	9.22	29.26	5.88	43.50	22.40	0.31	27.45	28.50	27.45	41.27
Mn	4	733	781	924	1074	1205	1314	1351	1055	293	1022	46.13	1387	685	0.28	1074	1004	1074	738
Mo	4	0.67	0.71	0.80	1.02	1.21	1.23	1.24	0.98	0.29	0.95	1.32	1.25	0.64	0.29	1.02	0.86	1.02	0.91
N	4	0.43	0.48	0.63	0.72	0.99	1.46	1.62	0.90	0.60	0.77	1.83	1.77	0.39	0.67	0.72	0.73	0.72	0.61
Nb	4	12.69	13.27	15.03	16.70	18.05	19.22	19.61	16.38	3.30	16.11	4.28	20.00	12.10	0.20	16.70	16.00	16.70	19.10
Ni	4	14.77	15.23	16.62	21.75	26.93	28.41	28.90	21.80	7.11	20.90	4.85	29.40	14.30	0.33	21.75	26.10	21.75	25.77
P	4	0.48	0.48	0.48	0.49	0.53	0.62	0.64	0.53	0.09	0.52	1.43	0.67	0.47	0.18	0.49	0.49	0.49	0.43
Pb	4	13.63	13.96	14.95	18.40	25.42	32.85	35.32	21.97	11.08	20.18	4.75	37.80	13.30	0.50	18.40	21.30	18.40	25.06

续表 3-17

元素/指标	N	$X_{5\%}$	$X_{10\%}$	$X_{25\%}$	$X_{50\%}$	$X_{75\%}$	$X_{90\%}$	$X_{95\%}$	$\bar{X}$	S	$\bar{X}_g$	S_g	X_{max}	X_{min}	CV	X_{me}	X_{mo}	变质岩类风化物基准值	杭州市基准值
Rb	4	56.4	58.8	66.0	73.0	94.0	126	137	87.0	41.71	80.7	9.73	148	54.0	0.48	73.0	76.0	73.0	118
S	4	97.8	102	113	187	316	427	463	242	186	194	18.32	500	94.0	0.77	187	255	187	110
Sb	4	0.55	0.59	0.72	0.83	1.00	1.21	1.28	0.88	0.35	0.83	1.50	1.35	0.51	0.40	0.83	0.88	0.83	0.71
Sc	4	11.09	11.37	12.22	13.60	14.95	15.76	16.03	13.57	2.36	13.42	4.28	16.30	10.80	0.17	13.60	12.70	13.60	9.74
Se	4	0.18	0.19	0.24	0.38	0.49	0.50	0.50	0.35	0.17	0.32	2.24	0.50	0.16	0.47	0.38	0.27	0.38	0.19
Sn	4	3.26	3.30	3.40	3.69	4.17	4.63	4.79	3.89	0.76	3.84	2.10	4.94	3.23	0.19	3.69	3.92	3.69	3.90
Sr	4	45.95	54.4	79.7	111	131	134	135	99.2	45.12	88.7	14.15	136	37.50	0.45	111	93.8	111	48.86
Th	4	5.80	5.92	6.31	7.17	9.52	12.57	13.58	8.65	4.06	8.06	2.90	14.60	5.67	0.47	7.17	7.82	7.17	13.94
Ti	4	4810	5090	5930	6841	7372	7528	7580	6461	1389	6336	120	7632	4530	0.21	6841	6396	6841	5238
Tl	4	0.31	0.32	0.34	0.35	0.48	0.70	0.77	0.46	0.25	0.42	2.06	0.84	0.30	0.55	0.35	0.36	0.35	0.73
U	4	1.59	1.59	1.62	1.83	2.34	2.91	3.10	2.13	0.80	2.04	1.50	3.29	1.58	0.37	1.83	2.03	1.83	3.09
V	4	83.0	87.2	99.8	117	130	135	137	113	26.13	110	13.62	138	78.8	0.23	117	107	117	81.3
W	4	1.27	1.32	1.45	1.77	2.84	4.32	4.81	2.52	1.88	2.12	1.82	5.30	1.23	0.75	1.77	2.02	1.77	2.15
Y	4	24.86	26.23	30.32	37.00	42.12	43.43	43.86	35.45	9.39	34.43	6.42	44.30	23.50	0.26	37.00	32.60	37.00	26.96
Zn	4	81.2	81.7	83.4	89.6	95.7	97.4	97.9	89.6	8.47	89.2	11.23	98.5	80.6	0.09	89.6	84.3	89.6	102
Zr	4	200	211	246	270	284	302	309	260	53.0	256	19.42	315	188	0.20	270	266	270	263
SiO₂	4	61.7	62.1	63.3	64.5	65.8	67.3	67.8	64.6	2.87	64.6	9.52	68.2	61.3	0.04	64.5	65.0	64.5	70.0
Al₂O₃	4	14.68	14.78	15.10	15.66	16.20	16.50	16.60	15.65	0.92	15.62	4.35	16.70	14.57	0.06	15.66	15.28	15.66	13.52
TFe₂O₃	4	5.26	5.38	5.71	6.87	7.86	7.91	7.92	6.71	1.40	6.59	2.93	7.94	5.15	0.21	6.87	5.90	6.87	5.16
MgO	4	0.71	0.72	0.75	0.88	1.10	1.30	1.36	0.97	0.33	0.93	1.33	1.43	0.70	0.34	0.88	0.99	0.88	1.02
CaO	4	0.38	0.40	0.48	0.70	0.87	0.88	0.88	0.66	0.26	0.61	1.52	0.88	0.35	0.40	0.70	0.53	0.70	0.24
Na₂O	4	0.38	0.43	0.59	0.68	0.75	0.88	0.93	0.66	0.26	0.62	1.53	0.97	0.33	0.40	0.68	0.67	0.68	0.29
K₂O	4	1.78	1.85	2.05	2.23	2.56	3.04	3.19	2.38	0.69	2.31	1.56	3.35	1.71	0.29	2.23	2.30	2.23	2.46
TC	4	0.44	0.48	0.61	0.70	1.05	1.68	1.88	0.97	0.76	0.80	1.93	2.09	0.40	0.78	0.70	0.71	0.70	0.47
Corg	4	0.40	0.44	0.56	0.65	1.00	1.61	1.81	0.92	0.74	0.74	2.00	2.01	0.36	0.81	0.65	0.67	0.65	0.52
pH	4	5.17	5.31	5.71	6.05	6.21	6.25	6.27	5.54	5.38	5.86	2.67	6.28	5.04	0.97	6.05	5.93	6.05	5.69

表 3-18　黄壤土壤地球化学基准值参数统计表

元素/指标	N	$X_{5\%}$	$X_{10\%}$	$X_{25\%}$	$X_{50\%}$	$X_{75\%}$	$X_{90\%}$	$X_{95\%}$	$\overline{X}$	S	$\overline{X}_g$	S_g	X_{max}	X_{min}	CV	X_{me}	X_{mo}	分布类型	黄壤基准值	杭州市基准值
Ag	79	32.00	40.00	55.5	71.0	100.0	132	150	80.0	34.81	73.0	11.85	180	27.00	0.43	71.0	100.0	剔除后正态分布	80.0	73.7
As	86	4.36	5.26	7.13	10.30	19.20	46.70	56.8	18.92	21.25	12.75	5.04	121	2.98	1.12	10.30	10.60	对数正态分布	12.75	11.20
Au	86	0.58	0.69	0.85	1.10	1.93	2.42	3.02	1.49	1.24	1.24	1.77	9.41	0.46	0.83	1.10	0.58	对数正态分布	1.24	1.25
B	86	18.33	22.50	30.57	45.45	61.3	77.8	81.5	47.05	20.31	42.49	8.73	91.0	15.10	0.43	45.45	34.00	正态分布	47.05	68.0
Ba	73	347	396	437	475	592	681	858	516	140	500	35.89	956	274	0.27	475	436	偏峰分布	436	436
Be	86	1.66	1.79	2.12	2.43	2.99	3.90	5.29	2.77	1.22	2.59	1.91	9.98	1.57	0.44	2.43	2.62	对数正态分布	2.59	2.30
Bi	86	0.20	0.22	0.28	0.38	0.50	0.71	0.95	0.46	0.35	0.40	2.17	2.74	0.16	0.76	0.38	0.38	对数正态分布	0.40	0.31
Br	86	2.12	2.35	3.79	4.70	7.25	10.23	11.65	5.84	3.44	5.07	2.81	21.17	1.70	0.59	4.70	4.70	对数正态分布	5.07	3.06
Cd	77	0.07	0.07	0.10	0.12	0.15	0.24	0.28	0.14	0.06	0.13	0.16	0.34	0.04	0.46	0.12	0.12	偏峰分布	0.13	0.11
Ce	76	73.0	75.6	83.1	92.1	104	114	126	94.8	17.00	93.4	13.42	150	58.2	0.18	92.1	104	剔除后正态分布	94.8	82.0
Cl	86	31.33	33.70	37.30	44.15	52.9	85.2	109	51.8	24.73	47.92	9.51	156	25.20	0.48	44.15	52.4	对数正态分布	47.92	32.00
Co	86	6.65	7.41	9.03	11.50	17.38	19.45	21.32	13.20	5.61	12.17	4.24	38.30	5.42	0.42	11.50	15.70	正态分布	13.20	15.70
Cr	86	18.38	25.15	32.35	47.00	67.6	79.3	86.8	49.89	22.12	45.14	8.88	129	17.30	0.44	47.00	47.90	对数正态分布	49.89	53.70
Cu	86	10.00	11.00	12.93	15.45	26.98	41.00	53.6	22.76	16.48	19.08	5.58	89.0	7.60	0.72	15.45	14.50	对数正态分布	19.08	23.03
F	86	318	346	392	488	590	706	783	507	155	485	35.33	959	255	0.31	488	511	正态分布	507	563
Ga	86	13.47	16.20	18.25	19.65	21.00	23.30	23.87	19.52	2.97	19.27	5.52	24.60	10.80	0.15	19.65	19.60	正态分布	19.52	18.04
Ge	86	1.30	1.37	1.44	1.52	1.62	1.75	1.87	1.55	0.16	1.54	1.30	2.03	1.21	0.11	1.52	1.58	正态分布	1.55	1.56
Hg	86	0.04	0.05	0.06	0.08	0.10	0.11	0.13	0.08	0.06	0.08	4.81	0.53	0.02	0.66	0.08	0.11	对数正态分布	0.08	0.07
I	86	1.45	2.25	3.58	5.14	6.42	8.27	9.54	5.28	2.55	4.61	2.75	13.90	0.51	0.48	5.14	5.61	正态分布	5.28	3.38
La	86	33.70	37.60	41.07	45.00	47.77	51.1	53.0	44.55	5.72	44.18	8.81	63.5	31.90	0.13	45.00	44.70	正态分布	44.55	45.50
Li	86	25.52	27.05	33.92	40.95	48.57	55.5	60.6	42.87	14.47	41.00	8.36	127	22.50	0.34	40.95	40.10	正态分布	42.87	41.27
Mn	82	383	414	612	788	976	1127	1229	802	272	754	45.22	1520	338	0.34	788	791	剔除后正态分布	802	738
Mo	86	0.37	0.56	0.79	1.31	1.94	3.02	5.76	2.31	4.94	1.36	2.34	42.30	0.31	2.14	1.31	1.96	对数正态分布	1.36	0.91
N	86	0.36	0.44	0.54	0.78	0.96	1.22	1.33	0.79	0.32	0.73	1.58	1.77	0.30	0.41	0.78	0.98	正态分布	0.79	0.61
Nb	86	14.37	17.15	19.40	21.45	25.20	29.15	30.85	22.31	5.08	21.72	5.99	37.40	8.30	0.23	21.45	21.80	对数正态分布	22.31	19.10
Ni	86	11.12	13.15	16.35	21.00	32.95	39.75	49.70	26.25	16.18	22.95	6.08	113	8.07	0.62	21.00	18.10	对数正态分布	22.95	25.77
P	86	0.20	0.24	0.32	0.41	0.51	0.67	0.77	0.43	0.17	0.40	1.95	0.90	0.12	0.39	0.41	0.40	正态分布	0.43	0.43
Pb	86	19.25	21.27	24.65	28.35	33.35	41.05	46.15	30.40	10.90	28.95	7.00	79.1	13.70	0.36	28.35	30.20	对数正态分布	28.95	25.06

第三章 土壤地球化学基准值

续表 3-18

元素/指标	N	$X_{5\%}$	$X_{10\%}$	$X_{25\%}$	$X_{50\%}$	$X_{75\%}$	$X_{90\%}$	$X_{95\%}$	$\overline{X}$	S	$\overline{X}_g$	S_g	X_{max}	X_{min}	CV	X_{me}	X_{mo}	分布类型	黄壤基准值	杭州市基准值
Rb	86	77.8	92.7	111	134	170	206	230	144	46.59	137	17.31	293	67.3	0.32	134	166	正态分布	144	118
S	86	84.3	93.3	116	136	180	239	272	158	94.1	142	18.03	837	13.60	0.59	136	132	对数正态分布	142	110
Sb	86	0.39	0.53	0.64	0.81	1.42	2.69	6.71	1.66	2.52	1.04	2.28	17.50	0.25	1.52	0.81	0.99	对数正态分布	1.04	0.71
Sc	86	7.03	7.45	8.43	9.50	10.60	11.35	12.38	9.54	1.65	9.40	3.62	15.10	6.10	0.17	9.50	9.00	正态分布	9.54	9.74
Se	86	0.08	0.15	0.21	0.29	0.40	0.50	0.61	0.35	0.30	0.28	2.82	2.19	0.04	0.87	0.29	0.22	对数正态分布	0.28	0.19
Sn	86	2.45	2.84	3.67	4.45	5.25	6.92	7.70	4.85	2.51	4.48	2.51	22.90	2.10	0.52	4.45	4.45	对数正态分布	4.48	3.90
Sr	86	33.53	36.35	41.23	48.85	56.9	77.4	146	56.5	29.65	51.8	10.41	163	26.90	0.53	48.85	54.4	对数正态分布	51.8	48.86
Th	86	11.45	11.90	13.06	14.80	17.38	20.75	22.98	15.57	3.62	15.18	4.89	26.90	8.00	0.23	14.80	17.00	正态分布	15.57	13.94
Ti	86	3019	3308	3876	4682	5639	6257	6620	4761	1147	4622	126	7891	2268	0.24	4682	4723	正态分布	4761	5238
Tl	86	0.48	0.62	0.75	0.89	1.03	1.21	1.39	0.91	0.30	0.86	1.40	1.95	0.39	0.34	0.89	0.76	对数正态分布	0.91	0.73
U	86	2.35	2.57	3.04	3.49	4.50	6.40	7.63	4.23	2.31	3.87	2.37	17.60	1.89	0.55	3.49	3.29	对数正态分布	3.87	3.09
V	86	39.70	47.60	58.6	75.9	100.0	112	138	85.4	51.9	76.7	11.95	397	34.30	0.61	75.9	66.0	对数正态分布	76.7	81.3
W	76	1.44	1.64	2.05	2.46	2.75	3.11	3.19	2.37	0.56	2.30	1.69	3.63	1.02	0.23	2.46	2.52	剔除后正态分布	2.37	2.15
Y	86	22.80	23.85	25.70	28.70	34.52	40.95	45.78	30.60	7.28	29.86	7.11	58.1	18.00	0.24	28.70	31.00	对数正态分布	29.86	26.96
Zn	86	55.5	62.9	72.0	84.1	99.9	118	134	93.5	55.4	86.9	12.98	538	49.00	0.59	84.1	101	对数正态分布	86.9	102
Zr	86	214	224	252	280	335	444	533	308	93.2	296	27.59	594	174	0.30	280	262	对数正态分布	296	263
SiO_2	86	63.8	64.8	67.1	69.6	71.5	72.7	73.5	69.2	3.34	69.1	11.46	79.6	56.1	0.05	69.6	70.6	正态分布	69.2	70.0
Al_2O_3	86	10.61	12.05	13.40	14.60	15.60	16.95	18.35	14.63	2.11	14.48	4.67	20.45	10.24	0.14	14.60	14.70	正态分布	14.63	13.52
TFe_2O_3	86	3.32	3.40	4.30	4.93	5.67	6.29	6.95	5.02	1.18	4.90	2.51	8.87	3.20	0.23	4.93	4.19	正态分布	5.02	5.16
MgO	86	0.50	0.57	0.69	0.94	1.25	1.79	2.12	1.14	0.81	0.98	1.64	6.15	0.43	0.71	0.94	0.72	对数正态分布	0.98	1.02
CaO	74	0.17	0.19	0.21	0.23	0.28	0.31	0.34	0.24	0.06	0.24	2.35	0.44	0.12	0.24	0.23	0.21	剔除后正态分布	0.24	0.24
Na_2O	86	0.15	0.16	0.22	0.36	0.59	0.77	1.57	0.47	0.40	0.37	2.23	1.94	0.12	0.84	0.36	0.15	对数正态分布	0.37	0.29
K_2O	86	1.86	1.92	2.22	2.76	3.30	3.77	4.05	2.81	0.70	2.72	1.91	4.32	1.63	0.25	2.76	3.23	正态分布	2.81	2.46
TC	86	0.39	0.43	0.51	0.71	0.96	1.27	1.47	0.79	0.37	0.72	1.61	2.09	0.31	0.46	0.71	0.43	正态分布	0.79	0.47
Corg	86	0.29	0.35	0.46	0.62	0.93	1.21	1.42	0.72	0.36	0.63	1.84	2.01	0.10	0.51	0.62	0.72	正态分布	0.72	0.52
pH	77	5.11	5.14	5.25	5.40	5.56	5.85	5.95	5.36	5.66	5.43	2.65	6.04	4.98	1.06	5.40	5.54	剔除后正态分布	5.36	5.69

注: 氧化物、TC、Corg单位为%，N、P单位为g/kg，Au、Ag单位为μg/kg，其他元素/指标单位为mg/kg；pH为无量纲。后表单位相同。

表 3-19 红壤土壤地球化学基准值参数统计表

元素/指标	N	$X_{5\%}$	$X_{10\%}$	$X_{25\%}$	$X_{50\%}$	$X_{75\%}$	$X_{90\%}$	$X_{95\%}$	$\overline{X}$	S	$\overline{X}_g$	S_g	X_{max}	X_{min}	CV	X_{me}	X_{mo}	分布类型	红壤基准值	杭州市基准值
Ag	487	33.00	42.00	59.0	74.0	100.0	130	150	82.3	34.17	75.6	12.43	180	27.00	0.41	74.0	32.00	剔除后对数分布	75.6	73.7
As	485	4.81	5.40	6.90	9.04	13.40	21.66	25.88	11.33	6.41	9.88	4.05	31.80	2.09	0.57	9.04	11.20	其他分布	11.20	11.20
Au	535	0.64	0.73	0.95	1.28	1.78	2.50	3.36	1.70	2.58	1.35	1.81	47.40	0.36	1.51	1.28	1.39	对数正态分布	1.35	1.25
B	535	21.97	27.20	44.00	59.3	71.2	82.9	93.0	57.8	21.67	53.0	10.18	153	8.96	0.38	59.3	55.0	正态分布	57.8	68.0
Ba	475	326	358	412	474	577	738	833	513	153	493	36.66	1013	203	0.30	474	454	其他分布	454	436
Be	501	1.62	1.72	1.95	2.28	2.65	3.02	3.32	2.33	0.53	2.27	1.70	3.86	1.03	0.23	2.28	2.40	剔除后正分布	2.33	2.30
Bi	480	0.19	0.21	0.25	0.31	0.37	0.45	0.51	0.32	0.09	0.31	2.13	0.63	0.13	0.29	0.31	0.29	剔除后对数分布	0.31	0.31
Br	535	1.68	1.93	2.40	3.20	4.30	5.55	6.50	3.53	1.62	3.22	2.20	13.50	0.90	0.46	3.20	2.20	对数正态分布	3.22	3.06
Cd	492	0.05	0.06	0.08	0.11	0.17	0.24	0.31	0.14	0.08	0.12	0.16	0.37	0.02	0.57	0.11	0.11	其他分布	0.11	0.11
Ce	478	71.0	73.6	78.7	84.4	92.3	104	113	86.7	12.40	85.9	13.04	124	58.0	0.14	84.4	86.2	剔除后对数分布	86.2	82.0
Cl	490	25.80	28.39	32.50	37.40	43.30	52.1	56.7	38.75	8.92	37.78	8.29	64.9	19.60	0.23	37.40	39.00	偏峰分布	37.78	32.00
Co	531	7.23	8.77	11.42	15.20	17.40	19.60	20.90	14.57	4.19	13.88	4.69	26.30	4.69	0.29	15.20	16.40	正态分布	16.40	15.70
Cr	535	20.37	27.16	42.80	59.3	69.6	79.0	87.0	56.9	20.94	52.4	9.96	179	7.80	0.37	59.3	63.0	正态分布	56.9	53.7
Cu	535	11.04	12.88	18.40	23.90	31.80	40.96	47.76	26.70	14.53	23.93	6.45	160	5.23	0.54	23.90	21.90	对数正态分布	23.93	23.03
F	535	338	378	439	544	684	884	1032	591	218	558	39.08	2119	233	0.37	544	430	对数正态分布	558	563
Ga	535	14.14	15.04	16.60	18.40	20.20	22.06	23.36	18.49	2.88	18.27	5.41	28.40	10.60	0.16	18.40	19.00	正态分布	18.49	18.04
Ge	535	1.29	1.36	1.46	1.58	1.69	1.82	1.89	1.59	0.19	1.57	1.33	2.67	1.04	0.12	1.58	1.57	正态分布	1.59	1.56
Hg	485	0.04	0.04	0.05	0.07	0.08	0.10	0.11	0.07	0.02	0.07	5.11	0.14	0.02	0.34	0.07	0.07	剔除后正分布	0.07	0.07
I	535	1.91	2.40	3.06	3.89	4.95	6.18	6.95	4.08	1.52	3.77	2.43	10.10	0.21	0.37	3.89	3.89	对数正态分布	3.77	3.38
La	502	37.80	39.81	42.50	45.20	47.60	50.2	51.7	44.97	4.13	44.78	9.01	56.0	33.90	0.09	45.20	45.50	剔除后正分布	44.97	45.50
Li	535	26.70	29.90	34.85	41.40	47.80	57.8	62.7	42.91	12.62	41.39	8.60	159	21.10	0.29	41.40	39.50	对数正态分布	41.39	41.27
Mn	523	434	488	646	813	998	1182	1298	830	261	787	47.53	1537	214	0.31	813	901	对数正态分布	830	738
Mo	481	0.47	0.53	0.69	0.96	1.42	2.02	2.41	1.14	0.60	1.01	1.65	3.17	0.28	0.53	0.96	0.85	剔除后对数分布	1.01	0.91
N	535	0.38	0.42	0.50	0.62	0.77	0.90	1.03	0.66	0.22	0.62	1.53	2.62	0.24	0.34	0.62	0.61	对数正态分布	0.62	0.61
Nb	488	16.14	16.90	18.30	19.50	21.60	23.70	25.10	20.02	2.76	19.83	5.64	28.60	12.80	0.14	19.50	19.10	偏峰分布	19.10	19.10
Ni	535	10.47	12.20	19.85	28.30	35.20	41.40	46.19	28.28	12.64	25.57	6.68	140	4.97	0.45	28.30	30.40	正态分布	28.28	25.77
P	535	0.23	0.27	0.34	0.42	0.51	0.64	0.71	0.44	0.16	0.41	1.87	1.33	0.13	0.36	0.42	0.45	对数正态分布	0.41	0.43
Pb	499	18.89	20.08	21.90	24.80	28.05	31.84	34.70	25.36	4.79	24.92	6.45	39.30	13.30	0.19	24.80	25.30	剔除后对数分布	24.92	25.06

第三章 土壤地球化学基准值

续表 3-19

元素/指标	N	$X_{5\%}$	$X_{10\%}$	$X_{25\%}$	$X_{50\%}$	$X_{75\%}$	$X_{90\%}$	$X_{95\%}$	$\overline{X}$	S	$\overline{X}_g$	S_g	X_{max}	X_{min}	CV	X_{me}	X_{mo}	分布类型	红壤基准值	杭州市基准值
Rb	535	82.1	90.7	102	121	141	166	200	127	38.85	122	16.25	371	45.30	0.31	121	134	对数正态分布	122	118
S	512	58.0	68.4	89.1	112	139	174	190	116	39.41	109	15.86	226	18.30	0.34	112	112	剔除后对数分布	109	110
Sb	484	0.44	0.52	0.64	0.82	1.21	1.87	2.20	1.00	0.53	0.89	1.63	2.66	0.24	0.53	0.82	0.71	其他分布	0.71	0.71
Sc	511	7.55	8.00	8.90	9.80	10.50	11.50	11.95	9.75	1.30	9.66	3.74	13.00	6.40	0.13	9.80	9.70	剔除后正态对数分布	9.75	9.74
Se	492	0.12	0.13	0.17	0.21	0.27	0.34	0.38	0.22	0.08	0.21	2.67	0.46	0.06	0.36	0.21	0.21	剔除后对数正态分布	0.21	0.19
Sn	491	2.57	2.83	3.29	3.97	4.91	6.00	6.70	4.18	1.27	4.00	2.34	8.04	1.33	0.30	3.97	2.89	剔除后对数正态分布	4.00	3.90
Sr	490	30.14	33.10	38.00	44.65	54.1	68.0	76.4	47.48	13.50	45.73	9.46	88.5	22.80	0.28	44.65	42.40	剔除后正态分布	45.73	48.86
Th	504	10.70	11.10	12.38	14.00	15.50	16.77	17.80	14.02	2.26	13.84	4.63	20.40	7.71	0.16	14.00	14.70	剔除后正态分布	14.02	13.94
Ti	518	3750	4108	4665	5250	5770	6042	6325	5175	797	5109	138	7412	3024	0.15	5250	5395	剔除后正态分布	5175	5238
Tl	535	0.47	0.52	0.61	0.73	0.88	1.14	1.34	0.79	0.27	0.75	1.43	2.29	0.30	0.35	0.73	0.64	对数正态分布	0.75	0.73
U	490	2.29	2.43	2.70	3.07	3.66	4.39	4.79	3.25	0.77	3.16	2.02	5.69	1.47	0.24	3.07	2.56	剔除后对数正态分布	3.16	3.09
V	503	44.31	53.3	69.5	83.5	97.3	110	121	83.2	22.27	79.9	12.55	141	28.70	0.27	83.5	110	剔除后对数正态分布	83.2	81.3
W	535	1.35	1.47	1.73	2.14	2.75	3.53	4.38	2.41	1.12	2.23	1.77	9.48	0.88	0.46	2.14	1.74	对数正态分布	2.23	2.15
Y	486	22.12	22.95	24.92	27.00	29.55	33.20	35.57	27.54	3.84	27.29	6.75	38.80	19.01	0.14	27.00	26.60	剔除后对数正态分布	27.29	26.96
Zn	509	57.4	61.0	70.1	82.4	96.2	108	115	83.7	18.18	81.7	12.70	136	33.00	0.22	82.4	102	剔除后正态分布	83.7	102
Zr	493	188	199	235	261	287	318	338	261	42.29	258	24.97	373	168	0.16	261	269	正态分布	261	263
SiO₂	526	65.6	67.4	69.0	71.4	73.3	74.6	75.3	71.1	2.96	71.0	11.69	78.5	63.2	0.04	71.4	73.0	剔除后正态分布	71.1	70.0
Al₂O₃	535	11.60	12.01	12.70	13.60	14.80	15.80	16.69	13.83	1.64	13.73	4.56	23.26	9.72	0.12	13.60	13.80	对数正态分布	13.73	13.52
TFe₂O₃	535	3.81	4.14	4.70	5.32	5.89	6.47	7.04	5.32	0.98	5.23	2.64	9.70	2.96	0.18	5.32	5.47	正态分布	5.32	5.16
MgO	535	0.52	0.61	0.72	0.92	1.17	1.52	1.83	1.02	0.51	0.94	1.48	6.44	0.32	0.50	0.92	0.99	剔除后对数正态分布	0.94	1.02
CaO	492	0.15	0.17	0.21	0.27	0.35	0.47	0.52	0.29	0.11	0.27	2.29	0.64	0.09	0.38	0.27	0.24	剔除后对数正态分布	0.27	0.24
Na₂O	535	0.13	0.14	0.19	0.27	0.48	0.72	0.98	0.38	0.31	0.30	2.44	1.97	0.07	0.81	0.27	0.21	剔除后对数正态分布	0.30	0.29
K₂O	535	1.75	1.86	2.12	2.49	2.89	3.43	3.69	2.56	0.60	2.49	1.79	4.36	1.20	0.23	2.49	2.45	对数正态分布	2.49	2.46
TC	493	0.33	0.39	0.45	0.52	0.60	0.71	0.77	0.53	0.13	0.52	1.56	0.87	0.21	0.24	0.52	0.54	对数正态分布	0.52	0.47
Corg	502	0.31	0.37	0.43	0.50	0.58	0.67	0.73	0.51	0.12	0.49	1.61	0.85	0.19	0.24	0.50	0.51	剔除后对数正态分布	0.49	0.52
pH	535	4.99	5.10	5.33	5.72	6.43	7.04	7.32	5.51	5.45	5.93	2.80	8.49	4.70	0.99	5.72	5.69	对数正态分布	5.93	5.69

各元素/指标中,大多数元素/指标变异系数在 0.40 以下,说明分布较为均匀;其中 Na_2O、pH、Au 变异系数大于 0.80,空间变异性较大。

与杭州市土壤基准值相比,红壤区土壤基准值中各项元素/指标基准值基本与杭州市基准值接近,无偏低或偏高元素/指标。

三、粗骨土土壤地球化学基准值

粗骨土土壤采集深层土壤样品 25 件,其地球化学基准值数据统计见表 3-20。

粗骨土区深层土壤总体为弱酸性,土壤 pH 基准值为 5.59,极大值为 8.34,极小值为 4.88,接近于杭州市基准值。

各元素/指标中,大多数元素/指标变异系数在 0.40 以下,说明分布较为均匀;其中 As、pH、Sn、CaO 变异系数大于 0.80,空间变异性较大。

与杭州市土壤基准值相比,粗骨土区土壤基准值中 Ni、Zn、Cr、B、Co、MgO、Au、Cu、P、As、Corg 基准值略低于杭州市基准值,为杭州市基准值的 60%～80%;CaO、Mo、Na_2O 基准值略高于杭州市基准值,为杭州市基准值的 1.2～1.4 倍;其他各项元素/指标基准值与杭州市基准值基本接近。

四、石灰岩土土壤地球化学基准值

石灰岩土土壤地球化学基准值数据经正态分布检验,结果表明(表 3-21),原始数据中 B、Be、Br、Co、Cr、Cu、F、Ga、Ge、I、La、Mn、N、Nb、Ni、P、Rb、Sc、Sr、Th、Ti、Tl、Y、Zr、SiO_2、Al_2O_3、TFe_2O_3、MgO、Na_2O、K_2O、Corg、pH 共 32 项元素/指标符合正态分布,As、Au、Bi、Cd、Cl、Hg、Li、Mo、Pb、S、Sb、Se、Sn、U、V、W、CaO、TC 共 18 项元素/指标符合对数正态分布,Zn 剔除异常值后符合正态分布,其他元素/指标不符合正态分布或对数正态分布。

石灰岩土区深层土壤总体为弱酸性,土壤 pH 基准值为 5.93,极大值为 8.41,极小值为 4.59,接近于杭州市基准值。

各元素/指标中,大多数元素/指标变异系数在 0.40 以下,说明分布较为均匀;其中 As、Hg、Cd、pH、Se、Mo 变异系数大于 0.80,空间变异性较大。

与杭州市土壤基准值相比,石灰岩土区土壤基准值中 Na_2O 基准值为杭州市基准值的 79%;MgO、Bi、U、Cr、P、N、TC、Tl 基准值略高于杭州市基准值,为杭州市基准值的 1.2～1.4 倍;Sb、Cd、Mo、Ba、As、Ag、Cu、Se、Ce、F、CaO、V、Hg、Ni、Au 基准值明显高于杭州市基准值,其中 Sb、Cd、Mo、Ba 基准值为杭州市基准值的 2.0 倍以上,Sb、Cd 基准值分别为杭州市基准值的 2.83 倍、2.60 倍;其他各项元素/指标基准值与杭州市基准值基本接近。

五、紫色土土壤地球化学基准值

紫色土土壤地球化学基准值数据经正态分布检验,结果表明(表 3-22),原始数据中 B、Ba、Be、Br、Cd、Ce、Cl、Co、Cr、Cu、F、Ga、Ge、I、La、Li、Mn、N、Nb、Ni、P、Pb、Rb、S、Sc、Se、Th、Ti、Tl、U、V、W、Y、Zn、Zr、SiO_2、Al_2O_3、TFe_2O_3、MgO、K_2O、Corg、pH 共 42 项元素/指标符合正态分布,Ag、As、Au、Bi、Hg、Mo、Sb、Sn、Sr、CaO、Na_2O、TC 共 12 项元素/指标符合对数正态分布。

紫色土区深层土壤总体为弱酸性,土壤 pH 基准值为 5.69,极大值为 8.06,极小值为 4.83,与杭州市基准值相同。

各元素/指标中,大多数元素/指标变异系数在 0.40 以下,说明分布较为均匀;其中 Au、pH、As、Mo、CaO、Hg 变异系数大于 0.80,空间变异性较大。

第三章 土壤地球化学基准值

表 3-20 粗骨土土壤地球化学基准值参数统计表

元素/指标	N	$X_{5\%}$	$X_{10\%}$	$X_{25\%}$	$X_{50\%}$	$X_{75\%}$	$X_{90\%}$	$X_{95\%}$	$\overline{X}$	S	$\overline{X}_g$	S_g	X_{max}	X_{min}	CV	X_{me}	X_{mo}	粗骨土基准值	杭州市基准值
Ag	25	34.40	37.60	48.00	64.0	85.0	106	166	75.3	43.76	66.7	11.54	220	32.00	0.58	64.0	64.0	64.0	73.7
As	25	5.04	5.63	6.98	8.89	10.60	17.88	18.48	11.51	9.50	9.70	4.11	52.5	4.81	0.83	8.89	10.60	8.89	11.20
Au	25	0.53	0.60	0.65	0.90	1.13	1.65	2.68	1.09	0.68	0.96	1.61	3.29	0.44	0.62	0.90	0.64	0.90	1.25
B	25	17.94	22.62	32.90	47.00	65.0	69.2	72.4	47.66	18.47	43.49	9.39	76.0	14.00	0.39	47.00	66.0	47.00	68.0
Ba	25	322	368	425	459	539	733	857	508	163	487	35.25	984	307	0.32	459	461	459	436
Be	25	1.70	1.80	2.10	2.30	2.63	2.91	3.53	2.40	0.52	2.35	1.69	3.75	1.66	0.22	2.30	2.23	2.30	2.30
Bi	25	0.18	0.19	0.21	0.25	0.32	0.35	0.35	0.26	0.07	0.26	2.24	0.43	0.16	0.25	0.25	0.20	0.25	0.31
Br	25	1.32	1.56	2.17	2.86	4.00	5.22	5.92	3.13	1.43	2.81	2.28	6.06	0.76	0.46	2.86	3.06	2.86	3.06
Cd	25	0.06	0.07	0.09	0.11	0.14	0.22	0.28	0.13	0.07	0.11	0.17	0.31	0.03	0.54	0.11	0.11	0.11	0.11
Ce	25	64.9	67.1	70.5	75.6	83.7	94.9	97.3	77.8	10.92	77.1	12.20	99.9	59.9	0.14	75.6	78.2	75.6	82.0
Cl	25	22.08	24.20	26.60	30.40	37.00	41.66	45.74	32.39	8.63	31.40	7.19	58.6	19.00	0.27	30.40	35.00	30.40	32.00
Co	25	6.64	7.19	8.74	11.10	14.30	16.36	16.80	11.43	3.76	10.85	4.31	20.60	5.61	0.33	11.10	14.30	11.10	15.70
Cr	25	24.30	25.58	30.30	36.60	59.0	70.5	70.9	44.65	18.72	41.22	9.22	86.9	21.30	0.42	36.60	36.00	36.60	53.7
Cu	25	11.80	12.72	14.00	16.70	20.70	22.00	28.84	17.66	5.46	16.84	5.45	31.10	6.40	0.31	16.70	13.70	16.70	23.03
F	25	318	354	485	593	691	762	792	585	169	560	38.40	1005	297	0.29	593	593	593	563
Ga	25	13.98	14.34	16.10	17.80	18.90	20.14	21.38	17.60	2.45	17.44	5.17	24.20	13.50	0.14	17.80	17.80	17.80	18.04
Ge	25	1.27	1.38	1.42	1.56	1.83	1.88	1.90	1.62	0.23	1.61	1.36	2.11	1.22	0.14	1.56	1.56	1.56	1.56
Hg	25	0.05	0.05	0.06	0.06	0.08	0.09	0.11	0.07	0.02	0.07	4.65	0.14	0.04	0.32	0.06	0.07	0.06	0.07
I	25	1.31	1.78	3.00	3.51	4.36	5.20	6.16	3.61	1.44	3.30	2.39	6.81	1.06	0.40	3.51	3.64	3.51	3.38
La	25	29.20	32.00	35.00	38.60	41.30	45.36	47.48	38.40	5.48	38.00	8.11	48.20	26.10	0.14	38.60	40.40	38.60	45.50
Li	25	33.62	35.26	39.90	45.20	50.00	51.7	57.6	44.65	7.99	43.94	8.71	62.7	26.70	0.18	45.20	50.00	45.20	41.27
Mn	25	399	421	582	688	906	1369	1534	796	362	723	47.22	1659	258	0.45	688	641	688	738
Mo	25	0.56	0.68	0.81	1.15	1.51	1.75	2.03	1.19	0.52	1.08	1.55	2.51	0.41	0.43	1.15	0.81	1.15	0.91
N	25	0.38	0.39	0.42	0.50	0.67	0.75	0.80	0.58	0.25	0.54	1.56	1.56	0.35	0.43	0.50	0.58	0.50	0.61
Nb	25	18.42	18.58	19.50	21.80	25.00	26.00	26.44	22.18	3.40	21.94	5.80	31.30	16.30	0.15	21.80	22.50	21.80	19.10
Ni	25	9.36	10.66	11.80	16.00	25.40	28.96	32.84	19.27	9.39	17.42	5.81	48.40	8.10	0.49	16.00	11.60	16.00	25.77
P	25	0.21	0.22	0.25	0.33	0.41	0.48	0.60	0.36	0.14	0.34	1.95	0.74	0.15	0.38	0.33	0.23	0.33	0.43
Pb	25	17.98	18.38	20.10	24.00	26.70	30.22	31.42	24.25	5.39	23.71	6.20	40.30	15.30	0.22	24.00	24.20	24.00	25.06

续表 3-20

元素/指标	N	$X_{5\%}$	$X_{10\%}$	$X_{25\%}$	$X_{50\%}$	$X_{75\%}$	$X_{90\%}$	$X_{95\%}$	$\overline{X}$	S	$\overline{X}_g$	S_g	X_{max}	X_{min}	CV	X_{me}	X_{mo}	粗骨土基准值	杭州市基准值
Rb	25	89.0	93.2	116	122	138	150	154	127	26.14	124	15.38	210	81.9	0.21	122	138	122	118
S	25	54.8	58.1	87.5	111	122	137	149	106	35.87	101	14.75	217	49.00	0.34	111	106	111	110
Sb	25	0.51	0.54	0.67	0.83	1.02	1.86	2.24	1.01	0.62	0.89	1.60	3.07	0.50	0.61	0.83	1.02	0.83	0.71
Sc	25	6.62	6.78	7.40	9.40	10.40	10.88	11.16	8.94	1.91	8.74	3.67	13.90	5.50	0.21	9.40	9.40	9.40	9.74
Se	25	0.12	0.13	0.14	0.18	0.20	0.25	0.26	0.18	0.06	0.18	2.74	0.39	0.08	0.34	0.18	0.19	0.18	0.19
Sn	25	2.48	2.56	2.82	3.24	4.61	7.62	7.94	5.07	5.14	4.09	2.74	28.10	2.25	1.01	3.24	4.61	3.24	3.90
Sr	25	36.58	37.38	38.20	43.90	58.7	66.1	69.2	47.95	12.32	46.51	9.22	70.6	27.50	0.26	43.90	38.00	43.90	48.86
Th	25	11.16	11.52	12.50	13.80	15.68	16.86	18.02	14.06	2.36	13.88	4.52	20.40	10.80	0.17	13.80	12.50	13.80	13.94
Ti	25	3536	3568	3695	4675	5329	5835	5859	4612	902	4527	128	6126	3282	0.20	4675	4675	4675	5238
Tl	25	0.50	0.53	0.65	0.70	0.78	0.85	0.93	0.72	0.15	0.70	1.35	1.18	0.49	0.21	0.70	0.66	0.70	0.73
U	25	2.61	2.68	2.88	3.14	3.75	4.11	4.36	3.34	0.66	3.29	2.00	5.34	2.42	0.20	3.14	3.14	3.14	3.09
V	25	46.24	48.20	55.9	71.1	78.1	90.1	98.0	69.0	17.16	67.0	11.68	106	44.70	0.25	71.1	71.1	71.1	81.3
W	25	1.58	1.69	1.82	2.36	2.61	3.05	4.45	2.45	0.86	2.34	1.73	5.03	1.50	0.35	2.36	2.61	2.36	2.15
Y	25	23.04	23.92	25.30	26.30	29.40	29.72	31.72	27.33	3.30	27.15	6.60	37.90	22.50	0.12	26.30	26.10	26.30	26.96
Zn	25	59.7	60.2	62.8	68.6	78.3	94.1	105	73.6	17.42	72.0	11.88	133	55.3	0.24	68.6	78.6	68.6	102
Zr	25	242	247	256	273	309	356	405	290	60.9	285	25.22	491	192	0.21	273	263	273	263
SiO$_2$	25	64.6	67.5	71.1	73.1	76.0	76.8	77.0	72.6	4.03	72.4	11.54	77.1	61.8	0.06	73.1	73.1	73.1	70.0
Al$_2$O$_3$	25	11.42	11.66	12.30	13.00	14.30	15.26	16.18	13.52	1.90	13.41	4.43	20.10	11.30	0.14	13.00	12.60	13.00	13.52
TFe$_2$O$_3$	25	3.28	3.59	3.88	4.57	5.42	5.91	6.15	4.66	0.91	4.58	2.52	6.15	3.11	0.20	4.57	5.37	4.57	5.16
MgO	25	0.59	0.60	0.67	0.73	0.84	1.04	1.05	0.81	0.31	0.77	1.36	2.09	0.47	0.38	0.73	0.67	0.73	1.02
CaO	25	0.16	0.19	0.23	0.29	0.31	0.35	0.46	0.39	0.59	0.29	2.40	3.21	0.15	1.50	0.29	0.30	0.29	0.24
Na$_2$O	25	0.19	0.19	0.24	0.39	0.52	0.63	0.68	0.39	0.17	0.36	2.13	0.75	0.18	0.43	0.39	0.19	0.39	0.29
K$_2$O	25	1.79	1.97	2.40	2.62	2.96	3.33	3.63	2.70	0.60	2.64	1.77	4.33	1.60	0.22	2.62	2.55	2.62	2.46
TC	25	0.29	0.31	0.36	0.42	0.60	0.75	1.30	0.55	0.35	0.49	1.78	1.80	0.27	0.64	0.42	0.42	0.42	0.47
Corg	25	0.28	0.30	0.34	0.41	0.58	0.68	0.72	0.49	0.23	0.45	1.75	1.40	0.27	0.48	0.41	0.41	0.41	0.52
pH	25	4.92	5.02	5.15	5.59	6.30	6.71	7.19	5.42	5.39	5.84	2.74	8.34	4.88	0.99	5.59	5.69	5.59	5.69

第三章 土壤地球化学基准值

表3-21 石灰岩土壤地球化学基准值参数统计表

元素/指标	N	$X_{5\%}$	$X_{10\%}$	$X_{25\%}$	$X_{50\%}$	$X_{75\%}$	$X_{90\%}$	$X_{95\%}$	$\overline{X}$	S	$\overline{X}_g$	S_g	X_{max}	X_{min}	CV	X_{me}	X_{mo}	分布类型	石灰岩土基准值	杭州市基准值
Ag	93	55.6	57.4	74.0	100.0	140	200	210	116	52.5	106	15.28	270	43.00	0.45	100.0	140	偏峰分布	140	73.7
As	104	6.51	7.87	11.78	22.70	32.32	58.4	78.7	28.48	24.34	21.26	6.97	121	2.96	0.85	22.70	24.70	对数正态分布	21.26	11.20
Au	104	0.74	0.93	1.23	1.69	2.44	3.39	4.61	2.05	1.37	1.75	1.93	8.78	0.58	0.67	1.69	1.84	对数正态分布	1.75	1.25
B	104	43.31	47.35	56.0	68.7	82.4	98.8	105	70.2	19.76	67.5	11.53	127	27.00	0.28	68.7	68.9	正态分布	70.2	68.0
Ba	98	317	392	502	914	1318	2084	2305	1011	616	846	51.2	2537	300	0.61	914	1003	偏峰分布	1003	436
Be	104	1.66	1.79	2.10	2.45	2.75	3.00	3.25	2.47	0.58	2.41	1.77	5.71	1.31	0.24	2.45	2.34	正态分布	2.47	2.30
Bi	104	0.22	0.26	0.32	0.40	0.49	0.70	0.86	0.45	0.21	0.41	1.90	1.50	0.17	0.47	0.40	0.40	对数正态分布	0.41	0.31
Br	104	1.80	2.00	2.52	3.37	4.20	5.01	5.57	3.45	1.20	3.25	2.13	8.10	1.10	0.35	3.37	3.70	正态分布	3.45	3.06
Cd	104	0.09	0.11	0.16	0.30	0.45	0.79	0.90	0.38	0.33	0.29	0.28	2.17	0.06	0.88	0.30	0.13	对数正态分布	0.29	0.11
Ce	98	73.0	75.3	83.6	111	148	226	238	128	54.0	118	15.79	268	70.2	0.42	111	125	偏峰分布	125	82.0
Cl	104	23.75	27.55	30.70	35.45	40.45	50.9	56.9	37.31	10.71	36.04	8.03	79.9	19.90	0.29	35.45	36.50	对数正态分布	36.04	32.00
Co	104	9.54	10.66	13.67	15.95	17.90	19.74	20.77	15.81	3.75	15.37	4.94	34.10	8.17	0.24	15.95	17.00	正态分布	15.81	15.70
Cr	104	38.72	46.16	63.3	70.6	78.1	86.2	91.3	69.4	17.32	66.7	11.40	139	15.50	0.25	70.6	66.7	正态分布	69.4	53.7
Cu	104	15.62	18.23	23.70	35.90	45.05	53.7	61.8	36.87	15.74	33.68	7.91	92.2	10.70	0.43	35.90	42.00	正态分布	36.87	23.03
F	104	360	426	623	828	991	1165	1298	828	288	775	48.45	1801	260	0.35	828	894	正态分布	828	563
Ga	104	13.82	14.70	17.48	18.60	19.90	20.87	21.91	18.39	2.34	18.23	5.42	23.50	12.70	0.13	18.60	17.70	正态分布	18.39	18.04
Ge	104	1.32	1.37	1.49	1.59	1.71	1.87	1.95	1.60	0.18	1.59	1.34	2.07	1.23	0.12	1.59	1.62	正态分布	1.60	1.56
Hg	104	0.05	0.05	0.07	0.10	0.13	0.21	0.31	0.13	0.11	0.10	4.21	0.76	0.04	0.86	0.10	0.13	对数正态分布	0.10	0.07
I	104	1.99	2.25	3.06	3.80	4.49	5.17	6.63	3.84	1.32	3.62	2.30	7.91	1.20	0.34	3.80	3.84	正态分布	3.84	3.38
La	104	38.93	40.50	42.65	45.20	47.20	49.04	50.7	44.93	3.96	44.75	8.96	55.4	31.20	0.09	45.20	48.00	正态分布	44.93	45.50
Li	104	32.85	35.20	41.50	46.60	54.8	67.7	76.7	49.51	13.15	47.97	9.44	89.2	29.20	0.27	46.60	49.20	对数正态分布	47.97	41.27
Mn	104	458	506	585	746	952	1139	1237	791	263	751	46.75	1790	365	0.33	746	819	正态分布	791	738
Mo	104	0.71	0.82	1.11	1.75	3.77	7.21	9.72	3.22	3.82	2.12	2.57	25.00	0.41	1.18	1.75	1.31	对数正态分布	2.12	0.91
N	104	0.42	0.48	0.61	0.74	0.88	1.06	1.21	0.76	0.23	0.73	1.42	1.48	0.33	0.30	0.74	0.81	正态分布	0.76	0.61
Nb	104	16.31	16.63	17.58	18.95	20.72	22.27	22.50	19.32	2.58	19.16	5.50	34.40	15.30	0.13	18.95	17.30	正态分布	19.32	19.10
Ni	104	17.61	21.46	32.25	37.40	43.38	48.61	53.4	36.69	10.97	34.65	7.94	68.4	8.41	0.30	37.40	36.10	正态分布	36.69	25.77
P	104	0.26	0.30	0.40	0.50	0.69	0.81	0.86	0.55	0.26	0.50	1.76	2.25	0.20	0.48	0.50	0.57	正态分布	0.55	0.43
Pb	104	19.59	21.19	23.78	26.80	30.35	34.86	42.75	28.98	12.62	27.54	6.95	108	14.80	0.44	26.80	29.30	对数正态分布	27.54	25.06

续表 3-21

元素/指标	N	$X_{5\%}$	$X_{10\%}$	$X_{25\%}$	$X_{50\%}$	$X_{75\%}$	$X_{90\%}$	$X_{95\%}$	$\bar{X}$	S	$\bar{X}_g$	S_g	X_{max}	X_{min}	CV	X_{me}	X_{mo}	分布类型	石灰岩土基准值	杭州市基准值
Rb	104	85.5	95.9	110	124	134	147	159	123	21.84	121	16.14	185	77.0	0.18	124	133	正态分布	123	118
S	104	68.2	74.1	98.3	120	148	192	235	131	55.1	121	16.54	357	21.90	0.42	120	134	对数正态分布	121	110
Sb	104	0.65	0.74	1.24	2.05	3.51	5.21	6.46	2.55	1.82	2.01	2.24	8.72	0.47	0.71	2.05	0.80	对数正态分布	2.01	0.71
Sc	104	7.81	8.30	9.20	9.95	11.00	11.87	12.20	10.08	1.35	9.99	3.85	13.60	7.10	0.13	9.95	9.80	正态分布	10.08	9.74
Se	104	0.12	0.14	0.21	0.30	0.40	0.59	0.78	0.38	0.42	0.30	2.57	3.61	0.11	1.10	0.30	0.22	对数正态分布	0.30	0.19
Sn	104	2.79	3.07	3.57	4.28	5.08	5.68	6.61	4.47	1.52	4.28	2.42	14.30	2.24	0.34	4.28	3.56	对数正态分布	4.28	3.90
Sr	104	32.76	35.04	39.57	46.95	52.8	59.8	63.9	47.50	11.53	46.27	9.35	91.9	28.40	0.24	46.95	47.70	正态分布	47.50	48.86
Th	104	11.23	11.96	13.60	15.05	16.10	16.70	17.64	14.73	1.94	14.60	4.77	19.30	9.73	0.13	15.05	15.30	正态分布	14.73	13.94
Ti	104	4351	4492	4988	5248	5654	6000	6286	5289	563	5259	139	7074	3991	0.11	5248	5238	正态分布	5289	5238
Tl	104	0.54	0.59	0.75	0.33	1.02	1.12	1.24	0.88	0.21	0.85	1.30	1.48	0.46	0.24	0.83	0.81	正态分布	0.88	0.73
U	104	2.56	2.82	3.21	3.74	4.51	5.90	7.96	4.32	2.27	4.00	2.36	19.30	2.19	0.53	3.74	3.44	对数正态分布	4.00	3.09
V	104	65.1	71.1	96.3	119	141	186	234	131	69.0	119	15.93	522	45.30	0.53	119	130	对数正态分布	119	81.3
W	104	1.34	1.46	1.82	2.29	2.95	3.98	5.56	2.61	1.27	2.39	1.86	7.70	1.02	0.49	2.29	2.17	对数正态分布	2.39	2.15
Y	104	21.50	22.73	25.70	27.95	31.23	34.18	36.02	28.47	4.80	28.09	6.93	50.3	20.20	0.17	27.95	21.50	正态分布	28.47	26.96
Zn	95	60.1	66.9	80.4	97.4	112	125	131	97.2	23.61	94.3	13.91	167	50.8	0.24	97.4	105	剔除后正态分布	97.2	102
Zr	104	174	180	198	228	253	289	295	231	44.42	227	22.85	455	162	0.19	228	228	正态分布	231	263
SiO₂	104	65.7	67.3	68.9	71.0	74.1	75.4	76.4	71.2	3.33	71.1	11.60	78.6	63.0	0.05	71.0	71.3	正态分布	71.2	70.0
Al₂O₃	104	11.37	11.72	12.50	13.29	14.20	15.54	15.80	13.40	1.42	13.32	4.49	17.32	10.20	0.11	13.29	12.80	正态分布	13.40	13.52
TFe₂O₃	104	4.19	4.51	5.05	5.52	6.05	6.56	6.77	5.53	0.79	5.47	2.72	7.36	3.26	0.14	5.52	5.52	正态分布	5.53	5.16
MgO	104	0.62	0.69	0.90	1.31	1.71	2.17	2.46	1.38	0.59	1.26	1.58	3.15	0.52	0.43	1.31	1.30	对数正态分布	1.38	1.02
CaO	104	0.18	0.25	0.31	0.42	0.55	0.91	1.19	0.52	0.40	0.44	2.00	2.44	0.12	0.76	0.42	0.47	对数正态分布	0.52	0.24
Na₂O	104	0.11	0.12	0.16	0.20	0.27	0.35	0.44	0.23	0.11	0.21	2.60	0.66	0.07	0.47	0.20	0.14	正态分布	0.23	0.29
K₂O	104	1.68	1.82	2.10	2.40	2.72	3.07	3.34	2.45	0.49	2.40	1.76	3.95	1.42	0.20	2.40	2.36	正态分布	2.45	2.46
TC	104	0.36	0.40	0.49	0.56	0.71	0.88	0.93	0.61	0.18	0.58	1.52	1.26	0.25	0.30	0.56	0.62	对数正态分布	0.58	0.47
Corg	104	0.35	0.38	0.46	0.53	0.65	0.77	0.87	0.56	0.15	0.54	1.55	1.01	0.25	0.27	0.53	0.52	正态分布	0.56	0.52
pH	104	5.32	5.51	5.96	6.64	7.17	7.76	8.20	5.93	5.54	6.62	3.00	8.41	4.59	0.93	6.64	7.21	正态分布	5.93	5.69

表3-22 紫色土土壤地球化学基准值参数统计表

元素/指标	N	$X_{5\%}$	$X_{10\%}$	$X_{25\%}$	$X_{50\%}$	$X_{75\%}$	$X_{90\%}$	$X_{95\%}$	$\bar{X}$	S	$\bar{X}_g$	S_g	X_{max}	X_{min}	CV	X_{me}	X_{mo}	分布类型	紫色土基准值	杭州市基准值
Ag	39	40.80	44.80	50.5	63.0	83.0	112	124	75.4	45.43	67.9	11.42	300	32.00	0.60	63.0	72.0	对数正态分布	67.9	73.7
As	39	4.20	4.46	5.43	7.10	8.62	17.08	37.08	10.29	10.95	7.88	3.69	54.0	3.35	1.06	7.10	5.90	对数正态分布	7.88	11.20
Au	39	0.59	0.62	0.83	1.19	1.65	1.91	4.80	1.46	1.22	1.19	1.82	6.18	0.36	0.83	1.19	0.83	对数正态分布	1.19	1.25
B	39	21.80	22.90	44.80	54.3	67.5	80.1	106	58.0	36.39	50.00	9.95	236	8.00	0.63	54.3	57.0	正态分布	58.0	68.0
Ba	39	337	353	406	477	565	735	869	523	194	496	35.42	1314	301	0.37	477	507	正态分布	523	436
Be	39	1.69	1.83	2.05	2.31	2.59	2.92	3.43	2.39	0.52	2.34	1.72	4.04	1.59	0.22	2.31	2.20	正态分布	2.39	2.30
Bi	39	0.18	0.22	0.25	0.28	0.33	0.37	0.41	0.30	0.12	0.29	2.20	0.93	0.16	0.40	0.28	0.33	对数正态分布	0.29	0.31
Br	39	1.35	1.47	1.69	2.20	2.76	3.76	4.17	2.41	0.95	2.25	1.84	4.94	0.97	0.39	2.20	2.20	正态分布	2.41	3.06
Cd	39	0.07	0.08	0.10	0.15	0.19	0.26	0.30	0.16	0.09	0.14	0.18	0.54	0.04	0.57	0.15	0.15	正态分布	0.16	0.11
Ce	39	67.2	68.4	70.7	73.7	85.8	102	122	82.5	21.24	80.6	12.31	176	63.5	0.26	73.7	72.0	正态分布	82.5	82.0
Cl	39	21.29	22.66	26.40	29.90	35.45	42.54	55.0	32.74	10.77	31.38	7.28	67.8	21.00	0.33	29.90	31.10	正态分布	32.74	32.00
Co	39	8.59	9.19	11.40	13.20	15.50	17.68	18.53	13.39	3.39	12.96	4.44	22.20	6.42	0.25	13.20	15.50	正态分布	13.39	15.70
Cr	39	27.29	32.20	40.70	51.30	60.2	72.3	72.6	50.5	15.01	47.90	9.23	74.1	12.60	0.30	51.3	51.3	正态分布	50.5	53.7
Cu	39	13.76	15.10	17.95	20.80	23.90	29.62	33.59	21.90	6.21	21.10	5.79	38.70	11.80	0.28	20.80	23.30	正态分布	21.90	23.03
F	39	355	381	510	660	779	821	867	640	175	614	40.82	1017	340	0.27	660	779	正态分布	640	563
Ga	39	14.34	15.06	15.60	17.00	18.75	20.90	22.28	17.39	2.48	17.23	5.15	23.40	13.00	0.14	17.00	15.20	正态分布	17.39	18.04
Ge	39	1.40	1.42	1.52	1.68	1.81	1.86	1.91	1.66	0.18	1.65	1.36	1.95	1.30	0.11	1.68	1.42	正态分布	1.66	1.56
Hg	39	0.04	0.04	0.05	0.06	0.08	0.11	0.15	0.09	0.13	0.07	5.24	0.89	0.03	1.52	0.06	0.05	对数正态分布	0.07	0.07
I	39	1.34	1.50	1.96	2.53	3.32	4.20	4.52	2.68	1.05	2.46	2.01	5.26	0.57	0.39	2.53	2.99	正态分布	2.68	3.38
La	39	31.82	32.68	35.75	38.70	45.15	48.58	50.8	40.41	6.63	39.91	8.29	58.0	30.70	0.16	38.70	40.40	正态分布	40.41	45.50
Li	39	30.08	32.68	34.10	41.10	45.15	52.5	64.3	41.92	9.99	40.88	8.47	70.4	27.40	0.24	41.10	34.10	正态分布	41.92	41.27
Mn	39	404	465	554	721	887	1010	1209	742	237	705	43.93	1366	309	0.32	721	733	正态分布	742	738
Mo	39	0.48	0.55	0.72	0.90	1.12	1.42	1.62	1.13	1.24	0.93	1.66	8.42	0.41	1.10	0.90	1.08	对数正态分布	0.93	0.91
N	39	0.33	0.38	0.44	0.51	0.63	0.76	0.80	0.54	0.15	0.52	1.58	0.86	0.29	0.27	0.51	0.56	正态分布	0.54	0.61
Nb	39	17.32	17.90	19.10	20.80	22.55	24.56	24.99	20.88	2.57	20.73	5.69	25.80	16.30	0.12	20.80	19.10	正态分布	20.88	19.10
Ni	39	11.30	12.96	15.95	23.80	28.90	34.72	37.33	23.20	8.17	21.71	5.89	39.10	8.71	0.35	23.80	24.40	正态分布	23.20	25.77
P	39	0.21	0.23	0.27	0.34	0.48	0.59	0.64	0.40	0.17	0.37	1.99	1.07	0.20	0.44	0.34	0.27	正态分布	0.40	0.43
Pb	39	16.76	17.96	21.75	24.70	27.05	29.30	30.33	24.32	4.66	23.88	6.26	39.50	14.80	0.19	24.70	24.70	正态分布	24.32	25.06

续表 3-22

元素/指标	N	$X_{5\%}$	$X_{10\%}$	$X_{25\%}$	$X_{50\%}$	$X_{75\%}$	$X_{90\%}$	$X_{95\%}$	$\overline{X}$	S	$\overline{X}_g$	S_g	X_{max}	X_{min}	CV	X_{me}	X_{mo}	分布类型	紫色土基准值	杭州市基准值
Rb	39	87.4	95.5	109	126	135	148	171	125	24.29	123	15.97	184	73.5	0.19	126	135	正态分布	125	118
S	39	47.17	63.2	73.2	87.2	115	135	139	93.7	29.97	88.7	13.90	160	36.10	0.32	87.2	118	正态分布	93.7	110
Sb	39	0.45	0.50	0.61	0.81	1.07	1.55	2.65	1.02	0.71	0.88	1.68	3.98	0.39	0.70	0.81	0.79	对数正态分布	0.88	0.71
Sc	39	7.19	7.30	8.00	8.90	9.90	11.32	13.13	9.28	1.91	9.11	3.61	15.60	6.60	0.21	8.90	9.20	正态分布	9.28	9.74
Se	39	0.08	0.10	0.11	0.15	0.20	0.24	0.27	0.16	0.06	0.15	3.15	0.29	0.08	0.36	0.15	0.17	正态分布	0.16	0.19
Sn	39	2.19	2.40	2.81	3.17	4.63	7.62	11.53	4.52	3.44	3.81	2.56	18.59	1.61	0.76	3.17	4.49	对数正态分布	3.81	3.90
Sr	39	34.40	35.40	43.85	48.90	59.5	98.5	122	60.0	34.06	54.1	10.23	194	24.60	0.57	48.90	45.80	对数正态分布	54.1	48.86
Th	39	9.59	11.88	12.45	14.20	16.25	17.36	18.36	14.35	2.59	14.12	4.66	19.90	8.99	0.18	14.20	12.20	正态分布	14.35	13.94
Ti	39	3718	3879	4224	5015	5368	5697	6201	4914	1018	4817	129	8206	2663	0.21	5015	4981	正态分布	4914	5238
Tl	39	0.49	0.51	0.63	0.73	0.79	0.87	0.93	0.72	0.16	0.70	1.35	1.24	0.39	0.22	0.73	0.77	正态分布	0.72	0.73
U	39	2.40	2.51	2.69	2.95	3.43	4.17	4.59	3.15	0.72	3.08	1.95	5.46	2.09	0.23	2.95	2.99	正态分布	3.15	3.09
V	39	55.4	56.5	67.0	74.9	90.7	105	123	79.2	20.25	76.7	12.06	126	37.10	0.26	74.9	103	正态分布	79.2	81.3
W	39	1.41	1.52	1.89	2.15	2.64	3.32	3.63	2.34	0.84	2.22	1.69	5.61	1.14	0.36	2.15	2.03	正态分布	2.34	2.15
Y	39	21.67	23.42	24.25	26.00	28.45	30.62	33.46	26.79	3.94	26.53	6.59	38.90	18.90	0.15	26.00	27.10	正态分布	26.79	26.96
Zn	39	56.9	59.4	65.6	73.5	80.2	94.7	97.8	74.9	13.93	73.7	11.76	118	54.6	0.19	73.5	87.0	正态分布	74.9	102
Zr	39	217	229	247	258	281	311	317	265	30.72	263	24.44	335	206	0.12	258	257	正态分布	265	263
SiO$_2$	39	64.4	66.2	70.7	73.3	74.5	75.2	75.5	72.0	3.94	71.9	11.61	77.0	58.3	0.05	73.3	72.7	正态分布	72.0	70.0
Al$_2$O$_3$	39	11.66	12.24	12.60	13.00	13.97	15.44	16.56	13.50	1.63	13.41	4.46	18.90	11.20	0.12	13.00	13.30	正态分布	13.50	13.52
TFe$_2$O$_3$	39	3.85	4.03	4.33	4.71	5.40	6.27	6.63	4.97	0.92	4.89	2.52	7.52	3.13	0.19	4.71	4.68	正态分布	4.97	5.16
MgO	39	0.65	0.70	0.73	0.90	1.07	1.45	1.47	0.98	0.32	0.94	1.33	2.12	0.61	0.32	0.90	0.72	正态分布	0.98	1.02
CaO	39	0.17	0.21	0.27	0.31	0.39	1.04	1.44	0.53	0.74	0.38	2.44	4.41	0.15	1.39	0.31	0.31	对数正态分布	0.38	0.24
Na$_2$O	39	0.18	0.21	0.27	0.31	0.49	0.70	0.88	0.42	0.26	0.36	2.11	1.43	0.15	0.62	0.31	0.30	对数正态分布	0.36	0.29
K$_2$O	39	1.85	1.94	2.39	2.69	2.94	3.20	3.60	2.64	0.50	2.60	1.81	3.82	1.54	0.19	2.69	2.69	正态分布	2.64	2.46
TC	39	0.25	0.25	0.30	0.41	0.52	0.74	0.84	0.48	0.26	0.43	1.94	1.56	0.20	0.56	0.41	0.46	对数正态分布	0.43	0.47
Corg	39	0.23	0.24	0.29	0.41	0.51	0.71	0.75	0.44	0.19	0.40	1.93	1.11	0.20	0.44	0.41	0.71	对数正态分布	0.44	0.52
pH	39	5.28	5.35	5.46	6.00	6.81	7.09	7.66	5.69	5.56	6.18	2.83	8.06	4.83	0.98	6.00	5.84	正态分布	5.69	5.69

与杭州市土壤基准值相比,紫色土区土壤基准值中 As、Br、I、Zn 基准值略低于杭州市基准值;Na_2O、Sb 基准值略高于杭州市基准值,为杭州市基准值的 1.2~1.4 倍;Cd、CaO 基准值明显偏高,分别为杭州市基准值的 1.45 倍、1.58 倍;其他各项元素/指标基准值与杭州市基准值基本接近。

六、水稻土土壤地球化学基准值

水稻土土壤地球化学基准值数据经正态分布检验,结果表明(表 3-23),原始数据中 B、Be、Co、Cr、Ga、Ge、La、Li、Nb、Ni、Rb、Th、Ti、Tl、Y、Zr、Al_2O_3、TFe_2O_3、K_2O 共 19 项元素/指标符合正态分布,Ag、As、Au、Ba、Bi、Br、Cl、Cu、F、Hg、I、Mn、Mo、N、P、Pb、Sb、Sc、Se、U、V、W、Zn、MgO、CaO、TC 共 26 项元素/指标符合对数正态分布,Cd、Ce、Sn、SiO_2、Corg 剔除异常值后符合正态分布,S、Corg 剔除异常值后符合对数正态分布,其他元素/指标不符合正态分布或对数正态分布。

水稻土区深层土壤总体为弱酸性,土壤 pH 基准值为 6.75,极大值为 8.72,极小值为 4.80,接近于杭州市基准值。

各元素/指标中,大多数元素/指标变异系数在 0.40 以下,说明分布较为均匀;其中 Ag、Hg、CaO、As、pH、Au、Sb、Bi、Mo 变异系数大于 0.80,空间变异性较大。

与杭州市土壤基准值相比,水稻土区土壤基准值中 Zn、I、As、Br、Na_2O 基准值略偏低;TC、Ba、Au 基准值略高于杭州市基准值;Cl、Sr、CaO 基准值明显偏高,为杭州市基准值的 1.4 倍以上;其他各项元素/指标基准值与杭州市基准值基本接近。

七、潮土土壤地球化学基准值

潮土土壤采集深层土壤样品 22 件,其地球化学基准值数据统计见表 3-24。

潮土区深层土壤总体为碱性,土壤 pH 基准值为 8.41,极大值为 9.20,极小值为 6.22,明显高于杭州市基准值。

各元素/指标中,大多数元素/指标变异系数在 0.40 以下,说明分布较为均匀;其中 Se、pH、S 变异系数大于 0.80,空间变异性较大。

与杭州市土壤基准值相比,潮土区土壤基准值中 Se、Mo、As、Sb、Cu、Bi 基准值明显偏低,不足杭州市基准值的 60%,其中 As 基准值最低,仅为杭州市基准值的 37%;Co、Zn、W、Tl、Corg、Mn、U、TFe_2O_3、Li、Rb、Ga、Hg、Nb、Br、Pb、I、N、Be、Ti、Ag、Th、Al_2O_3 基准值略低于杭州市基准值,为杭州市基准值的 60%~80%;Au 基准值略高于杭州市基准值;P、MgO、TC、Cl、Sr、Na_2O、CaO 基准值明显高于杭州市基准值,其中 TC、Cl、Sr、Na_2O、CaO 基准值为杭州市基准值的 2.0 倍以上,CaO 基准值是杭州市基准值的 13.38 倍;其他各项元素/指标基准值与杭州市基准值基本接近。

八、滨海盐土土壤地球化学基准值

滨海盐土壤采集深层土壤样品 22 件,其地球化学基准值数据统计见表 3-25。

滨海盐土区深层土壤总体为碱性,土壤 pH 基准值为 8.41,极大值为 9.20,极小值为 6.22,明显高于杭州市基准值。

各元素/指标中,大多数元素/指标变异系数在 0.40 以下,说明分布较为均匀;其中仅 pH、S、Se 变异系数大于 0.8,空间变异性较大。

与杭州市土壤基准值相比,滨海盐土区土壤基准值中 As、Se、Mo、Sb、Cu、Bi 基准值明显偏低,不足杭州市基准值的 60%,其中 As 基准值最低,仅为杭州市基准值的 36.5%;Ag、Be、Br、Co、Ga、Hg、I、Li、Mn、N、Nb、Pb、Rb、Th、Ti、Tl、U、W、Zn、Al_2O_3、TFe_2O_3、Corg 基准值略低于杭州市基准值,为杭州市基准值的 60%~80%;Au 基准值略高于杭州市基准值;P、MgO、TC、Cl、Sr、Na_2O、CaO 基准值明显高于杭

表 3-23 水稻土土壤地球化学基准值参数统计表

元素/指标	N	$X_{5\%}$	$X_{10\%}$	$X_{25\%}$	$X_{50\%}$	$X_{75\%}$	$X_{90\%}$	$X_{95\%}$	$\overline{X}$	S	$\overline{X}_g$	S_g	X_{max}	X_{min}	CV	X_{me}	X_{mo}	分布类型	水稻土基准值	杭州市基准值
Ag	161	38.00	47.00	62.0	75.0	98.0	140	190	94.2	80.5	80.4	13.11	788	32.00	0.85	75.0	68.0	对数正态分布	80.4	73.7
As	161	3.58	3.84	5.39	7.75	11.92	20.98	30.80	10.87	10.05	8.49	3.85	71.6	2.77	0.92	7.75	5.85	对数正态分布	8.49	11.20
Au	161	0.74	0.85	1.08	1.50	2.03	2.70	3.47	1.83	1.78	1.53	1.83	19.16	0.44	0.97	1.50	1.36	对数正态分布	1.53	1.25
B	161	34.70	39.50	51.4	66.2	74.0	79.0	86.2	63.0	17.53	59.5	11.26	130	6.83	0.28	66.2	68.0	正态分布	63.0	68.0
Ba	161	379	406	439	495	598	787	991	570	242	537	37.29	1857	279	0.43	496	510	对数正态分布	537	436
Be	161	1.68	1.79	1.95	2.27	2.56	2.88	3.16	2.30	0.45	2.26	1.67	3.78	1.39	0.19	2.27	2.32	正态分布	2.30	2.30
Bi	161	0.17	0.20	0.25	0.30	0.40	0.48	0.55	0.36	0.38	0.32	2.17	4.67	0.14	1.04	0.30	0.27	对数正态分布	0.32	0.31
Br	161	1.50	1.50	1.68	2.30	3.00	4.70	5.50	2.68	1.37	2.41	1.95	8.24	0.68	0.51	2.30	1.50	对数正态分布	2.41	3.06
Cd	147	0.05	0.07	0.09	0.11	0.14	0.18	0.20	0.12	0.04	0.11	0.15	0.25	0.03	0.38	0.11	0.11	剔除后正态分布	0.12	0.11
Ce	151	64.4	67.0	74.9	80.3	86.0	91.9	93.8	80.0	9.26	79.5	12.44	103	57.7	0.12	80.3	79.0	剔除后正态分布	80.0	82.0
Cl	161	29.00	32.00	35.60	47.00	71.0	92.0	100.0	55.9	27.02	50.9	10.72	225	23.30	0.48	47.00	74.0	对数正态分布	50.9	32.00
Co	161	8.83	9.70	10.96	13.40	16.20	17.90	19.10	13.68	3.50	13.23	4.60	25.00	5.52	0.26	13.40	13.40	正态分布	13.68	15.70
Cr	161	32.40	37.80	49.80	60.5	74.9	96.0	107	63.5	22.69	59.1	11.42	127	7.40	0.36	60.5	51.0	对数正态分布	59.1	53.7
Cu	161	11.10	13.40	17.46	21.20	26.98	35.80	39.55	23.10	8.88	21.55	6.10	59.0	7.13	0.38	21.20	21.20	对数正态分布	21.55	23.03
F	161	350	387	447	522	626	755	843	559	187	535	38.02	1519	255	0.34	522	483	对数正态分布	535	563
Ga	161	13.23	14.03	15.70	17.20	19.00	20.80	22.00	17.33	2.67	17.13	5.19	26.10	11.16	0.15	17.20	17.10	正态分布	17.33	18.04
Ge	161	1.24	1.29	1.41	1.53	1.59	1.67	1.77	1.50	0.15	1.50	1.28	2.01	1.20	0.10	1.53	1.58	正态分布	1.50	1.56
Hg	161	0.03	0.04	0.05	0.06	0.08	0.12	0.14	0.07	0.07	0.06	5.38	0.69	0.02	0.88	0.06	0.06	对数正态分布	0.06	0.07
I	161	0.98	1.10	1.70	2.72	3.68	5.14	6.06	2.98	1.75	2.54	2.14	10.50	0.50	0.59	2.72	2.86	对数正态分布	2.54	3.38
La	161	34.40	36.90	40.00	43.60	47.10	50.2	52.1	43.50	5.46	43.16	8.81	69.2	26.20	0.13	43.60	39.60	正态分布	43.50	45.50
Li	161	28.00	30.20	35.00	30.90	46.80	51.3	58.0	41.00	9.10	40.04	8.50	74.3	23.80	0.22	39.90	39.50	正态分布	41.00	41.27
Mn	161	391	430	524	652	794	1008	1164	690	238	653	42.12	1695	257	0.34	652	740	对数正态分布	653	738
Mo	161	0.32	0.38	0.45	0.63	1.11	1.81	3.42	1.13	1.73	0.77	2.17	15.50	0.28	1.53	0.63	0.55	对数正态分布	0.77	0.91
N	161	0.35	0.38	0.45	0.54	0.68	0.83	0.98	0.58	0.20	0.56	1.57	1.26	0.26	0.34	0.54	0.49	对数正态分布	0.56	0.61
Nb	161	12.94	14.30	16.50	18.20	20.06	22.60	25.20	18.41	3.38	18.11	5.24	29.70	10.50	0.18	18.20	17.00	正态分布	18.41	19.10
Ni	161	15.20	18.50	22.40	27.30	33.10	40.40	41.70	28.25	8.90	26.71	7.11	52.8	6.33	0.32	27.30	28.10	正态分布	28.25	25.77
P	161	0.25	0.28	0.35	0.46	0.57	0.72	0.78	0.49	0.25	0.45	1.76	2.82	0.16	0.50	0.46	0.39	对数正态分布	0.45	0.43
Pb	161	16.90	19.10	21.40	24.50	28.45	31.50	35.10	25.50	6.68	24.79	6.48	65.0	14.70	0.26	24.50	26.50	对数正态分布	24.79	25.06

续表 3-23

元素/指标	N	$X_{5\%}$	$X_{10\%}$	$X_{25\%}$	$X_{50\%}$	$X_{75\%}$	$X_{90\%}$	$X_{95\%}$	$\overline{X}$	S	$\overline{X}_g$	S_g	X_{max}	X_{min}	CV	X_{me}	X_{mo}	分布类型	水稻土基准值	杭州市基准值
Rb	161	81.6	88.0	99.3	110	128	147	162	115	23.30	113	15.33	194	72.8	0.20	110	110	正态分布	115	118
S	140	64.0	74.9	90.3	108	138	191	226	120	46.69	112	15.89	265	34.00	0.39	108	107	剔除后对数正态分布	112	110
Sb	161	0.31	0.38	0.50	0.71	0.98	1.55	2.10	0.91	0.88	0.74	1.90	9.00	0.23	0.97	0.71	0.58	对数正态分布	0.74	0.71
Sc	161	8.00	8.60	9.23	10.10	11.90	13.60	14.51	10.63	2.07	10.45	4.03	17.90	6.90	0.19	10.10	10.70	对数正态分布	10.45	9.74
Se	161	0.08	0.11	0.14	0.19	0.25	0.32	0.41	0.21	0.15	0.18	3.07	1.63	0.03	0.69	0.19	0.17	对数正态分布	0.18	0.19
Sn	146	2.46	2.72	3.19	3.96	4.59	5.84	6.13	4.00	1.12	3.85	2.28	7.08	1.71	0.28	3.96	4.17	剔除后正态分布	4.00	3.90
Sr	161	33.90	37.10	48.50	70.0	106	126	140	78.3	35.70	70.3	13.19	175	25.40	0.46	70.0	123	偏峰分布	123	48.86
Th	161	10.43	11.20	12.06	13.50	15.20	16.50	17.40	13.67	2.18	13.51	4.52	21.50	8.91	0.16	13.50	13.80	正态分布	13.67	13.94
Ti	161	3671	4074	4430	4806	5312	5584	5704	4817	639	4774	132	7174	3077	0.13	4806	4695	正态分布	4817	5238
Tl	161	0.47	0.51	0.56	0.67	0.80	0.90	1.00	0.69	0.16	0.68	1.38	1.13	0.40	0.23	0.67	0.65	正态分布	0.69	0.73
U	161	2.08	2.19	2.46	2.86	3.44	3.90	4.19	3.02	0.94	2.92	1.90	10.50	1.63	0.31	2.86	2.59	对数正态分布	2.92	3.09
V	161	57.2	65.3	74.5	82.6	100.0	117	130	88.8	28.00	85.5	13.31	289	45.80	0.32	82.6	105	对数正态分布	85.5	81.3
W	161	1.22	1.34	1.55	1.82	2.13	2.70	3.14	2.01	1.42	1.87	1.59	18.70	0.94	0.71	1.82	1.55	对数正态分布	1.87	2.15
Y	161	21.50	22.60	24.50	26.60	29.20	33.00	34.00	27.19	4.24	26.88	6.70	47.40	18.00	0.16	26.60	28.00	正态分布	27.19	26.96
Zn	161	53.1	57.7	66.4	74.6	89.0	102	109	78.1	19.05	76.1	12.30	171	46.00	0.24	74.6	67.0	对数正态分布	76.1	102
Zr	161	204	213	240	270	307	338	390	277	52.2	273	25.49	432	192	0.19	270	270	正态分布	277	263
SiO_2	151	65.1	66.7	68.7	71.0	73.0	74.0	75.0	70.7	2.85	70.6	11.57	76.7	62.9	0.04	71.0	69.9	剔除后正态分布	70.7	70.0
Al_2O_3	161	11.16	11.72	12.57	13.31	14.55	15.83	16.89	13.61	1.66	13.51	4.54	18.60	10.21	0.12	13.31	12.80	正态分布	13.61	13.52
TFe_2O_3	161	3.40	3.79	4.36	4.93	5.53	6.20	6.64	4.99	0.94	4.90	2.55	7.88	3.18	0.19	4.93	5.14	正态分布	4.99	5.16
MgO	161	0.65	0.69	0.85	1.06	1.43	1.70	1.85	1.15	0.43	1.08	1.44	3.44	0.47	0.37	1.06	0.85	对数正态分布	1.08	1.02
CaO	161	0.20	0.23	0.31	0.56	0.99	1.82	2.31	0.79	0.72	0.58	2.24	4.03	0.13	0.91	0.56	0.31	对数正态分布	0.58	0.24
Na_2O	161	0.16	0.18	0.27	0.64	1.30	1.68	1.83	0.82	0.59	0.59	2.42	2.06	0.10	0.72	0.64	0.23	其他分布	0.23	0.29
K_2O	161	1.82	1.94	2.11	2.35	2.75	2.98	3.13	2.43	0.44	2.39	1.70	3.85	1.54	0.18	2.35	2.33	正态分布	2.43	2.46
TC	151	0.30	0.36	0.45	0.54	0.72	0.98	1.17	0.63	0.30	0.58	1.63	2.07	0.21	0.48	0.54	0.56	对数正态分布	0.58	0.47
Corg	151	0.20	0.25	0.34	0.45	0.53	0.64	0.69	0.45	0.15	0.42	1.87	0.83	0.11	0.33	0.45	0.43	剔除后正态分布	0.45	0.52
pH	161	5.18	5.39	5.72	6.74	7.55	8.11	8.19	5.84	5.58	6.68	3.03	8.72	4.80	0.95	6.74	6.75	其他分布	6.75	5.69

杭州市土壤元素背景值

表 3-24 潮土土壤地球化学基准值参数统计表

元素/指标	N	$X_{5\%}$	$X_{10\%}$	$X_{25\%}$	$X_{50\%}$	$X_{75\%}$	$X_{90\%}$	$X_{95\%}$	$\bar{X}$	S	$\bar{X}_g$	S_g	X_{max}	X_{min}	CV	X_{me}	X_{mo}	潮土基准值	杭州市基准值
Ag	22	36.20	40.70	50.00	58.0	67.0	74.0	83.5	59.8	19.28	57.3	10.24	125	33.00	0.32	58.0	58.0	58.0	73.7
As	22	2.98	3.00	3.43	4.09	5.88	6.73	7.92	5.11	3.22	4.59	2.54	18.10	2.64	0.63	4.09	3.99	4.09	11.20
Au	22	0.78	0.97	1.10	1.50	1.80	2.34	2.58	1.58	0.69	1.46	1.58	3.67	0.72	0.44	1.50	2.22	1.50	1.25
B	22	59.4	66.0	68.0	71.5	76.8	77.9	83.7	71.8	6.47	71.5	11.54	84.0	59.0	0.09	71.5	72.0	71.5	68.0
Ba	22	395	396	404	418	436	477	486	429	42.72	427	32.08	579	385	0.10	418	405	418	436
Be	22	1.61	1.63	1.68	1.75	1.94	2.29	2.72	1.89	0.34	1.86	1.49	2.79	1.54	0.18	1.75	1.73	1.75	2.30
Bi	22	0.17	0.17	0.17	0.18	0.26	0.43	0.52	0.24	0.12	0.22	2.55	0.57	0.16	0.49	0.18	0.17	0.18	0.31
Br	22	1.50	1.50	1.52	2.25	3.05	3.70	3.89	2.47	0.95	2.31	1.76	4.60	1.50	0.39	2.25	1.50	2.25	3.06
Cd	22	0.08	0.08	0.09	0.11	0.12	0.14	0.18	0.11	0.03	0.11	0.15	0.19	0.07	0.26	0.11	0.12	0.11	0.11
Ce	22	56.3	57.5	61.2	66.5	78.7	84.4	86.1	70.1	11.12	69.3	11.41	92.0	56.00	0.16	66.5	68.6	66.5	82.0
Cl	22	68.3	74.1	75.8	90.5	104	135	142	101	52.4	92.5	13.96	310	34.00	0.52	90.5	75.0	90.5	32.00
Co	22	8.11	8.45	8.88	9.61	10.86	13.85	14.60	10.82	3.54	10.43	4.00	24.20	8.00	0.33	9.61	10.21	9.61	15.70
Cr	22	45.00	45.10	48.00	52.5	68.0	76.7	77.0	59.1	17.50	57.2	10.26	120	44.00	0.30	52.5	48.00	52.5	53.7
Cu	22	9.64	10.40	10.94	12.82	20.47	24.41	30.20	16.01	7.61	14.68	4.81	38.60	7.90	0.48	12.82	16.01	12.82	23.03
F	22	380	388	424	462	540	579	583	488	104	479	34.48	833	370	0.21	462	532	462	563
Ga	22	11.62	11.72	12.04	12.72	15.20	18.38	20.22	14.09	3.27	13.79	4.59	24.10	10.94	0.23	12.72	11.72	12.72	18.04
Ge	22	1.23	1.27	1.36	1.45	1.53	1.55	1.55	1.43	0.11	1.42	1.24	1.55	1.20	0.08	1.45	1.53	1.45	1.56
Hg	22	0.03	0.04	0.04	0.05	0.06	0.10	0.10	0.06	0.04	0.06	5.44	0.24	0.03	0.71	0.05	0.06	0.05	0.07
I	22	0.91	0.99	1.30	2.53	3.37	5.32	6.23	2.67	1.73	2.19	2.11	6.53	0.60	0.65	2.53	2.68	2.53	3.38
La	22	32.24	32.69	34.69	37.92	44.51	47.33	48.73	39.61	6.01	39.19	8.24	51.9	31.12	0.15	37.92	38.93	37.92	45.50
Li	22	24.54	25.30	26.90	28.05	33.43	40.98	46.13	31.70	7.93	30.90	7.27	54.9	24.10	0.25	28.05	28.00	28.05	41.27
Mn	22	403	409	439	489	576	696	712	549	213	524	36.61	1400	387	0.39	489	455	489	738
Mo	22	0.31	0.32	0.33	0.37	0.40	0.51	0.53	0.41	0.20	0.39	1.92	1.27	0.31	0.48	0.37	0.33	0.37	0.91
N	22	0.37	0.39	0.43	0.46	0.53	0.65	0.92	0.51	0.18	0.49	1.60	1.06	0.34	0.34	0.46	0.49	0.46	0.61
Nb	22	11.87	12.09	12.47	13.75	14.42	18.87	19.77	14.25	2.47	14.07	4.55	20.20	11.28	0.17	13.75	14.18	13.75	19.10
Ni	22	19.22	19.63	21.07	23.10	26.93	33.47	34.45	25.17	6.78	24.46	6.40	46.80	18.30	0.27	23.10	22.10	23.10	25.77
P	22	0.50	0.60	0.65	0.68	0.76	0.87	0.95	0.72	0.18	0.70	1.36	1.25	0.34	0.24	0.68	0.76	0.68	0.43
Pb	22	15.93	16.24	17.02	18.43	21.37	26.74	33.17	20.33	5.49	19.76	5.58	35.83	14.27	0.27	18.43	17.19	18.43	25.06

续表 3-24

元素/指标	N	$X_{5\%}$	$X_{10\%}$	$X_{25\%}$	$X_{50\%}$	$X_{75\%}$	$X_{90\%}$	$X_{95\%}$	$\bar{X}$	S	$\bar{X}_g$	S_g	X_{max}	X_{min}	CV	X_{me}	X_{mo}	潮土基准值	杭州市基准值
Rb	22	72.3	73.4	75.6	82.4	99.8	108	117	89.3	19.19	87.7	13.04	152	71.2	0.21	82.4	74.2	82.4	118
S	22	65.7	80.0	93.0	107	226	240	579	188	195	141	18.35	891	61.0	1.04	107	101	107	110
Sb	22	0.27	0.29	0.32	0.38	0.44	0.64	0.88	0.47	0.28	0.42	1.98	1.55	0.25	0.61	0.38	0.38	0.38	0.71
Sc	22	8.28	8.59	9.02	9.28	11.21	12.16	13.91	10.22	2.20	10.03	3.85	17.40	7.75	0.22	9.28	10.36	9.28	9.74
Se	22	0.03	0.04	0.05	0.07	0.14	0.26	0.28	0.11	0.10	0.08	5.03	0.39	0.03	0.86	0.07	0.04	0.07	0.19
Sn	22	2.13	2.52	2.92	3.61	4.65	6.11	6.12	4.31	2.70	3.84	2.43	14.96	1.91	0.63	3.61	4.33	3.61	3.90
Sr	18	140	142	148	153	158	166	167	153	9.87	153	17.50	168	131	0.06	153	153	153	48.86
Th	22	9.40	9.46	9.92	11.07	12.45	14.70	16.69	11.63	2.32	11.43	4.13	17.30	8.62	0.20	11.07	11.60	11.07	13.94
Ti	22	3673	3806	3992	4099	4346	4500	4831	4230	521	4203	116	6152	3566	0.12	4099	4283	4099	5238
Tl	22	0.40	0.40	0.43	0.46	0.54	0.68	0.80	0.52	0.14	0.50	1.57	0.95	0.39	0.28	0.46	0.44	0.46	0.73
U	22	1.72	1.73	1.81	2.06	2.29	2.86	3.07	2.17	0.50	2.13	1.63	3.66	1.62	0.23	2.06	1.81	2.06	3.09
V	22	63.0	64.1	66.0	69.0	84.0	94.5	98.1	75.2	14.15	74.1	11.77	116	63.0	0.19	69.0	67.0	69.0	81.3
W	22	0.96	0.97	1.13	1.33	1.51	1.82	2.28	1.41	0.43	1.36	1.39	2.70	0.92	0.31	1.33	1.48	1.33	2.15
Y	22	19.39	20.66	21.16	23.00	24.93	26.71	31.98	23.96	4.13	23.67	6.25	37.00	19.03	0.17	23.00	23.99	23.00	26.96
Zn	22	51.0	52.1	54.5	62.5	73.2	80.0	92.4	65.6	13.70	64.4	10.83	101	50.00	0.21	62.5	71.0	62.5	102
Zr	22	232	242	254	303	358	409	442	310	70.3	303	26.20	445	196	0.23	303	248	303	263
SiO$_2$	22	66.1	66.3	68.3	69.2	70.1	70.8	71.6	68.8	2.51	68.8	11.17	72.6	60.0	0.04	69.2	68.8	69.2	70.0
Al$_2$O$_3$	22	10.12	10.33	10.49	10.75	12.57	13.85	14.84	11.66	1.75	11.54	4.09	16.51	10.06	0.15	10.75	10.49	10.75	13.52
TFe$_2$O$_3$	22	3.17	3.19	3.23	3.46	4.18	4.70	6.83	3.96	1.22	3.83	2.23	7.80	3.16	0.31	3.46	3.97	3.46	5.16
MgO	22	1.21	1.47	1.71	1.79	1.87	1.95	1.97	1.72	0.29	1.69	1.45	2.10	0.74	0.17	1.79	1.84	1.79	1.02
CaO	22	0.86	1.19	2.53	3.21	3.54	3.72	3.81	2.82	1.02	2.53	2.14	4.02	0.49	0.36	3.21	2.84	3.21	0.24
Na$_2$O	17	1.80	1.81	1.83	1.88	1.92	1.97	1.97	1.88	0.06	1.88	1.43	1.99	1.80	0.03	1.88	1.88	1.88	0.29
K$_2$O	22	1.89	1.90	1.98	2.03	2.19	2.34	2.35	2.10	0.23	2.09	1.55	2.89	1.86	0.11	2.03	1.98	2.03	2.46
TC	22	0.63	0.64	0.91	1.01	1.05	1.18	1.21	0.97	0.19	0.95	1.25	1.22	0.56	0.20	1.01	1.01	1.01	0.47
Corg	22	0.15	0.16	0.24	0.33	0.45	0.50	0.57	0.34	0.14	0.31	2.27	0.64	0.12	0.41	0.33	0.34	0.33	0.52
pH	22	7.13	7.77	7.96	8.41	8.54	8.62	8.68	7.44	6.89	8.21	3.34	9.20	6.22	0.93	8.41	8.43	8.41	5.69

表 3-25 滨海盐土土壤地球化学基准值参数统计表

元素/指标	N	$X_{5\%}$	$X_{10\%}$	$X_{25\%}$	$X_{50\%}$	$X_{75\%}$	$X_{90\%}$	$X_{95\%}$	$\overline{X}$	S	$\overline{X}_g$	S_g	X_{max}	X_{min}	CV	X_{me}	X_{mo}	滨海盐土基准值	杭州市基准值
Ag	22	36.20	40.70	50.00	58.0	67.0	74.0	83.5	59.8	19.28	57.3	10.24	125	33.00	0.32	58.0	58.0	58.0	73.7
As	22	2.98	3.00	3.43	4.09	5.88	6.73	7.92	5.11	3.22	4.59	2.54	18.10	2.64	0.63	4.09	3.99	4.09	11.20
Au	22	0.78	0.97	1.10	1.50	1.80	2.34	2.58	1.58	0.69	1.46	1.58	3.67	0.72	0.44	1.50	2.22	1.50	1.25
B	22	59.4	66.0	68.0	71.5	76.8	77.9	83.7	71.8	6.47	71.5	11.54	84.0	59.0	0.09	71.5	72.0	71.5	68.0
Ba	22	395	396	404	418	436	477	486	429	42.72	427	32.08	579	385	0.10	418	405	418	436
Be	22	1.61	1.63	1.68	1.75	1.94	2.29	2.72	1.89	0.34	1.86	1.49	2.79	1.54	0.18	1.75	1.73	1.75	2.30
Bi	22	0.17	0.17	0.17	0.18	0.26	0.43	0.52	0.24	0.12	0.22	2.55	0.57	0.16	0.49	0.18	0.17	0.18	0.31
Br	22	1.50	1.50	1.52	2.25	3.05	3.70	3.89	2.47	0.95	2.31	1.76	4.60	1.50	0.39	2.25	1.50	2.25	3.06
Cd	22	0.08	0.08	0.09	0.11	0.12	0.14	0.18	0.11	0.03	0.11	0.14	0.19	0.07	0.26	0.11	0.12	0.11	0.11
Ce	22	56.3	57.5	61.2	66.5	78.7	84.4	86.1	70.1	11.12	69.3	11.41	92.0	56.0	0.16	66.5	68.6	66.5	82.0
Cl	22	68.3	74.1	75.8	90.5	104	135	142	101	52.4	92.5	13.96	310	34.00	0.52	90.5	75.0	90.5	32.00
Co	22	8.11	8.45	8.88	9.61	10.86	13.85	14.60	10.82	3.54	10.43	4.00	24.20	8.00	0.33	9.61	10.21	9.61	15.70
Cr	22	45.00	45.10	48.00	52.5	68.0	76.7	77.0	59.1	17.50	57.2	10.26	120	44.00	0.30	52.5	48.00	52.5	53.7
Cu	22	9.64	10.40	10.94	12.82	20.47	24.41	30.20	16.01	7.61	14.68	4.81	38.60	7.90	0.48	12.82	16.01	12.82	23.03
F	22	380	388	424	462	540	579	583	488	104	479	34.48	833	370	0.21	462	532	462	563
Ga	22	11.62	11.72	12.04	12.72	15.20	18.38	20.22	14.09	3.27	13.79	4.59	24.10	10.94	0.23	12.72	11.72	12.72	18.04
Ge	22	1.23	1.27	1.36	1.45	1.53	1.55	1.55	1.43	0.11	1.42	1.24	1.55	1.20	0.08	1.45	1.53	1.45	1.56
Hg	22	0.03	0.04	0.04	0.05	0.06	0.10	0.10	0.06	0.04	0.06	5.44	0.24	0.03	0.71	0.05	0.06	0.05	0.07
I	22	0.91	0.99	1.30	2.53	3.37	5.32	6.23	2.67	1.73	2.19	2.11	6.53	0.60	0.65	2.53	2.68	2.53	3.38
La	22	32.24	32.69	34.69	37.92	44.51	47.33	48.73	39.61	6.01	39.19	8.24	51.9	31.12	0.15	37.92	38.93	37.92	45.50
Li	22	24.54	25.30	26.90	28.05	33.43	40.98	46.13	31.70	7.93	30.90	7.27	54.9	24.10	0.25	28.05	28.00	28.05	41.27
Mn	22	403	409	439	489	576	696	712	549	213	524	36.61	1400	387	0.39	489	455	489	738
Mo	22	0.31	0.32	0.33	0.37	0.40	0.51	0.53	0.41	0.20	0.39	1.92	1.27	0.31	0.48	0.37	0.33	0.37	0.91
N	22	0.37	0.39	0.43	0.46	0.53	0.65	0.92	0.51	0.18	0.49	1.60	1.06	0.34	0.34	0.46	0.49	0.46	0.61
Nb	22	11.87	12.09	12.47	13.75	14.42	18.87	19.77	14.25	2.47	14.07	4.55	20.20	11.28	0.17	13.75	14.18	13.75	19.10
Ni	22	19.22	19.63	21.07	23.10	26.93	33.47	34.45	25.17	6.78	24.46	6.40	46.80	18.30	0.27	23.10	22.10	23.10	25.77
P	22	0.50	0.60	0.65	0.68	0.76	0.87	0.95	0.72	0.18	0.70	1.36	1.25	0.34	0.24	0.68	0.76	0.68	0.43
Pb	22	15.93	16.24	17.02	18.43	21.37	26.74	33.17	20.33	5.49	19.76	5.58	35.83	14.27	0.27	18.43	17.19	18.43	25.06

第三章 土壤地球化学基准值

续表 3-25

元素/指标	N	$X_{5\%}$	$X_{10\%}$	$X_{25\%}$	$X_{50\%}$	$X_{75\%}$	$X_{90\%}$	$X_{95\%}$	$\overline{X}$	S	$\overline{X}_g$	S_g	X_{max}	X_{min}	CV	X_{me}	X_{mo}	滨海盐土基准值	杭州市基准值
Rb	22	72.3	73.4	75.6	82.4	99.8	108	117	89.3	19.19	87.7	13.04	152	71.2	0.21	82.4	74.2	82.4	118
S	22	65.7	80.0	93.0	107	226	240	579	188	195	141	18.35	891	61.0	1.04	107	101	107	110
Sb	22	0.27	0.29	0.32	0.38	0.44	0.64	0.88	0.47	0.28	0.42	1.98	1.55	0.25	0.61	0.38	0.38	0.38	0.71
Sc	22	8.28	8.59	9.02	9.28	11.21	12.16	13.91	10.22	2.20	10.03	3.85	17.40	7.75	0.22	9.28	10.36	9.28	9.74
Se	22	0.03	0.04	0.05	0.07	0.14	0.26	0.28	0.11	0.10	0.08	5.03	0.39	0.03	0.86	0.07	0.04	0.07	0.19
Sn	22	2.13	2.52	2.92	3.61	4.65	6.11	6.12	4.31	2.70	3.84	2.43	14.96	1.91	0.63	3.61	4.33	3.61	3.90
Sr	18	140	142	148	153	158	166	167	153	9.87	153	17.50	168	131	0.06	153	153	153	48.86
Th	22	9.40	9.46	9.92	11.07	12.45	14.70	16.69	11.63	2.32	11.43	4.13	17.30	8.62	0.20	11.07	11.60	11.07	13.94
Ti	22	3673	3806	3992	4099	4346	4500	4831	4230	521	4203	116	6152	3566	0.12	4099	4283	4099	5238
Tl	22	0.40	0.40	0.43	0.46	0.54	0.68	0.80	0.52	0.14	0.50	1.57	0.95	0.39	0.28	0.46	0.44	0.46	0.73
U	22	1.72	1.73	1.81	2.06	2.29	2.86	3.07	2.17	0.50	2.13	1.63	3.66	1.62	0.23	2.06	1.81	2.06	3.09
V	22	63.0	64.1	66.0	69.0	84.0	94.5	98.1	75.2	14.15	74.1	11.77	116	63.0	0.19	69.0	67.0	69.0	81.3
W	22	0.96	0.97	1.13	1.33	1.51	1.82	2.28	1.41	0.43	1.36	1.39	2.70	0.92	0.31	1.33	1.48	1.33	2.15
Y	22	19.39	20.66	21.16	23.00	24.93	26.71	31.98	23.96	4.13	23.67	6.25	37.00	19.03	0.17	23.00	23.99	23.00	26.96
Zn	22	51.0	52.1	54.5	62.5	73.2	80.0	92.4	65.6	13.70	64.4	10.83	101	50.00	0.21	62.5	71.0	62.5	102
Zr	22	232	242	254	303	358	409	442	310	70.3	303	26.20	445	196	0.23	303	248	303	263
SiO_2	22	66.1	66.3	68.3	69.2	70.1	70.8	71.6	68.8	2.51	68.8	11.17	72.6	60.0	0.04	69.2	68.8	69.2	70.0
Al_2O_3	22	10.12	10.33	10.49	10.75	12.57	13.85	14.84	11.66	1.75	11.54	4.09	16.51	10.06	0.15	10.75	10.49	10.75	13.52
TFe_2O_3	22	3.17	3.19	3.23	3.46	4.18	4.70	6.83	3.96	1.22	3.83	2.23	7.80	3.16	0.31	3.46	3.97	3.46	5.16
MgO	22	1.21	1.47	1.71	1.79	1.87	1.95	1.97	1.72	0.29	1.69	1.45	2.10	0.74	0.17	1.79	1.84	1.79	1.02
CaO	22	0.86	1.19	2.53	3.21	3.54	3.72	3.81	2.82	1.02	2.53	2.14	4.02	0.49	0.36	3.21	2.84	3.21	0.24
Na_2O	17	1.80	1.81	1.83	1.88	1.92	1.97	1.97	1.88	0.06	1.88	1.43	1.99	1.80	0.03	1.88	1.88	1.88	0.29
K_2O	22	1.89	1.90	1.98	2.03	2.19	2.34	2.35	2.10	0.23	2.09	1.55	2.89	1.86	0.11	2.03	1.98	2.03	2.46
TC	22	0.63	0.64	0.91	1.01	1.05	1.18	1.21	0.97	0.19	0.95	1.25	1.22	0.56	0.20	1.01	1.01	1.01	0.47
Corg	22	0.15	0.16	0.24	0.33	0.45	0.50	0.57	0.34	0.14	0.31	2.27	0.64	0.12	0.41	0.33	0.34	0.33	0.52
pH	22	7.13	7.77	7.96	8.41	8.54	8.62	8.68	7.44	6.89	8.21	3.34	9.20	6.22	0.93	8.41	8.43	8.41	5.69

州市基准值，其中 TC、Cl、Sr、Na_2O、CaO 基准值为杭州市基准值的 2.0 倍以上，Na_2O、CaO 基准值分别为杭州市基准值的 6.48 倍和 13.38 倍；其他各元素/指标基准值与杭州市基准值基本接近。

第四节　主要土地利用类型地球化学基准值

一、水田土壤地球化学基准值

水田土壤地球化学基准值数据经正态分布检验，结果表明（表 3-26），原始数据中 As、B、Be、Bi、Cl、Co、Cr、Cu、F、Ga、Ge、I、La、Li、Mn、N、Nb、Ni、P、Pb、Rb、Sc、Se、Sr、Th、Ti、Tl、U、V、W、Y、Zn、Zr、SiO_2、Al_2O_3、TFe_2O_3、MgO、Na_2O、K_2O、Corg、pH 共 41 项元素/指标符合正态分布，Ag、Au、Ba、Br、Cd、Ce、Hg、Mo、Sb、Sn、CaO、TC 共 12 项元素/指标符合对数正态分布，S 剔除异常值后符合正态分布。

水田区深层土壤总体为中偏碱性，土壤 pH 基准值为 6.03，极大值为 8.83，极小值为 4.83，与杭州市基准值基本接近。

各元素/指标中，一多半元素/指标变异系数在 0.40 以下，说明分布较为均匀；Sb、Ag、Hg、pH、Sn、Cd、CaO、Ce、Mo、Ba 变异系数大于 0.80，空间变异性较大。

与杭州市土壤基准值相比，水田区土壤基准值中 Mo、Br、Zn、I 基准值略偏低，为杭州市基准值的 60%～80%；TC、Ba、MgO、P 基准值略高于杭州市基准值，为杭州市基准值的 1.2～1.4 倍；Na_2O、CaO、Cl、Sr 基准值明显偏高，为杭州市基准值的 1.4 倍以上；其他各项元素/指标基准值与杭州市基准值基本接近。

二、旱地土壤地球化学基准值

旱地区深层土壤样共采集 18 件，其地球化学基准值数据统计见表 3-27。

旱地区深层土壤总体为中偏酸性，土壤 pH 基准值为 6.25，极大值为 8.68，极小值为 5.16，与杭州市基准值基本接近。

各元素/指标中，大多数元素/指标变异系数在 0.40 以下，说明分布较为均匀；Ni、B、I、Cu、TC、Hg、Sr、Cl、Cd、Sb、Na_2O、Au、Mo、As、pH、Sn、CaO 变异系数大于 0.40，其中 Sb、Na_2O、Au、Mo、As、pH、Sn、CaO 变异系数大于 0.80，空间变异性较大。

与杭州市土壤基准值相比，旱地区土壤基准值中 As、Zn、Cu、Au 基准值相对偏低，为杭州市基准值的 60%～80%；CaO、Na_2O 明显富集，基准值为杭州市基准值的 1.4 倍以上；其他各项元素/指标基准值与杭州市基准值基本接近。

三、园地土壤地球化学基准值

园地土壤地球化学基准值数据经正态分布检验，结果表明（表 3-28），原始数据中 B、Be、Br、Co、Cr、Cu、F、Ga、Ge、Hg、I、La、Li、Mn、N、Nb、Ni、P、Rb、S、Se、Sn、Th、Ti、Tl、U、V、W、Y、Zn、Zr、SiO_2、Al_2O_3、TFe_2O_3、MgO、K_2O、pH 共 37 项元素/指标符合正态分布，As、Au、Ba、Bi、Cd、Ce、Cl、Mo、Pb、Sb、Sc、Sr、CaO、Na_2O、TC、Corg 共 16 项元素/指标符合对数正态分布，Ag 剔除异常值后符合正态分布。

园地区深层土壤总体为中偏酸性，土壤 pH 基准值为 5.49，极大值为 8.35，极小值为 4.74，接近于杭州市基准值。

各元素/指标中，约一半元素/指标变异系数在 0.40 以下，说明分布较为均匀；F、Ag、Br、I、W、Corg、Cu、TC、Cl、Hg、MgO、Cd、S、Se、Sr、Au、Pb、Ce、pH、As、Na_2O、Ba、CaO、Bi、Mo、Sb 共 26 项元素/指标变异

表 3-26 水田土壤地球化学基准值参数统计表

元素/指标	N	$X_{5\%}$	$X_{10\%}$	$X_{25\%}$	$X_{50\%}$	$X_{75\%}$	$X_{90\%}$	$X_{95\%}$	$\overline{X}$	S	$\overline{X}_g$	S_g	X_{max}	X_{min}	CV	X_{me}	X_{mo}	分布类型	水田基准值	杭州市基准值
Ag	58	40.00	42.70	53.0	68.5	89.3	130	164	86.4	71.9	73.0	12.01	470	27.00	0.83	68.5	70.0	对数正态分布	73.0	73.7
As	58	3.32	3.61	4.63	7.46	12.32	17.86	21.77	9.81	7.47	7.86	3.57	39.10	2.64	0.76	7.46	4.70	正态分布	9.81	11.20
Au	58	0.72	0.84	1.03	1.36	1.75	2.70	3.07	1.58	0.90	1.40	1.68	5.16	0.52	0.57	1.36	1.58	对数正态分布	1.40	1.25
B	58	24.85	34.46	49.33	64.0	74.9	80.8	84.1	62.1	22.07	57.8	11.13	153	17.00	0.36	64.0	64.0	正态分布	62.1	68.0
Ba	58	384	396	414	472	594	727	1052	708	1347	538	36.91	10 691	371	1.90	472	727	对数正态分布	538	436
Be	58	1.59	1.64	1.77	2.26	2.42	2.70	2.93	2.20	0.44	2.16	1.60	3.48	1.54	0.20	2.26	2.27	正态分布	2.20	2.30
Bi	58	0.15	0.16	0.19	0.29	0.38	0.49	0.51	0.30	0.12	0.28	2.40	0.59	0.13	0.40	0.29	0.17	正态分布	0.30	0.31
Br	58	1.38	1.41	1.50	2.20	3.03	3.80	4.76	2.50	1.24	2.27	1.87	7.50	1.20	0.50	2.20	1.50	正态分布	2.50	3.06
Cd	58	0.06	0.06	0.09	0.11	0.16	0.23	0.34	0.14	0.14	0.12	4.04	1.06	0.05	0.98	0.11	0.11	对数正态分布	0.12	0.11
Ce	58	59.2	62.7	67.0	79.4	87.0	97.9	119	94.3	115	81.4	12.39	945	48.18	1.22	79.4	67.0	对数正态分布	81.4	82.0
Cl	58	29.45	32.54	35.92	50.5	78.2	97.6	126	62.7	38.35	54.6	11.36	248	19.50	0.61	50.5	68.0	正态分布	62.7	32.00
Co	58	8.26	8.71	9.55	11.68	16.60	18.85	20.60	13.07	4.21	12.45	4.32	23.90	7.94	0.32	11.68	9.54	正态分布	13.07	15.70
Cr	58	32.22	36.14	46.05	53.0	66.9	83.0	94.9	57.4	19.53	54.4	10.52	115	27.00	0.34	53.0	53.0	正态分布	57.4	53.7
Cu	58	10.35	10.80	13.65	21.00	26.05	34.56	37.67	21.46	9.16	19.63	5.65	48.60	7.13	0.43	21.00	21.40	正态分布	21.46	23.03
F	58	360	383	423	488	620	741	772	535	164	515	35.90	1306	294	0.31	488	486	正态分布	535	563
Ga	58	10.92	11.58	12.88	16.70	18.62	20.91	21.74	16.33	3.47	15.95	4.89	22.40	10.10	0.21	16.70	16.70	正态分布	16.33	18.04
Ge	58	1.23	1.27	1.41	1.51	1.57	1.67	1.70	1.49	0.16	1.48	1.28	1.99	1.04	0.11	1.51	1.62	正态分布	1.49	1.56
Hg	58	0.03	0.03	0.04	0.06	0.08	0.10	0.12	0.07	0.06	0.06	5.99	0.43	0.02	0.91	0.06	0.03	对数正态分布	0.06	0.07
I	58	0.66	0.92	1.10	2.10	3.11	4.35	5.38	2.32	1.45	1.91	2.04	6.05	0.43	0.62	2.10	2.10	正态分布	2.32	3.38
La	58	32.58	34.63	38.27	42.20	47.85	49.77	52.2	42.24	6.12	41.79	8.50	53.2	26.81	0.14	42.20	43.90	正态分布	42.24	45.50
Li	58	25.64	26.31	29.93	38.40	46.33	53.6	58.4	38.94	10.27	37.62	7.98	60.7	23.60	0.26	38.40	38.40	正态分布	38.94	41.27
Mn	58	395	413	453	621	870	1113	1264	693	314	637	40.11	1780	318	0.45	621	512	正态分布	693	738
Mo	58	0.31	0.32	0.40	0.62	1.07	1.52	2.40	1.04	1.62	0.71	2.23	11.70	0.28	1.55	0.62	1.19	对数正态分布	0.71	0.91
N	58	0.38	0.39	0.43	0.51	0.63	0.81	0.97	0.58	0.21	0.55	1.58	1.28	0.32	0.36	0.51	0.49	正态分布	0.58	0.61
Nb	58	10.67	11.74	14.70	17.90	19.99	22.15	23.41	17.45	3.92	16.98	5.01	26.90	8.30	0.22	17.90	17.50	正态分布	17.45	19.10
Ni	58	14.21	16.07	21.62	24.10	30.55	39.65	42.83	26.86	10.14	25.22	6.72	67.6	10.80	0.38	24.10	20.90	正态分布	26.86	25.77
P	58	0.30	0.31	0.37	0.51	0.68	0.71	0.72	0.52	0.18	0.49	1.67	1.25	0.22	0.35	0.51	0.65	对数正态分布	0.52	0.43
Pb	58	14.18	15.66	17.74	23.00	27.50	31.90	35.38	23.78	7.41	22.75	6.06	51.5	12.70	0.31	23.00	22.20	正态分布	23.78	25.06

续表 3-26

元素/指标	N	$X_{5\%}$	$X_{10\%}$	$X_{25\%}$	$X_{50\%}$	$X_{75\%}$	$X_{90\%}$	$X_{95\%}$	$\overline{X}$	S	$\overline{X}_g$	S_g	X_{max}	X_{min}	CV	X_{me}	X_{mo}	分布类型	水田基准值	杭州市基准值
Rb	58	75.3	76.5	85.3	109	126	140	148	109	25.46	106	14.45	194	72.7	0.23	109	110	正态分布	109	118
S	49	56.9	60.6	79.9	101	121	137	152	102	31.55	96.9	14.56	195	34.90	0.31	101	97.0	剔除后正态分布	102	110
Sb	58	0.31	0.32	0.41	0.71	0.87	1.37	1.57	0.82	0.67	0.68	1.93	4.61	0.23	0.82	0.71	0.79	对数正态分布	0.68	0.71
Sc	58	7.54	7.79	8.80	10.00	11.47	12.99	13.61	10.18	1.97	10.00	3.84	14.80	6.90	0.19	10.00	10.00	正态分布	10.18	9.74
Se	58	0.04	0.04	0.10	0.16	0.21	0.30	0.33	0.18	0.12	0.14	4.04	0.80	0.03	0.71	0.16	0.21	正态分布	0.18	0.19
Sn	58	1.99	2.15	2.61	3.24	4.36	6.07	6.96	4.15	4.05	3.54	2.34	32.50	1.71	0.98	3.24	3.08	对数正态分布	3.54	3.90
Sr	58	37.75	41.24	48.17	77.0	143	159	169	90.5	47.79	78.6	14.36	174	33.30	0.53	77.0	156	正态分布	90.5	48.86
Th	58	8.68	9.49	10.69	12.75	14.35	16.02	16.58	12.68	2.59	12.41	4.29	18.64	7.82	0.20	12.75	13.00	正态分布	12.68	13.94
Ti	58	3606	3819	4031	4554	5338	6005	6568	4754	940	4669	126	7559	3077	0.20	4554	4751	正态分布	4754	5238
Tl	58	0.39	0.40	0.48	0.63	0.73	0.92	0.97	0.64	0.20	0.62	1.53	1.40	0.36	0.31	0.63	0.63	正态分布	0.64	0.73
U	58	1.78	1.82	2.07	2.81	3.28	3.83	4.23	2.85	0.98	2.71	1.87	6.68	1.48	0.34	2.81	2.93	正态分布	2.85	3.09
V	58	59.6	62.6	67.0	76.0	95.8	118	124	84.0	22.09	81.4	12.58	141	53.7	0.26	76.0	69.0	正态分布	84.0	81.3
W	58	0.98	1.09	1.37	1.73	2.04	2.32	2.73	1.77	0.60	1.68	1.51	4.45	0.84	0.34	1.73	2.04	正态分布	1.77	2.15
Y	58	19.00	20.98	22.56	26.29	28.65	31.41	33.23	26.13	4.69	25.73	6.40	44.30	18.00	0.18	26.29	27.00	正态分布	26.13	26.96
Zn	58	50.9	52.9	58.7	71.7	81.9	99.9	108	74.0	21.49	71.4	11.47	160	46.00	0.29	71.7	75.0	正态分布	74.0	102
Zr	58	208	220	249	275	316	337	343	278	44.42	275	25.54	370	183	0.16	275	260	正态分布	278	263
SiO$_2$	58	62.8	65.7	68.0	69.7	71.7	73.9	74.5	69.7	3.47	69.6	11.42	77.0	60.7	0.05	69.7	68.3	正态分布	69.7	70.0
Al$_2$O$_3$	58	10.24	10.49	11.07	12.77	14.20	15.97	16.91	12.98	2.15	12.81	4.33	18.70	10.06	0.17	12.77	12.80	正态分布	12.98	13.52
TFe$_2$O$_3$	58	3.20	3.29	3.62	4.75	5.88	6.46	6.91	4.82	1.26	4.67	2.46	7.94	3.16	0.26	4.75	5.39	正态分布	4.82	5.16
MgO	58	0.70	0.80	0.89	1.14	1.70	1.84	1.90	1.25	0.41	1.19	1.45	1.93	0.62	0.33	1.14	0.89	正态分布	1.25	1.02
CaO	58	0.22	0.27	0.39	0.71	2.80	3.76	3.94	1.42	1.40	0.86	2.80	4.04	0.16	0.98	0.71	0.39	对数正态分布	0.86	0.24
Na$_2$O	58	0.17	0.19	0.32	0.90	1.77	1.90	1.94	0.96	0.67	0.70	2.39	2.06	0.13	0.70	0.90	0.37	正态分布	0.96	0.29
K$_2$O	58	1.90	1.95	2.05	2.24	2.63	2.84	3.11	2.36	0.42	2.32	1.65	3.61	1.54	0.18	2.24	2.08	正态分布	2.36	2.46
TC	58	0.36	0.38	0.49	0.57	0.98	1.07	1.16	0.71	0.29	0.65	1.57	1.47	0.29	0.41	0.57	0.53	对数正态分布	0.65	0.47
Corg	58	0.18	0.21	0.30	0.46	0.52	0.68	0.84	0.45	0.23	0.41	2.09	1.36	0.11	0.49	0.46	0.47	正态分布	0.45	0.52
pH	58	5.27	5.58	6.25	7.05	8.29	8.57	8.63	6.03	5.63	7.14	3.17	8.83	4.83	0.93	7.05	6.25	正态分布	6.03	5.69

注：氧化物、TC、Corg 单位为%，N、P 单位为 g/kg，Au、Ag 单位为 μg/kg，pH 为无量纲，其他元素/指标单位为 mg/kg；后表单位相同。

表 3-27 旱地土壤地球化学基准值参数统计表

元素/指标	N	$X_{5\%}$	$X_{10\%}$	$X_{25\%}$	$X_{50\%}$	$X_{75\%}$	$X_{90\%}$	$X_{95\%}$	$\bar{X}$	S	$\bar{X}_g$	S_g	X_{max}	X_{min}	CV	X_{me}	X_{mo}	旱地基准值	杭州市基准值
Ag	15	44.00	46.80	51.5	67.0	77.5	82.0	97.8	67.9	21.95	65.1	10.50	130	44.00	0.32	67.0	52.0	67.0	73.7
As	18	3.17	3.77	4.56	6.59	11.16	19.91	25.32	10.04	9.49	7.56	3.66	41.30	2.70	0.95	6.59	9.54	6.59	11.20
Au	18	0.50	0.58	0.79	0.96	1.51	1.96	2.59	1.35	1.24	1.08	1.86	5.91	0.36	0.92	0.96	1.31	0.96	1.25
B	18	20.90	24.40	38.70	63.6	72.2	81.2	94.0	58.2	24.36	51.1	10.29	97.5	9.00	0.42	63.6	76.0	63.6	68.0
Ba	18	376	398	419	474	557	650	740	522	180	502	34.56	1154	356	0.34	474	544	474	436
Be	18	1.67	1.68	1.80	2.16	2.45	2.69	2.83	2.21	0.47	2.16	1.62	3.44	1.64	0.21	2.16	2.23	2.16	2.30
Bi	18	0.18	0.19	0.23	0.26	0.32	0.39	0.41	0.28	0.08	0.27	2.29	0.44	0.17	0.28	0.26	0.25	0.26	0.31
Br	18	1.46	1.64	2.13	2.51	2.96	3.46	4.41	2.62	0.93	2.48	1.80	5.06	1.23	0.35	2.51	3.10	2.51	3.06
Cd	18	0.07	0.07	0.08	0.12	0.14	0.21	0.32	0.14	0.09	0.12	3.65	0.44	0.07	0.66	0.12	0.14	0.12	0.11
Ce	18	57.4	61.4	73.7	77.5	82.1	88.0	99.5	79.4	18.08	77.8	11.71	141	56.0	0.23	77.5	79.4	77.5	82.0
Cl	18	28.44	29.08	32.72	35.15	44.07	78.0	87.6	46.52	28.20	41.68	9.22	142	26.40	0.61	35.15	78.0	35.15	32.00
Co	18	8.24	8.63	10.13	13.25	15.20	16.83	16.93	12.79	3.22	12.37	4.24	17.10	6.83	0.25	13.25	15.20	13.25	15.70
Cr	18	20.54	26.38	35.65	57.6	65.5	68.1	71.8	51.6	18.49	47.58	9.42	80.0	16.80	0.36	57.6	51.0	57.6	53.7
Cu	18	9.15	9.38	11.87	17.59	21.77	27.71	33.87	18.15	7.86	16.61	5.03	34.30	8.10	0.43	17.59	17.84	17.59	23.03
F	18	356	366	428	492	614	745	980	551	203	522	35.79	1097	305	0.37	492	557	492	563
Ga	18	12.59	12.93	15.39	16.40	18.23	20.21	20.97	16.66	2.80	16.44	4.94	22.50	11.60	0.17	16.40	16.70	16.40	18.04
Ge	18	1.41	1.42	1.48	1.60	1.63	1.72	1.77	1.58	0.12	1.58	1.30	1.87	1.39	0.08	1.60	1.60	1.60	1.56
Hg	18	0.04	0.04	0.05	0.06	0.09	0.11	0.12	0.07	0.03	0.06	5.22	0.17	0.03	0.49	0.06	0.05	0.06	0.07
I	18	1.26	1.44	2.61	3.22	4.31	5.05	5.10	3.27	1.39	2.90	2.16	5.26	0.64	0.42	3.22	3.28	3.22	3.38
La	18	31.73	32.42	34.92	41.15	44.62	45.97	46.69	40.03	5.42	39.67	8.10	47.20	30.80	0.14	41.15	40.30	41.15	45.50
Li	18	26.23	27.52	28.92	38.25	43.70	45.29	47.02	36.96	7.67	36.18	7.65	47.70	25.30	0.21	38.25	37.20	38.25	41.27
Mn	18	432	442	486	691	896	1161	1243	746	279	699	40.55	1255	429	0.37	691	721	691	738
Mo	18	0.33	0.34	0.46	0.76	1.10	1.40	2.36	0.98	0.92	0.77	2.02	4.25	0.30	0.93	0.76	1.11	0.76	0.91
N	18	0.37	0.41	0.43	0.52	0.61	0.68	0.69	0.52	0.12	0.51	1.60	0.72	0.28	0.23	0.52	0.51	0.52	0.61
Nb	18	12.91	15.59	18.31	19.05	22.17	24.30	25.72	19.76	3.69	19.41	5.35	25.80	12.38	0.19	19.05	20.10	19.05	19.10
Ni	18	8.69	11.01	14.57	25.55	31.20	34.02	38.10	23.94	9.91	21.57	6.14	39.80	7.39	0.41	25.55	31.20	25.55	25.77
P	18	0.25	0.26	0.34	0.39	0.52	0.64	0.67	0.42	0.14	0.40	1.81	0.68	0.22	0.33	0.39	0.44	0.39	0.43
Pb	18	16.18	18.52	21.15	23.35	24.80	26.70	29.05	23.30	4.91	22.86	5.95	38.40	15.90	0.21	23.35	24.80	23.35	25.06

续表 3-27

元素/指标	N	$X_{5\%}$	$X_{10\%}$	$X_{25\%}$	$X_{50\%}$	$X_{75\%}$	$X_{90\%}$	$X_{95\%}$	$\bar{X}$	S	$\bar{X}_g$	S_g	X_{max}	X_{min}	CV	X_{me}	X_{mo}	旱地基准值	杭州市基准值
Rb	18	78.3	84.5	95.8	114	133	138	146	114	24.51	111	14.57	169	78.1	0.22	114	134	114	118
S	18	69.7	71.3	77.7	92.5	106	127	139	98.0	27.53	94.9	14.05	177	62.9	0.28	92.5	102	92.5	110
Sb	18	0.33	0.40	0.45	0.62	0.84	1.88	2.08	0.86	0.72	0.69	1.98	3.07	0.29	0.83	0.62	0.86	0.62	0.71
Sc	18	7.67	8.01	9.03	9.45	10.07	10.32	10.85	9.39	1.18	9.32	3.62	12.30	6.90	0.13	9.45	9.50	9.45	9.74
Se	18	0.05	0.09	0.11	0.17	0.19	0.21	0.22	0.16	0.06	0.14	3.52	0.25	0.04	0.36	0.17	0.19	0.17	0.19
Sn	18	2.28	2.34	2.66	3.53	4.46	7.06	11.07	5.15	5.94	3.97	2.64	28.10	2.20	1.15	3.53	5.18	3.53	3.90
Sr	18	39.46	41.41	42.67	49.15	94.7	133	151	70.8	40.65	62.1	12.15	163	29.60	0.57	49.15	59.6	49.15	48.86
Th	18	10.61	10.84	12.18	13.20	13.82	15.13	16.11	13.10	1.81	12.98	4.32	17.30	10.13	0.14	13.20	13.40	13.20	13.94
Ti	18	3655	3787	4208	4676	5364	5875	5950	4788	796	4726	122	6333	3590	0.17	4676	4755	4676	5238
Tl	18	0.46	0.50	0.58	0.70	0.74	0.83	0.84	0.66	0.13	0.65	1.40	0.85	0.40	0.20	0.70	0.72	0.70	0.73
U	18	2.10	2.28	2.71	2.85	3.04	3.54	4.31	2.93	0.65	2.86	1.84	4.53	1.77	0.22	2.85	2.85	2.85	3.09
V	18	52.5	54.7	65.2	77.8	88.0	105	113	78.4	20.90	75.9	11.79	124	46.70	0.27	77.8	78.6	77.8	81.3
W	18	1.24	1.50	1.75	2.00	2.41	2.65	3.09	2.15	0.84	2.03	1.63	5.03	1.08	0.39	2.00	2.41	2.00	2.15
Y	18	21.84	22.50	24.20	26.35	27.63	29.18	31.07	26.50	4.02	26.25	6.40	39.40	20.69	0.15	26.35	24.00	26.35	26.96
Zn	18	56.4	57.6	61.9	72.3	80.9	88.3	95.6	72.7	12.84	71.6	11.28	99.8	55.0	0.18	72.3	73.5	72.3	102
Zr	18	212	222	259	270	309	317	323	277	40.43	274	24.66	354	199	0.15	270	317	270	263
SiO$_2$	18	66.7	67.4	69.1	72.9	74.3	74.7	75.1	71.5	3.37	71.4	11.29	75.2	63.2	0.05	72.9	70.8	72.9	70.0
Al$_2$O$_3$	18	10.49	11.55	12.33	12.91	13.57	15.69	16.11	13.27	1.84	13.15	4.35	17.90	10.47	0.14	12.91	12.30	12.91	13.52
TFe$_2$O$_3$	18	3.42	3.56	3.91	4.88	5.05	5.60	5.76	4.63	0.80	4.56	2.37	6.02	3.37	0.17	4.88	4.65	4.88	5.16
MgO	18	0.62	0.66	0.71	0.94	1.23	1.44	1.70	1.01	0.35	0.96	1.39	1.82	0.59	0.35	0.94	1.24	0.94	1.02
CaO	18	0.20	0.21	0.28	0.41	0.79	1.82	3.52	0.79	1.04	0.49	2.49	3.59	0.19	1.31	0.41	0.41	0.41	0.24
Na$_2$O	18	0.15	0.19	0.24	0.43	1.22	1.79	1.82	0.73	0.66	0.49	2.56	1.94	0.12	0.90	0.43	0.57	0.43	0.29
K$_2$O	18	1.76	1.92	2.02	2.28	2.92	3.14	3.39	2.45	0.60	2.39	1.74	3.89	1.56	0.25	2.28	2.54	2.28	2.46
TC	18	0.29	0.31	0.41	0.49	0.62	0.78	1.07	0.54	0.25	0.50	1.73	1.18	0.21	0.45	0.49	0.62	0.49	0.47
Corg	18	0.28	0.30	0.36	0.42	0.50	0.55	0.58	0.42	0.11	0.41	1.78	0.61	0.20	0.25	0.42	0.42	0.42	0.52
pH	18	5.21	5.33	5.71	6.25	7.04	8.11	8.58	5.79	5.66	6.52	2.99	8.68	5.16	0.98	6.25	5.38	6.25	5.69

第三章 土壤地球化学基准值

表3-28 园地土壤地球化学基准值参数统计表

元素/指标	N	$X_{5\%}$	$X_{10\%}$	$X_{25\%}$	$X_{50\%}$	$X_{75\%}$	$X_{90\%}$	$X_{95\%}$	$\bar{X}$	S	$\bar{X}_g$	S_g	X_{max}	X_{min}	CV	X_{me}	X_{mo}	分布类型	园地基准值	杭州市基准值
Ag	49	36.60	42.87	55.0	68.0	94.0	124	146	77.8	33.75	71.4	11.66	170	32.00	0.43	68.0	94.0	剔除后正态分布	77.8	73.7
As	56	4.27	4.78	6.02	9.40	18.10	30.15	41.72	15.12	15.03	10.95	4.64	78.8	2.93	0.99	9.40	11.80	对数正态分布	10.95	11.20
Au	56	0.67	0.72	0.94	1.38	1.71	2.65	3.30	1.55	0.97	1.36	1.69	6.51	0.52	0.63	1.38	1.57	对数正态分布	1.36	1.25
B	56	27.62	36.22	48.83	59.7	70.1	79.2	87.9	59.5	19.24	55.3	10.42	105	8.00	0.32	59.7	58.0	正态分布	59.5	68.0
Ba	56	313	358	417	514	874	1678	2609	868	902	650	43.91	4783	236	1.04	514	474	对数正态分布	650	436
Be	56	1.59	1.75	1.93	2.17	2.60	3.11	3.78	2.36	0.71	2.28	1.68	5.53	1.54	0.30	2.17	1.80	对数正态分布	2.36	2.30
Bi	56	0.19	0.20	0.24	0.29	0.42	0.53	0.94	0.45	0.59	0.34	2.41	3.97	0.14	1.32	0.29	0.28	对数正态分布	0.34	0.31
Br	56	1.50	1.69	2.35	3.21	4.21	5.25	6.03	3.40	1.48	3.11	2.20	8.24	1.30	0.44	3.21	4.10	正态分布	3.40	3.06
Cd	56	0.05	0.06	0.09	0.13	0.23	0.55	0.82	0.22	0.23	0.15	4.10	1.02	0.03	1.05	0.13	0.10	对数正态分布	0.15	0.11
Ce	56	67.3	70.3	77.3	84.8	105	184	288	114	79.3	99.7	14.31	448	49.00	0.69	84.8	90.7	对数正态分布	99.7	82.0
Cl	56	25.30	27.95	32.00	35.95	46.12	60.00	96.5	43.26	22.12	39.72	8.65	133	20.40	0.51	35.95	32.10	对数正态分布	39.72	32.00
Co	56	9.18	10.45	13.38	15.25	17.60	19.45	22.75	15.55	4.37	14.95	4.87	31.20	6.59	0.28	15.25	14.60	正态分布	15.55	15.70
Cr	56	30.56	41.70	53.2	64.0	70.5	76.8	88.8	61.5	16.14	58.7	10.55	91.8	12.90	0.26	64.0	64.0	正态分布	61.5	53.7
Cu	56	12.85	16.34	19.35	25.65	34.58	48.15	52.2	28.78	14.13	25.99	6.67	87.9	9.80	0.49	25.65	29.00	正态分布	28.78	23.03
F	56	366	376	429	572	685	952	1118	610	251	570	38.47	1433	316	0.41	572	600	正态分布	610	563
Ga	56	13.73	15.00	15.60	17.75	19.51	20.80	21.57	17.69	2.56	17.51	5.19	23.60	11.81	0.14	17.75	15.60	正态分布	17.69	18.04
Ge	56	1.31	1.38	1.43	1.53	1.63	1.83	1.87	1.55	0.18	1.54	1.30	2.07	1.19	0.12	1.53	1.56	正态分布	1.55	1.56
Hg	56	0.03	0.04	0.05	0.06	0.08	0.12	0.13	0.07	0.04	0.07	5.19	0.25	0.03	0.51	0.06	0.07	正态分布	0.07	0.07
I	56	1.59	2.09	2.89	3.77	5.45	6.77	7.46	4.23	1.90	3.80	2.51	9.92	0.90	0.45	3.77	3.91	正态分布	4.23	3.38
La	56	36.35	37.02	40.68	44.85	46.65	49.60	52.0	44.10	5.46	43.76	8.79	60.0	30.80	0.12	44.85	39.90	正态分布	44.10	45.50
Li	56	29.68	31.55	36.08	40.35	47.70	56.1	65.5	42.67	10.73	41.47	8.39	74.4	24.10	0.25	40.35	48.00	正态分布	42.67	41.27
Mn	56	446	512	592	778	1019	1174	1212	815	268	772	46.77	1475	375	0.33	778	822	正态分布	815	738
Mo	56	0.40	0.48	0.66	1.00	1.66	5.04	7.25	1.91	2.62	1.19	2.37	15.50	0.32	1.37	1.00	0.56	对数正态分布	1.19	0.91
N	56	0.35	0.40	0.47	0.58	0.77	0.84	0.99	0.63	0.22	0.59	1.58	1.48	0.29	0.35	0.58	0.64	正态分布	0.63	0.61
Nb	56	15.38	16.45	17.75	18.85	20.78	23.90	25.25	19.65	3.89	19.32	5.45	37.90	11.50	0.20	18.85	19.30	正态分布	19.65	19.10
Ni	56	10.07	16.11	23.53	29.60	37.25	43.20	46.40	29.90	11.03	27.62	6.95	65.3	8.50	0.37	29.60	29.80	正态分布	29.90	25.77
P	56	0.25	0.29	0.36	0.44	0.56	0.75	0.84	0.48	0.18	0.45	1.78	1.07	0.22	0.38	0.44	0.29	正态分布	0.48	0.43
Pb	56	17.88	19.70	20.45	25.00	28.70	32.00	48.62	28.51	18.78	26.05	6.70	150	15.70	0.66	25.00	28.70	对数正态分布	26.05	25.06

续表 3-28

元素/指标	N	$X_{5\%}$	$X_{10\%}$	$X_{25\%}$	$X_{50\%}$	$X_{75\%}$	$X_{90\%}$	$X_{95\%}$	$\overline{X}$	S	$\overline{X}_g$	S_g	X_{max}	X_{min}	CV	X_{me}	X_{mo}	分布类型	园地基准值	杭州市基准值
Rb	56	81.5	85.8	99.2	112	131	149	173	118	29.80	115	15.08	228	78.0	0.25	112	110	正态分布	118	118
S	56	49.07	64.5	91.6	-18	156	204	235	134	76.5	118	16.83	536	31.90	0.57	118	107	正态分布	134	110
Sb	56	0.43	0.50	0.59	0.93	1.73	4.08	5.31	2.96	10.79	1.17	2.63	81.5	0.33	3.64	0.93	1.00	对数正态分布	1.17	0.71
Sc	56	8.28	8.85	9.30	10.00	10.70	11.80	14.07	10.27	1.93	10.11	3.88	18.90	5.50	0.19	10.00	9.10	对数正态分布	10.11	9.74
Se	56	0.09	0.11	0.15	0.24	0.35	0.48	0.59	0.27	0.16	0.24	2.81	0.79	0.08	0.57	0.24	0.14	正态分布	0.27	0.19
Sn	56	2.52	2.73	3.17	4.00	5.04	6.36	7.22	4.37	1.63	4.10	2.41	9.89	1.61	0.37	4.00	3.91	对数正态分布	4.37	3.90
Sr	56	28.97	31.55	36.70	46.10	66.8	110	147	60.5	37.18	52.6	10.97	194	22.90	0.61	46.10	48.50	正态分布	52.6	48.86
Th	56	10.64	11.05	12.47	15.85	15.40	16.85	19.50	14.07	2.96	13.77	4.50	25.40	6.30	0.21	13.85	14.50	正态分布	14.07	13.94
Ti	56	4122	4324	4900	5314	5808	6156	6346	5342	829	5282	139	8914	3695	0.16	5314	5335	正态分布	5342	5238
Tl	56	0.49	0.52	0.59	0.70	0.95	1.10	1.15	0.77	0.24	0.73	1.45	1.56	0.43	0.32	0.70	0.78	正态分布	0.77	0.73
U	56	2.07	2.41	2.60	3.26	4.13	5.04	6.55	3.58	1.38	3.36	2.10	8.00	1.48	0.38	3.26	2.59	正态分布	3.58	3.09
V	56	57.6	69.8	79.1	89.8	118	165	194	103	41.50	96.7	13.93	230	42.10	0.40	89.8	118	正态分布	103	81.3
W	56	1.30	1.40	1.62	1.90	2.58	3.24	4.83	2.27	1.06	2.09	1.71	6.46	0.88	0.46	1.90	1.90	正态分布	2.27	2.15
Y	56	21.50	22.57	23.73	26.90	29.73	34.55	37.15	27.77	5.09	27.35	6.67	44.50	19.00	0.18	26.90	26.00	正态分布	27.77	26.96
Zn	56	56.0	59.5	69.8	82.7	96.4	111	123	86.3	25.00	83.4	12.73	206	51.8	0.29	82.7	106	正态分布	86.3	102
Zr	56	186	208	230	259	289	316	360	263	57.1	258	24.84	511	174	0.22	259	261	正态分布	263	263
SiO₂	56	64.8	66.3	69.4	7-.8	73.8	74.8	75.4	71.1	3.95	71.0	11.56	76.9	57.3	0.06	71.8	71.6	正态分布	71.1	70.0
Al₂O₃	56	11.40	11.64	12.29	13.04	14.20	15.90	16.33	13.55	1.80	13.44	4.49	19.90	10.94	0.13	13.04	13.00	正态分布	13.55	13.52
TFe₂O₃	56	3.95	4.28	4.77	5.30	5.66	6.23	6.86	5.34	1.02	5.25	2.64	9.70	3.11	0.19	5.30	5.41	正态分布	5.34	5.16
MgO	56	0.54	0.64	0.74	0.99	1.45	1.94	2.10	1.20	0.61	1.08	1.58	3.91	0.42	0.51	0.99	0.99	正态分布	1.20	1.02
CaO	56	0.14	0.17	0.23	0.29	0.53	1.06	2.27	0.53	0.61	0.37	2.53	2.86	0.11	1.15	0.29	0.29	对数正态分布	0.53	0.24
Na₂O	56	0.12	0.14	0.19	0.26	0.39	1.12	1.49	0.43	0.44	0.31	2.63	1.92	0.11	1.03	0.26	0.26	正态分布	0.43	0.29
K₂O	56	1.66	1.76	2.04	2.35	2.55	3.11	3.23	2.35	0.47	2.30	1.68	3.53	1.42	0.20	2.35	2.42	正态分布	2.35	2.46
TC	56	0.27	0.29	0.41	0.51	0.61	0.89	0.93	0.57	0.28	0.52	1.72	2.07	0.21	0.49	0.51	0.49	对数正态分布	0.52	0.47
Corg	56	0.25	0.28	0.39	0.47	0.57	0.76	0.82	0.51	0.25	0.47	1.79	1.88	0.20	0.48	0.47	0.47	对数正态分布	0.47	0.52
pH	56	4.84	5.11	5.34	5.90	6.69	7.33	8.04	5.49	5.35	6.10	2.85	8.35	4.74	0.98	5.90	6.48	正态分布	5.49	5.69

系数大于0.40,其中pH、As、Na₂O、Ba、Cd、CaO、Bi、Mo、Sb变异系数大于0.80,空间变异性较大。

与杭州市土壤基准值相比,园地区土壤基准值中Ce、S、Cl、Cu、I、V、Mo、Cd基准值略高于杭州市基准值,为杭州市基准值的1.2~1.4倍;Sb、CaO、Ba、Se明显富集,基准值为杭州市基准值的1.4倍以上,Sb基准值最高,为杭州市基准值的1.65倍;其他各项元素/指标基准值与杭州市基准值基本接近。

四、林地土壤地球化学基准值

林地土壤地球化学基准值数据经正态分布检验,结果表明(表3-29),原始数据中B、Cr、Ga、Ge、TFe₂O₃符合正态分布,Au、Br、Cu、F、I、Li、Mn、N、P、Tl、W、Al₂O₃、MgO、Na₂O、K₂O共15项元素/指标符合对数正态分布,Be、La、Ni、Pb、Rb、Sc、Th、V、Zr剔除异常值后符合正态分布,Ag、Bi、Ce、Cl、Hg、Mo、Nb、S、Se、Sn、Sr、U、Y、Zn、SiO₂、CaO、Corg、pH剔除异常值后符合对数正态分布,其他元素/指标不符合正态分布或对数正态分布。

林地区深层土壤总体为中偏酸性,土壤pH基准值为5.89,极大值为7.92,极小值为4.59,接近于杭州市基准值。

各元素/指标中,大多数元素/指标变异系数在0.40以下,说明分布较为均匀;P、I、Ag、MgO、Mo、Br、Cu、Sb、Cd、As、W、Na₂O、pH、Au共14项元素/指标变异系数大于0.40,其中pH、Au变异系数大于0.80,空间变异性较大。

与杭州市土壤基准值相比,林地区土壤基准值中各项元素/指标基准值均与杭州市基准值基本接近,无明显偏高或偏低元素/指标。

杭州市土壤元素背景值

表 3-29 林地土壤地球化学基准值参数统计表

元素/指标	N	$X_{5\%}$	$X_{10\%}$	$X_{25\%}$	$X_{50\%}$	$X_{75\%}$	$X_{90\%}$	$X_{95\%}$	$\overline{X}$	S	$\overline{X}_g$	S_g	X_{max}	X_{min}	CV	X_{me}	X_{mo}	分布类型	林地基准值	杭州市基准值
Ag	642	34.00	43.00	60.0	78.0	110	140	170	86.9	39.00	78.8	12.77	200	27.00	0.45	78.0	32.00	剔除后对数分布	78.8	73.7
As	630	4.86	5.58	6.97	9.23	15.28	25.81	30.71	12.48	7.97	10.53	4.26	37.90	2.09	0.64	9.23	10.50	其他分布	10.50	10.20
Au	694	0.61	0.72	0.94	1.27	1.83	2.67	3.49	1.71	2.24	1.36	1.83	47.40	0.36	1.32	1.27	0.96	对数正态分布	1.36	1.25
B	694	21.43	27.29	42.32	58.2	70.7	83.1	94.5	57.5	22.94	52.4	10.11	236	6.83	0.40	58.2	62.0	正态分布	57.5	68.0
Ba	620	327	361	422	481	628	868	975	547	194	517	37.62	1149	203	0.35	481	436	其他分布	436	436
Be	653	1.63	1.72	1.98	2.32	2.67	3.02	3.31	2.36	0.52	2.30	1.71	3.88	1.03	0.22	2.32	2.16	剔除后正态分布	2.36	2.30
Bi	624	0.19	0.21	0.26	0.32	0.39	0.47	0.53	0.33	0.10	0.32	2.12	0.65	0.13	0.31	0.32	0.29	剔除后对数分布	0.32	0.31
Br	694	1.73	1.96	2.46	3.30	4.60	6.10	7.42	3.82	2.07	3.41	2.31	21.17	0.76	0.54	3.30	3.20	对数正态分布	3.41	3.06
Cd	636	0.05	0.07	0.09	0.12	0.19	0.28	0.34	0.15	0.09	0.13	3.85	0.43	0.02	0.58	0.12	0.11	其他分布	0.11	0.11
Ce	611	70.8	73.0	78.5	85.5	95.9	110	120	88.4	14.49	87.3	13.14	138	58.0	0.16	85.5	76.1	剔除后正态分布	87.3	82.0
Cl	638	25.18	28.00	32.20	37.05	43.27	51.3	55.7	38.26	8.81	37.28	8.19	64.9	19.60	0.23	37.05	32.00	剔除后对数分布	37.28	32.00
Co	689	7.10	8.29	11.00	15.00	17.20	19.20	20.76	14.23	4.15	13.55	4.61	24.90	4.69	0.29	15.00	15.70	对数分布	13.55	15.70
Cr	694	20.36	27.02	40.83	58.5	70.9	80.0	87.0	56.5	21.48	51.8	9.87	179	7.40	0.38	58.5	71.0	正态分布	51.8	53.7
Cu	694	11.10	12.80	17.40	23.65	32.58	42.87	51.4	27.02	15.24	23.91	6.45	160	5.23	0.56	23.65	18.40	对数正态分布	23.91	23.03
F	694	329	370	440	562	714	927	1060	609	234	571	39.76	2119	233	0.38	562	660	对数正态分布	571	563
Ga	694	13.96	15.00	16.70	18.50	20.20	22.20	23.40	18.57	2.81	18.35	5.42	28.40	10.60	0.15	18.50	18.40	正态分布	18.57	18.04
Ge	694	1.30	1.37	1.46	1.58	1.70	1.83	1.90	1.59	0.18	1.58	1.33	2.67	1.08	0.12	1.58	1.58	正态分布	1.58	1.56
Hg	635	0.04	0.05	0.05	0.07	0.09	0.11	0.13	0.07	0.03	0.07	4.97	0.15	0.02	0.36	0.07	0.13	剔除后对数分布	0.07	0.07
I	694	1.91	2.33	3.05	3.88	4.98	6.52	7.31	4.17	1.72	3.83	2.44	13.90	0.21	0.41	3.88	3.31	对数正态分布	3.83	3.38
La	663	35.41	38.23	41.70	44.80	47.50	50.2	51.3	44.45	4.58	44.20	8.94	56.0	32.40	0.10	44.80	45.50	剔除后正态分布	44.45	45.50
Li	694	27.76	30.60	35.00	41.80	49.10	58.4	63.7	43.52	12.62	42.00	8.68	159	21.10	0.29	41.80	39.50	剔除后正态分布	42.00	41.27
Mn	694	407	496	638	800	983	1218	1387	839	313	787	47.70	3678	214	0.37	800	819	正态分布	787	738
Mo	618	0.49	0.55	0.72	1.06	1.53	2.12	2.60	1.21	0.64	1.06	1.67	3.34	0.28	0.53	1.06	1.31	对数正态分布	1.06	0.91
N	694	0.38	0.42	0.51	0.64	0.81	0.97	1.12	0.68	0.24	0.64	1.54	2.62	0.24	0.36	0.64	0.61	剔除后正态分布	0.64	0.61
Nb	635	16.30	17.00	18.30	19.60	21.80	24.10	25.63	20.18	2.78	20.00	5.68	28.60	13.20	0.14	19.60	19.10	剔除后正态分布	20.00	19.10
Ni	683	10.51	12.20	19.10	27.60	35.80	41.40	44.70	27.54	10.90	25.10	6.59	61.4	4.97	0.40	27.60	27.00	剔除后正态分布	27.54	25.77
P	694	0.22	0.26	0.33	0.42	0.51	0.66	0.75	0.44	0.18	0.41	1.90	2.25	0.12	0.41	0.42	0.45	对数正态分布	0.41	0.43
Pb	648	18.54	20.10	22.30	25.30	28.50	32.13	34.80	25.76	4.79	25.32	6.50	39.50	13.30	0.19	25.30	23.10	剔除后正态分布	25.76	25.06

续表 3-29

元素/指标	N	$X_{5\%}$	$X_{10\%}$	$X_{25\%}$	$X_{50\%}$	$X_{75\%}$	$X_{90\%}$	$X_{95\%}$	$\bar{X}$	S	$\bar{X}_g$	S_g	X_{max}	X_{min}	CV	X_{me}	X_{mo}	分布类型	林地基准值	杭州市基准值
Rb	659	83.0	91.0	104	122	139	158	171	123	26.32	120	16.12	199	51.4	0.21	122	131	剔除后正态分布	123	118
S	660	61.6	73.2	91.0	114	140	178	195	119	40.01	112	16.05	231	13.60	0.34	114	118	剔除后正态对数分布	112	110
Sb	624	0.49	0.54	0.66	0.84	1.33	2.07	2.46	1.07	0.60	0.94	1.66	3.07	0.23	0.56	0.84	0.71	其他分布	0.71	0.71
Sc	670	7.35	7.80	8.72	9.70	10.50	11.30	11.90	9.63	1.35	9.54	3.71	13.23	6.20	0.14	9.70	9.70	剔除后正态对数分布	9.63	9.74
Se	657	0.12	0.13	0.17	0.22	0.30	0.38	0.44	0.24	0.10	0.22	2.63	0.54	0.06	0.40	0.22	0.17	剔除后正态对数分布	0.22	0.19
Sn	645	2.55	2.84	3.34	4.10	4.98	6.29	6.97	4.31	1.33	4.11	2.39	8.18	1.33	0.31	4.10	2.89	剔除后正态对数分布	4.11	3.90
Sr	642	31.21	33.50	38.30	45.15	53.8	63.6	71.0	47.05	11.87	45.63	9.36	82.7	22.80	0.25	45.15	47.50	剔除后正态分布	45.63	48.86
Th	662	10.70	11.31	12.60	14.20	15.70	17.19	18.29	14.25	2.35	14.06	4.68	21.00	7.71	0.16	14.20	14.70	剔除后正态分布	14.25	13.94
Ti	674	3567	3944	4565	5190	5664	6014	6254	5087	817	5016	136	7238	2827	0.16	5190	4989	偏峰分布	4989	5238
Tl	694	0.48	0.53	0.63	0.76	0.92	1.14	1.33	0.81	0.26	0.77	1.41	2.29	0.30	0.33	0.76	0.78	对数正态分布	0.77	0.73
U	644	2.34	2.48	2.76	3.20	3.81	4.54	4.96	3.37	0.82	3.28	2.07	6.00	1.47	0.24	3.20	3.03	剔除后正态对数分布	3.28	3.09
V	661	45.00	51.5	67.2	82.6	100.0	119	133	84.8	25.66	80.8	12.60	156	28.70	0.30	82.6	110	剔除后正态对数分布	84.8	81.3
W	694	1.36	1.49	1.77	2.22	2.81	3.62	4.46	2.54	1.66	2.31	1.82	28.30	0.96	0.65	2.22	1.92	对数正态分布	2.31	2.15
Y	640	22.10	23.09	25.00	27.10	30.00	33.80	35.71	27.75	4.04	27.46	6.79	39.40	17.00	0.15	27.10	26.60	剔除后正态对数分布	27.46	26.96
Zn	663	57.9	61.7	70.2	83.3	98.3	110	119	85.1	19.23	83.0	12.81	144	33.00	0.23	83.3	102	剔除后正态对数分布	83.0	102
Zr	633	187	198	233	260	285	314	335	259	41.96	255	24.85	373	166	0.16	260	270	剔除后正态对数分布	259	263
SiO_2	684	65.2	67.0	69.0	71.4	73.3	74.7	75.5	71.1	3.05	71.0	11.69	79.6	62.5	0.04	71.4	69.4	正态分布	71.0	70.0
Al_2O_3	694	11.60	12.02	12.76	13.69	14.70	15.90	16.80	13.87	1.66	13.78	4.57	23.26	9.72	0.12	13.69	13.80	剔除后正态对数分布	13.78	13.52
TFe_2O_3	694	3.79	4.07	4.66	5.23	5.87	6.41	6.83	5.27	0.95	5.18	2.62	8.87	2.96	0.18	5.23	5.23	正态分布	5.27	5.16
MgO	694	0.52	0.60	0.72	0.92	1.20	1.63	2.00	1.05	0.55	0.96	1.50	6.44	0.32	0.52	0.92	0.72	对数正态分布	0.96	1.02
CaO	627	0.15	0.17	0.21	0.27	0.34	0.46	0.51	0.29	0.11	0.27	2.29	0.61	0.10	0.36	0.27	0.31	对数正态分布	0.27	0.24
Na_2O	694	0.13	0.15	0.19	0.27	0.44	0.68	0.86	0.36	0.27	0.30	2.40	1.88	0.07	0.74	0.27	0.18	对数正态分布	0.30	0.29
K_2O	694	1.77	1.90	2.16	2.53	2.96	3.43	3.70	2.60	0.60	2.53	1.81	4.36	1.20	0.23	2.53	2.05	剔除后正态对数分布	2.53	2.46
TC	655	0.34	0.39	0.46	0.53	0.65	0.79	0.91	0.56	0.16	0.54	1.57	1.03	0.20	0.29	0.53	0.44	其他分布	0.44	0.47
Corg	640	0.33	0.36	0.43	0.51	0.60	0.71	0.77	0.52	0.13	0.50	1.60	0.91	0.20	0.26	0.51	0.51	剔除后正态对数分布	0.50	0.52
pH	681	4.99	5.11	5.35	5.69	6.38	7.02	7.29	5.50	5.44	5.89	2.78	7.92	4.59	0.99	5.69	5.25	剔除后正态对数分布	5.89	5.69

第四章 土壤元素背景值

第一节 各行政区土壤元素背景值

一、杭州市土壤元素背景值

杭州市土壤元素背景值数据经正态分布检验,结果表明(表4-1),原始数据中 Br、Al_2O_3、MgO 符合对数正态分布,Sc 剔除异常值后符合正态分布,Be、Bi、Cl、W、TC 剔除异常值后符合对数正态分布,其他元素/指标不符合正态分布或对数正态分布。

杭州市表层土壤总体呈酸性,土壤 pH 背景值为4.96,极大值为9.00,极小值为3.20,基本接近于浙江省背景值,略低于中国背景值。

表层土壤各元素/指标中,大多数元素/指标变异系数小于0.40,分布相对均匀;Se、Ni、Ag、Mn、P、Sn、Sb、Hg、Mo、MgO、As、Au、Br、I、CaO、Na_2O、Cd、pH 共18项元素/指标变异系数大于0.40,其中 pH 变异系数大于0.80,空间变异性较大。

与浙江省土壤元素背景值相比,杭州市土壤元素背景值中 Mo、Sr 背景值明显低于浙江省背景值,在浙江省背景值的60%以下;Ce、Cl、Co、Cr、N、Ni、Corg 背景值略低于浙江省背景值,为浙江省背景值的60%～80%;B、Bi、Br、Li、Sb、MgO 背景值明显高于浙江省背景值,为浙江省背景值的1.4倍以上;其他元素/指标背景值则与浙江省背景值基本接近。

与中国土壤元素背景值相比,杭州市土壤元素背景值中 Mo、Sr、Na_2O、CaO 背景值明显低于中国背景值,不足中国背景值的50%,其中 CaO 背景值是中国背景值的9%;而 Mn、MgO、Cl 背景值略低于中国背景值,为中国背景值的60%～80%;Ag、Ga、Li、N、Pb、Sn、W、TC 背景值略高于中国背景值,是中国背景值的1.2～1.4倍;B、Bi、I、Se、Ti、V、Zn、Hg、Corg、Br 明显相对富集,背景值是中国背景值的1.4倍以上,Hg 背景值最高,是中国背景值的4.23倍;其他元素/指标背景值则与中国背景值基本接近。

二、淳安县土壤元素背景值

淳安县土壤元素背景值数据经正态分布检验,结果表明(表4-2),原始数据中 Ga、La、SiO_2、TFe_2O_3 符合正态分布,Br、F、I、P、Sc、Se、Sn、Sr、Tl、Al_2O_3、TC 符合对数正态分布,Be、Ge、N、Ni、Rb、Th、Ti、Zr、Corg 剔除异常值后符合正态分布,Au、Bi、Cu、Li、S、W、Y、MgO 剔除异常值后符合对数正态分布,其他元素/指标不符合正态分布或对数正态分布。

淳安县表层土壤总体呈酸性,土壤 pH 背景值为5.02,极大值为7.20,极小值为4.01,与杭州市背景值和浙江省背景值基本接近。

第四章 土壤元素背景值

表 4-1 杭州市土壤元素背景参数统计表

元素/指标	N	$X_{5\%}$	$X_{10\%}$	$X_{25\%}$	$X_{50\%}$	$X_{75\%}$	$X_{90\%}$	$X_{95\%}$	$\overline{X}$	S	$\overline{X}_g$	S_g	X_{max}	X_{min}	CV	X_{me}	X_{mo}	分布类型	杭州市背景值	浙江省背景值	中国背景值
Ag	3761	59.0	63.0	79.0	100.0	140	190	220	115	51.1	105	14.94	279	30.00	0.44	100.0	100.0	其他分布	100.0	100.0	77.0
As	26 728	3.13	3.73	4.86	6.79	9.85	14.20	17.17	7.93	4.21	6.96	3.52	21.95	0.54	0.53	6.79	10.40	其他分布	10.40	10.10	9.00
Au	3794	0.66	0.79	1.04	1.48	2.21	3.13	3.70	1.73	0.92	1.52	1.75	4.71	0.16	0.53	1.48	1.20	其他分布	1.20	1.50	1.30
B	29 180	18.10	25.01	42.50	59.4	70.1	79.7	87.3	56.1	20.76	50.9	10.50	113	1.10	0.37	59.4	61.4	其他分布	61.4	20.00	43.0
Ba	3573	307	339	396	452	549	700	815	490	151	470	35.10	1045	154	0.31	452	421	其他分布	421	475	512
Be	3947	1.42	1.57	1.81	2.15	2.55	2.90	3.10	2.20	0.52	2.13	1.64	3.82	0.66	0.24	2.15	1.76	剔除后对数分布	2.13	2.00	2.00
Bi	3744	0.25	0.29	0.36	0.44	0.53	0.65	0.73	0.46	0.14	0.43	1.77	0.89	0.15	0.31	0.44	0.39	剔除后对数分布	0.43	0.28	0.30
Br	4139	2.20	2.60	3.62	5.22	7.40	10.13	12.10	5.94	3.23	5.21	2.88	31.10	1.20	0.54	5.22	3.20	对数正态分布	5.21	2.20	2.20
Cd	26 594	0.07	0.09	0.13	0.18	0.25	0.36	0.44	0.20	0.11	0.18	3.02	0.55	0.01	0.53	0.18	0.16	其他分布	0.16	0.14	0.137
Ce	3628	65.3	69.1	73.9	80.9	91.1	105	116	84.2	15.13	83.0	12.97	136	40.20	0.18	80.9	73.8	其他分布	73.8	102	64.0
Cl	3951	30.60	34.20	41.60	52.1	65.9	80.2	88.8	54.9	17.64	52.2	9.63	108	20.40	0.32	52.1	48.30	剔除后对数分布	52.2	71.0	78.0
Co	29 003	5.09	6.32	8.80	11.00	14.10	17.19	18.86	11.47	4.06	10.70	4.20	22.68	0.66	0.35	11.00	10.40	其他分布	10.40	14.80	11.00
Cr	29 410	20.11	27.23	47.06	63.2	75.7	86.1	92.5	60.5	21.66	55.4	10.84	119	5.80	0.36	63.2	61.0	其他分布	61.0	82.0	53.0
Cu	28 421	10.90	13.10	17.32	23.80	31.15	38.60	43.84	24.94	9.95	22.92	6.64	54.6	1.39	0.40	23.80	18.70	其他分布	18.70	16.00	20.00
F	3887	333	368	434	526	670	831	932	565	180	539	38.46	1111	199	0.32	526	453	其他分布	453	453	488
Ga	4097	12.02	13.10	15.10	17.20	19.10	20.74	21.70	17.11	2.88	16.86	5.17	24.90	9.40	0.17	17.20	18.70	其他分布	18.70	16.00	15.00
Ge	29 005	1.20	1.25	1.33	1.45	1.58	1.71	1.79	1.46	0.18	1.45	1.28	1.98	0.95	0.12	1.45	1.44	其他分布	1.44	1.44	1.30
Hg	27 886	0.04	0.05	0.07	0.10	0.14	0.20	0.23	0.11	0.06	0.10	3.77	0.29	0.01	0.51	0.10	0.11	其他分布	0.11	0.110	0.026
I	4007	0.96	1.22	1.94	3.40	5.36	7.28	8.48	3.88	2.35	3.16	2.57	10.90	0.05	0.61	3.40	1.60	偏峰分布	1.60	1.70	1.10
La	4090	34.10	36.11	40.50	44.90	48.38	51.3	53.3	44.40	5.75	44.01	8.96	60.2	28.70	0.13	44.90	37.00	其他分布	37.00	41.00	33.00
Li	3977	25.50	27.20	31.80	38.10	45.30	52.3	57.6	39.10	9.64	37.95	8.33	67.5	17.60	0.25	38.10	38.20	其他分布	38.20	25.00	30.00
Mn	28 183	161	196	281	400	537	722	826	429	198	384	32.32	1009	31.00	0.46	400	389	其他分布	389	440	569
Mo	26 945	0.32	0.36	0.53	0.75	1.08	1.50	1.78	0.85	0.44	0.75	1.70	2.30	0.06	0.52	0.75	0.35	其他分布	0.35	0.66	0.70
N	29 141	0.52	0.69	0.98	1.34	1.73	2.12	2.36	1.38	0.54	1.26	1.64	2.90	0.10	0.39	1.34	0.95	其他分布	0.95	1.28	0.707
Nb	3816	14.30	15.40	17.00	18.71	20.70	23.20	24.70	19.02	3.05	18.78	5.51	28.20	10.70	0.16	18.71	14.85	其他分布	14.85	16.83	13.00
Ni	29 222	8.17	10.47	17.63	24.00	32.00	39.10	42.90	24.83	10.45	22.28	6.59	54.8	1.31	0.42	24.00	25.00	其他分布	25.00	35.00	24.00
P	28 518	0.31	0.38	0.50	0.70	0.97	1.32	1.50	0.77	0.36	0.69	1.68	1.80	0.04	0.46	0.70	0.60	其他分布	0.60	0.60	0.57
Pb	28 435	18.00	20.60	25.60	30.49	35.24	40.50	43.80	30.56	7.47	29.61	7.40	51.5	11.25	0.24	30.49	29.00	其他分布	29.00	32.00	22.00

杭州市土壤元素背景值

续表 4-1

元素/指标	N	$X_{5\%}$	$X_{10\%}$	$X_{25\%}$	$X_{50\%}$	$X_{75\%}$	$X_{90\%}$	$X_{95\%}$	$\bar{X}$	S	$\bar{X}_g$	S_g	X_{max}	X_{min}	CV	X_{me}	X_{mo}	分布类型	杭州市背景值	浙江省背景值	中国背景值
Rb	4029	75.0	80.1	94.0	114	133	156	168	116	28.33	112	15.37	195	39.00	0.25	114	103	其他分布	103	120	96.0
S	3920	167	186	218	258	309	363	397	267	68.6	258	24.51	466	81.0	0.26	258	254	偏峰分布	254	248	245
Sb	3723	0.52	0.58	0.71	0.92	1.31	1.95	2.36	1.09	0.55	0.98	1.57	2.87	0.33	0.50	0.92	0.80	其他正态分布	0.80	0.53	0.73
Sc	4039	6.99	7.50	8.50	9.50	10.50	11.50	12.10	9.51	1.53	9.38	3.66	13.70	5.40	0.16	9.50	9.40	剔除后正态分布	9.51	8.70	10.00
Se	27 992	0.14	0.18	0.24	0.32	0.42	0.54	0.62	0.34	0.14	0.31	2.16	0.75	0.02	0.41	0.32	0.25	其他分布	0.25	0.21	0.17
Sn	3777	2.93	3.34	4.13	5.45	7.64	10.45	12.40	6.22	2.86	5.63	2.95	15.40	0.63	0.46	5.45	3.90	其他分布	3.90	3.60	3.00
Sr	3698	29.59	32.50	38.20	46.50	59.5	81.5	97.2	51.8	19.68	48.64	9.30	114	17.60	0.38	46.50	43.10	其他分布	43.10	105	197
Th	3996	10.09	10.60	11.70	13.20	14.80	16.30	17.30	13.34	2.21	13.16	4.45	19.70	6.91	0.17	13.20	13.00	其他分布	13.00	13.30	11.00
Ti	4095	3381	3744	4182	4910	5524	5969	6214	4861	897	4774	135	7546	2182	0.18	4910	5029	其他分布	5029	4665	3498
Tl	3965	0.45	0.50	0.59	0.71	0.85	1.00	1.10	0.73	0.19	0.71	1.40	1.31	0.25	0.27	0.71	0.67	其他分布	0.67	0.70	0.60
U	3847	2.06	2.23	2.53	2.95	3.62	4.32	4.80	3.15	0.83	3.04	2.01	5.72	1.12	0.26	2.99	2.37	偏峰分布	2.37	2.90	2.50
V	27 968	41.10	50.2	66.2	78.5	97.1	113	124	81.1	24.34	77.2	12.73	152	16.02	0.30	78.9	102	其他分布	102	106	70.0
W	3858	1.30	1.46	1.77	2.14	2.58	3.12	3.52	2.22	0.65	2.13	1.71	4.21	0.76	0.29	2.14	2.02	剔除后对数分布	2.13	1.80	1.60
Y	3945	20.90	22.00	23.90	26.40	29.80	33.70	36.00	27.10	4.53	26.74	6.79	40.00	15.40	0.17	26.40	24.00	偏峰分布	24.00	25.00	24.00
Zn	28 368	53.6	59.0	69.7	84.8	102	119	131	87.3	23.47	84.2	13.39	158	20.79	0.27	84.8	101	其他分布	101	101	66.0
Zr	3889	183	198	231	261	291	327	350	263	48.21	258	24.58	397	139	0.18	261	260	其他分布	260	243	230
SiO$_2$	4046	65.5	67.0	69.3	71.4	73.5	75.2	76.2	71.2	3.16	71.2	11.77	79.7	62.6	0.04	71.4	70.8	其他分布	70.8	71.3	66.7
Al$_2$O$_3$	4139	10.40	10.90	11.80	12.81	13.91	15.06	15.80	12.94	1.63	12.84	4.38	21.23	8.17	0.13	12.81	13.20	对数正态分布	12.84	13.20	11.90
TFe$_2$O$_3$	4103	3.21	3.41	3.98	4.73	5.40	6.04	6.40	4.73	0.98	4.63	2.50	7.53	2.24	0.21	4.73	4.01	其他分布	4.01	3.74	4.20
MgO	4139	0.50	0.55	0.69	0.93	1.28	1.78	2.03	1.07	0.56	0.96	1.57	6.22	0.25	0.52	0.93	0.65	对数正态分布	0.96	0.50	1.43
CaO	3559	0.15	0.17	0.21	0.27	0.39	0.65	0.85	0.34	0.20	0.30	2.40	1.07	0.10	0.59	0.27	0.26	其他分布	0.26	0.24	2.74
Na$_2$O	3735	0.14	0.16	0.20	0.29	0.54	0.83	1.06	0.41	0.28	0.33	2.55	1.36	0.07	0.70	0.29	0.19	其他分布	0.19	0.19	1.75
K$_2$O	28 536	1.43	1.65	1.96	2.25	2.69	3.16	3.48	2.34	0.59	2.26	1.71	3.94	0.79	0.25	2.25	1.99	其他分布	1.99	2.35	2.36
TC	3937	0.96	1.07	1.30	1.60	1.97	2.39	2.63	1.67	0.50	1.59	1.49	3.18	0.44	0.30	1.60	1.56	剔除后对数分布	1.59	1.43	1.30
Corg	27 940	0.51	0.68	0.97	1.32	1.69	2.08	2.34	1.35	0.54	1.23	1.65	2.87	0.02	0.40	1.32	0.92	偏峰分布	0.92	1.31	0.60
pH	29 699	4.41	4.62	4.96	5.45	6.58	8.02	8.26	5.02	4.71	5.87	2.78	9.00	3.20	0.94	5.45	4.96	其他分布	4.96	5.10	8.00

注:全国地球化学基准网建立与土壤地球化学基准值特征(王学求等,2016);浙江省背景值引自《浙江省土壤元素背景值》(黄春雷等,2023);中国背景值引自《全国地球化学基准网建立与土壤地球化学基准值特征》(王学求等,2016)。TC、Corg 单位为%,N、P 单位为 g/kg,Au、Ag 单位为 μg/kg,其他元素/指标单位为 mg/kg;pH 无量纲。后表单位和资料来源相同。

第四章 土壤元素背景值

表4-2 淳安县土壤元素背景值参数统计表

元素/指标	N	$X_{5\%}$	$X_{10\%}$	$X_{25\%}$	$X_{50\%}$	$X_{75\%}$	$X_{90\%}$	$X_{95\%}$	$\bar{X}$	S	$\bar{X}_g$	S_g	X_{max}	X_{min}	CV	X_{me}	X_{mo}	分布类型	淳安县背景值	杭州市背景值	浙江省背景值
Ag	997	61.8	67.0	79.0	100.0	150	230	280	126	67.6	112	15.63	350	40.00	0.54	100.0	120	其他分布	120	100.0	100.0
As	2803	4.05	5.21	8.20	15.60	26.14	37.38	45.40	18.73	12.79	14.55	5.63	59.2	1.91	0.68	15.60	20.40	其他分布	20.40	10.40	10.10
Au	1024	0.77	0.84	1.07	1.50	2.02	2.83	3.28	1.65	0.76	1.49	1.64	4.04	0.16	0.46	1.50	0.86	剔除后对数分布	1.49	1.20	1.50
B	2847	26.96	35.99	50.7	63.2	76.5	92.1	101	63.7	21.23	59.6	11.12	120	9.91	0.33	63.2	66.6	其他分布	66.6	61.4	20.00
Ba	980	337	374	430	539	974	1486	1841	757	484	644	41.94	2460	196	0.64	539	422	其他分布	422	421	475
Be	1042	1.45	1.61	1.90	2.22	2.59	2.94	3.11	2.25	0.51	2.19	1.64	3.75	0.88	0.23	2.22	2.29	剔除后正态分布	2.25	2.13	2.00
Bi	984	0.31	0.34	0.39	0.47	0.57	0.73	0.82	0.50	0.16	0.48	1.67	1.02	0.24	0.31	0.47	0.41	剔除后对数分布	0.48	0.43	0.28
Br	1105	2.00	2.20	2.80	3.90	6.00	8.10	10.00	4.76	2.84	4.14	2.62	21.10	1.20	0.60	3.90	3.50	对数正态分布	4.14	5.21	2.20
Cd	2806	0.11	0.13	0.18	0.33	0.61	0.91	1.07	0.43	0.31	0.34	2.60	1.39	0.02	0.71	0.33	0.15	其他分布	0.15	0.16	0.14
Ce	985	69.2	74.6	85.8	101	138	181	208	116	43.36	109	15.00	263	49.30	0.37	101	102	其他分布	102	73.8	102
Cl	978	30.09	32.27	36.50	41.45	47.50	57.6	63.4	43.07	9.90	42.01	8.73	74.3	22.20	0.23	41.45	38.10	剔除后正态分布	38.10	52.2	71.0
Co	2916	6.57	7.98	10.75	14.18	17.20	19.70	21.58	14.03	4.58	13.25	4.63	27.26	2.85	0.33	14.18	15.10	其他分布	15.10	10.40	14.80
Cr	2861	39.60	49.20	62.1	74.4	86.1	95.8	101	73.4	18.28	70.8	11.82	124	24.17	0.25	74.4	66.7	偏峰分布	66.7	61.0	82.0
Cu	2877	15.19	18.80	25.00	34.20	45.20	55.8	62.5	35.83	14.34	32.93	7.90	78.9	3.50	0.40	34.20	37.40	剔除后对数分布	32.93	18.70	16.00
F	1105	338	373	470	622	828	1065	1230	680	280	628	40.86	2612	199	0.41	622	361	对数正态分布	628	453	453
Ga	1105	13.00	13.90	15.40	17.50	19.20	20.90	22.00	17.44	2.83	17.21	5.17	28.10	9.40	0.16	17.50	18.30	正态分布	17.44	18.70	16.00
Ge	2881	1.15	1.23	1.36	1.51	1.65	1.79	1.88	1.51	0.22	1.49	1.32	2.11	0.93	0.15	1.51	1.53	剔除后正态分布	1.51	1.44	1.44
Hg	2756	0.05	0.06	0.07	0.09	0.12	0.15	0.18	0.10	0.04	0.09	3.93	0.22	0.01	0.39	0.09	0.11	其他分布	0.11	0.11	0.110
I	1105	0.71	0.93	1.42	2.55	4.02	5.78	7.64	3.1C	2.31	2.41	2.42	16.80	0.05	0.75	2.55	1.11	其他分布	2.41	1.60	1.70
La	1105	39.42	41.40	44.10	46.70	49.40	52.2	54.3	46.76	4.56	46.53	9.17	68.8	29.00	0.10	46.70	45.40	正态分布	46.76	37.00	41.00
Li	1047	29.43	31.80	36.40	41.90	49.05	57.1	61.0	43.22	9.59	42.17	8.71	69.9	18.10	0.22	41.90	41.70	剔除后对数分布	42.17	38.20	25.00
Mn	2850	181	220	310	459	654	869	996	505	247	445	35.28	1238	94.0	0.49	459	478	偏峰分布	478	389	440
Mo	2648	0.40	0.47	0.66	1.20	2.49	4.45	5.61	1.86	1.64	1.32	2.33	7.41	0.25	0.88	1.20	0.51	其他分布	0.51	0.35	0.66
N	2903	0.79	0.93	1.18	1.44	1.70	1.95	2.11	1.44	0.40	1.38	1.46	2.52	0.39	0.28	1.44	1.55	剔除后正态分布	1.44	0.95	1.28
Nb	1004	15.50	16.20	17.20	18.30	19.90	22.00	23.30	18.72	2.26	18.59	5.41	25.70	12.60	0.12	18.30	18.30	其他分布	18.30	14.85	16.83
Ni	2871	13.36	18.50	26.50	34.42	41.55	49.11	53.4	34.11	11.71	31.65	7.72	65.4	3.77	0.34	34.42	31.80	剔除后正态分布	34.11	25.00	35.00
P	2962	0.35	0.43	0.56	0.73	0.92	1.12	1.29	0.76	0.31	0.70	1.56	3.90	0.04	0.40	0.73	1.15	对数正态分布	0.70	0.60	0.60
Pb	2743	23.30	25.10	28.00	31.30	35.12	40.41	43.80	32.02	5.95	31.48	7.42	49.30	16.13	0.19	31.30	32.10	其他分布	32.10	29.00	32.00

续表 4-2

元素/指标	N	$X_{5\%}$	$X_{10\%}$	$X_{25\%}$	$X_{50\%}$	$X_{75\%}$	$X_{90\%}$	$X_{95\%}$	$\overline{X}$	S	$\overline{X}_g$	S_g	X_{max}	X_{min}	CV	X_{me}	X_{mo}	分布类型	淳安县背景值	杭州市背景值	浙江省背景值
Rb	1049	79.1	85.0	97.1	113	128	143	152	113	22.50	111	15.14	180	52.6	0.20	113	115	剔除后正态分布	113	103	120
S	1028	154	171	203	252	304	365	404	260	76.2	249	24.43	485	90.1	0.29	252	252	剔除后正态分布	249	254	248
Sb	1014	0.59	0.66	0.84	1.29	2.29	3.24	3.94	1.67	1.07	1.39	1.86	5.29	0.35	0.64	1.29	0.86	其他分布	0.86	0.80	0.53
Sc	1105	7.30	7.80	8.70	9.70	10.70	11.50	12.00	9.72	1.53	9.60	3.69	24.80	5.10	0.16	9.70	9.50	对数正态分布	9.60	9.51	8.70
Se	2962	0.18	0.21	0.30	0.45	0.68	1.02	1.37	0.58	0.55	0.46	2.11	10.94	0.10	0.94	0.45	0.41	对数正态分布	0.46	0.25	0.21
Sn	1105	3.08	3.43	4.10	5.14	6.96	9.97	12.88	6.32	4.48	5.57	3.02	58.1	2.11	0.71	5.14	4.85	对数正态分布	5.57	3.90	3.60
Sr	1105	27.72	30.44	35.60	41.90	51.0	62.3	72.9	45.55	17.65	43.18	8.76	199	17.60	0.39	41.90	38.90	剔除后正态分布	43.18	43.10	105
Th	1052	10.10	10.61	11.70	13.10	14.60	15.90	16.80	13.21	2.04	13.05	4.40	19.10	7.79	0.15	13.10	13.50	对数正态分布	13.21	13.00	13.30
Ti	1046	4177	4398	4817	5230	5646	6047	6281	5231	639	5191	138	6978	3505	0.12	5230	5400	其他分布	5231	5029	4665
Tl	1105	0.50	0.54	0.64	0.79	0.98	1.25	1.42	0.85	0.29	0.81	1.41	2.29	0.37	0.34	0.79	0.82	剔除后对数正态分布	0.81	0.67	0.70
U	1020	2.40	2.55	2.84	3.34	4.49	5.73	6.36	3.78	1.26	3.59	2.22	7.80	2.01	0.33	3.34	2.99	其他分布	2.99	2.37	2.90
V	2775	56.5	67.0	85.4	109	151	195	220	121	49.60	111	15.62	276	21.57	0.41	109	108	其他分布	108	102	106
W	1015	1.69	1.84	2.11	2.48	3.03	3.65	3.96	2.61	0.69	2.52	1.80	4.71	1.29	0.27	2.48	2.12	剔除后对数正态分布	2.52	2.13	1.80
Y	1054	22.20	23.40	25.80	28.90	32.00	36.00	37.93	29.17	4.79	28.78	6.97	42.90	15.70	0.16	28.90	30.80	剔除后对数正态分布	28.78	24.00	25.00
Zn	2795	63.6	71.0	84.2	100.0	118	138	151	102	26.15	99.1	14.43	178	31.46	0.26	100.0	108	偏峰分布	108	101	101
Zr	1061	175	184	208	240	266	292	309	238	41.55	235	23.63	360	130	0.17	240	260	剔除后正态分布	238	260	243
SiO$_2$	1105	65.6	67.2	69.6	71.8	73.9	75.5	76.4	71.6	3.30	71.5	11.78	80.2	56.3	0.05	71.8	72.0	正态分布	71.6	70.8	71.3
Al$_2$O$_3$	1105	10.50	11.00	11.80	12.80	13.90	15.00	15.78	12.91	1.56	12.82	4.38	19.20	9.08	0.12	12.80	13.20	对数正态分布	12.82	12.84	13.20
TFe$_2$O$_3$	1105	3.68	3.97	4.49	5.09	5.66	6.19	6.63	5.10	0.94	5.01	2.55	11.50	2.25	0.18	5.09	5.11	正态分布	5.10	4.01	3.74
MgO	1046	0.55	0.67	0.86	1.08	1.37	1.75	1.96	1.15	0.41	1.08	1.44	2.34	0.25	0.36	1.08	1.11	剔除后正态分布	1.08	0.96	0.50
CaO	988	0.16	0.17	0.21	0.26	0.35	0.45	0.54	0.29	0.11	0.27	2.33	0.66	0.10	0.38	0.26	0.26	其他分布	0.26	0.26	0.24
Na$_2$O	1022	0.12	0.14	0.17	0.21	0.27	0.35	0.41	0.23	0.08	0.21	2.67	0.49	0.07	0.37	0.21	0.17	其他分布	0.17	0.19	0.19
K$_2$O	2896	1.49	1.68	2.03	2.39	2.70	2.96	3.15	2.36	0.50	2.30	1.70	3.74	1.01	0.21	2.39	2.27	其他分布	2.27	1.99	2.35
TC	1105	0.97	1.06	1.28	1.56	1.88	2.31	2.68	1.64	0.55	1.56	1.48	4.42	0.44	0.33	1.56	1.60	对数正态分布	1.56	1.59	1.43
Corg	2874	0.61	0.77	1.01	1.27	1.56	1.83	1.99	1.29	0.41	1.21	1.50	2.44	0.18	0.32	1.27	1.41	剔除后正态分布	1.29	0.92	1.31
pH	2786	4.63	4.77	4.98	5.29	5.74	6.31	6.66	5.12	5.07	5.42	2.65	7.20	4.01	0.99	5.29	5.02	其他分布	5.02	4.96	5.10

在土壤各元素/指标中,大多数元素/指标变异系数小于0.40,分布相对均匀;F、V、Au、Mn、Ag、Br、Ba、Sb、As、Sn、I、Mo、Se、pH、Cd共15项元素/指标变异系数大于0.40,其中Mo、Se、pH变异系数大于0.80,空间变异性较大。

与杭州市土壤元素背景值相比,淳安县土壤元素背景值中Cl、Br背景值略低于杭州市背景值,为杭州市背景值的60%~80%;F、Corg、Ce、Ni、TFe$_2$O$_3$、La、U、Au、Nb、Mn、Tl背景值略高于杭州市背景值,是杭州市背景值的1.2~1.4倍;As、Se、Cu、N、I、Mo、Co、Sn、Corg背景值明显偏高,是杭州市背景值的1.4倍以上;其他元素/指标背景值则与杭州市背景值基本接近。

与浙江省土壤元素背景值相比,淳安县土壤元素背景值中Cl、Sr背景值明显低于浙江省背景值,在浙江省背景值的60%以下;Mo背景值略低于浙江省背景值,为浙江省背景值的77.27%;Ag、F、TFe$_2$O$_3$背景值略高于浙江省背景值,与浙江省背景值比值在1.2~1.4之间;As、B、Bi、Br、Cu、I、Li、Sb、Se、Sn、W、MgO背景值明显高于浙江省背景值,与浙江省背景值比值均在1.4以上,其中B背景值最高,为浙江省背景值的3.33倍;其他元素/指标背景值则与浙江省背景值基本接近。

三、临安区土壤元素背景值

临安区土壤元素背景值数据经正态分布检验,结果表明(表4-3),原始数据中La、Zr、Al$_2$O$_3$、TFe$_2$O$_3$符合正态分布,Br、Cl、F、P、Rb、Sr、SiO$_2$、MgO符合对数正态分布,Be、Ga、Li、Nb、Th剔除异常值后符合正态分布,Au、Bi、I、Mo、Tl、U、W、Y、Zn、CaO、TC剔除异常值后符合对数正态分布,其他元素/指标不符合正态分布或对数正态分布。

临安区表层土壤总体呈酸性,土壤pH背景值为4.93,极大值为7.07,极小值为3.54,与杭州市背景值和浙江省背景值基本接近。

在土壤各元素/指标中,一多半元素/指标变异系数小于0.40,分布相对均匀;CaO、Co、Hg、Ni、B、Sn、Ba、Mo、Ag、Au、Mn、Na$_2$O、Sb、MgO、Br、P、As、I、Cd、pH、F共21项元素/指标变异系数大于0.40,其中pH、F变异系数大于0.80,空间变异性较大。

与杭州市土壤元素背景值相比,临安区土壤元素背景值中Mn背景值略低于杭州市背景值,为杭州市背景值的71%;F、Na$_2$O、Nb、Rb、TFe$_2$O$_3$、K$_2$O、La、Sr、Tl、Ni、Sn背景值略高于杭州市背景值,是杭州市背景值的1.2~1.4倍;I、Mo、N、Cu、Ce、Corg、U背景值明显偏高,为杭州市背景值的1.4倍以上,其中I、Mo明显富集,背景值是杭州市背景值的2.0倍以上;其他元素/指标背景值则与杭州市背景值基本接近。

与浙江省土壤元素背景值相比,临安区土壤元素背景值中Sr背景值明显低于浙江省背景值,为浙江省背景值的50.86%;Mn背景值略低于浙江省背景值,为浙江省背景值的63.18%;Be、F、Mo、N、Sb、Sn、W、TFe$_2$O$_3$、Na$_2$O、TC背景值略高于浙江省背景值,为浙江省背景值的1.2~1.4倍;B、Bi、Br、Cu、I、Li、MgO背景值明显高于浙江省背景值,为浙江省背景值的1.4倍以上;其他元素/指标背景值则与浙江省背景值基本接近。

四、建德市土壤元素背景值

建德市土壤元素背景值数据经正态分布检验,结果表明(表4-4),原始数据B、Ga、Ti符合正态分布,Be、Br、Cl、Co、I、La、Nb、P、S、Sc、Sn、Sr、Th、Tl、Y、Al$_2$O$_3$、TFe$_2$O$_3$、MgO、K$_2$O、TC符合对数正态分布,Ba、Li、SiO$_2$剔除异常值后符合正态分布,As、Au、Bi、Ce、Cu、Ge、N、Sb、U、V、W、Zr、CaO、Corg、pH剔除异常值后符合对数正态分布,其他元素/指标不符合正态分布或对数正态分布。

建德市表层土壤总体呈酸性,土壤pH背景值为5.44,极大值为7.19,极小值为4.17,与杭州市背景值和浙江省背景值基本接近。

在土壤各元素/指标中,大多数元素/指标变异系数小于0.40,分布相对均匀;Au、Ni、As、Hg、Br、Co、

杭州市土壤元素背景值

表 4-3 临安区土壤元素背景值参数统计表

元素/指标	N	$X_{5\%}$	$X_{10\%}$	$X_{25\%}$	$X_{50\%}$	$X_{75\%}$	$X_{90\%}$	$X_{95\%}$	$\overline{X}$	S	$\overline{X}_g$	S_g	X_{max}	X_{min}	CV	X_{me}	X_{mo}	分布类型	临安区背景值	杭州市背景值	浙江省背景值
Ag	717	60.0	69.6	80.0	110	160	230	252	127	61.7	115	16.37	310	30.00	0.48	110	100.0	其他分布	100.0	100.0	100.0
As	6073	2.65	3.39	5.05	7.58	11.98	18.40	22.05	9.29	5.87	7.68	3.89	28.39	1.06	0.63	7.58	10.80	其他分布	10.80	10.40	10.10
Au	724	0.59	0.71	1.01	1.45	2.01	2.77	3.24	1.61	0.80	1.42	1.76	4.06	0.19	0.50	1.45	1.37	剔除后对数分布	1.42	1.20	1.50
B	6552	17.31	21.83	35.00	56.2	72.4	88.1	98.2	55.6	25.18	49.03	10.37	130	3.58	0.45	56.2	59.3	其他分布	59.3	61.4	20.00
Ba	680	330	354	401	481	648	1035	1203	580	271	532	38.66	1501	207	0.47	481	426	其他分布	426	421	475
Be	713	1.63	1.79	2.06	2.42	2.78	3.10	3.35	2.45	0.53	2.39	1.73	4.07	1.18	0.22	2.42	2.58	剔除后对数分布	2.45	2.13	2.00
Bi	675	0.31	0.35	0.40	0.53	0.59	0.74	0.83	0.52	0.16	0.50	1.64	1.04	0.18	0.30	0.50	0.39	剔除后正态分布	0.50	0.43	0.28
Br	774	2.50	3.00	4.20	5.70	7.70	11.06	14.17	6.60	3.78	5.77	2.99	31.10	1.50	0.57	5.70	3.30	对数正态分布	5.77	5.21	2.20
Cd	6004	0.06	0.08	0.11	0.15	0.23	0.35	0.43	0.19	0.11	0.16	3.25	0.55	0.01	0.59	0.15	0.13	其他分布	0.13	0.16	0.14
Ce	674	72.6	74.6	79.6	85.7	98.9	119	134	91.6	18.80	89.9	13.62	159	36.20	0.21	85.7	104	其他分布	104	73.8	102
Cl	774	39.40	42.70	48.30	56.3	70.2	90.8	106	62.6	22.46	59.5	10.63	238	31.80	0.36	56.3	48.60	对数正态分布	59.5	52.2	71.0
Co	6651	4.27	5.47	8.22	12.20	16.30	19.44	21.36	12.44	5.29	11.18	4.41	28.55	1.00	0.43	12.20	11.90	其他分布	11.90	10.40	14.80
Cr	6652	18.30	23.20	40.90	63.5	76.5	86.9	94.1	59.3	23.68	53.1	10.69	130	5.80	0.40	63.5	69.7	其他分布	69.7	61.0	82.0
Cu	6439	10.38	12.60	19.48	27.83	34.70	42.89	48.70	27.86	11.25	25.35	6.98	59.4	3.65	0.40	27.83	32.80	对数正态分布	32.80	18.70	16.00
F	774	327	387	478	598	796	1113	1298	740	1567	629	43.39	43 287	208	2.12	598	524	剔除后正态分布	629	453	453
Ga	747	15.30	16.00	17.10	18.40	19.50	20.64	21.30	18.35	1.81	18.26	5.36	23.20	13.60	0.10	18.40	19.10	其他分布	18.35	18.70	16.00
Ge	6571	1.21	1.26	1.38	1.52	1.66	1.80	1.89	1.53	0.21	1.51	1.32	2.11	0.94	0.14	1.52	1.52	剔除后对数分布	1.52	1.44	1.44
Hg	6268	0.05	0.05	0.07	0.09	0.12	0.17	0.19	0.10	0.04	0.09	3.85	0.23	0.01	0.43	0.09	0.11	其他分布	0.11	0.11	0.110
I	748	0.98	1.27	2.66	4.37	6.08	7.86	9.07	4.51	2.44	3.74	2.67	11.60	0.35	0.54	4.37	8.39	剔除后对数分布	3.74	1.60	1.70
La	774	37.80	40.00	43.10	46.30	49.10	52.4	54.2	46.24	5.02	45.97	9.16	68.9	34.00	0.11	46.30	45.70	正态分布	46.24	37.00	41.00
Li	738	27.87	30.30	35.80	41.30	48.68	55.2	60.9	42.61	9.77	41.50	8.89	71.1	21.10	0.23	41.80	45.70	剔除后正态分布	42.61	38.20	25.00
Mn	6459	158	187	246	364	562	775	893	427	229	370	31.66	1118	53.6	0.54	364	278	其他分布	278	389	440
Mo	5988	0.43	0.48	0.62	0.84	1.17	1.62	1.92	0.95	0.45	0.86	1.57	2.50	0.28	0.47	0.84	0.60	剔除后对数分布	0.86	0.35	0.66
N	6454	0.84	1.04	1.30	1.61	1.94	2.31	2.53	1.64	0.50	1.55	1.56	3.01	0.29	0.30	1.61	1.77	偏峰分布	1.77	0.95	1.28
Nb	724	16.30	17.10	18.30	19.50	20.90	22.60	23.60	19.72	2.14	19.60	5.56	25.80	14.00	0.11	19.60	19.20	剔除后正态分布	19.72	14.85	16.83
Ni	6622	8.21	10.10	16.50	26.57	34.76	41.00	44.50	26.14	11.61	23.11	6.76	62.4	2.27	0.44	26.57	30.50	其他分布	30.50	25.00	35.00
P	6697	0.30	0.36	0.49	0.69	0.99	1.36	1.64	0.80	0.46	0.69	1.76	4.50	0.06	0.57	0.69	0.58	对数正态分布	0.69	0.60	0.60
Pb	6321	22.60	24.36	27.47	31.10	35.40	40.20	43.40	31.70	6.16	31.11	7.45	49.41	14.65	0.19	31.10	28.50	偏峰分布	28.50	29.00	32.00

续表 4-3

元素/指标	N	$X_{5\%}$	$X_{10\%}$	$X_{25\%}$	$X_{50\%}$	$X_{75\%}$	$X_{90\%}$	$X_{95\%}$	$\bar{X}$	S	$\bar{X}_g$	S_g	X_{max}	X_{min}	CV	X_{me}	X_{mo}	分布类型	临安区背景值	杭州市背景值	浙江省背景值
Rb	774	96.0	103	117	134	163	190	209	146	48.28	140	17.41	436	74.0	0.33	134	132	对数正态分布	140	103	120
S	746	200	210	235	268	322	379	414	283	64.8	276	25.68	470	141	0.23	268	261	偏峰分布	261	254	248
Sb	714	0.53	0.59	0.69	0.91	1.49	2.23	2.61	1.17	0.65	1.02	1.65	3.26	0.38	0.56	0.91	0.70	其他分布	0.70	0.80	0.53
Sc	764	6.90	7.63	8.80	10.00	10.90	11.70	12.20	9.82	1.59	9.68	3.78	14.00	5.70	0.16	10.00	10.30	偏峰分布	10.30	9.51	8.70
Se	6324	0.20	0.22	0.26	0.33	0.43	0.56	0.64	0.36	0.13	0.34	2.03	0.77	0.02	0.37	0.33	0.25	其他分布	0.25	0.25	0.21
Sn	715	3.05	3.62	4.36	5.48	7.94	11.10	13.10	6.45	3.02	5.81	3.13	15.50	0.63	0.47	5.48	4.68	其他分布	4.68	3.90	3.60
Sr	774	32.90	36.90	42.70	51.2	63.6	82.6	101	56.8	22.59	53.4	9.87	203	23.50	0.40	51.2	46.80	对数正态分布	53.4	43.10	105
Th	774	11.10	11.89	13.20	14.60	16.30	17.91	19.10	14.79	2.35	14.61	4.71	21.40	9.26	0.16	14.60	14.80	剔除后正态分布	14.79	13.00	13.30
Ti	750	2942	3294	4257	5125	5642	6031	6227	4896	1021	4774	136	7546	2155	0.21	5125	4568	偏峰分布	4568	5029	4665
Tl	769	0.57	0.61	0.70	0.84	0.97	1.11	1.18	0.85	0.19	0.83	1.28	1.40	0.40	0.22	0.84	0.89	剔除后对数分布	0.83	0.67	0.70
U	733	2.28	2.41	2.71	3.29	3.96	4.73	5.34	3.45	0.94	3.33	2.10	6.38	1.74	0.27	3.29	2.95	剔除后对数分布	3.33	2.37	2.90
V	720	32.15	41.91	67.0	87.1	102	119	133	84.4	29.06	78.4	13.01	160	14.40	0.34	87.1	103	其他分布	103	102	106
W	6312	1.48	1.64	1.88	2.24	2.72	3.18	3.75	2.36	0.67	2.28	1.73	4.58	0.89	0.28	2.24	2.21	剔除后对数分布	2.28	2.13	1.80
Y	683	21.30	22.50	24.40	26.40	28.85	32.10	33.90	26.76	3.69	26.51	6.73	37.30	17.30	0.14	26.40	25.60	剔除后对数分布	26.51	24.00	25.00
Zn	727	54.1	60.4	71.9	87.4	104	121	133	89.1	23.36	86.1	13.44	158	24.11	0.26	87.4	101	剔除后对数分布	86.1	101	101
Zr	6368	176	185	217	255	288	319	339	254	50.9	249	23.93	463	143	0.20	255	259	正态分布	254	260	243
SiO_2	774	64.0	65.4	67.8	70.1	72.4	73.9	74.9	69.9	3.38	69.8	11.62	79.1	58.1	0.05	70.1	71.2	对数正态分布	69.8	70.8	71.3
Al_2O_3	774	11.62	11.95	12.58	13.45	14.49	15.43	16.01	13.60	1.39	13.53	4.50	20.06	9.54	0.10	13.45	13.40	正态分布	13.60	12.84	13.20
TFe_2O_3	774	3.20	3.52	4.28	5.08	5.75	6.32	6.67	5.01	1.05	4.89	2.60	8.04	2.29	0.21	5.08	5.07	正态分布	5.01	4.01	3.74
MgO	774	0.52	0.58	0.72	0.98	1.38	1.96	2.36	1.15	0.64	1.03	1.60	5.13	0.37	0.55	0.98	0.80	对数正态分布	1.03	0.96	0.50
CaO	684	0.15	0.17	0.22	0.28	0.36	0.50	0.58	0.31	0.13	0.28	2.27	0.72	0.11	0.42	0.28	0.26	剔除后对数分布	0.28	0.26	0.24
Na_2O	760	0.17	0.19	0.26	0.35	0.59	0.77	0.90	0.43	0.23	0.37	2.23	1.10	0.10	0.54	0.35	0.26	其他分布	0.26	0.19	0.19
K_2O	6619	1.41	1.62	1.98	2.40	2.94	3.54	3.86	2.49	0.72	2.38	1.79	4.45	0.52	0.29	2.40	2.49	剔除后对数分布	2.49	1.99	2.35
TC	710	1.18	1.33	1.56	1.81	2.24	2.71	3.00	1.93	0.55	1.85	1.56	3.60	0.62	0.29	1.81	1.64	剔除后正态分布	1.85	1.59	1.43
Corg	6345	0.78	0.96	1.23	1.51	1.84	2.19	2.45	1.55	0.49	1.46	1.55	2.91	0.24	0.31	1.51	1.42	其他分布	1.42	0.92	1.31
pH	6211	4.23	4.42	4.75	5.10	5.54	6.09	6.42	4.80	4.59	5.18	2.59	7.07	3.54	0.96	5.10	4.93	其他分布	4.93	4.96	5.10

表 4-4 建德市土壤元素背景值参数统计表

元素/指标	N	$X_{5\%}$	$X_{10\%}$	$X_{25\%}$	$X_{50\%}$	$X_{75\%}$	$X_{90\%}$	$X_{95\%}$	$\overline{X}$	S	$\overline{X}_g$	S_g	X_{max}	X_{min}	CV	X_{me}	X_{mo}	分布类型	建德市背景值	杭州市背景值	浙江省背景值
Ag	533	40.00	50.00	66.0	80.0	100.0	120	130	82.2	24.35	78.5	12.82	140	30.00	0.30	80.0	70.0	其他分布	70.0	100.0	100.0
As	3145	3.08	3.55	4.59	6.22	8.49	11.40	13.40	6.89	3.13	6.25	3.22	16.70	1.63	0.45	6.22	10.30	剔除后对数分布	6.25	10.40	10.10
Au	517	0.57	0.63	0.79	1.03	1.38	1.83	2.13	1.15	0.48	1.06	1.50	2.69	0.23	0.42	1.03	0.87	剔除后对数分布	1.06	1.20	1.50
B	3431	14.30	21.40	34.60	47.00	58.9	68.8	75.0	46.52	18.55	41.61	9.57	166	1.10	0.40	47.00	49.00	正态分布	46.52	61.4	20.00
Ba	533	289	311	358	418	472	538	563	420	86.2	411	32.29	665	191	0.21	418	473	剔除后正态分布	420	421	475
Be	574	1.33	1.47	1.68	1.97	2.32	2.67	2.93	2.05	0.58	1.99	1.60	6.20	0.97	0.28	1.97	1.91	剔除后对数分布	1.99	2.13	2.00
Bi	544	0.25	0.27	0.30	0.35	0.42	0.47	0.52	0.37	0.08	0.36	1.90	0.62	0.15	0.23	0.36	0.32	剔除后对数分布	0.36	0.43	0.28
Br	574	2.10	2.41	3.47	4.93	6.79	8.75	9.98	5.32	2.52	4.78	2.65	22.30	1.20	0.47	4.98	2.20	正态分布	4.78	5.21	2.20
Cd	3144	0.10	0.12	0.16	0.22	0.28	0.35	0.40	0.23	0.09	0.21	2.65	0.49	0.04	0.39	0.22	0.20	其他分布	0.20	0.16	0.14
Ce	538	63.2	66.2	70.0	73.8	79.3	85.3	88.5	74.8	7.50	74.4	12.01	95.6	56.6	0.10	73.8	73.8	偏峰分布	74.4	73.8	102
Cl	574	24.90	26.93	31.12	38.70	47.40	57.9	66.6	41.13	14.27	39.13	8.46	137	20.40	0.35	38.70	39.90	剔除后正态分布	39.13	52.2	71.0
Co	3431	4.96	5.93	7.77	10.50	14.30	18.30	21.75	11.59	5.52	10.46	4.10	71.7	1.39	0.48	10.50	11.30	剔除后对数分布	10.46	10.40	14.80
Cr	3335	23.77	29.40	39.75	56.00	69.2	80.5	87.9	55.4	20.03	51.3	10.29	116	8.80	0.36	56.0	60.1	其他分布	60.1	61.0	82.0
Cu	3287	10.20	12.90	16.40	20.80	25.70	30.64	33.77	21.25	7.00	19.99	5.95	41.30	1.90	0.33	20.80	20.40	剔除后对数分布	19.99	18.70	16.00
F	562	320	342	396	528	703	823	907	559	189	529	38.94	1172	232	0.34	528	705	正态分布	705	453	453
Ga	574	12.00	12.70	14.20	16.10	18.20	19.97	21.40	16.29	2.84	16.04	5.03	24.90	9.80	0.17	16.10	17.20	剔除后对数分布	16.29	18.70	16.00
Ge	3355	1.26	1.31	1.41	1.54	1.67	1.80	1.88	1.55	0.19	1.54	1.31	2.08	1.01	0.12	1.54	1.54	其他分布	1.54	1.44	1.44
Hg	3241	0.04	0.05	0.07	0.05	0.13	0.17	0.19	0.10	0.05	0.09	3.95	0.24	0.01	0.46	0.09	0.11	剔除后对数分布	0.11	0.11	0.110
I	574	1.03	1.48	2.41	3.76	5.11	6.71	7.70	3.97	2.15	3.38	2.42	15.60	0.46	0.54	3.76	4.33	其他分布	3.38	1.60	1.70
La	574	30.86	32.60	35.42	38.80	43.40	47.67	50.1	39.58	6.29	39.10	8.36	67.8	19.70	0.16	38.80	40.50	对数正态分布	39.10	37.00	41.00
Li	540	27.00	28.30	32.30	37.05	42.30	47.92	51.0	37.61	7.38	36.89	8.14	59.4	19.30	0.20	37.05	38.90	剔除后正态分布	37.61	38.20	25.00
Mn	3291	127	150	204	322	534	778	902	395	242	329	29.85	1102	31.00	0.61	322	204	其他分布	204	389	440
Mo	3122	0.35	0.43	0.56	0.72	0.94	1.22	1.40	0.78	0.31	0.72	1.57	1.75	0.19	0.40	0.72	0.77	剔除后对数分布	0.77	0.35	0.66
N	3313	0.73	0.83	1.00	1.23	1.49	1.74	1.89	1.26	0.35	1.21	1.38	2.27	0.30	0.28	1.23	1.39	其他分布	1.21	0.95	1.28
Nb	574	15.40	16.10	17.70	19.70	23.10	28.17	31.54	21.12	5.17	20.59	5.83	58.5	12.50	0.24	19.70	19.50	对数正态分布	20.59	14.85	16.83
Ni	3365	8.30	9.75	13.30	19.60	26.20	31.60	35.38	20.27	8.53	18.39	5.80	46.20	2.49	0.42	19.60	13.60	剔除后对数分布	13.60	25.00	35.00
P	3431	0.27	0.33	0.42	0.55	0.75	1.01	1.21	0.63	0.41	0.56	1.74	16.65	0.12	0.65	0.55	0.50	对数正态分布	0.56	0.60	0.60
Pb	3324	20.02	21.60	24.70	28.90	32.30	35.57	37.70	28.73	5.40	28.20	7.01	44.50	13.30	0.19	28.90	27.50	其他分布	27.50	29.00	32.00

续表 4-4

元素/指标	N	$X_{5\%}$	$X_{10\%}$	$X_{25\%}$	$X_{50\%}$	$X_{75\%}$	$X_{90\%}$	$X_{95\%}$	$\overline{X}$	S	$\overline{X}_g$	S_g	X_{max}	X_{min}	CV	X_{me}	X_{mo}	分布类型	建德市背景值	杭州市背景值	浙江省背景值
Rb	573	73.6	78.7	88.5	111	132	151	162	113	28.09	109	15.44	191	52.2	0.25	111	128	其他分布	128	103	120
S	574	151	162	188	219	260	301	335	228	59.5	221	22.76	528	83.6	0.26	219	244	对数正态分布	221	254	248
Sb	518	0.54	0.59	0.71	0.89	1.12	1.40	1.64	0.95	0.33	0.90	1.40	2.05	0.42	0.34	0.89	1.07	剔除后对数分布	0.90	0.80	0.53
Sc	574	6.60	6.90	7.70	8.80	9.90	11.00	12.60	9.03	2.01	8.83	3.54	20.40	5.70	0.22	8.80	7.70	对数正态分布	8.83	9.51	8.70
Se	3147	0.17	0.19	0.22	0.27	0.34	0.43	0.48	0.29	0.09	0.28	2.17	0.57	0.06	0.32	0.27	0.23	其他分布	0.23	0.25	0.21
Sn	574	2.63	3.06	3.81	4.78	6.28	8.69	10.40	5.61	3.34	5.01	2.80	34.80	1.31	0.60	4.78	3.91	对数正态分布	5.01	3.90	3.60
Sr	574	26.96	29.69	35.00	41.85	53.5	67.1	90.6	48.64	27.00	44.49	9.45	296	19.10	0.56	41.85	45.50	对数正态分布	44.49	43.10	105
Th	574	9.36	10.20	11.20	12.80	14.67	16.17	17.20	12.99	2.55	12.73	4.41	25.60	4.41	0.20	12.80	12.30	对数正态分布	12.73	13.00	13.30
Ti	574	3255	3604	4105	4721	5418	5960	6503	4808	1071	4693	129	10 418	1841	0.22	4721	4305	正态分布	4808	5029	4665
Tl	574	0.44	0.48	0.54	0.65	0.78	0.87	0.97	0.67	0.18	0.65	1.40	2.51	0.30	0.27	0.65	0.61	剔除后对数分布	0.65	0.67	0.70
U	557	2.09	2.25	2.50	2.86	3.37	3.96	4.18	2.97	0.66	2.90	1.94	4.85	1.22	0.22	2.86	2.58	剔除后对数分布	2.90	2.37	2.90
V	3219	42.80	48.48	61.5	74.3	88.4	104	114	75.6	21.24	72.5	12.01	137	20.00	0.28	74.3	102	对数正态分布	72.5	102	106
W	542	1.24	1.40	1.65	1.97	2.34	2.85	3.18	2.03	0.56	1.96	1.64	3.60	0.76	0.28	1.97	2.04	对数正态分布	1.96	2.13	1.80
Y	574	20.70	21.60	23.30	25.80	28.80	33.37	36.04	26.69	4.92	26.28	6.66	63.6	17.20	0.18	25.80	25.40	对数正态分布	26.28	24.00	25.00
Zn	3302	53.5	58.1	66.0	76.1	89.2	102	109	78.2	16.88	76.4	12.34	127	31.00	0.22	76.1	106	偏峰分布	106	101	101
Zr	517	218	227	243	259	281	306	327	264	31.97	262	24.85	362	187	0.12	259	252	剔除后对数分布	262	260	243
SiO$_2$	541	69.2	70.0	72.0	73.8	75.4	76.6	77.3	73.6	2.55	73.5	11.95	79.7	66.3	0.03	73.8	73.1	剔除后对数分布	73.6	70.8	71.3
Al$_2$O$_3$	574	10.50	10.90	11.43	12.25	13.30	14.60	15.47	12.56	1.63	12.46	4.33	19.60	8.17	0.13	12.25	11.70	对数正态分布	12.46	12.84	13.20
TFe$_2$O$_3$	574	3.20	3.35	3.79	4.39	4.97	5.73	6.36	4.54	1.11	4.42	2.39	10.80	2.24	0.25	4.39	4.67	对数正态分布	4.42	4.01	3.74
MgO	574	0.48	0.52	0.61	0.75	0.89	1.05	1.20	0.78	0.24	0.74	1.40	1.88	0.33	0.30	0.75	0.74	对数正态分布	0.74	0.96	0.50
CaO	527	0.14	0.16	0.19	0.24	0.31	0.38	0.44	0.26	0.09	0.24	2.40	0.56	0.11	0.36	0.24	0.20	剔除后对数分布	0.24	0.26	0.24
Na$_2$O	556	0.14	0.15	0.18	0.27	0.47	0.64	0.77	0.35	0.20	0.30	2.38	0.94	0.10	0.58	0.27	0.16	其他分布	0.16	0.19	0.19
K$_2$O	3431	1.26	1.48	1.82	2.27	2.73	3.22	3.50	2.31	0.68	2.21	1.70	4.94	0.56	0.29	2.27	2.36	对数正态分布	2.21	1.99	2.35
TC	574	0.82	0.92	1.12	1.44	1.88	2.23	2.52	1.55	0.62	1.45	1.50	7.09	0.49	0.40	1.44	1.29	对数正态分布	1.45	1.59	1.43
Corg	2376	0.69	0.79	0.97	1.20	1.44	1.72	1.91	1.23	0.36	1.17	1.40	2.22	0.29	0.29	1.20	1.10	剔除后对数分布	1.17	0.92	1.31
pH	3233	4.64	4.77	5.02	5.34	5.79	6.25	6.57	5.15	5.11	5.44	2.66	7.19	4.17	0.99	5.34	5.05	剔除后对数分布	5.44	4.96	5.10

Cd、I、Sr、Na₂O、Sn、Mn、P、pH 共 14 项元素/指标变异系数大于 0.40,其中 pH 变异系数大于 0.80,空间变异性较大。

与杭州市土壤元素背景值相比,建德市土壤元素背景值中 Ni、Mn 背景值明显偏低,不足杭州市背景值的 60%;As、MgO、B、Cl、V、Ag 背景值略低于杭州市背景值,为杭州市背景值的 60%~80%;Nb、Corg、Sn、N、Cd、Rb、U 背景值略高于杭州市背景值,是杭州市背景值的 1.2~1.4 倍;Mo、I、F 背景值明显偏高,是杭州市背景值的 1.4 倍以上;其他元素/指标背景值则与杭州市背景值基本接近。

与浙江省土壤元素背景值相比,建德市土壤元素背景值中 Cl、Mn、Ni、Sr 背景值明显偏低,在浙江省背景值的 60% 以下;Ag、As、Au、Ce、Co、Cr、V 背景值略低于浙江省背景值,为浙江省背景值的 60%~80%;Bi、Cu、Nb、Sn 背景值略高于浙江省背景值,与浙江省背景值比值在 1.2~1.4 之间;B、Br、Cd、F、I、Li、Sb、MgO 背景值明显高于浙江省背景值,与浙江省背景值比值均在 1.4 以上,其中 B 背景值最高,为浙江省背景值的 2.33 倍;其他元素/指标背景值则与浙江省背景值基本接近。

五、桐庐县土壤元素背景值

桐庐县土壤元素背景值数据经正态分布检验,结果表明(表 4-5),原始数据 Ga、La、Rb、Sc、Th、TFe₂O₃、MgO 符合正态分布,Ag、Au、Be、Br、Ce、Cl、I、Li、Nb、P、Se、Sr、Tl、U、W、Y、Al₂O₃、TC 符合对数正态分布,Ge、S 剔除异常值后符合正态分布,Bi、Hg、N、Sb、Sn、Zn、CaO、Corg 剔除异常值后符合对数正态分布,其他元素/指标不符合正态分布或对数正态分布。

桐庐县表层土壤总体呈酸性,土壤 pH 背景值为 4.64,极大值为 6.74,极小值为 3.45,基本接近于杭州市背景值和浙江省背景值。

在土壤各元素/指标中,一多半元素/指标变异系数小于 0.40,分布相对均匀;TC、Br、Co、Cu、W、Hg、Sr、Cr、I、Mo、Na₂O、B、As、Mn、Ni、Se、Ag、P、Cd、pH、Au 共 21 项元素/指标变异系数大于 0.40,其中 pH、Au 变异系数大于 0.80,空间变异性较大。

与杭州市土壤元素背景值相比,桐庐县土壤元素背景值中 B 背景值略低于杭州市背景值,为杭州市背景值的 71%;Se、U、Ni、N、La、Cu、TFe₂O₃、Y、Corg、K₂O 背景值略高于杭州市背景值,是杭州市背景值的 1.2~1.4 倍;I、Mo、Mn、Nb、Sn、Se 背景值明显偏高,其中 I 明显富集,背景值是杭州市背景值的 3.02 倍;其他元素/指标背景值则与杭州市背景值基本接近。

与浙江省土壤元素背景值相比,桐庐县土壤元素背景值中 Sr 背景值明显偏低,为浙江省背景值的 44.77%;Cl、Co、Cr 背景值略低于浙江省背景值,为浙江省背景值的 60%~80%;As、Mn、Nb、Ti、W、TFe₂O₃ 背景值略高于浙江省背景值,为浙江省背景值的 1.2~1.4 倍;B、Bi、Br、Cu、I、Li、Sb、Se、Sn、MgO 背景值明显高于浙江省背景值,与浙江省背景值比值均在 1.4 以上;其他元素/指标背景值则与浙江省背景值基本接近。

六、富阳区土壤元素背景值

富阳区土壤元素背景值数据经正态分布检验,结果表明(表 4-6),原始数据 Br、Ga、La、Rb、Th、Ti、Al₂O₃、TFe₂O₃ 符合正态分布,Ag、Au、Be、Cl、I、Li、P、S、Sc、Sr、Tl、U、W、Y、MgO、TC 符合对数正态分布,V、Zr 剔除异常值后符合正态分布,Bi、Ce、Co、Cu、Hg、Pb、Sb、Sn、CaO 剔除异常值后符合对数正态分布,其他元素/指标不符合正态分布或对数正态分布。

富阳区表层土壤总体呈酸性,土壤 pH 背景值为 4.96,极大值为 8.00,极小值为 3.69,与杭州市背景值相同,基本接近于浙江省背景值。

在土壤各元素/指标中,大多数元素/指标变异系数小于 0.40,分布相对均匀;Cr、Br、Ni、Sn、Sr、U、Mo、TC、MgO、CaO、I、Mn、As、P、Na₂O、Cd、Ag、pH、Au 共 19 项元素/指标变异系数大于 0.40,其中 Ag、

第四章 土壤元素背景值

表 4-5 桐庐县土壤元素背景值参数统计表

元素/指标	N	$X_{5\%}$	$X_{10\%}$	$X_{25\%}$	$X_{50\%}$	$X_{75\%}$	$X_{90\%}$	$X_{95\%}$	$\bar{X}$	S	$\bar{X}_g$	S_g	X_{max}	X_{min}	CV	X_{me}	X_{mo}	分布类型	桐庐县背景值	杭州市背景值	浙江省背景值
Ag	457	50.00	60.0	80.0	100.0	140	190	230	118	65.8	104	14.93	460	30.00	0.56	100.0	80.0	对数正态分布	104	100.0	100.0
As	2846	2.64	3.24	4.91	7.71	11.46	15.43	18.04	8.62	4.76	7.34	3.81	24.16	0.54	0.55	7.71	12.40	偏峰分布	12.40	10.40	10.10
Au	457	0.66	0.76	0.96	1.28	1.89	2.82	3.74	1.86	3.03	1.41	1.86	49.70	0.42	1.63	1.28	0.90	对数正态分布	1.41	1.20	1.50
B	3061	9.44	12.68	26.18	49.79	66.4	79.8	88.4	48.11	25.18	39.45	10.13	125	2.69	0.52	49.79	43.80	其他分布	43.80	61.4	20.00
Ba	432	278	320	391	447	528	648	694	464	120	449	33.66	787	185	0.26	447	421	偏峰分布	421	421	475
Be	457	1.58	1.74	1.95	2.33	2.75	3.23	3.64	2.46	0.90	2.35	1.78	13.70	1.10	0.37	2.33	1.94	对数正态分布	2.35	2.13	2.00
Bi	421	0.31	0.33	0.38	0.43	0.51	0.58	0.63	0.45	0.10	0.44	1.69	0.73	0.23	0.21	0.43	0.41	剔除后对数分布	0.44	0.43	0.28
Br	457	3.06	3.61	4.46	6.11	8.21	10.29	11.35	6.59	2.85	6.04	3.13	20.30	1.65	0.43	6.11	6.70	对数正态分布	6.04	5.21	2.20
Cd	2763	0.08	0.09	0.13	0.19	0.30	0.47	0.58	0.24	0.15	0.20	2.94	0.74	0.02	0.64	0.19	0.13	其他分布	0.13	0.16	0.14
Ce	457	73.4	75.0	78.7	84.3	92.5	100.0	107	86.5	11.16	85.8	13.06	149	67.4	0.13	84.3	81.0	对数正态分布	85.8	73.8	102
Cl	457	35.92	39.02	44.80	52.4	64.8	84.9	96.0	57.8	20.67	54.9	10.34	182	27.50	0.36	52.4	56.7	对数正态分布	54.9	52.2	71.0
Co	3058	4.32	5.16	7.24	11.14	14.92	17.90	19.90	11.33	4.91	10.19	4.25	26.56	1.59	0.43	11.14	11.20	其他分布	11.20	10.40	14.80
Cr	3075	14.21	17.94	28.81	59.6	73.7	82.7	88.6	53.8	25.24	46.20	10.53	140	7.31	0.47	59.6	63.1	其他分布	63.1	61.0	82.0
Cu	2979	8.61	10.00	14.30	21.79	28.55	34.71	39.56	22.17	9.61	19.98	6.31	51.7	2.98	0.43	21.79	23.60	其他分布	23.60	18.70	16.00
F	432	349	372	430	501	606	710	783	526	131	511	36.09	925	277	0.25	501	499	偏峰分布	499	453	453
Ga	457	14.08	14.80	16.50	18.80	20.80	22.50	23.52	18.68	2.97	18.44	5.44	27.20	12.10	0.16	18.80	18.80	正态分布	18.68	18.70	16.00
Ge	3039	1.20	1.27	1.37	1.51	1.64	1.76	1.83	1.51	0.19	1.50	1.31	2.03	0.98	0.13	1.51	1.56	剔除后对数正态分布	1.51	1.44	1.44
Hg	2934	0.04	0.05	0.07	0.09	0.13	0.17	0.19	0.10	0.05	0.09	3.90	0.24	0.01	0.45	0.09	0.10	其他分布	0.09	0.11	0.110
I	457	1.80	2.36	3.52	5.02	6.97	9.05	10.62	5.50	2.72	4.82	2.99	16.90	0.60	0.49	5.02	3.08	对数正态分布	4.82	1.60	1.70
La	457	37.48	39.66	43.50	47.00	50.4	54.1	57.2	47.05	5.90	46.69	9.20	80.7	32.10	0.13	47.00	48.50	正态分布	47.05	37.00	41.00
Li	457	25.60	26.90	31.20	37.40	45.80	57.1	64.8	40.20	13.21	38.45	8.15	136	21.40	0.33	37.40	33.20	对数正态分布	38.45	38.20	25.00
Mn	2962	168	214	298	438	680	946	1085	515	283	442	35.82	1355	46.61	0.55	438	615	其他分布	615	453	440
Mo	2895	0.44	0.53	0.71	1.03	1.49	1.99	2.30	1.15	0.57	1.02	1.66	2.91	0.16	0.49	1.03	0.66	偏峰分布	0.66	0.35	0.66
N	3010	0.55	0.73	0.99	1.28	1.61	1.96	2.16	1.31	0.47	1.21	1.58	2.62	0.10	0.36	1.28	1.25	剔除后对数正态分布	1.21	0.95	1.28
Nb	457	16.38	17.10	18.70	20.90	25.20	32.10	34.30	22.88	6.03	22.20	6.26	46.60	13.90	0.26	20.90	18.80	对数正态分布	22.20	14.85	16.83
Ni	3064	5.37	6.56	10.54	22.10	31.93	38.86	42.65	22.39	12.41	18.44	6.50	64.0	2.79	0.55	22.10	34.30	其他分布	34.30	25.00	35.00
P	3081	0.26	0.31	0.44	0.62	0.86	1.16	1.42	0.71	0.47	0.61	1.79	10.25	0.09	0.67	0.62	0.65	对数正态分布	0.61	0.60	0.60
Pb	2930	22.40	24.39	27.21	30.52	34.72	39.71	42.40	31.23	5.91	30.68	7.39	48.11	15.06	0.19	30.52	28.60	其他分布	28.60	29.00	32.00

续表 4-5

元素/指标	N	$X_{5\%}$	$X_{10\%}$	$X_{25\%}$	$X_{50\%}$	$X_{75\%}$	$X_{90\%}$	$X_{95\%}$	$\bar{X}$	S	$\bar{X}_g$	S_g	X_{max}	X_{min}	CV	X_{me}	X_{mo}	分布类型	桐庐县背景值	杭州市背景值	浙江省背景值
Rb	457	85.2	90.4	103	120	137	153	163	121	24.05	119	15.78	191	65.0	0.20	120	124	正态分布	121	103	120
S	440	180	190	216	245	278	313	329	248	46.54	244	24.16	381	117	0.19	245	251	剔除后正态分布	248	254	248
Sb	409	0.45	0.54	0.68	0.85	1.08	1.36	1.60	0.91	0.32	0.85	1.44	1.81	0.33	0.35	0.85	0.67	剔除后对数正态分布	0.85	0.80	0.53
Sc	457	6.88	7.46	8.60	9.60	10.50	11.24	11.92	9.52	1.63	9.38	3.63	19.30	5.10	0.17	9.60	10.00	正态分布	9.52	9.51	8.70
Se	3081	0.16	0.20	0.25	0.34	0.47	0.61	0.73	0.39	0.22	0.35	2.08	3.52	0.03	0.55	0.34	0.58	对数正态分布	0.35	0.25	0.21
Sn	431	3.12	3.58	4.22	5.55	7.20	9.29	10.09	5.92	2.25	5.51	2.91	12.70	0.95	0.38	5.55	3.58	剔除后对数正态分布	5.51	3.90	3.60
Sr	457	31.30	33.56	37.20	43.50	53.8	78.5	99.4	50.4	22.83	47.01	9.35	213	24.80	0.45	43.50	38.30	剔除后正态分布	47.01	43.10	105
Th	457	10.80	11.60	12.50	13.70	14.80	16.10	17.20	13.79	1.87	13.67	4.53	22.20	9.13	0.14	13.70	12.90	正态分布	13.79	13.00	13.30
Ti	456	3530	3926	4419	5186	5727	6114	6341	5073	867	4994	135	7244	2502	0.17	5186	5624	偏峰分布	5624	5029	4665
Tl	457	0.51	0.55	0.62	0.72	0.82	0.95	1.07	0.75	0.19	0.72	1.37	1.96	0.41	0.26	0.72	0.69	对数正态分布	0.72	0.67	0.70
U	457	2.35	2.43	2.72	3.18	3.68	4.16	4.48	3.26	0.72	3.19	2.03	7.86	1.95	0.22	3.18	3.67	对数正态分布	3.19	2.37	2.90
V	3010	34.88	39.97	54.0	76.0	92.7	107	120	75.1	26.05	70.2	12.21	151	14.57	0.35	76.0	102	其他分布	102	102	106
W	457	1.42	1.51	1.76	2.10	2.54	3.10	3.80	2.30	1.01	2.17	1.72	11.80	1.12	0.44	2.10	2.25	对数正态分布	2.17	2.13	1.80
Y	457	21.98	23.10	25.00	28.30	34.50	40.52	44.64	30.47	7.52	29.66	7.30	63.7	17.20	0.25	28.30	28.30	对数正态分布	29.66	24.00	25.00
Zn	2991	56.6	63.5	74.7	88.7	106	121	132	90.8	22.58	88.0	13.68	156	31.02	0.25	88.7	112	剔除后正态分布	88.0	101	101
Zr	398	203	222	250	275	302	390	462	288	68.1	281	26.89	481	147	0.24	275	278	其他分布	278	260	243
SiO$_2$	438	65.4	66.8	69.4	71.3	72.8	74.1	74.6	70.8	2.78	70.8	11.70	77.7	63.5	0.04	71.3	71.4	其他分布	71.4	70.8	71.3
Al$_2$O$_3$	457	11.12	11.52	11.99	12.85	13.90	15.37	16.18	13.17	1.68	13.07	4.42	21.23	10.03	0.13	12.85	13.90	对数正态分布	13.07	12.84	13.20
TFe$_2$O$_3$	457	3.72	3.97	4.45	5.04	5.57	6.12	6.53	5.04	0.86	4.97	2.52	8.26	2.99	0.17	5.04	5.09	正态分布	5.04	4.01	3.74
MgO	457	0.43	0.49	0.60	0.80	0.98	1.16	1.33	0.82	0.28	0.77	1.48	1.95	0.28	0.34	0.80	0.89	正态分布	0.82	0.96	0.50
CaO	418	0.15	0.17	0.19	0.24	0.30	0.39	0.45	0.26	0.09	0.25	2.44	0.54	0.10	0.35	0.24	0.21	剔除后对数正态分布	0.25	0.26	0.24
Na$_2$O	425	0.16	0.18	0.21	0.27	0.46	0.62	0.68	0.34	0.17	0.31	2.24	0.89	0.10	0.50	0.27	0.20	其他分布	0.20	0.19	0.19
K$_2$O	3077	1.50	1.71	2.16	2.70	3.36	4.07	4.27	2.79	0.85	2.66	1.87	5.06	0.57	0.30	2.70	2.43	其他分布	2.43	1.99	2.35
TC	457	0.92	1.00	1.26	1.63	2.10	2.58	3.18	1.77	0.71	1.64	1.61	5.10	0.50	0.40	1.63	1.36	对数正态分布	1.64	1.59	1.43
Corg	2993	0.48	0.67	0.95	1.24	1.58	1.94	2.15	1.28	0.49	1.17	1.63	2.58	0.02	0.38	1.24	0.74	剔除后对数正态分布	1.17	0.92	1.31
pH	2790	4.19	4.33	4.61	4.53	5.30	5.77	6.14	4.70	4.58	5.00	2.54	6.74	3.45	0.97	4.93	4.64	其他分布	4.64	4.96	5.10

第四章 土壤元素背景值

表 4-6 富阳区土壤元素背景值参数统计表

元素/指标	N	$X_{5\%}$	$X_{10\%}$	$X_{25\%}$	$X_{50\%}$	$X_{75\%}$	$X_{90\%}$	$X_{95\%}$	$\bar{X}$	S	$\bar{X}_g$	S_g	X_{max}	X_{min}	CV	X_{me}	X_{mo}	分布类型	富阳区背景值	杭州市背景值	浙江省背景值
Ag	455	70.0	80.0	100.0	140	210	280	366	178	148	148	17.94	1490	40.00	0.83	140	100.0	对数正态分布	148	100.0	100.0
As	3117	3.03	3.77	5.49	8.38	12.30	16.32	19.40	9.35	4.97	8.08	3.88	25.23	1.40	0.53	8.38	5.60	偏峰分布	5.60	10.40	10.10
Au	455	0.80	0.90	1.23	1.70	2.48	3.75	5.62	2.30	2.67	1.81	2.01	39.70	0.22	1.16	1.70	1.30	对数正态分布	1.81	1.20	1.50
B	3298	18.99	24.67	37.29	51.8	64.1	75.4	82.5	51.1	19.18	46.90	9.94	106	5.87	0.38	51.8	48.50	其他分布	48.50	61.4	20.00
Ba	420	301	321	378	448	554	705	771	481	145	461	34.71	946	204	0.30	448	498	偏峰分布	498	421	475
Be	455	1.26	1.41	1.64	2.06	2.49	2.91	3.15	2.14	0.70	2.05	1.69	5.78	0.90	0.32	2.06	2.12	对数正态分布	2.05	2.13	2.00
Bi	428	0.31	0.34	0.40	0.47	0.57	0.66	0.74	0.49	0.13	0.48	1.65	0.88	0.21	0.26	0.47	0.48	剔除后正态分布	0.48	0.43	0.28
Br	455	2.98	3.60	4.80	6.66	8.85	10.94	12.51	7.10	2.99	6.49	3.17	22.13	2.06	0.42	6.66	7.20	正态分布	7.10	5.21	2.20
Cd	3158	0.08	0.11	0.17	0.26	0.41	0.57	0.67	0.30	0.18	0.25	2.64	0.88	0.01	0.60	0.26	0.16	其他分布	0.16	0.16	0.14
Ce	427	71.2	73.1	77.2	81.0	86.8	93.2	97.2	82.4	7.78	82.0	1.69	104	66.0	0.09	81.0	81.0	剔除后对数分布	82.0	73.8	102
Cl	455	45.68	48.64	53.5	61.0	70.0	77.9	85.2	63.2	15.57	61.7	12.75	206	32.50	0.25	61.0	60.2	对数正态分布	61.7	52.2	71.0
Co	3301	5.16	6.15	7.89	10.25	12.60	14.80	16.09	10.37	3.32	9.80	10.88	20.01	2.34	0.32	10.25	10.70	剔除后分布	9.80	10.40	14.80
Cr	3336	16.06	21.79	35.26	51.1	64.8	78.0	85.2	50.8	20.90	45.70	3.99	110	2.46	0.41	51.1	58.9	其他分布	58.9	61.0	82.0
Cu	3147	10.97	13.16	17.85	23.70	29.38	35.66	40.28	24.16	8.59	22.55	9.96	49.73	1.39	0.36	23.70	23.50	剔除后正态分布	22.55	18.70	16.00
F	410	347	372	413	488	601	746	852	526	155	506	6.54	1012	248	0.29	488	552	偏峰分布	552	453	453
Ga	455	12.97	13.90	15.40	17.10	19.30	20.80	21.83	17.34	2.74	17.12	36.86	26.20	10.30	0.16	17.10	16.90	正态分布	17.34	18.70	16.00
Ge	3274	1.20	1.25	1.33	1.42	1.51	1.59	1.64	1.42	0.13	1.41	5.24	1.77	1.07	0.09	1.42	1.39	其他分布	1.39	1.44	1.44
Hg	3216	0.05	0.06	0.08	0.11	0.14	0.17	0.19	0.11	0.04	0.11	1.25	0.23	0.02	0.36	0.11	0.10	剔除后对数分布	0.11	0.11	0.110
I	455	1.83	2.46	3.60	5.26	7.11	9.38	11.56	5.67	2.84	4.97	3.56	16.90	0.60	0.50	5.26	5.43	对数正态分布	4.97	1.60	1.70
La	455	39.57	41.20	43.60	46.40	49.30	51.9	53.4	46.48	4.72	46.24	2.88	74.7	27.70	0.10	46.40	46.80	正态分布	46.48	37.00	41.00
Li	455	23.64	25.04	29.00	34.80	40.70	47.50	53.9	35.99	9.90	34.82	9.19	117	19.70	0.27	34.80	28.80	剔除后正态分布	34.82	38.20	25.00
Mn	3260	159	187	250	380	561	732	850	424	214	372	7.62	1073	38.30	0.50	380	212	偏峰分布	212	389	440
Mo	3169	0.44	0.51	0.67	0.93	1.28	1.63	1.89	1.01	0.44	0.92	32.60	2.41	0.06	0.44	0.93	0.86	偏峰分布	0.86	0.35	0.66
N	3295	0.72	0.86	1.08	1.33	1.65	1.98	2.21	1.38	0.43	1.31	1.56	2.57	0.28	0.32	1.33	1.17	偏峰分布	1.17	0.95	1.28
Nb	423	15.00	15.90	17.10	18.90	21.70	24.58	27.46	19.65	3.77	19.31	1.45	30.90	9.70	0.19	18.90	19.30	其他分布	19.30	14.85	16.83
Ni	3270	6.84	8.84	14.12	20.84	26.57	33.00	37.29	20.97	9.04	18.79	5.65	46.49	1.31	0.43	20.84	24.30	其他正态分布	24.30	25.00	35.00
P	3383	0.32	0.39	0.52	0.69	0.94	1.26	1.49	0.78	0.43	0.70	6.07	6.09	0.12	0.55	0.69	0.60	对数正态分布	0.70	0.60	0.60
Pb	3122	23.59	25.73	29.21	33.30	38.85	44.14	47.67	34.27	7.32	33.50	1.66	56.9	15.01	0.21	33.30	30.70	剔除后正态分布	33.50	29.00	32.00

续表 4-6

元素/指标	N	$X_{5\%}$	$X_{10\%}$	$X_{25\%}$	$X_{50\%}$	$X_{75\%}$	$X_{90\%}$	$X_{95\%}$	$\bar{X}$	S	$\bar{X}_g$	S_g	X_{max}	X_{min}	CV	X_{me}	X_{mo}	分布类型	富阳区背景值	杭州市背景值	浙江省背景值
Rb	455	69.0	76.4	92.0	110	126	144	158	110	26.31	107	15.08	190	39.00	0.24	110	110	正态分布	110	103	120
S	455	202	219	243	282	322	370	405	291	77.6	283	25.99	1187	162	0.27	282	303	对数正态分布	283	254	248
Sb	406	0.59	0.66	0.79	0.96	1.29	1.65	1.95	1.07	0.41	1.01	1.42	2.42	0.45	0.38	0.96	0.80	对数正态分布	1.01	0.80	0.53
Sc	455	6.70	7.20	7.90	9.20	10.20	12.10	13.43	9.43	2.20	9.22	3.59	24.70	5.50	0.23	9.20	7.90	剔除后正态分布	9.22	9.51	8.70
Se	3243	0.22	0.25	0.30	0.37	0.48	0.58	0.64	0.39	0.13	0.37	1.88	0.78	0.02	0.33	0.37	0.41	偏峰分布	0.41	0.25	0.21
Sn	420	3.21	3.79	4.76	6.25	8.54	11.01	12.50	6.93	2.97	6.31	3.19	15.80	0.76	0.43	6.25	5.49	剔除后正态分布	6.31	3.90	3.60
Sr	455	33.57	36.74	42.10	50.9	64.5	81.3	96.8	56.8	24.67	53.2	10.10	254	21.00	0.43	50.9	40.20	正态分布	53.2	43.10	105
Th	455	9.23	10.30	11.30	12.30	14.30	15.60	16.50	12.72	2.38	12.46	4.35	18.50	3.91	0.19	12.80	13.00	正态分布	12.72	13.00	13.30
Ti	455	3666	3822	4247	4945	5488	5861	6115	4909	870	4835	132	9989	2786	0.18	4945	5579	对数正态分布	4909	5029	4665
Tl	455	0.43	0.49	0.59	0.69	0.82	0.97	1.10	0.73	0.24	0.70	1.45	2.35	0.25	0.33	0.69	0.67	对数正态分布	0.70	0.67	0.70
U	455	2.06	2.23	2.45	2.99	3.55	3.98	4.64	3.12	1.36	2.98	2.01	26.20	1.12	0.43	2.99	2.37	剔除后正态分布	2.98	2.37	2.90
V	3229	42.30	48.10	60.1	74.5	88.0	102	112	74.8	20.58	71.9	12.14	133	23.20	0.28	74.5	70.4	正态分布	74.8	102	106
W	455	1.37	1.52	1.77	2.06	2.43	2.91	3.30	2.19	0.81	2.09	1.64	11.90	0.85	0.37	2.06	2.14	剔除后正态分布	2.09	2.13	1.80
Y	455	19.87	21.20	23.40	26.00	29.85	35.88	40.29	27.54	6.35	26.91	6.87	55.1	16.00	0.23	26.00	25.10	对数正态分布	26.91	24.00	25.00
Zn	3151	56.1	62.0	73.3	89.6	109	128	145	93.1	26.49	89.5	13.93	176	29.82	0.28	89.6	100.0	偏峰分布	100.0	101	101
Zr	408	195	212	247	270	296	332	361	272	45.63	268	25.62	390	165	0.17	270	267	剔除后正态分布	272	260	243
SiO₂	434	64.9	66.5	69.1	71.6	73.8	75.2	76.1	71.2	3.32	71.2	11.74	79.7	62.2	0.05	71.6	73.0	偏峰分布	73.0	70.8	71.3
Al₂O₃	455	10.67	11.10	11.80	12.73	13.70	14.85	15.61	12.86	1.50	12.77	4.36	18.21	9.21	0.12	12.73	12.76	正态分布	12.86	12.84	13.20
TFe₂O₃	455	3.53	3.77	4.19	4.39	5.31	5.90	6.46	4.81	0.95	4.72	2.46	11.92	2.98	0.20	4.69	4.76	正态分布	4.81	4.01	3.74
MgO	455	0.45	0.50	0.59	0.72	0.93	1.29	1.59	0.83	0.40	0.76	1.55	3.21	0.31	0.49	0.72	0.65	对数正态分布	0.76	0.96	0.50
CaO	394	0.16	0.18	0.21	0.27	0.38	0.54	0.67	0.32	0.16	0.29	2.28	0.89	0.12	0.48	0.27	0.26	剔除后正态分布	0.29	0.26	0.24
Na₂O	452	0.16	0.18	0.21	0.38	0.64	0.82	0.93	0.44	0.26	0.37	2.21	1.28	0.11	0.59	0.38	0.20	其他分布	0.20	0.19	0.19
K₂O	3373	1.38	1.52	1.88	2.47	2.94	3.49	3.79	2.47	0.73	2.36	1.78	4.48	0.42	0.30	2.47	2.78	其他正态分布	2.78	1.99	2.35
TC	455	0.98	1.12	1.35	1.73	2.25	2.82	3.58	1.91	0.84	1.76	1.64	5.84	0.69	0.44	1.73	1.41	对数正态分布	1.76	1.59	1.43
Corg	3293	0.66	0.84	1.10	1.38	1.74	2.15	2.41	1.43	0.51	1.34	1.57	2.81	0.13	0.35	1.38	1.33	偏峰分布	1.33	0.92	1.31
pH	3297	4.46	4.64	4.91	5.30	6.04	7.57	7.79	5.02	4.84	5.63	2.75	8.00	3.69	0.96	5.30	4.96	其他分布	4.96	4.96	5.10

pH、Au 变异系数大于 0.80,空间变异性较大。

与杭州市土壤元素背景值相比,在富阳区土壤元素背景值中 Mn、As 背景值明显低于杭州市背景值,在杭州市背景值的 60% 以下;MgO、B、V 背景值略低于杭州市背景值,为杭州市背景值的 60%～80%;Sb、K_2O、Br、Nb、U、La、Sr、N、F、Cu 背景值略高于杭州市背景值,是杭州市背景值的 1.2～1.4 倍;I、Mo、Se、Sn、Au、Corg、Ag 背景值明显偏高,其中 I、Mo 明显富集,背景值是杭州市背景值的 2.0 倍以上;其他元素/指标背景值则与杭州市背景值基本接近。

与浙江省土壤元素背景值相比,富阳区土壤元素背景值中 As、Mn、Sr 背景值明显偏低,在浙江省背景值的 60% 以下;Co、Cr、Ni、V 背景值略低于浙江省背景值,为浙江省背景值的 60%～80%;Au、F、Li、Mo、TFe_2O_3、CaO、TC 背景值略高于浙江省背景值,与浙江省背景值比值在 1.2～1.4 之间;Ag、B、Bi、Br、Cu、I、Sb、Se、Sn、MgO 背景值明显高于浙江省背景值,与浙江省背景值比值均在 1.4 以上;其他元素/指标背景值则与浙江省背景值基本接近。

七、萧山区土壤元素背景值

萧山区土壤元素背景值数据经正态分布检验,结果表明(表 4-7),原始数据 La、SiO_2 符合正态分布,Ag、Au、Br、Cl、Ga、S、Sb、Sn、U、W、Y、Zr、TC 符合对数正态分布,Ce、F、Sc、Th、Ti 剔除异常值后符合正态分布,I、Li、TFe_2O_3 剔除异常值后符合对数正态分布,其他元素/指标不符合正态分布或对数正态分布。

萧山区表层土壤总体呈碱性,土壤 pH 背景值为 8.08,极大值为 9.48,极小值为 3.81,明显高于杭州市背景值与浙江省背景值。

在土壤各元素/指标中,大多数元素/指标变异系数小于 0.40,分布相对均匀;N、Mo、Corg、Br、Se、Cl、Ag、CaO、Hg、Au、Sn、pH 共 12 项元素/指标变异系数大于 0.40,其中 Sn、pH 变异系数大于 0.80,空间变异性较大。

与杭州市土壤元素背景值相比,萧山区土壤元素背景值中 As、Hg 背景值明显低于杭州市背景值,在杭州市背景值的 60% 以下;Li、Ga、Rb、Tl、Ti、Bi、W、Pb、V 背景值略低于杭州市背景值,为杭州市背景值的 60%～80%;I、S 背景值略高于杭州市背景值,是杭州市背景值的 1.2～1.4 倍;Na_2O、CaO、Sr、P、Sn、MgO、Au、Cl 背景值明显偏高,其中 Na_2O、CaO、Sr、P、Sn 明显富集,背景值是杭州市背景值的 2.0 倍以上,Na_2O 背景值最高,为杭州市背景值的 10.05 倍;其他元素/指标背景值则与杭州市背景值基本接近。

与浙江省土壤元素背景值相比,萧山区土壤元素背景值中 As、Hg、Mo 背景值明显低于浙江省背景值,在浙江省背景值的 60% 以下;Ce、Co、Cr、N、Ni、Pb、Rb、Tl、U、V、Al_2O_3、Corg 背景值略低于浙江省背景值,为浙江省背景值的 60%～80%;Cd、S、Sr、Zr 背景值略高于浙江省背景值,与浙江省背景值比值在 1.2～1.4 之间;Au、B、Br、P、Sb、Sn、MgO、CaO、Na_2O 背景值明显高于浙江省背景值,与浙江省背景值比值均在 1.4 以上,其中 Na_2O 背景值为浙江省背景值的 10.05 倍;其他元素/指标背景值则与浙江省背景值基本接近。

八、余杭地区土壤元素背景值

余杭地区(包括余杭区、临平区)土壤元素背景值数据经正态分布检验,结果表明(表 4-8),原始数据 Ga、La、Li、Sc、Sr、SiO_2、Al_2O_3、TFe_2O_3、Na_2O 符合正态分布,Au、Br、Ce、Mn、Rb、S、Sb、Sn、Th、Tl、U、W、Y、TC 符合对数正态分布,Ba、Be、Cl、F、Nb、Pb、Zr 剔除异常值后符合正态分布,Ag、Bi 剔除异常值后符合对数正态分布,其他元素/指标不符合正态分布或对数正态分布。

余杭地区表层土壤总体呈酸性,土壤 pH 背景值为 6.00,极大值为 8.64,极小值为 3.56,略高于杭州市背景值,与浙江省背景值基本接近。

在土壤各元素/指标中,大多数元素/指标变异系数小于 0.40,分布相对均匀;N、Corg、Cd、Hg、Na_2O、Br、Mn、CaO、W、Sb、I、Sn、pH、Au 共 14 项元素/指标变异系数大于 0.40,其中 pH、Au 变异系数大于

杭州市土壤元素背景值

表 4-7 萧山区土壤元素背景值参数统计表

元素/指标	N	$X_{5\%}$	$X_{10\%}$	$X_{25\%}$	$X_{50\%}$	$X_{75\%}$	$X_{90\%}$	$X_{95\%}$	$\bar{X}$	S	$\bar{X}_g$	S_g	X_{max}	X_{min}	CV	X_{me}	X_{mo}	分布类型	萧山区背景值	杭州市背景值	浙江省背景值
Ag	302	56.0	62.0	71.0	87.5	110	143	166	99.1	55.7	91.1	14.47	678	40.00	0.56	87.5	63.0	对数正态分布	91.1	100.0	100.0
As	4302	3.47	3.76	4.26	5.02	6.06	7.25	7.95	5.26	1.35	5.10	2.70	9.28	1.63	0.26	5.02	4.50	偏峰分布	4.50	10.40	10.10
Au	302	1.01	1.20	1.40	2.00	3.10	4.80	6.78	2.64	1.85	2.20	2.18	11.30	0.60	0.70	2.00	1.20	对数正态分布	2.20	1.20	1.50
B	4240	48.50	53.4	60.0	66.7	72.8	78.5	82.2	66.1	9.99	65.3	11.26	92.9	37.10	0.15	66.7	68.1	偏峰分布	68.1	61.4	20.00
Ba	274	386	392	403	420	465	505	541	437	49.86	434	33.75	596	311	0.11	420	398	其他分布	398	421	475
Be	294	1.54	1.59	1.67	1.79	2.06	2.27	2.39	1.87	0.27	1.85	1.50	2.69	1.17	0.15	1.79	1.76	偏峰分布	1.76	2.13	2.00
Bi	291	0.20	0.21	0.23	0.29	0.35	0.44	0.48	0.30	0.09	0.29	2.06	0.57	0.17	0.30	0.29	0.24	其他分布	0.24	0.43	0.28
Br	302	2.79	3.20	4.20	6.29	9.81	12.33	13.63	7.10	3.54	6.25	3.09	20.25	1.54	0.50	6.29	4.90	对数正态分布	6.25	5.21	2.20
Cd	4380	0.08	0.09	0.13	0.17	0.20	0.24	0.27	0.17	0.06	0.16	2.94	0.32	0.03	0.34	0.17	0.18	其他分布	0.18	0.16	0.14
Ce	290	59.0	60.8	65.4	71.2	76.0	78.9	82.5	70.8	7.54	70.4	11.86	92.1	49.47	0.11	71.2	71.4	剔除后正态分布	70.8	73.8	102
Cl	302	53.0	58.0	68.0	80.5	96.1	120	146	89.7	47.66	83.2	12.67	452	35.00	0.53	80.5	83.0	对数正态分布	83.2	52.2	71.0
Co	4136	8.47	8.83	9.41	10.10	10.80	11.60	12.20	10.17	1.11	10.11	3.83	13.30	7.10	0.11	10.10	10.30	其他分布	10.30	10.40	14.80
Cr	4224	51.0	55.4	59.6	63.9	72.1	77.9	81.1	65.5	9.19	64.9	11.10	91.7	39.30	0.14	63.9	61.0	其他分布	61.0	61.0	82.0
Cu	4248	12.50	13.66	15.80	18.50	22.95	29.10	32.00	19.96	5.93	19.14	5.85	38.20	4.72	0.30	18.50	16.50	其他分布	16.50	18.70	16.00
F	281	380	399	434	463	495	537	551	466	51.8	463	34.53	606	329	0.11	463	453	剔除后对数分布	466	453	453
Ga	302	10.71	11.04	11.79	13.27	15.57	17.54	18.66	13.90	2.62	13.67	4.71	22.30	9.58	0.19	13.27	14.29	对数正态分布	13.67	18.70	16.00
Ge	4440	1.19	1.22	1.27	1.33	1.42	1.50	1.54	1.35	0.11	1.34	1.21	1.64	1.06	0.08	1.33	1.30	其他分布	1.30	1.44	1.44
Hg	4246	0.03	0.04	0.05	0.09	0.14	0.21	0.25	0.11	0.07	0.09	4.18	0.32	0.01	0.65	0.09	0.04	其他分布	0.04	0.11	0.110
I	268	1.04	1.27	1.60	2.00	2.60	3.30	3.76	2.17	0.85	2.01	1.73	4.90	0.40	0.39	2.00	2.00	剔除后对数分布	2.01	1.60	1.70
La	302	31.00	32.00	34.00	37.00	40.00	42.92	45.00	37.35	4.86	37.03	8.16	58.0	20.20	0.13	37.00	38.00	正态分布	37.35	37.00	41.00
Li	291	23.55	24.50	26.20	27.70	30.90	34.20	35.65	28.66	3.65	28.43	6.99	38.70	19.40	0.13	27.70	27.40	剔除后对数分布	28.43	38.20	25.00
Mn	4116	316	336	374	412	449	496	526	414	62.3	409	32.25	598	243	0.15	412	403	其他分布	403	389	440
Mo	4272	0.27	0.28	0.32	0.38	0.60	0.85	0.97	0.48	0.23	0.44	1.82	1.20	0.08	0.48	0.38	0.34	其他分布	0.34	0.35	0.66
N	4287	0.34	0.40	0.60	0.32	1.11	1.55	1.77	0.90	0.42	0.81	1.63	2.12	0.19	0.47	0.82	0.84	其他分布	0.84	0.95	1.28
Nb	293	12.87	12.87	13.86	14.85	17.17	19.37	20.79	15.75	2.53	15.56	5.02	23.23	10.89	0.16	14.85	14.85	其他分布	14.85	14.85	16.83
Ni	4026	19.40	20.20	21.60	23.00	24.60	26.20	27.40	23.12	2.40	23.00	6.16	30.00	16.10	0.10	23.00	25.00	其他分布	25.00	25.00	35.00
P	4487	0.51	0.63	0.83	1.22	1.56	1.86	2.06	1.23	0.48	1.12	1.57	2.68	0.15	0.39	1.22	1.43	其他分布	1.43	0.60	0.60
Pb	4415	15.50	16.40	18.30	21.30	28.20	37.10	40.50	24.02	7.86	22.90	6.60	46.40	11.40	0.33	21.30	20.00	其他分布	20.00	29.00	32.00

续表 4-7

元素/指标	N	$X_{5\%}$	$X_{10\%}$	$X_{25\%}$	$X_{50\%}$	$X_{75\%}$	$X_{90\%}$	$X_{95\%}$	$\overline{X}$	S	$\overline{X}_g$	S_g	X_{max}	X_{min}	CV	X_{me}	X_{mo}	分布类型	萧山区背景值	杭州市背景值	浙江省背景值
Rb	286	71.0	74.0	77.0	82.0	83.0	103	112	85.5	12.89	84.6	13.20	124	50.00	0.15	82.0	75.0	其他分布	75.0	103	120
S	302	177	199	247	306	408	504	556	334	125	312	29.35	859	112	0.37	306	300	对数正态分布	312	254	248
Sb	302	0.43	0.45	0.57	0.77	0.94	1.17	1.30	0.80	0.31	0.75	1.45	3.23	0.39	0.39	0.77	0.43	对数正态分布	0.75	0.80	0.53
Sc	302	8.10	8.36	8.91	9.50	10.20	11.00	11.60	9.62	1.04	9.57	3.72	12.35	7.15	0.11	9.50	9.40	剔除后正态分布	9.62	9.51	8.70
Se	285	0.07	0.09	0.16	0.25	0.36	0.45	0.50	0.26	0.13	0.23	2.58	0.68	0.03	0.51	0.25	0.24	其他分布	0.24	0.25	0.21
Sn	4448	2.71	3.00	3.80	7.79	14.60	24.39	28.79	11.13	10.23	8.06	4.74	100.0	2.10	0.92	7.79	3.30	对数正态分布	8.06	3.90	3.60
Sr	302	53.0	61.0	101	138	158	167	171	126	39.13	118	15.03	194	32.00	0.31	138	127	其他分布	127	43.10	105
Th	273	9.11	9.61	10.30	11.08	11.70	12.39	13.03	11.04	1.09	10.98	4.03	13.70	8.27	0.10	11.08	11.40	剔除后正态分布	11.04	13.00	13.30
Ti	271	3565	3633	3787	3920	4057	4270	4377	3938	240	3931	119	4608	3297	0.06	3920	3951	剔除后正态分布	3938	5029	4665
Tl	297	0.38	0.42	0.46	0.50	0.60	0.67	0.72	0.53	0.10	0.52	1.51	0.80	0.30	0.19	0.50	0.49	其他分布	0.49	0.67	0.70
U	302	1.73	1.85	1.99	2.20	2.53	2.89	3.07	2.30	0.47	2.25	1.70	5.33	1.19	0.21	2.20	2.35	对数正态分布	2.25	2.37	2.90
V	302	63.2	64.9	67.3	70.0	73.8	79.1	82.6	70.9	5.66	70.7	11.77	87.8	55.0	0.08	70.0	70.0	其他分布	70.0	102	106
W	302	1.07	1.13	1.24	1.45	1.75	1.96	2.21	1.52	0.40	1.48	1.42	3.93	0.90	0.26	1.45	1.34	对数正态分布	1.48	2.13	1.80
Y	302	20.19	21.00	22.00	24.00	26.00	29.00	30.99	24.75	5.69	24.38	6.48	102	17.20	0.23	24.00	24.00	对数正态分布	24.38	24.00	25.00
Zn	4366	53.3	56.7	64.0	74.5	92.2	109	119	79.3	20.21	76.9	12.93	140	30.80	0.25	74.5	108	其他分布	108	101	101
Zr	302	250	263	281	300	334	374	415	313	56.8	309	27.53	738	195	0.18	300	283	对数正态分布	309	260	243
SiO$_2$	302	66.8	68.0	69.3	70.6	72.0	73.4	74.6	70.6	2.47	70.5	11.68	77.0	59.2	0.04	70.6	70.8	正态分布	70.6	70.8	71.3
Al$_2$O$_3$	299	10.02	10.14	10.41	11.18	12.89	13.87	14.87	11.73	1.62	11.63	4.25	16.54	9.54	0.14	11.18	10.45	其他分布	10.45	12.84	13.20
TFe$_2$O$_3$	277	3.06	3.12	3.24	3.42	3.62	3.87	4.09	3.45	0.31	3.44	2.06	4.32	2.66	0.09	3.42	3.47	剔除后对数分布	3.44	4.01	3.74
MgO	302	0.58	0.69	0.99	1.64	1.87	1.95	2.00	1.44	0.50	1.33	1.53	2.66	0.49	0.35	1.64	1.88	其他分布	1.88	0.96	0.50
CaO	302	0.20	0.33	0.94	1.94	3.05	3.50	3.70	1.93	1.20	1.43	2.47	5.30	0.12	0.62	1.94	1.00	其他分布	1.00	0.26	0.24
Na$_2$O	299	0.72	0.93	1.39	1.78	1.94	2.04	2.08	1.62	0.41	1.56	1.46	2.19	0.56	0.25	1.78	1.91	其他分布	1.91	0.19	0.19
K$_2$O	3997	1.86	1.90	1.95	2.01	2.08	2.16	2.24	2.02	0.11	2.02	1.51	2.35	1.71	0.05	2.01	1.99	其他分布	1.99	1.99	2.35
TC	302	1.09	1.16	1.31	1.51	1.99	2.45	2.70	1.67	0.51	1.60	1.52	3.21	0.69	0.30	1.51	1.32	对数正态分布	1.60	1.59	1.43
Corg	4368	0.35	0.44	0.70	0.95	1.29	1.77	1.98	1.03	0.48	0.92	1.67	2.37	0.09	0.47	0.95	0.92	其他分布	0.92	0.92	1.31
pH	4545	4.71	4.97	6.04	7.92	8.24	8.50	8.63	5.49	5.02	7.28	3.09	9.48	3.81	0.92	7.92	8.08	其他分布	8.08	4.96	5.10

表 4-8 余杭地区土壤元素背景值参数统计表

元素/指标	N	$X_{5\%}$	$X_{10\%}$	$X_{25\%}$	$X_{50\%}$	$X_{75\%}$	$X_{90\%}$	$X_{95\%}$	$\bar{X}$	S	$\bar{X}_g$	S_g	X_{max}	X_{min}	CV	X_{me}	X_{mo}	分布类型	余杭地区背景值	杭州市背景值	浙江省背景值
Ag	275	70.0	80.0	100.0	120	151	200	223	130	45.82	122	16.84	270	40.00	0.35	120	100.0	剔除后对数分布	122	100.0	100.0
As	4408	3.65	4.36	5.64	7.09	8.63	10.60	12.00	7.30	2.44	6.87	3.27	14.50	0.91	0.33	7.09	10.10	其他分布	10.10	10.40	10.10
Au	299	1.10	1.32	2.19	3.20	4.78	6.60	8.45	4.13	4.63	3.19	2.67	50.4	0.56	1.12	3.20	4.20	对数正态分布	3.19	1.20	1.50
B	4321	39.80	46.90	57.9	65.3	71.0	77.2	81.6	63.9	11.89	62.6	11.08	94.4	31.50	0.19	65.3	67.7	其他分布	67.7	61.4	20.00
Ba	273	331	386	437	498	565	657	712	508	107	497	36.44	820	245	0.21	498	428	剔除后正态分布	508	421	475
Be	280	1.68	1.80	2.02	2.37	2.65	2.93	3.04	2.35	0.45	2.31	1.67	3.67	1.19	0.19	2.37	2.28	剔除后正态分布	2.35	2.13	2.00
Bi	265	0.31	0.34	0.40	0.48	0.58	0.73	0.83	0.50	0.15	0.48	1.65	1.03	0.22	0.30	0.48	0.48	剔除后对数分布	0.48	0.43	0.28
Br	299	2.79	3.26	3.81	4.84	7.25	10.47	12.41	6.00	3.15	5.34	2.88	17.89	1.86	0.52	4.84	4.24	其他正态分布	5.34	5.21	2.20
Cd	4417	0.05	0.07	0.12	0.16	0.21	0.25	0.29	0.16	0.07	0.14	3.28	0.36	0.01	0.43	0.16	0.17	其他分布	0.17	0.16	0.14
Ce	299	67.0	69.8	73.2	78.7	85.8	94.0	99.1	80.6	10.60	80.0	12.59	135	62.0	0.13	78.7	79.1	其他正态分布	80.0	73.8	102
Cl	287	49.17	51.9	57.6	64.7	72.3	79.9	84.6	65.3	10.73	64.4	11.17	94.7	34.86	0.16	64.7	68.0	剔除后正态分布	65.3	52.2	71.0
Co	4719	5.68	6.98	9.59	11.90	13.90	15.60	16.80	11.66	3.29	11.12	4.23	20.60	2.98	0.28	11.90	11.80	其他分布	11.80	10.40	14.80
Cr	4690	25.10	33.20	55.4	70.4	81.3	89.1	94.0	66.5	20.51	62.3	11.47	121	14.70	0.31	70.4	74.2	其他分布	74.2	61.0	82.0
Cu	4660	11.70	14.10	19.20	25.90	31.70	36.40	39.50	25.62	8.59	23.99	6.80	51.1	1.90	0.34	25.90	30.80	其他分布	30.80	18.70	16.00
F	280	342	399	457	530	615	694	731	537	113	525	37.32	845	256	0.21	530	621	剔除后正态分布	537	453	453
Ga	299	12.56	13.37	15.80	17.29	18.59	19.90	21.09	17.15	2.59	16.95	5.14	27.40	9.17	0.15	17.29	18.20	正态分布	17.15	18.70	16.00
Ge	4637	1.22	1.27	1.35	1.45	1.53	1.61	1.65	1.44	0.13	1.44	1.26	1.81	1.06	0.09	1.45	1.49	其他分布	1.49	1.44	1.44
Hg	4553	0.05	0.07	0.11	0.16	0.23	0.30	0.34	0.18	0.09	0.15	3.02	0.43	0.01	0.50	0.16	0.14	其他分布	0.14	0.11	0.110
I	295	1.20	1.40	1.70	2.60	6.09	8.71	10.33	4.02	3.06	3.08	2.61	12.40	0.50	0.76	2.60	1.60	其他分布	1.60	1.60	1.70
La	299	35.00	36.00	39.00	42.60	46.00	48.64	50.5	42.47	4.96	42.17	8.73	55.6	20.00	0.12	42.60	39.00	正态分布	42.47	37.00	41.00
Li	299	26.18	27.58	33.45	39.60	46.00	51.4	55.8	39.92	8.95	38.92	8.36	66.4	23.30	0.22	39.60	41.10	正态分布	39.92	38.20	25.00
Mn	4767	166	206	294	408	555	739	872	453	263	400	33.25	8416	69.0	0.58	408	393	对数正态分布	400	389	440
Mo	4423	0.38	0.45	0.57	0.71	0.90	1.15	1.30	0.76	0.27	0.71	1.49	1.57	0.21	0.35	0.71	0.69	其他分布	0.69	0.35	0.66
N	4740	0.59	0.74	1.07	1.54	2.00	2.43	2.71	1.56	0.64	1.42	1.72	3.43	0.13	0.41	1.54	1.18	其他分布	1.18	0.95	1.28
Nb	281	13.86	14.85	16.83	18.61	20.70	22.90	24.90	18.71	3.16	18.45	5.41	27.20	11.88	0.17	18.61	14.85	剔除后正态分布	18.71	14.85	16.83
Ni	4754	9.62	12.20	19.80	29.10	35.20	39.80	42.80	27.60	10.22	25.21	7.06	58.3	2.73	0.37	29.10	27.40	其他分布	27.40	25.00	35.00
P	4539	0.34	0.39	0.49	0.64	0.86	1.13	1.29	0.70	0.28	0.65	1.58	1.53	0.15	0.40	0.64	0.54	其他分布	0.54	0.60	0.60
Pb	4610	21.50	23.80	28.20	32.70	37.20	41.90	44.80	32.80	6.90	32.04	7.70	51.7	14.40	0.21	32.70	33.00	剔除后正态分布	32.80	29.00	32.00

续表 4-8

元素/指标	N	$X_{5\%}$	$X_{10\%}$	$X_{25\%}$	$X_{50\%}$	$X_{75\%}$	$X_{90\%}$	$X_{95\%}$	$\overline{X}$	S	$\overline{X}_g$	S_g	X_{max}	X_{min}	CV	X_{me}	X_{mo}	分布类型	余杭地区背景值	杭州市背景值	浙江省背景值
Rb	299	83.0	88.8	104	118	142	174	188	127	38.39	123	15.95	358	65.0	0.30	118	115	对数正态分布	123	103	120
S	299	210	226	256	298	346	406	457	308	75.4	300	27.27	592	173	0.24	298	280	对数正态分布	300	254	248
Sb	299	0.53	0.56	0.66	0.80	1.16	2.05	2.62	1.08	0.79	0.93	1.66	6.74	0.43	0.73	0.80	0.68	对数正态分布	0.93	0.80	0.53
Sc	299	7.20	7.68	8.60	10.00	11.70	13.05	14.18	10.24	2.13	10.02	3.89	15.86	4.70	0.21	10.00	10.40	正态分布	10.24	9.51	8.70
Se	4499	0.16	0.20	0.27	0.34	0.41	0.50	0.56	0.34	0.12	0.32	2.07	0.66	0.03	0.33	0.34	0.28	其他分布	0.28	0.25	0.21
Sn	299	3.61	4.18	6.12	9.10	14.00	19.22	23.92	11.19	8.79	9.13	4.24	81.7	0.76	0.79	9.10	9.40	对数正态分布	9.13	3.90	3.60
Sr	299	39.08	46.38	64.2	94.1	115	129	141	90.9	31.96	84.5	13.18	181	27.50	0.35	94.1	96.0	正态分布	90.9	43.10	105
Th	299	10.99	11.58	12.70	14.20	15.50	17.52	19.51	14.75	4.15	14.37	4.69	56.6	8.65	0.28	14.20	14.00	正态分布	14.37	13.00	13.30
Ti	286	3491	3739	4064	4349	4833	5358	5741	4455	633	4411	128	6050	2876	0.14	4349	4474	偏峰分布	4474	5029	4665
Tl	299	0.49	0.53	0.65	0.75	0.85	1.03	1.20	0.78	0.23	0.75	1.37	2.02	0.36	0.29	0.75	0.80	对数正态分布	0.75	0.67	0.70
U	299	2.13	2.27	2.65	3.11	3.66	4.41	5.30	3.31	1.14	3.17	2.05	12.40	1.87	0.35	3.11	3.40	对数正态分布	3.17	2.37	2.90
V	4735	48.50	57.3	73.5	92.4	106	116	121	89.2	22.41	85.9	13.49	154	25.40	0.25	92.4	102	其他分布	102	102	106
W	299	1.49	1.65	1.88	2.27	2.75	3.49	4.30	2.60	1.75	2.37	1.86	23.60	1.21	0.68	2.27	2.08	对数正态分布	2.37	2.13	1.80
Y	299	21.00	22.00	23.40	26.00	28.16	31.36	33.11	26.46	4.77	26.10	6.63	65.4	17.00	0.18	26.00	26.00	对数正态分布	26.10	24.00	25.00
Zn	4549	50.4	55.5	68.3	85.0	99.3	115	127	85.3	22.71	82.2	13.29	151	25.20	0.27	85.0	101	其他分布	101	101	101
Zr	294	215	223	246	276	317	353	378	283	51.0	279	25.67	424	139	0.18	276	264	剔除后正态分布	283	260	243
SiO_2	299	64.6	65.9	68.0	70.2	72.1	74.1	75.3	70.0	3.31	69.9	11.61	77.8	56.2	0.05	70.2	73.4	正态分布	70.0	70.8	71.3
Al_2O_3	299	10.99	11.65	12.70	13.59	14.53	15.38	16.01	13.51	1.44	13.51	4.49	17.91	10.17	0.11	13.59	13.09	正态分布	13.59	12.84	13.20
TFe_2O_3	299	3.15	3.33	3.85	4.27	4.92	5.47	6.03	4.31	0.82	4.31	2.40	7.34	2.71	0.19	4.27	4.01	其他分布	4.39	4.01	3.74
MgO	294	0.49	0.55	0.66	1.02	1.27	1.43	1.57	1.00	0.35	0.93	1.46	1.92	0.42	0.35	1.02	0.99	其他分布	0.99	0.96	0.50
CaO	289	0.17	0.19	0.29	0.73	1.09	1.37	1.53	0.74	0.47	0.58	2.22	2.26	0.13	0.64	0.73	0.19	其他分布	0.19	0.26	0.24
Na_2O	299	0.18	0.23	0.57	1.01	1.40	1.65	1.80	1.00	0.51	0.82	2.04	2.15	0.13	0.51	1.01	1.06	正态分布	1.00	0.19	0.19
K_2O	4196	1.66	1.87	2.10	2.29	2.49	2.82	3.01	2.31	0.38	2.27	1.65	3.39	1.32	0.16	2.29	2.33	其他分布	2.33	1.99	2.35
TC	299	1.10	1.18	1.42	1.73	2.12	2.63	3.13	1.86	0.69	1.76	1.59	6.17	0.85	0.37	1.73	1.78	对数正态分布	1.76	1.59	1.43
Corg	4695	0.58	0.72	1.05	1.50	1.96	2.38	2.66	1.53	0.63	1.38	1.71	3.37	0.11	0.41	1.50	1.76	其他分布	1.76	0.92	1.31
pH	4739	4.50	4.76	5.22	5.75	6.57	7.91	8.20	5.15	4.76	5.99	2.83	8.64	3.56	0.93	5.75	6.00	其他分布	6.00	4.96	5.10

0.80,空间变异性较大。

与杭州市土壤元素背景值相比,余杭地区土壤元素背景值中 CaO 背景值略低于杭州市背景值,为杭州市背景值的 73%;U、Nb、Cl、N、Ag、Cr、Ba、Hg 背景值略高于杭州市背景值,是杭州市背景值的 1.2~1.4 倍;Na_2O、Au、Corg、Sn、Sr、Mo、Cu 背景值明显偏高,其中 Na_2O、Au、Sn、Sr 明显富集,背景值是杭州市背景值的 2.0 倍以上,Na_2O 背景值最高,为杭州市背景值的 5.26 倍;其他元素/指标背景值则与杭州市背景值基本接近。

与浙江省土壤元素背景值相比,余杭地区土壤元素背景值中 Ce、Co、Ni、CaO 背景值略低于浙江省背景值,为浙江省背景值的 60%~80%;Ag、Cd、Hg、S、Se、W、TC、Corg 背景值略高于浙江省背景值,与浙江省背景值比值在 1.2~1.4 之间;Au、B、Bi、Br、Cu、Li、Sb、Sn、MgO、Na_2O 背景值明显高于浙江省背景值,与浙江省背景值比值均在 1.4 以上,其中 Na_2O 背景值最高,为浙江省背景值的 5.26 倍;其他元素/指标背景值则与浙江省背景值基本接近。

九、主城区土壤元素背景值

主城区(包括西湖区、上城区、拱墅区、滨江区、钱塘新区)土壤元素背景值数据经正态分布检验,结果表明(表 4-9),原始数据 Be、F、Ga、Nb、Rb、Sr、Th、Tl、Y、Zr、SiO_2、Al_2O_3、TFe_2O_3、MgO、CaO 共 15 项元素/指标符合正态分布,Au、Ba、Bi、Br、Ce、Cl、Cu、Hg、La、Li、N、S、Sb、Sc、Se、Sn、U、W、Zn、TC、Corg 共 21 项元素/指标符合对数正态分布,B 剔除异常值后符合正态分布,Ag、Cd、P 剔除异常值后符合对数正态分布,其他元素/指标不符合正态分布或对数正态分布。

主城区表层土壤总体为中性,土壤 pH 背景值为 8.24,极大值为 9.19,极小值为 3.94,明显高于杭州市背景值与浙江省背景值。

在土壤各元素/指标中,一多半元素/指标变异系数小于 0.40,分布相对均匀;TC、P、Zn、Mo、Corg、Ag、Cl、Na_2O、Br、W、Cd、N、CaO、Cu、Sb、I、Se、pH、Sn、Hg、Bi、Au 共 22 项元素/指标变异系数大于 0.40,其中 I、Se、pH、Sn、Hg、Bi、Au 变异系数大于 0.80,空间变异性较大。

与杭州市土壤元素背景值相比,主城区土壤元素背景值中 Ga、As、V、Pb 背景值略低于杭州市背景值,为杭州市背景值的 60%~80%;Cl、P、MgO、S 背景值略高于杭州市背景值,是杭州市背景值的 1.2~1.4 倍;CaO、Au、Sn、Sr、Ag 背景值明显偏高,是杭州市背景值的 1.4 倍以上,Na_2O 背景值最高,为杭州市背景值的 6.38 倍;其他元素/指标背景值则与杭州市背景值基本接近。

与浙江省土壤元素背景值相比,主城区土壤元素背景值中 Mo、Pb 背景值明显低于浙江省背景值,在浙江省背景值的 60% 以下;As、Ce、Co、Cr、N、Ni、Rb、V、Corg 背景值略低于浙江省背景值,为浙江省背景值的 60%~80%;Cu、Li、P、S、Se、Zr 背景值略高于浙江省背景值,与浙江省背景值比值在 1.2~1.4 之间;Ag、Au、B、Bi、Br、Sb、Sn、MgO、CaO 背景值明显高于浙江省背景值,与浙江省背景值比值均在 1.4 以上;其他元素/指标背景值则与浙江省背景值基本接近。

第二节　主要土壤母质类型元素背景值

一、松散岩类沉积物土壤母质元素背景值

松散岩类沉积物土壤母质元素背景值数据经正态分布检验,结果表明(表 4-10),原始数据中 Zr 符合正态分布,Ag、Au、Ba、Ce、S、Sb、U、W、TC 符合对数正态分布,SiO_2 剔除异常值后符合正态分布,Br、Cl、I、Sc 剔除异常值后符合对数正态分布,其他元素/指标不符合正态分布或对数正态分布。

第四章 土壤元素背景值

表4-9 主城区土壤元素背景值参数统计表

元素/指标	N	$X_{5\%}$	$X_{10\%}$	$X_{25\%}$	$X_{50\%}$	$X_{75\%}$	$X_{90\%}$	$X_{95\%}$	$\overline{X}$	S	$\overline{X}_g$	S_g	X_{max}	X_{min}	CV	X_{me}	X_{mo}	分布类型	主城区背景值	杭州市背景值	浙江省背景值
Ag	159	60.0	70.4	94.0	144	218	281	370	164	88.0	143	18.57	417	41.00	0.53	144	130	剔除后对数分布	143	100.0	100.0
As	838	3.78	4.07	4.76	6.98	9.32	11.07	12.62	7.32	2.83	6.79	3.38	16.33	2.13	0.39	6.98	7.80	偏峰分布	7.80	10.40	10.10
Au	168	1.10	1.44	2.33	4.36	10.07	17.93	29.73	9.40	20.49	4.91	3.92	224	0.60	2.18	4.36	1.90	对数分布	4.91	1.20	1.50
B	836	51.9	55.2	62.2	68.5	74.2	79.8	83.7	68.2	9.39	67.5	11.50	93.3	43.30	0.14	68.5	66.7	剔除后正态分布	68.2	61.4	20.00
Ba	168	285	315	390	434	493	533	618	447	125	433	33.20	1457	218	0.28	434	423	正态分布	433	421	475
Be	168	1.07	1.27	1.62	1.79	2.08	2.41	2.51	1.83	0.42	1.78	1.49	3.19	0.89	0.23	1.79	1.76	对数正态分布	1.83	2.13	2.00
Bi	168	0.22	0.23	0.33	0.43	0.60	0.80	1.15	0.58	1.01	0.45	2.09	12.89	0.18	1.73	0.43	0.24	对数正态分布	0.45	0.43	0.28
Br	168	2.40	2.82	3.75	4.80	6.65	9.32	11.37	5.67	3.29	4.99	2.93	23.43	1.35	0.58	4.80	4.32	对数正态分布	4.99	5.21	2.20
Cd	823	0.06	0.07	0.11	0.15	0.21	0.31	0.35	0.17	0.09	0.15	3.34	0.41	0.02	0.52	0.15	0.13	剔除后对数分布	0.15	0.16	0.14
Ce	168	63.9	65.3	68.8	72.2	75.9	78.6	80.9	72.8	6.95	72.5	11.94	121	59.0	0.10	72.2	75.9	正态分布	72.5	73.8	102
Cl	168	48.89	52.0	59.7	69.1	81.5	94.3	110	74.5	39.59	70.4	11.90	523	33.80	0.53	69.1	70.8	对数正态分布	70.4	52.2	71.0
Co	837	7.01	8.38	9.36	10.40	12.96	15.57	16.72	11.16	2.91	10.77	4.13	18.82	3.56	0.26	10.40	10.20	其他分布	10.20	10.40	14.80
Cr	858	47.88	50.6	54.0	62.0	79.7	88.5	93.2	66.9	15.72	65.1	11.31	114	17.60	0.24	62.0	55.9	对数正态分布	55.9	61.0	82.0
Cu	863	11.30	12.92	15.90	21.11	28.92	36.74	43.82	24.40	17.67	21.77	6.69	378	5.39	0.72	21.11	13.90	对数正态分布	21.77	18.70	16.00
F	168	311	342	397	453	508	567	598	456	99.5	447	33.92	1183	254	0.22	453	453	正态分布	456	453	453
Ga	168	10.65	11.23	12.31	13.85	15.71	17.65	18.10	14.11	2.37	13.92	4.61	20.00	9.71	0.17	13.85	13.60	其他分布	14.11	18.70	16.00
Ge	850	1.18	1.23	1.29	1.37	1.49	1.57	1.62	1.39	0.13	1.38	1.24	1.77	1.00	0.10	1.37	1.30	对数正态分布	1.30	1.44	1.44
Hg	863	0.03	0.04	0.06	0.11	0.22	0.44	0.61	0.20	0.30	0.12	4.05	3.55	0.02	1.51	0.11	0.04	其他分布	0.12	0.11	0.110
I	155	1.10	1.30	1.60	1.90	2.92	6.94	8.97	2.95	2.39	2.34	2.28	10.10	0.70	0.81	1.90	1.70	其他分布	1.70	1.60	1.70
La	168	34.00	35.00	37.00	40.00	44.02	48.52	49.90	40.99	5.23	40.67	8.64	59.1	31.00	0.13	40.00	37.00	对数正态分布	40.67	37.00	41.00
Li	168	24.23	25.30	27.38	31.35	36.92	43.90	47.87	32.85	7.09	32.15	7.43	54.1	20.90	0.22	31.35	26.10	对数正态分布	32.15	38.20	25.00
Mn	828	237	333	393	461	561	662	703	475	136	453	35.17	853	120	0.29	461	407	其他分布	407	389	440
Mo	841	0.27	0.29	0.40	0.69	0.98	1.21	1.36	0.73	0.36	0.64	1.75	1.87	0.21	0.50	0.69	0.32	对数正态分布	0.32	0.35	0.66
N	863	0.34	0.47	0.65	0.94	1.39	1.83	2.25	1.09	0.65	0.93	1.75	6.96	0.22	0.60	0.94	0.66	对数正态分布	0.93	0.95	1.28
Nb	168	12.87	13.86	14.85	15.84	17.00	18.81	19.20	16.00	2.06	15.87	5.01	24.00	11.17	0.13	15.84	14.85	正态分布	16.00	14.85	16.83
Ni	773	16.10	18.55	20.50	22.30	25.00	31.92	34.44	23.35	5.11	22.81	6.23	37.12	11.61	0.22	22.30	22.00	其他分布	22.00	25.00	35.00
P	812	0.39	0.47	0.60	0.79	1.06	1.50	1.75	0.88	0.39	0.80	1.60	1.99	0.07	0.44	0.79	0.74	剔除后对数分布	0.80	0.60	0.60
Pb	836	15.90	16.90	19.77	29.10	35.70	43.20	48.00	29.28	10.30	27.52	7.47	61.0	11.80	0.35	29.10	18.00	其他分布	18.00	29.00	32.00

续表 4-9

元素/指标	N	$X_{5\%}$	$X_{10\%}$	$X_{25\%}$	$X_{50\%}$	$X_{75\%}$	$X_{90\%}$	$X_{95\%}$	$\bar{X}$	S	$\bar{X}_g$	S_g	X_{max}	X_{min}	CV	X_{me}	X_{mo}	分布类型	主城区背景值	杭州市背景值	浙江省背景值
Rb	168	65.0	72.0	77.0	84.5	97.0	112	116	87.6	16.17	86.1	13.09	130	45.00	0.18	84.5	79.0	正态分布	87.6	103	120
S	168	183	205	252	308	386	485	543	328	120	308	28.26	863	81.0	0.37	308	291	对数正态分布	308	254	248
Sb	168	0.43	0.46	0.66	0.95	1.25	1.69	2.34	1.11	0.85	0.95	1.67	7.44	0.41	0.76	0.95	0.43	对数正态分布	0.95	0.80	0.53
Sc	168	8.13	8.40	8.88	9.40	10.30	11.70	12.46	9.72	1.29	9.64	3.69	14.20	7.40	0.13	9.40	9.40	对数正态分布	9.64	9.51	8.70
Se	863	0.07	0.11	0.15	0.29	0.48	0.69	0.87	0.36	0.31	0.27	2.68	3.08	0.04	0.85	0.29	0.14	对数正态分布	0.27	0.25	0.21
Sn	168	2.77	3.57	5.89	11.95	21.32	38.08	54.6	17.81	19.62	11.69	5.41	130	2.10	1.10	11.95	17.90	正态分布	11.69	3.90	3.60
Sr	168	42.62	47.70	90.8	125	150	168	174	117	42.31	107	14.79	224	34.60	0.36	125	112	正态分布	117	43.10	105
Th	168	10.34	10.70	11.28	12.07	13.30	14.23	14.84	12.29	1.37	12.21	4.25	15.90	9.31	0.11	12.07	11.70	偏峰分布	12.29	13.00	13.30
Ti	152	3764	3855	3986	4172	4501	5168	5517	4321	496	4295	126	5636	3560	0.11	4172	4489	正态分布	4489	5029	4665
Tl	168	0.40	0.44	0.49	0.55	0.64	0.71	0.75	0.56	0.11	0.55	1.47	0.97	0.35	0.19	0.55	0.58	对数正态分布	0.56	0.67	0.70
U	168	2.05	2.12	2.26	2.42	2.72	2.98	3.11	2.50	0.36	2.47	1.72	4.08	1.85	0.14	2.42	2.43	正态分布	2.47	2.37	2.90
V	856	61.0	63.2	67.0	73.3	91.8	106	112	79.6	17.22	77.8	12.67	130	31.20	0.22	73.3	68.0	其他分布	68.0	102	106
W	168	1.21	1.28	1.58	1.79	2.13	2.59	3.07	1.99	1.16	1.86	1.62	14.87	0.83	0.58	1.79	1.65	对数正态分布	1.86	2.13	1.80
Y	168	19.00	20.57	21.85	23.07	25.30	26.60	27.55	23.46	2.61	23.31	6.20	30.80	16.30	0.11	23.07	23.00	正态分布	23.46	24.00	25.00
Zn	863	47.50	52.5	62.2	80.6	100.0	122	145	87.2	42.78	80.8	13.55	526	21.10	0.49	80.6	96.0	对数正态分布	80.8	101	101
Zr	168	232	244	263	304	333	365	380	302	46.00	298	26.78	410	200	0.15	304	310	正态分布	302	260	243
SiO₂	168	66.9	67.5	69.3	70.6	72.1	74.1	75.3	70.8	2.49	70.7	11.65	77.8	64.0	0.04	70.6	70.8	正态分布	70.8	70.8	71.3
Al₂O₃	168	9.95	10.11	10.82	11.73	13.09	14.20	14.88	11.98	1.52	11.89	4.19	15.97	9.65	0.13	11.73	10.27	正态分布	11.98	12.84	13.20
TFe₂O₃	168	3.14	3.19	3.39	3.91	4.53	5.11	5.51	4.05	0.79	3.98	2.30	6.69	2.92	0.19	3.91	3.30	正态分布	4.05	4.01	3.74
MgO	168	0.54	0.61	0.82	1.25	1.47	1.75	1.79	1.19	0.41	1.11	1.48	1.91	0.45	0.34	1.25	1.10	正态分布	1.19	0.96	0.50
CaO	168	0.16	0.24	0.85	1.46	2.38	3.32	3.60	1.66	1.07	1.22	2.48	3.87	0.13	0.65	1.46	0.15	正态分布	1.66	0.26	0.24
Na₂O	168	0.18	0.20	0.51	1.38	1.78	1.98	2.06	1.22	0.66	0.93	2.40	2.16	0.15	0.54	1.38	0.18	其他分布	1.22	0.19	0.19
K₂O	775	1.49	1.67	1.91	2.03	2.24	2.45	2.57	2.06	0.30	2.04	1.55	2.78	1.34	0.14	2.03	1.97	其他分布	1.97	1.99	2.35
TC	168	0.96	1.02	1.21	1.52	1.91	2.39	2.74	1.67	0.69	1.56	1.56	4.81	0.81	0.41	1.52	1.64	对数正态分布	1.56	1.59	1.43
Corg	863	0.29	0.42	0.63	0.96	1.44	1.98	2.36	1.14	0.80	0.93	1.93	10.03	0.12	0.71	0.96	0.69	对数正态分布	0.93	0.92	1.31
pH	863	4.33	4.71	5.95	7.70	8.23	8.47	8.67	5.24	4.81	7.08	3.06	9.19	3.94	0.92	7.70	8.24	其他分布	8.24	4.96	5.10

第四章
土壤元素背景值

表 4-10 松散岩类沉积物土壤母质元素背景值参数统计表

元素/指标	N	$X_{5\%}$	$X_{10\%}$	$X_{25\%}$	$X_{50\%}$	$X_{75\%}$	$X_{90\%}$	$X_{95\%}$	$\bar{X}$	S	$\bar{X}_g$	S_g	X_{max}	X_{min}	CV	X_{me}	X_{mo}	分布类型	松散岩类沉积物背景值	杭州市背景值
Ag	585	60.0	66.4	84.0	115	160	230	288	139	94.3	120	16.59	1095	30.00	0.68	115	100.0	对数正态分布	120	100.0
As	8909	3.63	3.99	4.69	6.00	7.86	9.82	11.07	6.48	2.28	6.11	3.10	13.34	1.36	0.35	6.00	4.50	其他分布	4.50	10.40
Au	585	1.10	1.20	1.73	2.81	4.60	7.46	11.38	4.08	4.35	2.98	2.57	33.20	0.56	1.07	2.81	1.20	对数正态分布	2.98	1.20
B	8804	47.30	52.4	59.5	66.1	71.9	77.7	81.2	65.5	9.93	64.7	11.19	92.0	37.90	0.15	66.1	67.7	其他分布	67.7	61.4
Ba	585	388	398	417	467	533	629	695	491	107	481	35.56	1457	319	0.22	467	398	其他分布	481	421
Be	579	1.59	1.63	1.74	2.02	2.40	2.67	2.83	2.09	0.41	2.05	1.56	3.33	1.42	0.20	2.02	1.76	其他分布	1.76	2.13
Bi	552	0.20	0.22	0.26	0.38	0.50	0.61	0.70	0.40	0.16	0.37	2.02	0.89	0.17	0.40	0.38	0.24	其他分布	0.24	0.43
Br	539	2.50	2.80	3.60	4.32	5.95	8.18	9.60	4.97	2.07	4.60	2.62	10.85	1.35	0.42	4.32	4.90	剔除后对数分布	4.60	5.21
Cd	8561	0.08	0.10	0.13	0.17	0.22	0.28	0.32	0.18	0.07	0.16	2.94	0.40	0.01	0.39	0.17	0.17	其他分布	0.17	0.16
Ce	585	61.1	63.6	68.9	73.5	78.7	86.5	91.4	74.5	9.14	74.0	12.08	121	49.47	0.12	73.5	73.5	对数正态分布	74.0	73.8
Cl	549	49.51	52.1	60.1	69.2	81.0	94.3	103	71.4	16.19	69.7	11.81	118	32.92	0.23	69.2	72.0	剔除后对数分布	69.7	52.2
Co	9069	7.90	8.68	9.59	10.70	12.50	14.30	15.38	11.09	2.24	10.87	4.08	17.30	4.96	0.20	10.70	10.10	其他分布	10.10	10.40
Cr	9064	44.62	50.7	58.6	66.6	76.7	85.1	89.7	67.3	13.51	65.8	11.36	104	30.18	0.20	66.6	61.0	其他分布	61.0	61.0
Cu	9156	13.20	14.60	17.60	22.90	29.50	34.80	38.20	23.98	7.92	22.69	6.58	48.40	1.39	0.33	22.90	18.70	其他分布	18.70	18.70
F	549	380	405	441	483	532	596	621	491	74.1	486	35.62	700	311	0.15	483	453	偏峰分布	453	453
Ga	585	10.86	11.27	12.31	14.74	17.04	18.76	19.47	14.84	2.88	14.57	4.73	23.50	9.17	0.19	14.74	16.60	其他分布	16.60	18.70
Ge	9256	1.21	1.24	1.30	1.39	1.49	1.58	1.62	1.40	0.13	1.39	1.25	1.77	1.03	0.09	1.39	1.30	其他分布	1.30	1.44
Hg	8886	0.03	0.04	0.07	0.13	0.19	0.28	0.32	0.14	0.09	0.12	3.60	0.41	0.01	0.62	0.13	0.04	其他分布	0.04	0.11
I	544	1.10	1.30	1.60	1.90	2.50	3.00	3.34	2.03	0.67	1.92	1.67	4.09	0.40	0.33	1.90	1.70	剔除后对数分布	1.92	1.60
La	580	33.00	34.00	36.00	39.00	43.38	47.11	49.00	40.07	5.15	39.74	8.45	54.5	25.45	0.13	39.00	37.00	偏峰分布	37.00	37.00
Li	579	24.60	25.78	27.40	32.50	40.65	47.30	49.81	34.62	8.41	33.68	7.58	60.3	21.60	0.24	32.50	26.80	其他分布	26.80	38.20
Mn	8735	243	286	355	413	479	574	633	421	109	406	32.38	716	144	0.26	413	398	其他分布	398	389
Mo	8979	0.28	0.31	0.36	0.57	0.81	1.08	1.25	0.63	0.31	0.56	1.74	1.57	0.06	0.49	0.57	0.34	其他分布	0.34	0.35
N	9258	0.38	0.49	0.74	1.10	1.67	2.19	2.47	1.24	0.64	1.07	1.79	3.11	0.13	0.52	1.10	0.95	其他分布	0.95	0.95
Nb	574	12.87	13.86	14.85	15.84	18.32	20.00	21.60	16.48	2.63	16.28	5.06	23.90	10.89	0.16	15.84	14.85	其他分布	14.85	14.85
Ni	9137	16.40	19.20	21.70	24.20	30.10	36.10	38.70	25.88	6.73	25.00	6.66	43.92	8.40	0.26	24.20	25.00	其他分布	25.00	25.00
P	9191	0.43	0.50	0.64	0.90	1.34	1.69	1.90	1.01	0.46	0.91	1.60	2.42	0.12	0.46	0.90	0.81	其他分布	0.81	0.60
Pb	9249	16.20	17.30	20.80	29.10	36.10	41.60	45.00	29.16	9.44	27.63	7.43	59.6	2.34	0.32	29.10	20.00	其他分布	20.00	29.00

续表 4-10

元素/指标	N	$X_{5\%}$	$X_{10\%}$	$X_{25\%}$	$X_{50\%}$	$X_{75\%}$	$X_{90\%}$	$X_{95\%}$	$\bar{X}$	S	$\bar{X}_g$	S_g	X_{max}	X_{min}	CV	X_{me}	X_{mo}	分布类型	松散岩类沉积物背景值	杭州市背景值
Rb	577	74.0	75.0	80.0	94.0	113	126	136	97.9	20.65	95.9	13.91	164	62.0	0.21	94.0	79.0	其他分布	79.0	103
S	585	185	203	239	295	361	479	532	314	109	298	27.55	863	81.0	0.35	295	280	对数正态分布	298	254
Sb	585	0.43	0.47	0.60	0.78	1.06	1.35	1.65	0.91	0.58	0.81	1.56	7.44	0.38	0.64	0.78	0.43	对数正态分布	0.81	0.80
Sc	555	8.00	8.38	9.00	9.70	10.70	11.90	12.56	9.90	1.35	9.81	3.74	13.55	6.60	0.14	9.70	9.20	剔除后正态分布	9.81	9.51
Se	9161	0.09	0.12	0.20	0.29	0.39	0.47	0.53	0.30	0.13	0.26	2.38	0.69	0.02	0.45	0.29	0.25	其他分布	0.25	0.25
Sn	559	2.79	3.20	5.37	9.10	14.60	20.95	24.73	10.68	6.70	8.64	4.10	29.30	0.76	0.63	9.10	3.60	其他分布	3.60	3.90
Sr	585	49.68	64.6	94.1	119	151	165	170	119	37.64	111	15.24	224	29.60	0.32	119	127	其他分布	127	43.10
Th	576	9.70	10.30	11.10	12.10	13.90	15.04	15.95	12.49	1.92	12.35	4.27	18.30	6.80	0.15	12.10	11.50	偏峰分布	11.50	13.00
Ti	545	3683	3763	3904	4092	4351	4668	4873	4155	366	4140	122	5277	3161	0.09	4092	4156	偏峰分布	4156	5029
Tl	580	0.42	0.44	0.49	0.58	0.71	0.80	0.85	0.60	0.14	0.59	1.48	1.03	0.30	0.24	0.58	0.49	偏峰分布	0.49	0.67
U	585	1.88	1.96	2.14	2.43	2.92	3.46	3.80	2.61	0.67	2.54	1.79	8.61	1.24	0.26	2.43	2.39	对数正态分布	2.54	2.37
V	9312	61.5	64.8	68.7	75.9	94.9	109	115	81.9	17.89	80.0	12.94	134	29.30	0.22	75.9	102	其他分布	102	102
W	585	1.13	1.21	1.39	1.75	2.20	2.70	3.13	1.97	1.39	1.80	1.64	23.60	0.83	0.70	1.75	1.21	对数正态分布	1.80	2.13
Y	575	20.90	21.32	22.66	24.65	27.00	29.30	30.61	24.92	3.05	24.74	6.41	33.25	17.00	0.12	24.65	24.00	偏峰分布	24.00	24.00
Zn	8984	54.3	58.8	68.5	82.9	99.7	116	126	85.5	22.03	82.7	13.44	151	33.20	0.26	82.9	101	其他分布	101	101
Zr	585	224	238	260	288	320	352	373	293	45.14	289	26.58	468	199	0.15	288	283	正态分布	293	260
SiO₂	554	67.0	68.0	69.2	70.3	71.6	73.2	73.8	70.4	2.01	70.4	11.65	75.5	65.2	0.03	70.3	70.2	剔除后正态分布	70.4	70.8
Al₂O₃	585	10.03	10.21	10.57	12.24	13.63	14.82	15.26	12.32	1.77	12.20	4.24	17.91	9.54	0.14	12.24	12.98	其他分布	12.98	12.84
TFe₂O₃	577	3.10	3.19	3.35	3.77	4.41	4.99	5.38	3.94	0.71	3.88	2.23	6.00	2.76	0.18	3.77	3.36	其他分布	3.36	4.01
MgO	585	0.65	0.77	1.02	1.30	1.73	1.89	1.95	1.33	0.42	1.26	1.45	2.66	0.42	0.31	1.30	1.80	其他分布	1.80	0.96
CaO	582	0.32	0.43	0.84	1.21	2.40	3.29	3.56	1.61	1.05	1.26	2.17	4.41	0.11	0.65	1.21	0.98	其他分布	0.98	0.26
Na₂O	585	0.33	0.51	1.08	1.53	1.87	2.01	2.06	1.41	0.54	1.25	1.81	2.19	0.11	0.39	1.53	1.91	其他分布	1.91	0.19
K₂O	8865	1.85	1.90	1.98	2.10	2.35	2.62	2.80	2.18	0.29	2.16	1.60	3.02	1.36	0.13	2.10	1.99	偏峰分布	1.99	1.99
TC	585	0.98	1.08	1.24	1.46	1.68	2.18	2.46	1.59	0.50	1.52	1.46	4.49	0.62	0.32	1.46	1.32	对数正态分布	1.52	1.59
Corg	9198	0.39	0.51	0.79	1.13	1.68	2.18	2.54	1.26	0.63	1.10	1.78	3.09	0.09	0.50	1.13	0.92	其他分布	0.92	0.92
pH	9355	4.79	5.03	5.55	6.83	8.06	8.38	8.55	5.46	4.99	6.80	2.97	9.48	3.56	0.91	6.83	8.22	其他分布	8.22	4.96

注：氧化物、TC、Corg 单位为%，N、P 单位为 g/kg，Au、Ag 单位为 μg/kg，pH 为无量纲，其他元素/指标单位为 mg/kg；后表单位相同。

松散岩类沉积物区表层土壤总体为中—弱碱性,土壤pH背景值为8.22,极大值为9.48,极小值为3.56,明显高于杭州市背景值。

表层土壤各元素/指标中,大多数元素/指标变异系数小于0.40,分布相对均匀;仅Br、Corg、Se、P、Mo、N、Hg、Sn、Sb、CaO、Ag、W、pH、Au共14项元素/指标变异系数大于0.40,其中pH、Au变异系数大于0.80,空间变异性较大。

与杭州市土壤元素背景值相比,松散岩类沉积物区土壤元素背景值中Bi、As、Hg背景值明显低于杭州市背景值,是杭州市背景值的60%以下,其中Hg背景值最低,仅为杭州市背景值的36%;而Rb、Tl、Li、Pb背景值略低于杭州市背景值;MgO、Cl、P、Ag背景值略高于杭州市背景值,与杭州市背景值比值在1.2~1.4之间;而MgO、Na_2O、CaO、Sr、Au背景值明显偏高,与杭州市背景值比值均在1.4以上,其中Na_2O背景值最高,为杭州市背景值的10.05倍;其他元素/指标背景值则与杭州市背景值基本接近。

二、古土壤风化物土壤母质元素背景值

古土壤风化物土壤母质元素背景值数据经正态分布检验,结果表明(表4-11),原始数据中B、Co、Cr、N、Ni、V、Corg符合正态分布,As、Cu、Ge、Hg、Mn、Mo、P、Pb、Zn、K_2O符合对数正态分布,Cd、Se、pH剔除异常值后符合正态分布,其他元素/指标不符合正态分布或对数正态分布,样本数少于30件的指标无法进行正态分布检验。

古土壤风化物区表层土壤总体为酸性,土壤pH背景值为4.55,极大值为6.94,极小值为3.66,接近于杭州市背景值。

表层土壤各元素/指标中,一多半元素/指标变异系数小于0.40,分布相对均匀;Ba、Br、N、K_2O、Corg、Zn、Mn、Mo、As、Sb、I、Na_2O、Ag、Cd、Cu、P、CaO、pH、Hg、Sn、Au共21项元素/指标变异系数大于0.40,其中P、CaO、pH、Hg、Sn、Au变异系数大于0.80,空间变异性较大。

与杭州市土壤元素背景值相比,古土壤风化物区土壤元素背景值中Zn、MgO、Ni、V、Mn背景值略低于杭州市背景值;TFe_2O_3、CaO、La、Cl、Sb、U、Nb背景值略高于杭州市背景值,与杭州市背景值比值在1.2~1.4之间;而Se、N、Corg、Sr、Na_2O、Sn、I、Mo、Au背景值明显偏高,与杭州市背景值比值均在1.4以上,其中Au、Mo、I背景值较高,为杭州市背景值的2.5倍以上;其他元素/指标背景值则与杭州市背景值基本接近。

三、碎屑岩类风化物土壤母质元素背景值

碎屑岩类风化物土壤母质元素背景值数据经正态分布检验,结果表明(表4-12),原始数据中TFe_2O_3符合正态分布,Be、Br、Rb、Al_2O_3、TC符合对数正态分布,B、Sc剔除异常值后符合正态分布,Bi、Cl、Cu、F、Ge、Li、N、Nb、Ni、S、Sb、Sr、Th、W、Y、Zn、MgO剔除异常值后符合对数正态分布,其他元素/指标不符合正态分布或对数正态分布。

碎屑岩类风化物区表层土壤总体为酸性,土壤pH背景值为4.89,极大值为6.96,极小值为3.54,接近于杭州市背景值。

表层土壤各元素/指标中,大多数元素/指标变异系数小于0.40,分布相对均匀;仅P、Ag、Au、Mo、Sb、Br、I、Mn、As、Cd、pH共11项元素/指标变异系数大于0.40,其中pH变异系数大于0.80,空间变异性较大。

与杭州市土壤元素背景值相比,碎屑岩类风化物区土壤元素背景值中Mn背景值明显偏低;I背景值略低于杭州市背景值;Ce、Cu、Sb、TFe_2O_3、Nb、La、Sn背景值略高于杭州市基准值,与杭州市背景值比值在1.2~1.4之间;而Mo、N、Corg背景值明显偏高,与杭州市背景值比值均在1.4以上,其中Mo背景值最高,为杭州市背景值的1.89倍;其他元素/指标背景值则与杭州市背景值基本接近。

表 4-11 古土壤风化物土壤母质元素背景值参数统计表

元素/指标	N	$X_{5\%}$	$X_{10\%}$	$X_{25\%}$	$X_{50\%}$	$X_{75\%}$	$X_{90\%}$	$X_{95\%}$	$\overline{X}$	S	$\overline{X}_g$	S_g	X_{max}	X_{min}	CV	X_{me}	X_{mo}	分布类型	古土壤风化物背景值	杭州市背景值
Ag	19	39.00	64.0	90.0	110	165	310	432	157	118	125	16.87	450	30.00	0.75	110	90.0	—	110	100.0
As	247	4.22	5.45	7.53	9.90	12.57	15.59	19.93	10.91	6.33	9.68	4.03	50.00	2.20	0.58	9.90	10.90	对数正态分布	9.68	10.40
Au	19	0.87	1.29	2.09	3.94	5.92	10.66	14.44	5.87	7.79	3.64	3.24	35.50	0.53	1.33	3.94	5.74	—	3.94	1.20
B	247	22.94	31.72	46.08	59.2	72.6	80.8	88.4	58.3	19.96	54.0	10.78	144	6.38	0.34	59.2	54.3	正态分布	58.3	61.4
Ba	19	342	345	394	441	593	775	1008	528	217	496	32.69	1116	329	0.41	441	510	—	441	421
Be	19	1.28	1.38	1.50	1.86	2.33	2.45	2.78	1.92	0.50	1.86	1.49	2.87	1.23	0.26	1.86	2.37	—	1.86	2.13
Bi	19	0.36	0.37	0.41	0.45	0.55	0.73	0.80	0.52	0.20	0.49	1.65	1.17	0.35	0.39	0.45	0.45	—	0.45	0.43
Br	19	2.97	3.17	3.71	4.50	7.00	8.07	8.56	5.31	2.29	4.91	2.70	11.12	2.69	0.43	4.50	5.80	—	4.50	5.21
Cd	237	0.02	0.02	0.05	0.12	0.17	0.24	0.29	0.13	0.09	0.09	4.81	0.38	0.01	0.69	0.12	0.15	剔除后正态分布	0.13	0.16
Ce	19	73.4	76.2	78.3	79.6	90.6	95.7	99.1	83.3	8.57	82.9	12.25	99.5	70.8	0.10	79.6	79.6	—	79.6	73.8
Cl	19	45.54	48.80	52.0	65.8	70.9	92.6	108	66.4	19.05	64.2	10.93	113	45.04	0.29	65.8	65.8	—	65.8	52.2
Co	247	5.93	6.45	8.23	9.97	12.44	14.74	15.97	10.43	3.24	9.95	3.94	25.30	4.14	0.31	9.97	12.50	正态分布	10.43	10.40
Cr	247	21.02	27.46	37.90	52.9	68.2	80.1	86.6	53.2	20.30	48.59	10.02	113	8.10	0.38	52.9	58.5	正态分布	53.2	61.0
Cu	247	11.26	12.66	15.20	18.96	23.81	27.51	31.40	21.30	16.02	19.36	5.94	220	9.10	0.75	18.96	18.40	对数正态分布	19.36	18.70
F	19	392	396	418	457	596	717	738	514	122	502	33.14	760	392	0.24	457	392	—	457	453
Ga	19	13.17	14.02	15.00	16.30	17.52	18.56	19.76	16.31	2.17	16.17	4.91	21.20	12.00	0.13	16.30	16.30	—	16.30	18.70
Ge	247	1.20	1.23	1.30	1.38	1.48	1.59	1.69	1.40	0.15	1.39	1.24	2.06	1.05	0.11	1.38	1.41	对数正态分布	1.39	1.44
Hg	247	0.04	0.05	0.07	0.12	0.18	0.25	0.30	0.15	0.16	0.11	3.63	1.93	0.03	1.09	0.12	0.18	对数正态分布	0.11	0.11
I	19	2.24	2.37	2.78	4.06	6.25	9.56	10.15	5.11	3.07	4.40	2.87	13.50	1.99	0.60	4.06	5.08	—	4.06	1.60
La	19	39.82	40.88	43.65	46.40	48.15	49.32	51.8	45.87	4.15	45.70	8.91	55.9	38.20	0.09	46.40	45.90	—	46.40	37.00
Li	19	24.54	26.22	31.70	34.40	36.60	38.22	38.55	33.37	4.76	33.02	7.27	40.80	23.10	0.14	34.40	33.20	—	34.40	38.20
Mn	247	148	163	211	313	455	621	691	354	189	311	28.97	1187	86.0	0.53	313	318	对数正态分布	311	389
Mo	247	0.58	0.63	0.80	1.00	1.25	1.56	1.90	1.12	0.62	1.02	1.50	6.02	0.30	0.56	1.00	0.63	对数正态分布	1.02	0.35
N	247	0.57	0.69	0.94	1.31	1.72	2.23	2.45	1.39	0.59	1.26	1.64	3.44	0.34	0.43	1.31	1.20	正态分布	1.39	0.95
Nb	19	16.84	17.40	17.95	19.80	21.00	21.70	22.20	19.46	2.01	19.36	5.45	23.10	15.40	0.10	19.80	20.80	—	19.80	14.85
Ni	247	7.73	9.24	12.20	16.70	20.90	24.95	27.90	17.07	6.08	15.92	5.30	37.12	4.81	0.36	16.70	16.40	正态分布	17.07	25.00
P	247	0.28	0.34	0.41	0.51	0.69	0.90	1.15	0.62	0.57	0.54	1.72	8.61	0.19	0.92	0.51	0.41	对数正态分布	0.54	0.60
Pb	247	23.73	25.80	28.25	31.40	35.10	40.85	43.14	32.98	9.65	32.08	7.69	123	20.10	0.29	31.40	33.10	对数正态分布	32.08	29.00

续表 4-11

元素/指标	N	$X_{5\%}$	$X_{10\%}$	$X_{25\%}$	$X_{50\%}$	$X_{75\%}$	$X_{90\%}$	$X_{95\%}$	$\bar{X}$	S	$\bar{X}_g$	S_g	X_{max}	X_{min}	CV	X_{me}	X_{mo}	分布类型	古土壤风化物背景值	杭州市背景值
Rb	19	77.0	79.4	87.5	97.0	131	164	166	110	32.45	106	14.02	170	77.0	0.29	97.0	101	—	97.0	103
S	19	229	235	243	293	314	352	380	291	51.1	287	24.59	409	219	0.18	293	290	—	293	254
Sb	19	0.41	0.68	0.83	1.01	1.25	1.95	2.41	1.20	0.70	1.06	1.67	3.45	0.35	0.58	1.01	1.25	—	1.01	0.80
Sc	19	8.47	8.58	8.90	9.30	10.00	10.52	11.17	9.57	1.05	9.52	3.64	12.74	8.20	0.11	9.30	9.20	剔除后正态分布	9.30	9.51
Se	229	0.21	0.25	0.28	0.35	0.40	0.48	0.55	0.36	0.10	0.34	1.96	0.65	0.11	0.28	0.35	0.27	—	0.36	0.25
Sn	19	4.09	4.96	6.12	8.13	14.90	28.94	50.6	15.57	20.42	10.24	4.63	89.3	3.69	1.31	8.13	15.70	—	8.13	3.90
Sr	19	32.07	34.22	55.8	67.2	96.2	115	122	75.0	30.28	68.7	10.91	126	26.40	0.40	67.2	67.2	—	67.2	43.10
Th	19	10.69	10.94	12.10	12.90	15.00	15.40	15.67	13.37	1.93	13.24	4.42	17.20	10.60	0.14	12.90	12.40	—	12.90	13.00
Ti	19	4062	4410	4870	5296	5672	6143	6228	5268	725	5219	132	6686	3904	0.14	5296	5255	—	5296	5029
Tl	19	0.49	0.51	0.58	0.67	0.81	0.86	0.89	0.68	0.14	0.67	1.37	0.95	0.49	0.20	0.67	0.67	—	0.67	0.67
U	19	2.37	2.39	2.71	3.08	3.19	3.54	3.76	3.00	0.43	2.97	1.86	3.78	2.35	0.14	3.08	3.08	—	3.08	2.37
V	247	49.99	57.1	67.1	79.4	95.2	107	117	81.5	20.44	79.1	12.43	174	44.60	0.25	79.4	106	正态分布	81.5	102
W	19	1.34	1.48	1.75	2.28	2.63	3.04	4.01	2.34	0.86	2.22	1.68	4.79	1.33	0.37	2.28	2.31	—	2.28	2.13
Y	19	21.25	21.46	22.55	25.00	25.62	28.96	31.44	24.96	3.06	24.79	6.26	31.80	20.80	0.12	25.00	25.00	—	25.00	24.00
Zn	247	43.39	47.12	55.2	66.0	77.8	94.3	103	70.8	31.67	66.8	11.71	371	37.70	0.45	66.0	68.3	对数正态分布	66.8	101
Zr	19	267	271	282	306	338	357	360	311	35.27	309	25.70	372	263	0.11	306	306	—	306	260
SiO$_2$	19	64.4	67.5	69.5	71.2	73.5	74.8	74.9	71.1	3.31	71.0	11.34	75.2	63.5	0.05	71.2	71.2	—	71.2	70.8
Al$_2$O$_3$	19	11.62	11.67	11.79	13.01	13.87	14.66	16.55	13.14	1.61	13.05	4.35	17.19	11.40	0.12	13.01	13.21	—	13.01	12.84
TFe$_2$O$_3$	19	4.08	4.24	4.55	4.82	5.07	5.53	5.64	4.87	0.60	4.84	2.49	6.57	3.89	0.12	4.82	4.82	—	4.82	4.01
MgO	19	0.54	0.54	0.60	0.64	0.78	0.93	0.99	0.70	0.15	0.68	1.34	1.05	0.52	0.22	0.64	0.64	—	0.64	0.96
CaO	19	0.19	0.22	0.25	0.32	0.54	1.01	1.76	0.51	0.48	0.39	2.34	1.86	0.15	0.95	0.32	0.26	—	0.32	0.26
Na$_2$O	19	0.17	0.19	0.28	0.39	0.79	1.04	1.12	0.54	0.35	0.44	2.36	1.30	0.15	0.65	0.39	0.50	—	0.39	0.19
K$_2$O	247	1.21	1.28	1.48	1.94	2.77	3.59	4.15	2.23	0.96	2.05	1.75	5.75	0.98	0.43	1.94	1.45	对数正态分布	2.05	1.99
TC	19	0.94	0.97	1.11	1.46	1.74	2.42	2.73	1.56	0.61	1.46	1.47	3.11	0.88	0.39	1.46	1.11	—	1.46	1.59
Corg	247	0.56	0.73	0.96	1.30	1.74	2.13	2.43	1.37	0.56	1.25	1.64	3.39	0.11	0.41	1.30	1.33	正态分布	1.37	0.92
pH	235	3.91	4.02	4.53	5.03	5.42	5.79	6.01	4.55	4.38	4.99	2.58	6.94	3.66	0.96	5.03	5.02	剔除后正态分布	4.55	4.96

表 4-12 碎屑岩类风化物土壤母质元素背景值参数统计表

元素/指标	N	$X_{5\%}$	$X_{10\%}$	$X_{25\%}$	$X_{50\%}$	$X_{75\%}$	$X_{90\%}$	$X_{95\%}$	$\bar{X}$	S	$\bar{X}_g$	S_g	X_{max}	X_{min}	CV	X_{me}	X_{mo}	分布类型	碎屑岩类风化物背景值	杭州市背景值
Ag	1670	57.0	62.0	76.0	97.0	130	190	220	111	49.61	102	14.45	270	30.00	0.45	97.0	100.0	其他分布	100.0	100.0
As	9396	3.10	3.86	5.41	7.75	11.70	17.32	20.70	9.25	5.30	7.92	3.81	26.50	0.54	0.57	7.75	10.20	其他分布	10.20	10.40
Au	1704	0.73	0.83	1.04	1.43	2.00	2.80	3.26	1.62	0.76	1.47	1.63	4.07	0.16	0.47	1.43	1.23	其他分布	1.23	1.20
B	10 076	28.39	35.80	47.60	59.8	71.7	83.6	91.1	59.7	18.38	56.5	10.64	110	10.80	0.31	59.8	57.9	剔除后正态分布	59.7	61.4
Ba	1584	325	347	391	438	496	618	694	460	111	448	34.25	875	191	0.24	438	422	其他分布	422	421
Be	1857	1.33	1.48	1.71	2.03	2.46	2.91	3.25	2.17	0.76	2.07	1.66	10.60	0.79	0.35	2.03	1.94	对数正态分布	2.07	2.13
Bi	1656	0.29	0.32	0.37	0.44	0.53	0.63	0.71	0.46	0.12	0.44	1.73	0.85	0.18	0.27	0.44	0.39	剔除后对数分布	0.44	0.43
Br	1857	2.20	2.70	3.87	5.50	7.40	9.86	11.46	6.01	3.04	5.33	2.90	22.30	1.20	0.51	5.50	3.20	对数正态分布	5.33	5.21
Cd	9335	0.07	0.09	0.12	0.18	0.25	0.36	0.43	0.20	0.11	0.17	3.08	0.55	0.01	0.54	0.18	0.13	其他分布	0.13	0.16
Ce	1634	69.2	71.7	75.8	81.4	91.9	105	115	85.3	13.98	84.3	13.00	134	45.82	0.16	81.4	102	其他分布	102	73.8
Cl	1747	30.40	33.50	39.75	47.60	57.9	69.9	76.8	49.77	13.98	47.88	9.23	91.6	20.50	0.28	47.60	48.40	剔除后对数分布	47.88	52.2
Co	10 252	5.84	7.14	9.63	12.60	16.00	19.00	20.71	12.90	4.52	12.04	4.44	25.80	1.00	0.35	12.60	11.30	其他分布	11.30	10.40
Cr	9985	35.71	43.91	56.5	67.5	77.3	87.0	93.4	66.5	16.57	64.1	11.20	110	22.77	0.25	67.5	69.7	其他分布	69.7	61.0
Cu	9818	13.75	16.20	20.63	26.43	32.44	38.51	42.87	26.94	8.74	25.44	6.78	52.7	2.98	0.32	26.43	27.90	剔除后对数分布	25.44	18.70
F	1779	330	354	422	526	655	794	897	552	171	527	37.41	1050	199	0.31	526	397	剔除后对数分布	527	453
Ga	1854	12.60	13.40	14.80	16.90	18.80	20.20	21.10	16.83	2.62	16.62	5.07	24.30	9.40	0.16	16.90	17.10	其他分布	17.10	18.70
Ge	10 172	1.23	1.29	1.39	1.51	1.64	1.76	1.83	1.52	0.18	1.51	1.30	2.02	1.02	0.12	1.51	1.41	剔除后对数分布	1.51	1.44
Hg	9804	0.05	0.06	0.08	0.10	0.13	0.17	0.19	0.11	0.04	0.10	3.73	0.23	0.01	0.40	0.10	0.11	其他分布	0.11	0.11
I	1799	0.91	1.24	2.40	4.03	5.66	7.29	8.47	4.21	2.31	3.48	2.63	10.90	0.05	0.55	4.03	1.11	其他分布	1.11	1.60
La	1793	36.40	38.60	42.70	46.00	48.70	51.4	53.1	45.53	4.81	45.27	9.02	58.1	33.00	0.11	46.00	45.70	偏峰分布	45.70	37.00
Li	1771	27.65	29.70	34.10	39.70	46.30	53.0	57.8	40.67	9.02	39.69	8.46	67.2	18.10	0.22	39.70	41.70	剔除后对数分布	39.69	38.20
Mn	10 015	161	192	259	394	614	866	1005	464	261	397	33.37	1237	31.00	0.56	394	204	其他分布	204	389
Mo	9307	0.37	0.43	0.55	0.73	1.02	1.42	1.71	0.84	0.40	0.75	1.61	2.17	0.16	0.48	0.73	0.66	其他分布	0.66	0.35
N	10 170	0.75	0.91	1.17	1.46	1.79	2.12	2.33	1.49	0.47	1.41	1.52	2.78	0.22	0.31	1.46	1.17	其他分布	1.41	0.95
Nb	1755	15.50	16.20	17.40	18.70	20.10	21.70	22.73	18.81	2.11	18.69	5.43	24.70	13.20	0.11	18.70	18.50	剔除后对数分布	18.69	14.85
Ni	10 168	11.70	14.89	20.60	27.10	34.00	40.06	43.60	27.39	9.64	25.44	6.82	55.4	2.49	0.35	27.10	26.10	剔除后对数分布	25.44	25.00
P	9951	0.32	0.37	0.48	0.65	0.87	1.11	1.26	0.70	0.28	0.64	1.62	1.53	0.04	0.41	0.65	0.57	偏峰分布	0.57	0.60
Pb	9806	21.50	23.20	26.30	29.94	34.30	39.32	42.43	30.63	6.22	30.01	7.29	48.87	13.30	0.20	29.94	27.30	偏峰分布	27.30	29.00

续表 4-12

元素/指标	N	$X_{5\%}$	$X_{10\%}$	$X_{25\%}$	$X_{50\%}$	$X_{75\%}$	$X_{90\%}$	$X_{95\%}$	$\bar{X}$	S	$\bar{X}_g$	S_g	X_{max}	X_{min}	CV	X_{me}	X_{mo}	分布类型	碎屑岩类风化物背景值	杭州市背景值
Rb	1857	74.0	81.4	92.0	108	127	144	157	111	27.93	108	14.97	340	45.00	0.25	108	103	对数正态分布	108	103
S	1763	161	178	208	243	283	328	359	248	58.2	242	23.58	413	90.1	0.23	243	227	剔除后对数分布	242	254
Sb	1670	0.57	0.63	0.74	0.96	1.38	2.02	2.41	1.15	0.56	1.04	1.55	2.99	0.40	0.49	0.96	0.66	剔除后正态分布	1.04	0.80
Sc	1819	7.69	8.10	8.90	9.80	10.60	11.32	11.80	9.78	1.24	9.70	3.71	13.30	6.30	0.13	9.80	9.80	剔除后正态分布	9.78	9.51
Se	9727	0.18	0.21	0.26	0.33	0.43	0.55	0.62	0.35	0.13	0.33	2.04	0.76	0.03	0.37	0.33	0.25	其他分布	0.25	0.25
Sn	1710	2.92	3.27	3.98	5.00	6.77	9.05	10.33	5.60	2.26	5.18	2.78	12.70	0.63	0.40	5.00	4.68	其他分布	4.68	3.90
Sr	1755	27.67	30.90	36.10	42.10	50.3	58.7	63.8	43.60	10.70	42.32	8.64	75.5	19.10	0.25	42.10	41.00	剔除后对数分布	42.32	43.10
Th	1816	10.00	10.50	11.40	12.70	14.10	15.40	16.20	12.82	1.91	12.68	4.33	18.20	7.40	0.15	12.70	11.50	剔除后对数分布	12.68	13.00
Ti	1805	4160	4445	4940	5402	5778	6116	6330	5352	643	5312	141	7074	3645	0.12	5402	5579	偏峰分布	5579	5029
Tl	1755	0.46	0.50	0.56	0.67	0.80	0.94	1.02	0.69	0.17	0.67	1.40	1.19	0.30	0.24	0.67	0.59	偏峰分布	0.59	0.67
U	1671	2.15	2.27	2.47	2.77	3.14	3.64	4.08	2.87	0.56	2.81	1.88	4.64	1.22	0.20	2.77	2.62	其他分布	2.62	2.37
V	9750	51.0	59.9	72.3	85.6	98.4	110	118	85.3	19.98	82.8	12.95	143	31.40	0.23	85.6	102	其他分布	102	102
W	1696	1.36	1.48	1.74	2.07	2.47	2.99	3.24	2.15	0.58	2.08	1.65	3.91	0.76	0.27	2.07	1.80	剔除后对数分布	2.08	2.13
Y	1785	20.52	21.70	23.60	25.80	28.90	31.90	34.10	26.37	3.98	26.08	6.64	37.40	15.70	0.15	25.80	24.10	剔除后对数分布	26.08	24.00
Zn	9855	54.5	60.7	71.8	85.9	101	116	126	87.3	21.37	84.7	13.22	151	26.10	0.24	85.9	104	其他分布	84.7	101
Zr	1811	186	202	230	255	276	295	309	252	35.80	249	24.29	349	159	0.14	255	260	其他分布	260	260
SiO₂	1815	67.1	68.3	70.3	72.2	73.9	75.4	76.3	72.0	2.73	72.0	11.82	79.3	64.4	0.04	72.2	72.7	偏峰分布	72.7	70.8
Al₂O₃	1857	10.70	11.10	11.79	12.60	13.60	14.50	15.10	12.72	1.35	12.65	4.33	18.20	8.17	0.11	12.60	13.20	对数正态分布	12.65	12.84
TFe₂O₃	1857	3.74	4.01	4.54	5.11	5.69	6.19	6.55	5.13	0.87	5.05	2.57	9.62	2.53	0.17	5.11	5.15	正态分布	5.13	4.01
MgO	1756	0.56	0.62	0.76	0.92	1.14	1.40	1.58	0.97	0.30	0.93	1.36	1.81	0.37	0.31	0.92	0.91	剔除后对数分布	0.93	0.96
CaO	1664	0.15	0.16	0.19	0.24	0.30	0.38	0.43	0.25	0.09	0.24	2.43	0.54	0.10	0.35	0.24	0.26	其他分布	0.26	0.26
Na₂O	1695	0.14	0.15	0.18	0.22	0.28	0.37	0.42	0.24	0.08	0.23	2.57	0.50	0.09	0.35	0.22	0.20	其他分布	0.20	0.19
K₂O	10 219	1.33	1.49	1.82	2.23	2.63	2.99	3.25	2.24	0.58	2.16	1.68	3.89	0.65	0.26	2.23	1.77	其他分布	1.77	1.99
TC	1857	1.01	1.13	1.37	1.70	2.06	2.55	2.97	1.79	0.63	1.70	1.54	5.84	0.49	0.35	1.70	1.64	对数正态分布	1.70	1.59
Corg	9616	0.67	0.85	1.12	1.41	1.73	2.08	2.30	1.44	0.47	1.35	1.55	2.74	0.17	0.33	1.41	1.42	其他分布	1.42	0.92
pH	9562	4.26	4.44	4.76	5.11	5.50	5.99	6.32	4.82	4.63	5.16	2.59	6.96	3.54	0.96	5.11	4.89	其他分布	4.89	4.96

四、碳酸盐岩类风化物土壤母质元素背景值

碳酸盐岩类风化物土壤母质元素背景值数据经正态分布检验,结果表明(表4-13),原始数据中F、Rb、Sc、Th、Ti、Y、Al_2O_3、TFe_2O_3符合正态分布,Br、Cl、Sb、Sr、Tl、U、MgO、CaO、Na_2O、K_2O符合对数正态分布,Be、Ga、La、Nb、Ni、S、SiO_2剔除异常值后符合正态分布,Ag、As、Au、B、Bi、Ce、Ge、Li、N、P、Se、Sn、V、W、Zn、TC、Corg符合剔除异常值后符合对数正态分布,其他元素/指标不符合正态分布或对数正态分布。

碳酸盐岩类风化物区表层土壤总体为酸性,土壤pH背景值为5.22,极大值为8.74,极小值为3.20,接近于杭州市背景值。

表层土壤各元素/指标中,大多数元素/指标变异系数小于0.40,分布相对均匀;Sr、Au、Hg、Mn、MgO、Ce、Br、Na_2O、Ag、U、As、Cd、I、Ba、Mo、Sb、pH、CaO共18项元素/指标变异系数大于0.40,其中Cd、pH、CaO变异系数大于0.80,空间变异性较大。

与杭州市土壤元素背景值相比,碳酸盐岩类风化物区土壤元素背景值中Zr背景值略低于杭州市背景值,为杭州市背景值的73%;Ni、Tl、P、TFe_2O_3、La、Y、Na_2O、Bi背景值略高于杭州市背景值,与杭州市背景值比值在1.2~1.4之间;Sb、Cd、CaO、F、Mo、Se、Ce、U、Ag、Au、As、N、Co、Cu、Sn、Corg、MgO背景值明显偏高,与杭州市背景值比值均在1.4以上,其中Sb、CaO、F、Mo背景值均为杭州市背景值的2.0倍以上,Sb背景值为杭州市背景值的3.025倍;其他元素/指标背景值则与杭州市背景值基本接近。

五、紫色碎屑岩类风化物土壤母质元素背景值

紫色碎屑岩类风化物土壤母质元素背景值数据经正态分布检验,结果表明(表4-14),原始数据中B、Be、Br、Cl、F、Ga、I、La、Nb、Rb、S、Th、Tl、U、Al_2O_3符合正态分布,Au、Bi、Ce、Co、Cu、Hg、Li、N、Ni、Sb、Sc、Sn、Sr、Ti、W、Y、Zn、TFe_2O_3、MgO、CaO、Na_2O、K_2O、TC、Corg、pH符合对数正态分布,Ag、Ba、Ge、Pb、Zr、SiO_2剔除异常值后符合正态分布,As、Cd、Cr、Mo、P、V剔除异常值后符合对数正态分布,其他元素/指标不符合正态分布或对数正态分布。

紫色碎屑岩类风化物区表层土壤总体为酸性,土壤pH背景值为5.61,极大值为8.58,极小值为4.28,接近于杭州市背景值。

表层土壤各元素/指标中,大多数元素/指标变异系数小于0.40,分布相对均匀;B、Cd、Br、Na_2O、Co、Ni、I、TC、Mn、Sn、W、Bi、Hg、Au、CaO、Sb、pH共17项元素/指标变异系数大于0.40,其中pH变异系数大于0.80,空间变异性较大。

与杭州市土壤元素背景值相比,紫色碎屑岩类风化物区土壤元素背景值中As、Mn背景值明显偏低;Cr、Zn、B、Hg、Cl、Ni、V、Br背景值略低于杭州市背景值;Sn、Cd、U、N、K_2O、Rb、Sb背景值略高于杭州市基准值,与杭州市背景值比值在1.2~1.4之间;Na_2O、Mo、I、F、Nb背景值明显偏高,与杭州市背景值比值均在1.4以上,其中Na_2O、Mo背景值均为杭州市背景值的2.0倍以上;其他元素/指标背景值则与杭州市背景值基本接近。

六、中酸性火成岩类风化物土壤母质元素背景值

中酸性火成岩类风化物土壤母质元素背景值数据经正态分布检验,结果表明(表4-15),原始数据中La、SiO_2符合正态分布,B、Ba、Br、Cl、Cr、F、Ga、I、Li、P、Sc、Sr、Y、Al_2O_3、TFe_2O_3、Na_2O、TC符合对数正态分布,Th、Ti、Tl剔除异常值后符合正态分布,Au、Be、Ce、Cu、Ni、Sb、U、V、W、Zn、CaO、Corg剔除异常值后符合对数正态分布,其他元素/指标不符合正态分布或对数正态分布。

中酸性火成岩风化物区表层土壤总体为酸性,土壤pH背景值为4.93,极大值为6.36,极小值为3.81,与杭州市背景值基本接近。

第四章 土壤元素背景值

表 4-13 碳酸盐岩类风化物土壤母质元素背景值参数统计表

元素/指标	N	$X_{5\%}$	$X_{10\%}$	$X_{25\%}$	$X_{50\%}$	$X_{75\%}$	$X_{90\%}$	$X_{95\%}$	$\bar{X}$	S	$\bar{X}_g$	S_g	X_{max}	X_{min}	CV	X_{me}	X_{mo}	分布类型	碳酸盐岩类风化物背景值	杭州市背景值
Ag	445	70.0	80.0	120	170	250	360	420	196	105	170	19.82	490	30.00	0.54	170	130	剔除后对数分布	170	100.0
As	3152	5.21	6.94	10.94	17.10	26.36	37.69	44.50	19.86	11.92	16.43	5.75	57.0	1.87	0.60	17.10	14.20	剔除后对数分布	16.43	10.40
Au	430	0.94	1.13	1.43	1.91	2.67	3.48	3.88	2.11	0.91	1.91	1.79	4.90	0.19	0.43	1.91	1.78	剔除后对数分布	1.91	1.20
B	3271	33.26	39.97	51.5	64.7	80.2	97.0	108	66.8	22.11	62.9	11.36	129	8.34	0.33	64.7	66.6	剔除后对数分布	62.9	61.4
Ba	431	324	358	622	1120	1738	2776	3224	1321	883	1048	58.2	4068	247	0.67	1120	358	其他分布	358	421
Be	450	1.52	1.73	2.04	2.38	2.70	3.01	3.19	2.37	0.50	2.32	1.68	3.72	1.06	0.21	2.38	2.26	剔除后正态分布	2.37	2.13
Bi	416	0.35	0.38	0.46	0.52	0.60	0.69	0.77	0.53	0.12	0.52	1.58	0.93	0.26	0.23	0.52	0.48	剔除后对数分布	0.52	0.43
Br	468	2.20	2.40	3.00	4.27	6.26	8.11	9.89	4.91	2.56	4.37	2.53	16.19	1.50	0.52	4.27	3.00	对数正态分布	4.37	5.21
Cd	3219	0.13	0.18	0.28	0.45	0.69	0.95	1.08	0.51	0.29	0.42	2.22	1.40	0.04	0.58	0.45	0.31	偏峰分布	0.31	0.16
Ce	430	69.3	76.2	88.3	129	190	271	313	149	74.8	133	17.63	384	40.20	0.50	129	141	剔除后对数分布	133	73.8
Cl	468	32.40	34.44	40.00	47.05	55.8	69.0	75.1	49.71	14.64	47.90	9.18	140	26.10	0.29	47.05	45.80	对数正态分布	47.90	52.2
Co	3347	6.89	8.25	10.80	14.03	17.00	19.58	21.30	13.98	4.38	13.23	4.56	26.60	2.85	0.31	14.03	15.90	其他分布	15.90	10.40
Cr	3293	43.70	50.1	62.4	75.2	85.9	95.8	102	74.1	17.41	71.9	11.90	122	26.38	0.23	75.2	72.0	偏峰分布	72.0	61.0
Cu	3308	16.69	19.77	26.37	35.90	45.61	54.1	59.8	36.49	13.27	33.92	7.92	75.9	1.90	0.36	35.90	27.20	其他分布	27.20	18.70
F	468	393	481	714	934	1208	1456	1595	977	385	900	50.8	2938	284	0.39	934	1253	正态分布	977	453
Ga	458	13.61	14.70	16.20	17.80	19.18	20.20	21.00	17.62	2.21	17.48	5.18	23.40	11.70	0.13	17.80	17.70	剔除后对数分布	17.62	18.70
Ge	3263	1.11	1.19	1.33	1.47	1.63	1.81	1.91	1.49	0.24	1.47	1.31	2.14	0.84	0.16	1.47	1.53	剔除后正态分布	1.47	1.44
Hg	3169	0.05	0.06	0.08	0.11	0.15	0.20	0.23	0.12	0.05	0.11	3.54	0.29	0.02	0.45	0.11	0.12	其他分布	0.12	0.11
I	456	0.77	0.98	1.45	2.67	4.71	6.69	7.68	3.30	2.18	2.60	2.39	9.94	0.36	0.66	2.67	1.28	偏峰分布	1.28	1.60
La	452	38.91	40.60	43.70	46.00	48.60	50.7	51.7	45.90	3.92	45.72	9.07	56.0	35.70	0.09	46.00	46.00	剔除后正态分布	45.90	37.00
Li	451	30.70	33.20	38.00	43.50	50.3	59.6	65.1	44.95	10.08	43.84	8.88	72.0	20.90	0.22	43.50	43.10	剔除后正态分布	43.84	38.20
Mn	3283	165	198	273	406	597	771	873	450	220	397	32.38	1122	36.60	0.49	406	433	其他分布	433	389
Mo	3064	0.52	0.62	0.89	1.45	2.51	4.01	4.88	1.89	1.34	1.50	2.07	6.34	0.24	0.71	1.45	0.75	其他分布	0.75	0.35
N	3302	0.83	0.97	1.23	1.51	1.83	2.14	2.35	1.54	0.45	1.47	1.49	2.80	0.30	0.29	1.51	1.51	剔除后对数分布	1.47	0.95
Nb	437	15.38	15.86	16.70	17.60	18.80	20.00	20.80	17.80	1.62	17.73	5.27	22.40	13.80	0.09	17.60	17.20	剔除后正态分布	17.80	14.85
Ni	3296	16.55	19.87	26.09	34.50	41.36	48.24	52.7	34.20	11.01	32.22	7.69	65.3	3.51	0.32	34.50	33.50	剔除后对数分布	34.20	25.00
P	3258	0.35	0.45	0.60	0.82	1.06	1.32	1.47	0.85	0.33	0.78	1.56	1.81	0.07	0.39	0.82	0.46	剔除后对数分布	0.78	0.60
Pb	3144	23.20	25.86	28.90	32.50	37.00	43.00	46.31	33.34	6.72	32.67	7.64	52.6	15.18	0.20	32.50	29.50	其他分布	29.50	29.00

续表 4-13

元素/指标	N	$X_{5\%}$	$X_{10\%}$	$X_{25\%}$	$X_{50\%}$	$X_{75\%}$	$X_{90\%}$	$X_{95\%}$	$\bar{X}$	S	$\bar{X}_g$	S_g	X_{max}	X_{min}	CV	X_{me}	X_{mo}	分布类型	碳酸盐岩类风化物背景值	杭州市背景值
Rb	468	79.2	86.3	101	115	127	139	148	115	22.18	112	15.14	212	50.00	0.19	115	115	正态分布	115	103
S	445	193	211	248	290	334	387	427	295	69.4	287	26.08	487	140	0.24	290	313	剔除后正态分布	295	254
Sb	468	0.88	1.12	1.55	2.42	3.61	5.49	6.74	2.96	2.19	2.42	2.23	16.90	0.55	0.74	2.42	2.20	对数正态分布	2.42	0.80
Sc	468	8.00	8.60	9.40	10.40	11.30	12.30	13.10	10.43	1.56	10.32	3.81	16.40	6.10	0.15	10.40	10.70	正态分布	10.43	9.51
Se	3200	0.24	0.29	0.37	0.49	0.63	0.80	0.91	0.52	0.20	0.48	1.76	1.11	0.02	0.38	0.49	0.36	剔除后对数分布	0.48	0.25
Sn	429	3.23	3.67	4.36	5.51	7.19	9.28	10.86	6.05	2.35	5.61	2.93	13.30	0.73	0.39	5.51	6.17	剔除后对数分布	5.61	3.90
Sr	468	31.71	34.71	40.00	46.50	58.0	76.8	94.2	52.8	21.81	49.61	9.42	170	25.30	0.41	46.50	42.10	正态分布	49.61	43.10
Th	468	10.94	11.60	12.70	14.00	15.20	16.30	16.80	13.95	1.87	13.82	4.55	22.00	9.31	0.13	14.00	14.20	正态分布	13.95	13.00
Ti	468	4334	4573	4876	5194	5565	5990	6267	5242	583	5210	140	7188	3388	0.11	5194	5194	正态分布	5242	5029
Tl	468	0.55	0.64	0.76	0.90	1.09	1.29	1.47	0.95	0.28	0.91	1.34	2.35	0.39	0.30	0.90	0.84	对数正态分布	0.91	0.67
U	468	2.55	2.85	3.33	3.94	4.93	6.47	8.87	4.62	2.63	4.22	2.51	26.20	2.10	0.57	3.94	3.96	对数正态分布	4.22	2.37
V	3252	62.0	71.2	89.6	117	153	188	208	124	44.90	116	15.87	258	21.00	0.36	117	112	剔除后对数分布	116	102
W	429	1.60	1.77	2.01	2.37	2.99	3.56	3.84	2.53	0.70	2.44	1.81	4.82	1.12	0.28	2.37	2.02	对数正态分布	2.44	2.13
Y	468	22.73	24.20	26.60	29.00	31.90	35.00	36.76	29.36	4.47	29.03	7.02	45.90	16.30	0.15	29.00	28.30	正态分布	29.36	24.00
Zn	3203	62.6	72.4	88.2	106	124	145	160	108	28.33	104	14.89	189	31.46	0.26	106	108	剔除后对数分布	104	101
Zr	455	166	172	185	210	240	274	290	216	38.37	213	22.23	327	143	0.18	210	191	偏峰分布	191	260
SiO$_2$	457	64.0	65.7	68.6	71.0	73.6	75.4	76.6	70.9	3.72	70.8	11.77	79.7	60.9	0.05	71.0	70.2	剔除后正态分布	70.9	70.8
Al$_2$O$_3$	468	10.40	10.90	11.70	12.52	13.30	14.25	14.83	12.56	1.32	12.49	4.26	17.40	8.80	0.11	12.52	12.70	正态分布	12.56	12.84
TFe$_2$O$_3$	468	3.83	4.14	4.66	5.17	5.69	6.24	6.54	5.18	0.82	5.11	2.56	7.75	2.79	0.16	5.17	5.11	正态分布	5.18	4.01
MgO	468	0.56	0.66	1.00	1.42	2.04	2.74	3.00	1.56	0.77	1.38	1.70	5.33	0.43	0.49	1.42	1.20	对数正态分布	1.38	0.96
CaO	468	0.21	0.25	0.35	0.52	0.96	2.13	3.29	0.97	1.26	0.63	2.45	13.00	0.12	1.31	0.52	0.32	对数正态分布	0.63	0.26
Na$_2$O	468	0.12	0.14	0.17	0.22	0.31	0.41	0.49	0.26	0.13	0.23	2.71	1.38	0.08	0.52	0.22	0.17	对数正态分布	0.23	0.19
K$_2$O	3391	1.22	1.40	1.81	2.24	2.66	3.09	3.44	2.26	0.68	2.16	1.72	5.42	0.37	0.30	2.24	2.31	剔除后正态分布	2.16	1.99
TC	437	1.08	1.18	1.38	1.62	1.93	2.28	2.55	1.68	0.44	1.63	1.44	2.91	0.50	0.26	1.62	1.48	正态分布	1.63	1.59
Corg	3201	0.70	0.86	1.10	1.40	1.72	2.06	2.27	1.43	0.47	1.34	1.52	2.72	0.14	0.33	1.40	1.35	剔除后对数分布	1.34	0.92
pH	3391	4.63	4.84	5.25	5.92	6.95	7.86	8.04	5.24	4.75	6.12	2.88	8.74	3.20	0.91	5.92	5.22	其他分布	5.22	4.96

第四章 土壤元素背景值

表4-14 紫色碎屑岩类风化物土壤母质元素背景值参数统计表

元素/指标	N	$X_{5\%}$	$X_{10\%}$	$X_{25\%}$	$X_{50\%}$	$X_{75\%}$	$X_{90\%}$	$X_{95\%}$	$\bar{X}$	S	$\bar{X}_g$	S_g	X_{max}	X_{min}	CV	X_{me}	X_{mo}	分布类型	紫色碎屑岩类风化物背景值	杭州市背景值
Ag	121	60.0	60.0	75.0	90.0	100.0	120	140	91.5	23.27	88.5	13.35	150	40.00	0.25	90.0	100.0	剔除后正态分布	91.5	100.0
As	956	3.20	3.58	4.50	5.74	7.43	9.63	11.11	6.19	2.35	5.77	2.97	13.20	1.37	0.38	5.74	5.43	剔除后对数分布	5.77	10.40
Au	128	0.59	0.68	0.85	1.15	1.56	2.24	2.77	1.38	0.99	1.20	1.66	8.18	0.39	0.71	1.15	0.79	对数正态分布	1.20	1.20
B	1021	16.40	21.30	33.80	45.91	58.9	69.2	75.3	46.39	18.90	41.81	9.25	187	2.94	0.41	45.91	49.00	正态分布	46.39	61.4
Ba	121	335	352	384	441	504	567	659	453	93.2	444	33.60	703	264	0.21	441	459	剔除后正态分布	453	421
Be	128	1.59	1.68	1.90	2.13	2.35	2.64	2.69	2.14	0.34	2.11	1.59	2.88	1.30	0.16	2.13	2.28	正态分布	2.14	2.13
Bi	128	0.25	0.28	0.32	0.35	0.42	0.48	0.52	0.39	0.27	0.37	1.95	3.25	0.15	0.69	0.35	0.32	对数正态分布	0.37	0.43
Br	128	1.81	1.90	2.36	3.15	4.30	5.47	5.85	3.48	1.47	3.21	2.18	9.98	1.20	0.42	3.15	4.66	正态分布	3.48	5.21
Cd	966	0.10	0.13	0.17	0.22	0.29	0.37	0.41	0.24	0.09	0.22	2.60	0.52	0.05	0.39	0.22	0.22	剔除后对数分布	0.22	0.16
Ce	128	65.5	67.2	70.4	73.8	79.4	87.7	99.9	77.5	15.41	76.4	12.11	165	57.1	0.20	73.8	73.8	正态分布	76.4	73.8
Cl	128	23.57	24.77	30.00	34.45	42.12	49.06	53.3	37.45	13.29	35.81	8.13	137	20.40	0.36	34.45	30.60	对数正态分布	37.45	52.2
Co	1021	5.22	5.95	7.41	10.10	13.60	17.70	20.60	11.10	5.08	10.11	3.93	41.90	2.24	0.46	10.10	10.20	对数正态分布	10.11	10.40
Cr	960	24.30	28.78	36.18	48.90	63.7	76.8	83.8	50.9	18.85	47.29	9.57	110	10.20	0.37	48.90	41.80	剔除后对数分布	47.29	61.0
Cu	1021	11.10	13.40	17.30	22.20	27.50	32.20	37.50	22.91	8.56	21.37	6.19	76.9	3.70	0.37	22.20	21.50	对数正态分布	21.37	18.70
F	128	414	439	514	659	778	928	1003	670	185	645	42.10	1172	326	0.28	659	678	正态分布	670	453
Ga	128	13.77	14.24	15.07	16.20	17.42	19.30	20.25	16.46	2.13	16.33	5.04	24.80	11.50	0.13	16.20	15.30	正态分布	16.46	18.70
Ge	987	1.33	1.37	1.49	1.61	1.72	1.84	1.90	1.61	0.18	1.60	1.33	2.08	1.14	0.11	1.61	1.63	剔除后正态分布	1.61	1.44
Hg	1021	0.04	0.04	0.06	0.08	0.12	0.17	0.22	0.10	0.07	0.08	4.21	0.84	0.02	0.71	0.08	0.11	对数正态分布	0.08	0.11
I	128	0.78	0.94	1.42	2.17	3.26	3.89	4.35	2.35	1.19	2.04	1.98	6.13	0.46	0.51	2.17	2.05	正态分布	2.35	1.60
La	128	33.17	34.54	36.58	39.60	43.10	46.57	49.56	40.25	5.24	39.92	8.38	57.2	28.70	0.13	39.60	43.00	正态分布	40.25	37.00
Li	128	24.23	27.84	31.75	36.80	41.20	50.2	57.4	37.63	9.39	36.54	8.21	67.0	19.30	0.25	36.80	27.90	剔除后正态分布	36.54	38.20
Mn	988	117	138	184	295	475	685	769	353	208	298	27.27	956	42.00	0.59	295	144	其他分布	144	389
Mo	940	0.46	0.50	0.60	0.74	0.93	1.18	1.34	0.79	0.27	0.75	1.43	1.64	0.34	0.33	0.74	0.78	剔除后正态分布	0.75	0.35
N	1021	0.68	0.78	0.97	1.21	1.49	1.79	1.98	1.26	0.44	1.19	1.44	4.13	0.23	0.35	1.21	1.48	对数正态分布	1.19	0.95
Nb	128	17.90	18.10	19.50	21.30	23.00	25.19	26.46	21.51	3.01	21.31	5.87	36.60	15.80	0.14	21.30	19.90	正态分布	21.51	14.85
Ni	1021	8.49	10.20	13.20	17.67	24.30	30.60	35.60	19.48	8.89	17.69	5.50	91.3	3.88	0.46	17.67	15.00	正态分布	17.69	25.00
P	964	0.26	0.32	0.40	0.50	0.64	0.83	0.94	0.53	0.19	0.49	1.72	1.07	0.12	0.37	0.50	0.40	对数正态分布	0.49	0.60
Pb	987	21.83	23.50	27.15	30.20	33.20	35.80	38.10	30.05	4.78	29.66	7.19	43.10	17.90	0.16	30.20	30.60	剔除后正态分布	30.05	29.00

续表 4-14

元素/指标	N	$X_{5\%}$	$X_{10\%}$	$X_{25\%}$	$X_{50\%}$	$X_{75\%}$	$X_{90\%}$	$X_{95\%}$	$\overline{X}$	S	$\overline{X}_g$	S_g	X_{max}	X_{min}	CV	X_{me}	X_{mo}	分布类型	紫色碎屑岩类风化物背景值	杭州市背景值
Rb	128	86.8	91.7	110	127	141	155	166	126	24.55	124	16.24	199	73.6	0.19	127	129	正态分布	126	103
S	128	148	162	179	214	255	279	313	222	63.0	214	22.34	528	83.6	0.28	214	168	正态分布	222	254
Sb	128	0.59	0.62	0.73	0.94	1.10	1.47	2.62	1.12	0.90	0.97	1.58	6.71	0.44	0.80	0.94	0.74	对数正态分布	0.97	0.80
Sc	128	6.60	6.80	7.30	8.07	9.00	10.23	11.46	8.45	1.96	8.28	3.43	20.00	6.00	0.23	8.07	6.80	对数正态分布	8.28	9.51
Se	956	0.17	0.19	0.21	0.25	0.29	0.33	0.36	0.25	0.06	0.25	2.27	0.41	0.11	0.22	0.25	0.24	其他分布	0.24	0.25
Sn	128	2.93	3.08	3.96	5.07	6.79	9.92	13.72	6.07	3.56	5.38	2.97	22.60	2.03	0.59	5.07	5.09	对数正态分布	5.38	3.90
Sr	128	32.11	35.50	41.77	49.10	61.1	79.1	89.2	53.8	18.71	51.1	9.93	140	27.70	0.35	49.10	43.10	对数正态分布	51.1	43.10
Th	128	9.78	10.84	12.10	14.15	15.70	17.03	18.19	13.90	2.62	13.63	4.55	20.70	5.17	0.19	14.15	15.80	正态分布	13.90	13.00
Ti	128	3365	3559	3947	4392	4832	5516	6595	4556	1112	4449	126	10418	2499	0.24	4392	4148	对数正态分布	4449	5029
Tl	128	0.51	0.57	0.64	0.75	0.82	0.93	0.99	0.75	0.16	0.74	1.31	1.34	0.41	0.21	0.75	0.75	正态分布	0.75	0.67
U	128	2.10	2.38	2.80	3.20	3.65	4.04	4.42	3.25	0.75	3.17	2.00	5.82	1.40	0.23	3.20	3.20	正态分布	3.25	2.37
V	967	45.39	49.86	60.2	71.5	87.5	103	112	74.5	20.09	71.8	11.80	133	27.50	0.27	71.5	104	剔除后对数正态分布	71.8	102
W	128	1.58	1.70	1.85	2.13	2.66	3.76	5.07	2.60	1.58	2.36	1.89	12.20	1.21	0.61	2.13	1.77	对数正态分布	2.36	2.13
Y	128	20.97	21.74	24.40	26.20	27.50	30.27	32.46	26.37	3.82	26.12	6.62	45.10	19.60	0.14	26.20	25.40	对数正态分布	26.12	24.00
Zn	1021	52.9	57.8	65.1	76.2	90.3	105	118	81.1	27.12	77.9	12.54	400	27.50	0.33	76.2	102	对数正态分布	77.9	101
Zr	124	226	232	243	262	292	326	348	271	36.31	269	25.07	368	213	0.13	262	272	剔除后正态分布	271	260
SiO$_2$	119	70.0	70.5	73.0	74.1	75.5	76.5	77.2	74.0	2.19	73.9	11.94	79.7	68.5	0.03	74.1	73.1	剔除后正态分布	74.0	70.8
Al$_2$O$_3$	128	10.80	11.10	11.70	12.40	13.30	14.56	15.06	12.65	1.47	12.57	4.32	18.10	9.25	0.12	12.40	11.70	正态分布	12.65	12.84
TFe$_2$O$_3$	128	3.23	3.35	3.71	4.08	4.67	5.39	6.19	4.32	1.07	4.22	2.34	9.93	2.95	0.25	4.08	4.08	对数正态分布	4.22	4.01
MgO	128	0.52	0.57	0.67	0.77	0.96	1.19	1.36	0.84	0.25	0.81	1.36	1.62	0.44	0.29	0.77	0.89	对数正态分布	0.81	0.96
CaO	128	0.16	0.19	0.22	0.32	0.38	0.48	0.62	0.36	0.27	0.31	2.26	2.29	0.13	0.76	0.32	0.35	对数正态分布	0.31	0.26
Na$_2$O	128	0.25	0.28	0.34	0.48	0.58	0.82	0.92	0.51	0.22	0.47	1.81	1.32	0.14	0.43	0.48	0.54	对数正态分布	0.47	0.19
K$_2$O	1021	1.63	1.84	2.16	2.47	2.89	3.31	3.59	2.53	0.59	2.46	1.74	4.94	1.04	0.23	2.47	2.36	对数正态分布	2.46	1.99
TC	128	0.75	0.85	1.03	1.25	1.68	2.11	2.32	1.41	0.70	1.30	1.48	7.09	0.61	0.49	1.25	1.11	对数正态分布	1.30	1.59
Corg	756	0.61	0.71	0.88	1.11	1.38	1.71	2.00	1.18	0.47	1.10	1.47	5.65	0.14	0.40	1.11	1.10	对数正态分布	1.10	0.92
pH	1021	4.69	4.82	5.08	5.45	5.91	6.60	7.22	5.22	5.15	5.61	2.72	8.58	4.28	0.99	5.45	5.48	对数正态分布	5.61	4.96

第四章 土壤元素背景值

表 4-15 中酸性火成岩类风化物土壤母质元素背景值参数统计表

元素/指标	N	$X_{5\%}$	$X_{10\%}$	$X_{25\%}$	$X_{50\%}$	$X_{75\%}$	$X_{90\%}$	$X_{95\%}$	$\overline{X}$	S	$\overline{X}_g$	S_g	X_{max}	X_{min}	CV	X_{me}	X_{mo}	分布类型	中酸性火成岩类风化物背景值	杭州市背景值
Ag	833	50.00	60.0	71.0	90.0	120	150	170	99.2	36.80	93.0	14.02	210	30.00	0.37	90.0	90.0	其他分布	90.0	100.0
As	4631	2.25	2.77	3.87	5.59	7.91	10.50	12.20	6.17	3.01	5.46	3.12	15.73	1.03	0.49	5.59	5.30	偏峰分布	5.30	10.40
Au	809	0.55	0.62	0.81	1.08	1.43	1.91	2.25	1.18	0.51	1.08	1.53	2.80	0.31	0.44	1.08	0.87	剔除后对数分布	1.08	1.20
B	5016	9.27	12.19	18.53	27.50	41.00	57.2	67.9	31.95	19.55	26.81	7.83	264	1.10	0.61	27.50	25.30	对数正态分布	26.81	61.4
Ba	891	262	296	374	482	622	795	957	536	298	489	35.86	5297	154	0.56	482	503	对数正态分布	489	421
Be	806	1.80	1.93	2.14	2.46	2.86	3.33	3.73	2.55	0.57	2.49	1.77	4.27	1.23	0.22	2.46	2.40	剔除后对数分布	2.49	2.13
Bi	806	0.28	0.30	0.35	0.42	0.54	0.64	0.74	0.45	0.14	0.43	1.79	0.92	0.16	0.31	0.42	0.42	其他分布	0.42	0.43
Br	891	2.46	3.01	4.28	6.31	9.15	11.88	14.35	7.10	3.87	6.18	3.14	31.10	1.20	0.55	6.31	3.30	对数正态分布	6.18	5.21
Cd	4644	0.06	0.07	0.11	0.15	0.21	0.27	0.31	0.16	0.08	0.15	3.31	0.41	0.01	0.47	0.15	0.14	偏峰分布	0.14	0.16
Ce	826	66.9	70.8	76.9	84.6	92.1	100.0	106	85.0	11.83	84.2	12.95	118	53.6	0.14	84.6	86.5	剔除后对数分布	84.2	73.8
Cl	891	32.90	38.70	49.15	61.2	76.4	94.5	109	65.1	25.16	61.0	10.67	295	22.50	0.39	61.2	61.0	对数正态分布	61.0	52.2
Co	4715	3.51	4.10	5.42	7.18	9.58	12.40	14.00	7.77	3.17	7.14	3.37	17.51	1.00	0.41	7.18	10.80	偏峰分布	10.80	10.40
Cr	5016	12.57	14.83	20.50	28.83	40.71	57.1	69.2	33.40	19.98	29.07	7.76	281	5.80	0.60	28.83	31.60	对数正态分布	29.07	61.0
Cu	4652	7.71	8.90	11.23	14.70	19.40	24.87	28.25	15.85	6.23	14.68	5.11	35.70	1.90	0.39	14.70	13.80	剔除后对数分布	14.68	18.70
F	891	314	357	421	520	652	802	927	612	1449	534	38.38	43 287	208	2.37	520	496	其他分布	534	453
Ga	891	15.75	16.40	17.60	19.10	20.90	22.70	24.20	19.44	2.84	19.25	5.57	36.10	12.30	0.15	19.10	19.10	对数正态分布	19.25	18.70
Ge	4889	1.18	1.23	1.31	1.42	1.56	1.69	1.77	1.44	0.18	1.43	1.28	1.96	0.93	0.12	1.42	1.49	其他分布	1.49	1.44
Hg	4771	0.04	0.04	0.06	0.08	0.12	0.15	0.17	0.09	0.04	0.08	4.15	0.22	0.01	0.46	0.08	0.10	其他分布	0.10	0.11
I	891	1.23	1.82	3.11	4.97	7.50	9.86	11.70	5.57	3.51	4.57	2.93	46.20	0.46	0.63	4.97	6.10	对数正态分布	4.57	1.60
La	891	33.88	36.20	40.70	45.00	49.90	54.1	57.2	45.24	7.24	44.65	9.02	80.7	19.70	0.16	45.00	44.40	正态分布	45.24	37.00
Li	891	24.00	25.70	29.30	35.20	42.80	51.4	61.6	38.86	18.73	36.45	8.19	279	17.60	0.48	35.20	31.40	其他分布	36.45	38.20
Mn	4823	132	159	227	361	578	822	950	429	254	359	32.01	1180	69.0	0.59	361	242	其他分布	242	389
Mo	4711	0.55	0.62	0.76	1.00	1.34	1.73	1.98	1.09	0.44	1.01	1.48	2.44	0.22	0.40	1.00	1.15	偏峰分布	1.15	0.35
N	4802	0.59	0.76	1.00	1.28	1.61	1.97	2.22	1.33	0.48	1.23	1.56	2.68	0.10	0.36	1.28	1.08	其他分布	1.08	0.95
Nb	869	17.50	18.90	20.70	23.40	29.10	33.72	36.10	25.01	5.97	24.34	6.54	43.20	11.20	0.24	23.40	22.80	其他分布	22.80	14.85
Ni	4696	5.33	6.18	8.17	10.70	14.41	19.20	22.01	11.77	4.96	10.79	4.36	26.62	2.27	0.42	10.70	12.00	剔除后对数分布	10.79	25.00
P	5016	0.23	0.28	0.39	0.54	0.77	1.05	1.26	0.62	0.34	0.54	1.86	3.53	0.06	0.55	0.54	0.33	对数正态分布	0.54	0.60
Pb	4678	22.70	24.64	28.08	31.30	35.12	39.78	42.90	31.79	5.89	31.24	7.49	48.50	16.20	0.19	31.30	32.30	其他分布	32.30	29.00

续表 4-15

元素/指标	N	$X_{5\%}$	$X_{10\%}$	$X_{25\%}$	$X_{50\%}$	$X_{75\%}$	$X_{90\%}$	$X_{95\%}$	$\bar{X}$	S	$\bar{X}_g$	S_g	X_{max}	X_{min}	CV	X_{me}	X_{mo}	分布类型	中酸性火成岩类风化物背景值	杭州市背景值
Rb	843	97.1	109	122	142	167	186	195	144	31.07	141	17.15	245	50.00	0.22	142	128	剔除后对数分布	141	103
S	870	185	199	232	272	322	377	412	281	68.2	273	25.27	470	119	0.24	272	231	偏峰分布	231	254
Sb	823	0.48	0.55	0.66	0.80	0.99	1.19	1.37	0.84	0.26	0.80	1.39	1.67	0.33	0.31	0.80	0.80	剔除后对数分布	0.80	0.80
Sc	891	6.20	6.60	7.30	8.20	9.40	10.70	12.00	8.56	1.96	8.38	3.47	24.80	5.10	0.23	8.20	8.00	对数正态分布	8.38	9.51
Se	4754	0.17	0.20	0.24	0.31	0.41	0.54	0.61	0.34	0.13	0.31	2.09	0.73	0.06	0.39	0.31	0.22	其他分布	0.22	0.25
Sn	815	3.23	3.80	4.48	5.69	7.58	10.30	11.93	6.35	2.61	5.86	3.01	14.70	0.95	0.41	5.69	6.00	其他分布	6.00	3.90
Sr	891	31.30	33.70	40.20	53.2	70.3	99.9	115	60.3	28.78	55.1	10.09	243	20.80	0.48	53.2	44.60	对数正态分布	55.1	43.10
Th	827	10.73	11.46	13.10	14.80	16.70	18.40	19.47	14.92	2.64	14.68	4.72	22.70	7.59	0.18	14.80	14.70	剔除后正态分布	14.92	13.00
Ti	857	2713	3002	3464	4053	4594	5137	5467	4055	828	3967	120	6405	1841	0.20	4053	3764	剔除后正态分布	4055	5029
Tl	829	0.58	0.63	0.71	0.81	0.92	1.03	1.11	0.82	0.16	0.80	1.28	1.33	0.35	0.20	0.81	0.82	剔除后对数分布	0.82	0.67
U	813	2.55	2.73	3.14	3.57	4.02	4.65	5.05	3.62	0.73	3.55	2.13	5.75	1.66	0.20	3.57	3.59	剔除后正态分布	3.55	2.37
V	4702	27.80	32.90	42.20	53.7	69.4	86.6	96.9	57.0	20.70	53.4	10.32	120	10.30	0.36	53.7	54.2	剔除后对数分布	53.4	102
W	830	1.55	1.67	1.98	2.34	2.83	3.30	3.76	2.44	0.64	2.36	1.74	4.34	1.13	0.26	2.34	2.14	剔除后对数分布	2.36	2.13
Y	891	21.70	22.80	25.40	29.20	36.45	43.30	51.1	32.12	9.94	30.89	7.62	102	16.00	0.31	29.20	27.70	对数正态分布	30.89	24.00
Zn	4769	50.2	54.8	64.4	76.2	92.2	112	121	79.8	21.38	77.0	12.65	142	25.20	0.27	76.2	102	剔除后正态分布	77.0	101
Zr	859	214	239	270	308	379	472	504	331	88.2	320	28.46	569	162	0.27	308	283	其他分布	283	260
SiO_2	891	63.0	64.7	67.2	70.2	72.6	74.8	75.7	69.8	4.07	69.7	11.63	79.4	54.0	0.06	70.2	71.0	正态分布	69.8	70.8
Al_2O_3	891	11.60	11.90	12.75	13.80	15.01	16.09	17.02	13.97	1.72	13.87	4.55	21.23	9.98	0.12	13.80	13.30	对数正态分布	13.87	12.84
TFe_2O_3	891	3.00	3.16	3.60	4.12	4.76	5.40	6.14	4.27	1.02	4.16	2.35	11.50	2.24	0.24	4.12	3.89	对数正态分布	4.16	4.01
MgO	839	0.42	0.45	0.52	0.61	0.73	0.89	1.00	0.64	0.17	0.62	1.47	1.15	0.25	0.27	0.61	0.59	其他分布	0.59	0.96
CaO	803	0.16	0.18	0.21	0.26	0.31	0.38	0.42	0.27	0.08	0.26	2.33	0.51	0.12	0.29	0.26	0.26	剔除后对数分布	0.26	0.26
Na_2O	891	0.24	0.30	0.43	0.60	0.80	1.04	1.19	0.64	0.29	0.58	1.81	1.89	0.09	0.46	0.60	0.51	其他分布	0.58	0.19
K_2O	5004	1.80	2.08	2.53	3.11	3.74	4.17	4.39	3.12	0.81	3.01	1.97	5.48	0.73	0.26	3.11	2.82	对数正态分布	2.82	1.99
TC	891	0.93	1.05	1.33	1.75	2.32	3.36	4.08	2.00	1.01	1.80	1.70	9.44	0.60	0.50	1.75	1.34	其他分布	1.80	1.59
Corg	4627	0.57	0.75	1.01	1.32	1.66	2.04	2.29	1.36	0.50	1.25	1.61	2.80	0.10	0.37	1.32	1.33	剔除后对数分布	1.25	0.92
pH	4738	4.33	4.49	4.74	5.01	5.32	5.64	5.87	4.83	4.78	5.04	2.55	6.36	3.81	0.99	5.01	4.93	其他分布	4.93	4.96

表层土壤各元素/指标中,一多半元素/指标变异系数小于0.40,分布相对均匀;Co、Sn、Ni、Au、Hg、Na_2O、Li、Sr、As、TC、Br、Ba、P、Mn、Cr、B、Cd、I、pH、F 共20项元素/指标变异系数大于0.40,其中pH、F变异系数大于0.80,空间变异性较大。

与杭州市土壤元素背景值相比,中酸性火成岩风化物区土壤元素背景值中 V、As、Cr、B、Ni 背景值明显偏低;Cu、Zn、Mn、MgO 背景值略低于杭州市背景值;Y、Sr、Rb、La、Corg、Tl 背景值略高于杭州市背景值,与杭州市背景值比值在1.2~1.4之间;Mo、Na_2O、I、Sn、Nb、U、K_2O 背景值明显偏高,与杭州市背景值比值均在1.4以上,其中 Mo、Na_2O 背景值均为杭州市背景值的3.0倍以上;其他元素/指标背景值则与杭州市背景值基本接近。

七、中基性火成岩类风化物土壤母质元素背景值

中基性火成岩类风化物土壤母质元素背景值数据经正态分布检验,结果表明(表4-16),原始数据中B、Cd、Co、Cr、Cu、Ge、Hg、Mn、N、Ni、P、Pb、Se、V、Zn、K_2O、pH 符合正态分布,As、Mo 符合对数正态分布,样本数少于30件的元素/指标无法进行正态分布检验。

中基性火成岩类风化物区表层土壤总体为酸性,土壤pH背景值为5.30,极大值为6.19,极小值为4.74,接近于杭州市背景值。

表层土壤各元素/指标中,大多数元素/指标变异系数小于0.40,分布相对均匀;P、Mn、Ti、Co、Cu、Ni、U、MgO、Rb、CaO、B、Th、As、pH 共14项元素/指标变异系数大于0.40,其中pH变异系数大于0.80,空间变异性较大。

与杭州市土壤元素背景值相比,中基性火成岩类风化物区土壤元素背景值中 Th、B、Tl、Rb 背景值明显偏低;U、Bi、Hg、Li 背景值略低于杭州市背景值;Sn、Ga、Al_2O_3、La、N、Cr、Cd 背景值略高于杭州市背景值,与杭州市背景值比值在1.2~1.4之间;Br、Zr、P、Y、Au、Sb、V、Corg、Ni、MgO、Ti、Cl、Sr、Sc、TFe_2O_3、Mn、Mo、Co、Cu、Na_2O、I、CaO、Se 背景值明显偏高,与杭州市背景值比值均在1.4以上,其中 Cu、Na_2O、I、CaO 背景值均为杭州市背景值的3.0倍以上,CaO 背景值最高,达杭州市背景值的4.62倍;其他元素/指标背景值则与杭州市背景值基本接近。

八、变质岩类风化物土壤母质元素背景值

变质岩类风化物土壤母质元素背景值数据经正态分布检验,结果表明(表4-17),原始数据中 As、B、Cd、Co、Cr、Cu、Ge、N、P、Pb、Zn、K_2O、pH 符合正态分布,Hg、Mn、Mo、Ni、Se、V 符合对数正态分布,样本数少于30件的元素/指标无法进行正态分布检验。

变质岩类风化物区表层土壤总体为酸性,土壤pH背景值为5.07,极大值为7.37,极小值为4.58,接近于杭州市背景值。

表层土壤各元素/指标中,大多数元素/指标变异系数小于0.40,分布相对均匀;Th、Zr、P、S、Co、Sn、V、MgO、U、Hg、Au、Br、Ni、I、CaO、Cr、Cu、Mn、Se、pH 共20项元素/指标变异系数大于0.40,其中pH变异系数大于0.80,空间变异性较大。

与杭州市土壤元素背景值相比,变质岩类风化物区土壤元素背景值中 Th、B、Tl 背景值明显偏低;Rb、U、As、Be、Li、W、Ni 背景值略低于杭州市背景值;Cl、Br、P、Sc 背景值略高于杭州市背景值,与杭州市背景值比值在1.2~1.4之间;N、Cd、TFe_2O_3、Sb、Mn、Corg、Sn、Au、Co、Se、Sr、Mo、Cu、I、Na_2O、CaO 背景值明显偏高,与杭州市背景值比值均在1.4以上,其中 Sr、Mo、Cu、I、Na_2O、CaO 背景值均为杭州市背景值的2.0倍以上,CaO 背景值最高,达杭州市背景值的4.23倍;其他元素/指标背景值则与杭州市背景值基本接近。

表4-16 中基性火成岩类风化物土壤母质元素背景值参数统计表

元素/指标	N	$X_{5\%}$	$X_{10\%}$	$X_{25\%}$	$X_{50\%}$	$X_{75\%}$	$X_{90\%}$	$X_{95\%}$	$\bar{X}$	S	$\bar{X}_g$	S_g	X_{max}	X_{min}	CV	X_{me}	X_{mo}	分布类型	中基性火成岩类风化物背景值	杭州市背景值
Ag	3	81.0	82.0	85.0	90.0	95.0	98.0	99.0	90.0	10.00	89.6	11.10	100.0	80.0	0.11	90.0	90.0	—	90.0	100.0
As	49	5.42	5.80	6.26	7.79	9.01	12.82	19.18	9.55	7.36	8.38	3.73	50.9	4.93	0.77	7.79	7.79	对数正态分布	8.38	10.40
Au	3	1.50	1.54	1.64	1.81	1.95	2.03	2.06	1.79	0.31	1.77	1.36	2.09	1.47	0.17	1.81	1.81	—	1.81	1.20
B	49	10.18	11.82	17.10	25.21	34.00	42.18	54.3	27.09	14.56	23.57	7.21	78.6	5.42	0.54	25.21	13.60	正态分布	27.09	61.4
Ba	3	386	387	390	395	398	400	400	394	8.08	394	23.24	401	385	0.02	395	395	—	395	421
Be	3	2.03	2.03	2.04	2.05	2.43	2.66	2.73	2.30	0.44	2.27	1.65	2.81	2.03	0.19	2.05	2.05	—	2.05	2.13
Bi	3	0.27	0.27	0.28	0.28	0.31	0.32	0.33	0.29	0.03	0.29	1.87	0.33	0.27	0.11	0.28	0.28	—	0.28	0.43
Br	3	6.99	7.03	7.14	7.33	8.21	8.74	8.91	7.79	1.14	7.74	2.96	9.09	6.95	0.15	7.33	7.33	—	7.33	5.21
Cd	49	0.15	0.16	0.19	0.22	0.26	0.28	0.30	0.22	0.05	0.22	2.43	0.34	0.14	0.21	0.22	0.23	正态分布	0.22	0.16
Ce	3	81.7	81.8	82.0	82.5	86.3	88.6	89.3	84.7	4.67	84.6	10.50	90.1	81.6	0.06	82.5	82.5	—	82.5	73.8
Cl	3	83.3	84.5	87.8	93.5	102	107	109	95.4	14.30	94.7	10.91	111	82.2	0.15	93.5	93.5	—	93.5	52.2
Co	49	8.94	11.87	20.40	31.30	38.84	45.62	47.66	29.68	12.73	26.32	6.66	58.6	7.32	0.43	31.30	41.70	正态分布	29.68	10.40
Cr	49	33.32	36.28	61.6	79.6	106	129	132	82.8	33.21	75.8	12.07	180	26.20	0.40	79.6	88.4	正态分布	82.8	61.0
Cu	49	11.40	16.14	42.10	60.0	73.0	87.0	90.3	56.3	24.52	48.70	9.54	115	7.80	0.44	60.0	50.8	正态分布	56.3	18.70
F	3	459	469	496	543	546	547	548	514	55.2	512	27.72	548	450	0.11	543	543	—	543	453
Ga	3	20.92	21.24	22.20	23.80	25.00	25.72	25.96	23.53	2.81	23.42	5.50	26.20	20.60	0.12	23.80	23.80	—	23.80	18.70
Ge	49	1.30	1.35	1.42	1.50	1.61	1.71	1.77	1.53	0.16	1.52	1.30	2.13	1.27	0.10	1.50	1.50	正态分布	1.53	1.44
Hg	49	0.04	0.05	0.07	0.08	0.10	0.11	0.14	0.08	0.03	0.08	4.22	0.21	0.02	0.38	0.08	0.07	—	0.08	0.11
I	3	4.76	4.92	5.38	6.15	6.69	7.01	7.12	6.00	1.32	5.90	2.79	7.23	4.61	0.22	6.15	6.15	—	6.15	1.60
La	3	48.01	48.12	48.45	49.00	52.2	54.1	54.8	50.7	4.05	50.7	7.99	55.4	47.90	0.08	49.00	49.00	—	49.00	37.00
Li	3	29.51	29.62	29.95	30.50	32.40	33.54	33.92	31.40	2.57	31.33	6.22	34.30	29.40	0.08	30.50	30.50	—	30.50	38.20
Mn	49	286	492	620	910	1109	1372	1531	896	377	807	46.45	1784	174	0.42	910	910	正态分布	896	389
Mo	49	0.70	0.74	0.82	0.90	1.10	1.40	1.66	1.04	0.42	0.98	1.35	3.09	0.60	0.40	0.90	0.87	对数正态分布	0.98	0.35
N	49	0.81	1.03	1.14	1.28	1.47	1.56	1.68	1.28	0.29	1.24	1.35	2.25	0.44	0.23	1.28	1.17	正态分布	1.28	0.95
Nb	3	12.97	13.44	14.85	17.20	20.55	22.56	23.23	17.87	5.73	17.26	4.76	23.90	12.50	0.32	17.20	17.20	—	17.20	14.85
Ni	49	15.08	15.44	25.70	41.10	53.1	67.9	72.5	41.90	18.98	37.24	8.01	89.1	11.30	0.45	41.10	44.70	正态分布	41.90	25.00
P	49	0.42	0.47	0.60	0.77	1.08	1.28	1.59	0.85	0.35	0.79	1.56	1.79	0.26	0.41	0.77	0.68	正态分布	0.85	0.60
Pb	49	14.42	17.14	19.90	22.30	24.70	31.26	36.28	23.39	6.90	22.54	6.33	51.8	11.40	0.30	22.30	18.80	正态分布	23.39	29.00

续表 4-16

元素/指标	N	$X_{5\%}$	$X_{10\%}$	$X_{25\%}$	$X_{50\%}$	$X_{75\%}$	$X_{90\%}$	$X_{95\%}$	$\bar{X}$	S	$\bar{X}_g$	S_g	X_{max}	X_{min}	CV	X_{me}	X_{mo}	分布类型	中基性火成岩类风化物背景值	杭州市背景值
Rb	3	50.7	51.4	53.5	57.0	84.5	101	106	73.0	33.96	68.3	10.44	112	50.00	0.47	57.0	57.0	—	57.0	103
S	3	256	260	274	297	298	299	299	282	27.15	281	20.17	299	251	0.10	297	297	—	297	254
Sb	3	1.20	1.21	1.25	1.31	1.33	1.34	1.35	1.28	0.08	1.28	1.17	1.35	1.19	0.06	1.31	1.31	—	1.31	0.80
Sc	3	11.64	12.48	15.00	19.20	21.95	23.60	24.15	18.23	7.00	17.24	4.36	24.70	10.80	0.38	19.20	19.20	—	19.20	9.51
Se	49	0.23	0.27	0.31	0.34	0.38	0.45	0.48	0.35	0.07	0.34	1.90	0.53	0.19	0.21	0.34	0.33	正态分布	0.35	0.25
Sn	3	4.68	4.70	4.78	4.90	5.52	5.89	6.02	5.23	0.80	5.19	2.48	6.14	4.65	0.15	4.90	4.90	—	4.90	3.90
Sr	3	57.0	60.0	68.8	83.6	88.6	91.6	92.6	77.1	20.54	75.1	9.10	93.6	54.1	0.27	83.6	83.6	—	83.6	43.10
Th	3	4.87	4.91	5.03	5.22	8.66	10.72	11.41	7.38	4.09	6.73	3.32	12.10	4.83	0.55	5.22	5.22	—	5.22	13.00
Ti	3	4634	5213	6948	9839	9898	9933	9945	7951	3373	7352	98.1	9957	4056	0.42	9839	9839	—	9839	5029
Tl	3	0.32	0.32	0.32	0.32	0.45	0.54	0.56	0.41	0.16	0.39	1.65	0.59	0.32	0.38	0.32	0.32	—	0.32	0.67
U	3	1.46	1.46	1.48	1.51	2.29	2.77	2.92	2.01	0.92	1.89	1.76	3.08	1.45	0.46	1.51	1.51	—	1.51	2.37
V	49	66.7	70.0	124	182	217	238	243	169	62.7	153	17.86	258	36.70	0.37	182	124	正态分布	169	102
W	3	1.96	2.02	2.19	2.48	2.75	2.92	2.97	2.47	0.57	2.43	1.78	3.03	1.90	0.23	2.48	2.48	—	2.48	2.13
Y	3	30.65	31.10	32.45	34.70	41.50	45.58	46.94	37.73	9.42	36.99	7.07	48.30	30.20	0.25	34.70	34.70	—	34.70	24.00
Zn	49	83.2	90.9	104	110	122	131	135	111	16.93	110	14.81	155	64.2	0.15	110	107	正态分布	111	101
Zr	3	256	268	306	368	376	381	382	332	77.2	325	21.06	384	243	0.23	368	368	—	368	260
SiO₂	3	53.7	54.3	56.2	59.5	61.5	62.7	63.2	58.7	5.31	58.5	8.60	63.6	53.0	0.09	59.5	59.5	—	59.5	70.8
Al₂O₃	3	15.85	15.94	16.21	16.67	17.14	17.42	17.52	16.68	0.93	16.66	4.46	17.61	15.76	0.06	16.67	16.67	—	16.67	12.84
TFe₂O₃	3	5.81	6.15	7.18	8.89	10.41	11.31	11.62	8.76	3.23	8.34	3.04	11.92	5.47	0.37	8.89	8.89	—	8.89	4.01
MgO	3	0.84	0.93	1.19	1.64	1.87	2.01	2.05	1.50	0.69	1.37	1.58	2.10	0.75	0.46	1.64	1.64	—	1.64	0.96
CaO	3	0.54	0.62	0.83	1.20	1.29	1.35	1.37	1.02	0.49	0.92	1.69	1.39	0.47	0.48	1.20	1.20	—	1.20	0.26
Na₂O	3	0.61	0.62	0.63	0.65	0.79	0.87	0.89	0.73	0.17	0.71	1.35	0.92	0.61	0.23	0.65	0.65	—	0.65	0.19
K₂O	49	1.00	1.08	1.23	1.61	2.06	2.91	3.14	1.78	0.72	1.66	1.65	3.66	0.79	0.40	1.61	1.11	正态分布	1.78	1.99
TC	3	1.38	1.39	1.43	1.49	1.62	1.70	1.72	1.54	0.19	1.53	1.30	1.75	1.37	0.13	1.49	1.49	—	1.49	1.59
Corg	49	0.86	1.06	1.21	1.34	1.52	1.70	1.99	1.38	0.34	1.34	1.40	2.45	0.53	0.25	1.34	1.34	—	1.38	0.92
pH	49	4.93	5.02	5.11	5.43	5.62	5.80	5.98	5.30	5.42	5.41	2.64	6.19	4.74	1.02	5.43	5.30	正态分布	5.30	4.96

表 4-17 变质岩类风化物土壤母质元素背景值参数统计表

元素/指标	N	$X_{5\%}$	$X_{10\%}$	$X_{25\%}$	$X_{50\%}$	$X_{75\%}$	$X_{90\%}$	$X_{95\%}$	$\overline{X}$	S	$\overline{X}_g$	S_g	X_{max}	X_{min}	CV	X_{me}	X_{mo}	分布类型	变质岩类风化物背景值	杭州市背景值
Ag	13	77.8	79.6	90.0	100.0	120	139	152	109	27.53	106	14.42	170	76.0	0.25	100.0	100.0	—	100.0	100.0
As	72	3.39	3.50	5.03	6.63	8.44	10.86	13.04	6.94	2.78	6.43	3.14	15.00	2.99	0.40	6.63	7.04	正态分布	6.94	10.40
Au	13	0.73	0.82	1.57	1.90	2.77	3.27	3.51	2.02	0.96	1.79	1.84	3.70	0.64	0.48	1.90	1.94	—	1.90	1.20
B	72	16.03	18.99	21.82	27.65	32.93	37.66	46.20	28.25	9.33	26.76	6.97	63.6	7.67	0.33	27.65	32.70	正态分布	28.25	61.4
Ba	13	306	341	369	472	494	607	647	459	115	446	32.33	678	262	0.25	472	456	—	472	421
Be	13	0.95	0.99	1.04	1.45	1.89	2.05	2.24	1.51	0.50	1.44	1.47	2.47	0.90	0.33	1.45	1.45	—	1.45	2.13
Bi	13	0.31	0.33	0.35	0.38	0.39	0.48	0.53	0.39	0.08	0.39	1.73	0.60	0.28	0.21	0.38	0.39	—	0.38	0.43
Br	13	1.96	2.47	4.50	6.80	9.15	11.11	11.91	7.02	3.45	6.06	3.16	12.81	1.90	0.49	6.80	6.80	—	6.80	5.21
Cd	72	0.12	0.13	0.18	0.22	0.26	0.32	0.38	0.23	0.08	0.21	2.56	0.55	0.09	0.37	0.22	0.21	正态分布	0.23	0.16
Ce	13	43.18	48.00	69.0	73.6	75.7	107	119	75.5	23.37	72.3	11.98	127	40.49	0.31	73.6	75.7	—	73.6	73.8
Cl	13	44.82	47.36	57.0	63.9	71.0	73.7	84.2	64.4	14.30	63.0	10.48	99.5	43.50	0.22	63.9	63.9	—	63.9	52.2
Co	72	8.21	9.31	12.01	15.40	21.56	29.59	31.87	17.49	7.76	15.98	5.08	40.43	6.94	0.44	15.40	13.20	正态分布	17.49	10.40
Cr	72	26.05	27.83	33.98	45.62	63.6	92.3	117	54.2	29.26	47.99	9.74	144	18.00	0.54	45.62	38.90	正态分布	54.2	61.0
Cu	72	22.84	25.91	30.01	41.68	57.9	77.7	97.3	49.05	27.40	43.51	9.28	157	17.50	0.56	41.68	49.40	正态分布	49.05	18.70
F	13	310	320	339	444	484	570	652	446	126	431	31.41	752	296	0.28	444	444	—	444	453
Ga	13	16.37	17.00	17.91	18.70	19.60	19.68	20.86	18.73	1.68	18.66	5.32	22.60	15.58	0.09	18.70	19.60	—	18.70	18.70
Ge	72	1.23	1.25	1.30	1.38	1.44	1.50	1.55	1.38	0.11	1.37	1.22	1.74	1.11	0.08	1.38	1.38	正态分布	1.38	1.44
Hg	72	0.05	0.06	0.07	0.10	0.14	0.17	0.21	0.11	0.05	0.10	3.67	0.36	0.04	0.47	0.10	0.11	对数正态分布	0.10	0.11
I	13	0.61	1.13	4.30	5.40	7.35	8.52	8.91	5.36	2.79	4.16	3.15	9.40	0.53	0.52	5.40	5.36	—	5.40	1.60
La	13	21.82	24.99	37.00	40.00	44.20	50.1	50.9	39.02	9.55	37.74	8.38	51.9	20.20	0.24	40.00	38.20	—	40.00	37.00
Li	13	21.68	22.42	26.30	28.60	32.40	34.76	36.68	29.05	5.17	28.62	6.90	39.20	21.20	0.18	28.60	28.60	—	28.60	38.20
Mn	72	298	322	395	562	858	1288	1542	704	404	609	41.60	1919	185	0.57	562	392	对数正态分布	609	389
Mo	72	0.51	0.57	0.68	0.81	1.00	1.29	1.43	0.87	0.33	0.82	1.40	2.53	0.41	0.38	0.81	0.77	对数正态分布	0.82	0.35
N	72	0.73	0.78	1.12	1.36	1.55	1.90	2.17	1.36	0.44	1.29	1.46	2.69	0.48	0.32	1.36	1.22	正态分布	1.36	0.95
Nb	13	9.76	9.98	11.40	13.30	20.90	22.60	24.98	16.22	6.02	15.25	4.80	28.40	9.70	0.37	13.30	16.92	—	13.30	14.85
Ni	72	11.96	12.52	14.57	18.45	24.63	33.78	46.02	21.92	11.23	19.90	5.80	62.4	9.03	0.51	18.45	22.20	正态分布	19.90	25.00
P	72	0.40	0.46	0.56	0.74	0.94	1.26	1.35	0.80	0.34	0.74	1.56	2.07	0.21	0.43	0.74	0.56	正态分布	0.74	0.60
Pb	72	17.31	18.32	21.32	24.30	27.69	32.31	35.02	24.73	5.41	24.11	6.51	37.00	8.81	0.22	24.30	24.30	正态分布	24.73	29.00

第四章 土壤元素背景值

续表 4-17

元素/指标	N	$X_{5\%}$	$X_{10\%}$	$X_{25\%}$	$X_{50\%}$	$X_{75\%}$	$X_{90\%}$	$X_{95\%}$	$\overline{X}$	S	$\overline{X}_g$	S_g	X_{max}	X_{min}	CV	X_{me}	X_{mo}	分布类型	变质岩类风化物背景值	杭州市背景值
Rb	13	43.80	47.80	57.0	66.0	80.1	91.6	108	70.2	23.06	67.0	10.93	128	39.00	0.33	66.0	72.0	—	66.0	103
S	13	258	260	276	291	363	424	590	356	154	336	27.17	832	257	0.43	291	356	—	291	254
Sb	13	0.81	0.84	0.98	1.19	1.34	1.80	1.91	1.25	0.39	1.20	1.35	2.04	0.79	0.31	1.19	1.25	—	1.19	0.80
Sc	13	8.58	9.46	12.35	13.20	15.30	19.70	21.06	14.01	3.88	13.53	4.56	21.60	8.10	0.28	13.20	13.63	对数正态分布	13.20	9.51
Se	72	0.26	0.29	0.34	0.40	0.57	0.76	1.28	0.50	0.29	0.44	1.86	1.50	0.22	0.58	0.40	0.30	—	0.44	0.25
Sn	13	2.80	2.99	4.70	6.17	7.14	7.75	10.02	6.20	2.74	5.69	2.88	13.40	2.77	0.44	6.17	6.17	—	6.17	3.90
Sr	13	49.94	57.3	72.4	95.4	118	150	159	97.4	35.57	91.2	12.71	161	41.90	0.37	95.4	95.9	—	95.4	43.10
Th	13	3.99	4.04	5.24	5.90	8.50	10.28	11.58	6.93	2.81	6.46	3.06	13.20	3.91	0.41	5.90	6.91	—	5.90	13.00
Ti	13	3999	4092	4875	5668	6157	7380	8058	5719	1372	5575	135	8726	3943	0.24	5668	5668	—	5668	5029
Tl	13	0.27	0.28	0.32	0.39	0.48	0.51	0.63	0.41	0.14	0.39	1.84	0.80	0.25	0.35	0.39	0.41	—	0.39	0.67
U	13	1.22	1.30	1.32	1.58	2.43	2.87	3.35	1.91	0.85	1.77	1.67	4.00	1.12	0.45	1.58	1.32	—	1.58	2.37
V	72	62.6	69.1	93.0	115	140	212	227	127	55.7	117	15.56	353	48.40	0.44	115	126	对数正态分布	117	102
W	13	1.01	1.08	1.36	1.65	1.91	2.32	2.42	1.67	0.48	1.60	1.51	2.48	0.91	0.29	1.65	1.65	—	1.65	2.13
Y	13	21.75	22.96	24.50	26.10	32.90	35.48	36.11	28.32	5.42	27.84	6.73	36.87	20.17	0.19	26.10	27.58	正态分布	26.10	24.00
Zn	72	68.6	77.7	86.7	101	114	124	130	101	19.67	99.0	14.38	156	61.3	0.20	101	114	—	101	101
Zr	13	127	150	195	254	283	328	410	250	105	232	21.10	525	103	0.42	254	254	—	254	260
SiO_2	13	58.9	59.6	61.8	66.3	68.9	69.6	70.3	65.4	4.21	65.3	10.56	71.3	58.1	0.06	66.3	65.3	—	66.3	70.8
Al_2O_3	13	13.30	13.69	14.84	15.30	16.20	16.88	16.93	15.29	1.30	15.24	4.73	16.97	12.77	0.09	15.30	15.30	—	15.30	12.84
TFe_2O_3	13	4.13	4.41	5.56	5.84	7.24	8.59	9.37	6.31	1.78	6.09	2.97	10.20	3.84	0.28	5.84	6.15	—	5.84	4.01
MgO	13	0.60	0.64	0.82	1.08	1.44	1.59	1.94	1.15	0.50	1.06	1.49	2.42	0.59	0.44	1.08	0.82	—	1.08	0.96
CaO	13	0.30	0.31	0.54	1.10	1.29	1.55	1.70	0.97	0.51	0.82	1.91	1.84	0.28	0.52	1.10	0.31	—	1.10	0.26
Na_2O	13	0.51	0.53	0.64	0.71	1.17	1.21	1.28	0.85	0.30	0.80	1.47	1.39	0.50	0.36	0.71	1.21	—	0.71	0.19
K_2O	72	1.04	1.17	1.54	1.78	2.08	2.35	2.54	1.78	0.47	1.71	1.57	2.85	0.42	0.26	1.78	1.63	正态分布	1.78	1.99
TC	13	1.22	1.31	1.47	1.62	1.77	2.49	2.72	1.78	0.52	1.71	1.53	2.98	1.14	0.29	1.62	1.77	正态分布	1.62	1.59
C_{org}	72	0.86	0.96	1.24	1.47	1.56	1.72	2.08	1.42	0.36	1.37	1.41	2.49	0.56	0.25	1.47	1.37	正态分布	1.42	0.92
pH	72	4.66	4.79	4.93	5.15	5.48	5.91	5.95	5.07	5.19	5.25	2.60	7.37	4.58	1.02	5.15	4.94	—	5.07	4.96

第三节 主要土壤类型元素背景值

一、黄壤土壤元素背景值

黄壤土壤元素背景值数据经正态分布检验,结果表明(表4-18),原始数据中La、Sc、Ti、Al_2O_3、TFe_2O_3符合正态分布,Be、Br、Cl、Co、Cu、F、I、Li、P、Rb、Se、Sr、Th、Y、MgO、K_2O、TC共17项元素/指标符合对数正态分布,Ga、S、Tl、W、SiO_2剔除异常值后符合正态分布,As、Au、Ba、Bi、Cd、Ge、Hg、Mo、N、Nb、Sb、Sn、U、Zn、CaO、Corg、pH剔除异常值后符合对数正态分布,其他元素/指标不符合正态分布或对数正态分布。

黄壤土壤区表层土壤总体为中偏碱性,土壤pH背景值为5.09,极大值为6.26,极小值为3.99,接近于杭州市背景值。

在黄壤土壤区表层各元素/指标中,一多半元素/指标变异系数小于0.40,分布相对均匀;B、Cd、F、Cl、Hg、Au、Sb、Co、Cr、Cu、Mn、Ni、V、As、Se、TC、Li、Sr、P、Be、Br、Na_2O、I、MgO、Mo、pH共26项元素/指标变异系数大于0.40,其中pH、Se变异系数大于0.80,空间变异性较大。

与杭州市土壤元素背景值相比,黄壤区土壤元素背景值中Cr、N背景值明显低于杭州市背景值,为杭州市背景值的60%以下;As、B背景值略低于杭州市背景值,为杭州市背景值的60%~80%;Sn、Nb、Rb、S、K_2O、La、Sr、Tl、Cl、Y背景值略高于杭州市背景值,与杭州市背景值比值在1.2~1.4之间;I、Br、TC、U、Ce、Mn、Mo、N、Se、Corg背景值明显偏高,与杭州市背景值比值均在1.4以上,其中Mo背景值均为杭州市背景值的2.97倍;其他元素/指标背景值则与杭州市背景值基本接近。

二、红壤土壤元素背景值

红壤土壤元素背景值数据经正态分布检验,结果表明(表4-19),原始数据中Br、F、Al_2O_3、MgO、TC符合对数正态分布,TFe_2O_3剔除异常值后符合正态分布,Au、Be、Cl、Ga、Li、N、S、Sr、Th、Tl、W、Zn剔除异常值后符合对数正态分布,其他元素/指标不符合正态分布或对数正态分布。

红壤土壤区表层土壤总体为弱酸性,土壤pH背景值为5.04,极大值为6.91,极小值为3.54,与杭州市背景值基本接近。

在红壤土壤区表层各元素/指标中,大多数元素/指标变异系数小于0.40,分布相对均匀;F、Mo、Ni、MgO、P、I、Mn、Sb、Cd、Na_2O、pH、Hg、Sn、As、B、Br、Co、Cr、Cu共19项元素/指标变异系数大于0.40,其中F、pH变异系数大于0.80,空间变异性较大。

与杭州市土壤元素背景值相比,红壤区土壤元素背景值中Mn背景值略低于杭州市背景值,为杭州市背景值的60.4%;Rb、F、La、TFe_2O_3背景值略高于杭州市背景值,与杭州市背景值比值在1.2~1.4之间;Mo、N、Sn、Corg背景值明显偏高,与杭州市背景值比值均在1.4以上,其中Mo背景值为杭州市背景值的2.03;其他元素/指标背景值则与杭州市背景值基本接近。

三、粗骨土土壤元素背景值

粗骨土土壤元素背景值数据经正态分布检验,结果表明(表4-20),原始数据中B、Be、Br、Cl、F、Ga、I、La、Nb、Rb、S、Sc、Th、Ti、Tl、Y、SiO_2、Al_2O_3、TFe_2O_3、Na_2O、K_2O、TC共22项元素/指标符合正态分布,Ba、Bi、Ce、Co、Cr、Ge、Li、N、P、Sb、Sn、Sr、U、V、W、MgO、CaO、Corg共18项元素/指标符合对数正态分

第四章 土壤元素背景值

表 4-18 黄壤土壤元素背景值参数统计表

元素/指标	N	$X_{5\%}$	$X_{10\%}$	$X_{25\%}$	$X_{50\%}$	$X_{75\%}$	$X_{90\%}$	$X_{95\%}$	$\overline{X}$	S	$\overline{X}_g$	S_g	X_{max}	X_{min}	CV	X_{me}	X_{mo}	分布类型	黄壤背景值	杭州市背景值
Ag	337	61.8	67.6	78.0	93.0	120	160	180	103	36.91	97.7	14.31	220	40.00	0.36	93.0	100.0	其他分布	100.0	100.0
As	1195	2.62	3.58	5.26	7.48	10.80	16.00	19.02	8.59	4.81	7.37	3.81	23.90	1.10	0.56	7.48	10.80	剔除后对数分布	7.37	10.40
Au	341	0.52	0.62	0.81	1.08	1.47	1.89	2.27	1.18	0.52	1.07	1.56	2.76	0.16	0.44	1.08	0.86	剔除后对数分布	1.07	1.20
B	1309	13.49	16.89	23.41	38.62	59.8	78.0	89.7	43.67	24.41	36.93	9.17	117	5.52	0.56	38.62	40.50	偏峰分布	40.50	61.4
Ba	320	317	360	414	466	552	694	840	502	150	482	35.37	1061	207	0.30	466	452	剔除后对数分布	482	421
Be	378	1.53	1.69	1.99	2.37	2.93	3.98	4.79	2.72	1.41	2.50	1.90	13.70	1.15	0.52	2.37	2.83	对数正态分布	2.50	2.13
Bi	338	0.28	0.32	0.41	0.49	0.60	0.73	0.85	0.51	0.16	0.49	1.70	1.03	0.20	0.32	0.49	0.47	剔除后正态分布	0.49	0.43
Br	378	3.00	3.70	5.94	8.32	11.36	15.73	18.27	9.14	4.66	8.00	3.63	31.10	1.50	0.51	8.32	9.60	对数正态分布	8.00	5.21
Cd	1194	0.08	0.10	0.13	0.18	0.25	0.36	0.44	0.20	0.10	0.18	2.88	0.53	0.03	0.51	0.18	0.15	剔除后对数分布	0.18	0.16
Ce	330	68.2	72.4	80.3	88.8	103	123	138	93.6	20.92	91.4	13.75	164	36.20	0.22	88.8	104	偏峰分布	104	73.8
Cl	378	36.20	40.14	49.70	62.8	81.1	96.7	109	67.9	28.57	63.5	10.90	296	29.30	0.42	62.8	69.6	对数正态分布	63.5	52.2
Co	1335	3.86	4.72	6.76	9.96	14.25	18.90	21.43	11.01	5.65	9.66	4.22	44.68	1.93	0.51	9.96	10.80	对数正态分布	9.66	10.40
Cr	1318	16.58	20.29	28.10	44.33	67.7	81.5	89.9	48.41	24.05	42.24	9.68	129	6.10	0.50	44.33	34.90	其他分布	34.90	61.0
Cu	1335	8.64	9.98	12.92	18.04	28.08	46.29	58.6	23.84	17.71	19.72	6.36	149	4.98	0.74	18.04	15.70	对数正态分布	19.72	18.70
F	378	288	325	390	478	623	784	945	532	221	497	36.59	1897	208	0.42	478	414	对数正态分布	497	453
Ga	356	14.28	15.40	17.18	18.60	20.02	21.80	22.62	18.53	2.46	18.36	5.37	24.70	12.30	0.13	18.60	19.10	剔除后对数分布	18.53	18.70
Ge	1295	1.18	1.22	1.30	1.40	1.53	1.69	1.76	1.43	0.18	1.42	1.27	1.92	0.98	0.12	1.40	1.36	剔除后对数分布	1.42	1.44
Hg	1273	0.04	0.05	0.07	0.09	0.12	0.15	0.17	0.10	0.04	0.09	3.98	0.21	0.01	0.41	0.09	0.11	剔除后对数分布	0.09	0.11
I	378	1.39	1.97	3.71	6.17	8.83	11.33	12.91	6.57	4.13	5.39	3.25	46.20	0.65	0.63	6.17	10.40	对数正态分布	5.39	1.60
La	378	35.00	36.60	41.30	45.70	49.15	52.7	55.1	45.41	6.36	44.96	9.09	69.9	29.00	0.14	45.70	44.10	正态分布	45.41	37.00
Li	378	25.88	28.20	33.30	39.35	46.20	56.4	64.2	42.77	19.85	40.34	8.74	279	22.30	0.46	39.35	38.80	剔除后对数分布	40.34	38.20
Mn	1291	159	188	284	506	798	1090	1290	576	352	471	39.27	1659	78.9	0.61	506	584	其他分布	584	389
Mo	1188	0.48	0.56	0.73	1.04	1.46	1.97	2.34	1.16	0.57	1.04	1.61	3.09	0.29	0.49	1.04	1.19	剔除后对数分布	1.04	0.35
N	1263	0.77	1.01	1.28	1.66	2.04	2.54	2.88	1.70	0.61	1.58	1.67	3.44	0.18	0.36	1.66	1.67	其他分布	1.58	0.95
Nb	332	14.51	15.52	17.98	20.00	21.73	24.78	27.20	20.11	3.58	19.80	5.63	30.30	11.88	0.18	20.00	20.60	剔除后对数分布	19.80	14.85
Ni	1296	7.91	9.05	12.10	17.70	30.19	39.59	44.99	21.61	11.97	18.58	6.16	59.4	3.62	0.55	17.70	15.00	其他分布	15.00	25.00
P	1335	0.24	0.32	0.46	0.65	0.92	1.22	1.45	0.73	0.40	0.63	1.81	4.11	0.06	0.55	0.65	0.68	对数正态分布	0.63	0.60
Pb	1258	23.39	25.53	28.86	32.20	36.89	42.23	44.91	32.99	6.38	32.38	7.60	50.8	16.10	0.19	32.20	30.70	偏峰分布	30.70	29.00

续表 4-18

元素/指标	N	$X_{5\%}$	$X_{10\%}$	$X_{25\%}$	$X_{50\%}$	$X_{75\%}$	$X_{90\%}$	$X_{95\%}$	$\bar{X}$	S	$\bar{X}_g$	S_g	X_{max}	X_{min}	CV	X_{me}	X_{mo}	分布类型	黄壤背景值	杭州市背景值
Rb	378	78.9	87.9	105	131	167	193	201	140	51.2	133	16.60	436	62.9	0.37	131	118	对数正态分布	133	103
S	370	180	200	245	300	359	424	469	306	84.7	294	26.06	544	90.1	0.28	300	306	剔除后对数正态分布	306	254
Sb	341	0.51	0.56	0.68	0.85	1.18	1.64	1.92	0.98	0.44	0.90	1.50	2.42	0.40	0.45	0.85	0.72	正态分布	0.90	0.80
Sc	378	6.70	7.27	8.20	9.50	10.60	11.40	11.80	9.47	1.69	9.31	3.69	17.30	5.50	0.18	9.50	10.30	对数正态分布	9.47	9.51
Se	1335	0.20	0.23	0.29	0.42	0.62	0.86	1.09	0.52	0.45	0.44	2.00	7.91	0.10	0.86	0.42	0.22	剔除后正态分布	0.44	0.25
Sn	345	3.08	3.43	4.08	5.06	6.68	9.09	10.56	5.66	2.24	5.28	2.82	12.50	1.06	0.40	5.06	4.60	对数正态分布	5.28	3.90
Sr	378	29.98	33.48	39.80	51.6	64.0	82.5	115	57.4	27.81	52.7	9.62	181	19.40	0.48	51.6	53.7	对数正态分布	52.7	43.10
Th	378	10.48	11.00	12.30	13.90	16.10	18.83	20.41	14.54	3.68	14.17	4.62	44.40	6.29	0.25	13.90	12.80	正态分布	14.17	13.00
Ti	378	2850	3095	3798	4509	5400	5970	6259	4593	1177	4443	130	11837	1621	0.26	4509	4531	剔除后正态分布	4593	5029
Tl	363	0.49	0.58	0.69	0.81	0.96	1.10	1.18	0.83	0.20	0.81	1.33	1.39	0.39	0.24	0.81	0.68	剔除后对数正态分布	0.83	0.67
U	344	2.30	2.51	2.90	3.41	4.00	4.83	5.51	3.55	0.92	3.44	2.11	6.41	1.59	0.26	3.41	3.61	剔除后对数正态分布	3.44	2.37
V	1260	27.60	32.88	46.68	69.8	94.1	118	136	73.3	33.51	65.6	12.15	176	15.01	0.46	69.8	103	其他分布	103	102
W	342	1.47	1.69	2.06	2.34	2.74	3.08	3.43	2.40	0.56	2.33	1.73	4.05	1.01	0.23	2.34	2.18	剔除后正态分布	2.40	2.13
Y	378	20.70	21.84	23.70	27.60	33.98	41.83	47.23	30.03	9.23	28.91	7.26	78.1	17.90	0.31	27.60	25.40	对数正态分布	28.91	24.00
Zn	1243	52.7	58.9	69.5	83.7	99.9	119	133	86.5	23.51	83.4	13.36	156	33.16	0.27	83.7	101	剔除后正态分布	83.4	101
Zr	350	187	209	238	266	308	365	389	276	58.8	270	25.20	444	162	0.21	266	271	偏峰分布	271	260
SiO$_2$	373	63.7	64.9	67.5	69.6	71.5	73.0	73.9	69.3	3.05	69.3	11.59	77.1	60.8	0.04	69.6	69.1	剔除后正态分布	69.3	70.8
Al$_2$O$_3$	378	10.89	11.60	12.70	13.70	14.80	15.60	16.01	13.68	1.58	13.59	4.50	18.20	9.71	0.12	13.70	13.60	正态分布	13.68	12.84
TFe$_2$O$_3$	378	3.12	3.30	3.93	4.74	5.36	5.93	6.22	4.69	1.04	4.58	2.51	8.83	2.29	0.22	4.74	4.64	正态分布	4.69	4.01
MgO	378	0.45	0.53	0.65	0.84	1.17	1.75	2.19	1.04	0.69	0.91	1.64	5.41	0.31	0.66	0.84	0.72	对数正态分布	0.91	0.96
CaO	336	0.17	0.19	0.23	0.28	0.34	0.42	0.48	0.29	0.09	0.28	2.28	0.60	0.13	0.32	0.28	0.28	剔除后对数正态分布	0.28	0.26
Na$_2$O	359	0.16	0.18	0.23	0.42	0.62	0.78	0.89	0.45	0.24	0.38	2.35	1.19	0.10	0.54	0.42	0.20	其他分布	0.20	0.19
K$_2$O	1335	1.46	1.73	2.08	2.67	3.33	3.92	4.16	2.74	0.84	2.60	1.87	5.16	0.49	0.31	2.67	3.09	对数正态分布	2.60	1.99
TC	378	1.20	1.35	1.75	2.24	3.04	4.07	4.65	2.51	1.14	2.30	1.83	9.44	0.69	0.45	2.24	2.24	对数正态分布	2.30	1.59
Corg	1226	0.76	1.00	1.30	1.68	2.09	2.67	2.99	1.74	0.65	1.61	1.70	3.62	0.14	0.37	1.68	2.39	剔除后对数正态分布	1.61	0.92
pH	1248	4.41	4.60	4.82	5.06	5.33	5.64	5.86	4.90	4.86	5.09	2.56	6.26	3.99	0.99	5.06	5.00	剔除后对数正态分布	5.09	4.96

注：氧化物、TC、Corg 单位为%，N、P 单位为 g/kg，Au、Ag 单位为 μg/kg，pH 为无量纲，其他元素/指标单位为 mg/kg；后表单位相同。

第四章 土壤元素背景值

表 4-19 红壤土壤元素背景值参数统计表

元素/指标	N	$X_{5\%}$	$X_{10\%}$	$X_{25\%}$	$X_{50\%}$	$X_{75\%}$	$X_{90\%}$	$X_{95\%}$	$\overline{X}$	S	$\overline{X}_g$	S_g	X_{max}	X_{min}	CV	X_{me}	X_{mo}	分布类型	红壤背景值	杭州市背景值
Ag	1885	52.0	60.0	77.0	100.0	130	190	220	112	50.4	102	14.67	270	30.00	0.45	100.0	100.0	其他分布	100.0	100.0
As	10 899	2.82	3.46	5.00	7.23	10.82	15.90	19.10	8.55	4.91	7.30	3.69	24.70	0.91	0.57	7.23	10.40	其他分布	10.40	10.40
Au	1901	0.68	0.80	1.02	1.38	1.94	2.67	3.15	1.57	0.73	1.42	1.63	3.88	0.19	0.47	1.38	1.16	剔除后对数分布	1.42	1.20
B	11 839	15.57	21.00	35.38	54.1	68.6	81.7	90.4	52.9	22.94	46.65	10.25	120	1.10	0.43	54.1	54.3	其他分布	54.3	61.4
Ba	1808	297	332	387	448	534	674	757	476	137	458	34.58	961	162	0.29	448	448	其他分布	448	421
Be	1954	1.40	1.55	1.80	2.13	2.55	2.92	3.14	2.19	0.54	2.12	1.64	3.88	0.66	0.25	2.13	2.22	剔除后对数分布	2.12	2.13
Bi	1861	0.29	0.32	0.37	0.44	0.53	0.64	0.73	0.46	0.13	0.44	1.74	0.87	0.15	0.28	0.44	0.39	其他分布	0.39	0.43
Br	2072	2.30	2.70	3.77	5.42	7.42	9.83	11.24	5.95	2.96	5.29	2.87	22.30	1.20	0.50	5.42	3.20	对数正态分布	5.29	5.21
Cd	10 818	0.06	0.08	0.12	0.17	0.24	0.34	0.41	0.19	0.10	0.16	3.16	0.52	0.01	0.54	0.17	0.14	其他分布	0.14	0.16
Ce	1829	69.2	71.7	76.5	82.1	91.1	103	112	85.0	12.80	84.1	12.97	128	49.30	0.15	82.1	75.9	其他分布	75.9	73.8
Cl	1956	30.68	34.95	41.60	50.5	62.6	75.3	83.0	53.0	15.71	50.8	9.54	99.9	20.50	0.30	50.5	53.4	剔除后对数分布	50.8	52.2
Co	11 848	4.68	5.73	8.16	11.41	15.20	18.48	20.36	11.85	4.83	10.80	4.28	26.40	0.66	0.41	11.41	11.30	其他分布	11.30	10.40
Cr	11 964	17.53	23.10	39.03	61.5	75.1	86.6	94.2	58.0	23.84	51.8	10.62	129	2.46	0.41	61.5	67.9	其他分布	67.9	61.0
Cu	11 504	10.13	12.30	17.40	24.40	31.90	39.60	45.16	25.34	10.51	23.07	6.64	56.4	1.39	0.41	24.40	16.30	对数正态分布	16.30	18.70
F	2072	336	366	430	535	685	897	1064	614	971	556	38.84	43 287	199	1.58	535	548	其他分布	556	453
Ga	2047	13.20	14.00	15.40	17.50	19.30	20.90	21.70	17.45	2.66	17.24	5.19	24.90	9.70	0.15	17.50	16.90	剔除后对数分布	17.24	18.70
Ge	11 793	1.20	1.26	1.36	1.48	1.61	1.74	1.82	1.49	0.19	1.48	1.30	2.01	0.97	0.12	1.48	1.44	其他分布	1.44	1.44
Hg	11 242	0.04	0.05	0.07	0.10	0.13	0.17	0.20	0.11	0.05	0.10	3.81	0.24	0.01	0.44	0.10	0.11	其他分布	0.11	0.11
I	2010	0.96	1.26	2.33	4.01	5.77	7.70	8.72	4.27	2.39	3.51	2.63	11.40	0.05	0.56	4.01	1.60	其他分布	1.60	1.60
La	2029	36.10	38.00	42.30	45.90	49.10	52.0	54.1	45.58	5.26	45.27	9.04	59.6	31.80	0.12	45.90	47.00	偏峰分布	47.00	37.00
Li	1980	25.70	27.89	32.50	38.10	45.23	51.8	57.1	39.22	9.31	38.14	8.30	66.4	17.60	0.24	38.10	32.80	剔除后对数分布	38.14	38.20
Mn	11 618	154	187	256	391	603	840	978	456	253	390	33.14	1208	35.30	0.56	391	235	其他分布	235	389
Mo	10 915	0.40	0.47	0.60	0.82	1.15	1.58	1.88	0.93	0.44	0.84	1.60	2.40	0.06	0.48	0.82	0.71	其他分布	0.71	0.35
N	11 768	0.69	0.85	1.13	1.42	1.76	2.11	2.32	1.45	0.48	1.36	1.54	2.77	0.15	0.33	1.42	0.95	剔除后对数分布	1.36	0.95
Nb	1878	15.50	16.30	17.60	19.10	21.10	23.70	25.50	19.57	2.93	19.36	5.54	28.70	11.26	0.15	19.10	19.10	其他分布	19.10	14.85
Ni	11 908	7.25	9.22	14.55	24.00	32.50	39.71	43.85	24.31	11.59	21.17	6.54	60.1	1.31	0.48	24.00	20.90	其他分布	20.90	25.00
P	11 599	0.29	0.35	0.47	0.64	0.86	1.10	1.26	0.68	0.29	0.62	1.67	1.53	0.04	0.42	0.64	0.57	偏峰分布	0.57	0.60
Pb	11 392	21.43	23.44	26.77	30.60	35.04	40.12	43.40	31.21	6.46	30.54	7.39	49.90	13.40	0.21	30.60	29.00	其他分布	29.00	29.00

续表 4-19

元素/指标	N	$X_{5\%}$	$X_{10\%}$	$X_{25\%}$	$X_{50\%}$	$X_{75\%}$	$X_{90\%}$	$X_{95\%}$	$\bar{X}$	S	$\bar{X}_g$	S_g	X_{max}	X_{min}	CV	X_{me}	X_{mo}	分布类型	红壤背景值	杭州市背景值
Rb	2002	77.0	83.0	95.0	115	134	157	170	117	28.39	113	15.30	195	39.00	0.24	115	128	偏峰分布	128	103
S	1958	169	184	216	251	294	344	375	258	61.0	251	24.11	432	95.4	0.24	251	227	剔除后对数分布	251	254
Sb	1857	0.54	0.60	0.72	0.91	1.28	1.85	2.25	1.07	0.51	0.98	1.53	2.75	0.33	0.47	0.91	0.77	其他分布	0.77	0.80
Sc	2011	7.00	7.50	8.50	9.50	10.40	11.30	11.90	9.45	1.46	9.34	3.66	13.40	5.60	0.15	9.50	9.40	其他分布	9.40	9.51
Se	11 318	0.18	0.21	0.26	0.33	0.43	0.56	0.63	0.36	0.14	0.33	2.05	0.76	0.03	0.38	0.33	0.28	其他分布	0.28	0.25
Sn	1908	2.95	3.41	4.16	5.42	7.33	9.74	11.20	6.01	2.52	5.52	2.90	14.15	0.76	0.42	5.42	7.34	其他分布	7.34	3.90
Sr	1891	28.90	31.70	37.05	43.90	53.7	64.6	74.3	46.46	13.34	44.69	8.88	88.0	19.10	0.29	43.90	41.00	剔除后对数分布	44.69	43.10
Th	1977	10.00	10.60	11.70	13.20	14.80	16.40	17.50	13.37	2.27	13.17	4.42	20.10	7.14	0.17	13.20	12.20	其他分布	13.17	13.00
Ti	2019	3425	3824	4520	5210	5696	6080	6341	5079	877	4997	137	7530	2702	0.17	5210	4875	偏峰分布	4875	5029
Tl	1954	0.47	0.51	0.59	0.70	0.84	0.98	1.08	0.73	0.19	0.71	1.40	1.29	0.25	0.26	0.70	0.66	剔除后对数分布	0.71	0.67
U	1909	2.18	2.32	2.56	2.95	3.58	4.22	4.75	3.12	0.79	3.03	1.98	5.61	1.12	0.25	2.95	2.62	其他分布	2.62	2.37
V	11 333	37.70	45.70	63.0	81.0	97.1	113	126	80.6	26.08	75.9	12.60	156	10.30	0.32	81.0	102	其他分布	102	102
W	1924	1.42	1.55	1.80	2.17	2.64	3.20	3.61	2.28	0.65	2.19	1.70	4.27	0.76	0.29	2.17	2.04	剔除后对数分布	2.19	2.13
Y	1960	20.90	22.10	24.10	26.60	30.00	34.51	36.80	27.37	4.70	26.99	6.81	40.60	15.70	0.17	26.60	25.00	偏峰分布	25.00	24.00
Zn	11 523	53.2	58.9	70.2	84.9	102	118	129	87.0	22.96	84.0	13.25	156	20.79	0.26	84.9	102	剔除后对数分布	84.0	101
Zr	1900	186	203	233	260	286	319	339	261	43.70	257	24.55	383	149	0.17	260	260	其他分布	260	260
SiO₂	2021	66.0	67.2	69.7	71.8	73.7	75.2	76.1	71.5	3.02	71.5	11.78	79.3	63.4	0.04	71.8	70.8	偏峰分布	70.8	70.8
Al₂O₃	2072	10.87	11.28	11.98	12.87	13.95	15.10	15.85	13.06	1.56	12.97	4.39	20.76	9.08	0.12	12.87	12.40	对数正态分布	12.97	12.84
TFe₂O₃	2043	3.35	3.65	4.22	4.88	5.49	6.08	6.42	4.87	0.92	4.78	2.52	7.40	2.34	0.19	4.88	5.11	剔除后正态分布	4.87	4.01
MgO	2072	0.49	0.54	0.65	0.87	1.14	1.51	1.77	0.97	0.48	0.88	1.52	5.65	0.25	0.50	0.87	0.59	对数正态分布	0.88	0.96
CaO	1816	0.15	0.17	0.20	0.24	0.31	0.40	0.47	0.27	0.10	0.25	2.39	0.59	0.10	0.36	0.24	0.26	其他分布	0.26	0.26
Na₂O	1933	0.14	0.16	0.19	0.26	0.43	0.68	0.80	0.34	0.20	0.29	2.52	0.97	0.08	0.60	0.26	0.20	其他分布	0.20	0.19
K₂O	11 873	1.35	1.53	1.91	2.36	2.87	3.51	3.84	2.43	0.74	2.32	1.77	4.39	0.46	0.30	2.36	2.35	对数正态分布	2.35	1.99
TC	2072	0.98	1.11	1.36	1.66	2.06	2.55	2.96	1.79	0.65	1.68	1.55	5.70	0.49	0.37	1.66	1.73	其他分布	1.68	1.59
Corg	11 411	0.64	0.82	1.10	1.39	1.72	2.08	2.31	1.42	0.49	1.33	1.57	2.76	0.12	0.34	1.39	1.42	对数正态分布	1.42	0.92
pH	11 123	4.28	4.47	4.76	5.10	5.49	5.97	6.31	4.83	4.66	5.16	2.59	6.91	3.54	0.96	5.10	5.04	其他分布	5.04	4.96

第四章 土壤元素背景值

表 4-20 粗骨土土壤元素背景值参数统计表

元素/指标	N	$X_{5\%}$	$X_{10\%}$	$X_{25\%}$	$X_{50\%}$	$X_{75\%}$	$X_{90\%}$	$X_{95\%}$	$\overline{X}$	S	$\overline{X}_g$	S_g	X_{max}	X_{min}	CV	X_{me}	X_{mo}	分布类型	粗骨土背景值	杭州市背景值
Ag	110	50.00	60.0	70.0	80.0	100.0	111	130	83.6	22.65	80.6	12.66	140	40.00	0.27	80.0	80.0	剔除后正态分布	83.6	100.0
As	488	2.78	3.49	4.52	6.36	9.34	13.13	16.42	7.48	3.97	6.56	3.44	20.09	1.33	0.53	6.36	11.00	剔除后对数分布	6.56	10.40
Au	107	0.55	0.58	0.73	0.95	1.28	1.62	2.10	1.06	0.47	0.97	1.51	2.67	0.33	0.44	0.95	0.97	剔除后对数分布	0.97	1.20
B	543	16.51	20.28	32.25	47.15	63.5	75.4	81.5	48.04	21.28	42.71	9.69	143	4.85	0.44	47.15	32.50	正态分布	48.04	61.4
Ba	126	254	298	364	433	532	700	869	484	248	445	33.24	2174	154	0.51	433	480	对数正态分布	445	421
Be	126	1.46	1.58	1.83	2.19	2.51	2.88	3.27	2.24	0.59	2.16	1.67	4.53	0.99	0.27	2.19	2.24	正态分布	2.24	2.13
Bi	126	0.25	0.27	0.30	0.35	0.43	0.59	0.77	0.42	0.24	0.38	2.02	1.73	0.20	0.56	0.35	0.32	对数正态分布	0.38	0.43
Br	126	2.16	3.05	3.86	5.30	7.25	9.73	10.47	5.78	2.63	5.20	2.77	15.90	1.20	0.46	5.30	5.57	正态分布	5.78	5.21
Cd	482	0.09	0.11	0.14	0.19	0.25	0.31	0.36	0.20	0.08	0.18	2.82	0.47	0.04	0.41	0.19	0.19	剔除后对数分布	0.18	0.16
Ce	126	57.6	63.6	70.3	76.8	85.2	95.0	104	79.8	20.91	77.8	12.18	236	46.70	0.26	76.8	70.3	对数正态分布	77.8	73.8
Cl	126	26.52	28.35	33.40	42.25	52.9	64.5	70.3	44.71	15.10	42.46	8.58	113	20.40	0.34	42.25	42.20	正态分布	44.71	52.2
Co	543	4.19	5.08	6.75	9.44	13.70	17.81	20.08	10.61	5.25	9.45	3.98	40.57	2.46	0.50	9.44	11.40	对数正态分布	9.45	10.40
Cr	543	18.23	23.30	32.70	47.00	64.4	79.5	86.1	50.00	23.28	44.76	9.75	181	8.83	0.47	47.00	31.10	对数正态分布	44.76	61.0
Cu	512	9.05	10.21	14.84	19.85	26.02	32.50	36.50	20.84	8.33	19.10	5.99	46.50	4.20	0.40	19.85	19.00	剔除后正态分布	20.84	18.70
F	126	347	360	442	610	757	910	1026	631	233	592	41.26	1493	273	0.37	610	610	正态分布	631	453
Ga	126	13.33	13.80	15.50	17.15	18.77	20.55	21.58	17.18	2.52	17.00	5.15	24.50	11.50	0.15	17.15	16.70	正态分布	17.18	18.70
Ge	543	1.21	1.28	1.40	1.53	1.70	1.86	2.00	1.57	0.26	1.55	1.35	2.94	0.92	0.17	1.53	1.51	对数正态分布	1.55	1.44
Hg	510	0.04	0.05	0.07	0.09	0.12	0.15	0.18	0.10	0.04	0.09	3.99	0.22	0.01	0.43	0.09	0.11	剔除后正态分布	0.09	0.11
I	126	1.35	1.79	2.96	3.96	5.46	6.71	7.93	4.29	2.15	3.73	2.52	11.70	0.45	0.50	3.96	3.79	正态分布	4.29	1.60
La	126	28.65	31.20	34.88	39.15	44.05	47.45	51.2	39.28	6.89	38.67	8.10	60.8	19.70	0.18	39.15	33.20	正态分布	39.28	37.00
Li	126	26.95	29.20	33.92	38.70	44.80	55.3	68.1	43.65	23.85	40.57	8.83	223	21.90	0.55	38.70	43.90	对数正态分布	40.57	38.20
Mn	522	125	145	195	310	557	819	965	404	265	328	30.60	1159	75.0	0.66	310	242	剔除后对数分布	328	389
Mo	489	0.41	0.48	0.61	0.80	1.09	1.42	1.79	0.90	0.40	0.82	1.57	2.20	0.22	0.45	0.80	0.57	正态分布	0.82	0.35
N	543	0.75	0.86	1.04	1.28	1.56	1.87	2.11	1.33	0.43	1.26	1.44	3.51	0.30	0.33	1.28	1.24	正态分布	1.26	0.95
Nb	126	16.57	17.55	19.42	22.30	25.30	29.00	31.05	22.68	4.61	22.25	6.09	38.20	14.00	0.20	22.30	19.50	正态分布	22.68	14.85
Ni	522	7.34	8.51	11.50	17.31	25.68	31.43	36.49	19.08	9.27	16.91	5.67	48.50	3.62	0.49	17.31	11.90	剔除后对数分布	16.91	25.00
P	543	0.23	0.30	0.39	0.52	0.76	1.04	1.19	0.61	0.32	0.54	1.83	2.92	0.09	0.53	0.52	0.39	对数正态分布	0.54	0.60
Pb	501	20.60	22.70	26.80	30.00	33.90	38.50	41.39	30.45	6.02	29.86	7.23	46.70	15.50	0.20	30.00	31.80	剔除后正态分布	30.45	29.00

续表 4-20

元素/指标	N	$X_{5\%}$	$X_{10\%}$	$X_{25\%}$	$X_{50\%}$	$X_{75\%}$	$X_{90\%}$	$X_{95\%}$	$\bar{X}$	S	$\bar{X}_g$	S_g	X_{max}	X_{min}	CV	X_{me}	X_{mo}	分布类型	粗骨土背景值	杭州市背景值
Rb	126	80.5	83.8	99.2	121	142	157	172	122	30.02	119	16.06	216	66.1	0.25	121	120	正态分布	122	103
S	126	150	167	185	214	263	313	340	233	70.4	224	22.46	631	127	0.30	214	212	正态分布	233	254
Sb	126	0.58	0.62	0.75	0.96	1.28	2.38	3.91	1.34	1.26	1.08	1.78	7.97	0.45	0.94	0.96	0.79	对数正态分布	1.08	0.80
Sc	126	6.45	6.75	7.60	8.60	10.07	10.95	11.90	8.84	1.78	8.68	3.47	16.50	5.80	0.20	8.60	7.70	正态分布	8.84	9.51
Se	509	0.18	0.20	0.23	0.29	0.36	0.47	0.52	0.31	0.10	0.29	2.12	0.61	0.07	0.34	0.29	0.23	其他分布	0.23	0.25
Sn	126	3.05	3.26	4.04	4.82	6.20	10.04	15.75	6.39	5.41	5.40	2.87	46.00	1.92	0.85	4.82	4.08	对数正态分布	5.40	3.90
Sr	126	27.92	31.10	36.42	43.65	52.9	64.8	84.7	47.88	20.54	44.96	9.01	167	20.80	0.43	43.65	45.50	对数正态分布	44.96	43.10
Th	126	10.03	10.60	11.83	13.35	15.45	17.05	17.60	13.60	2.54	13.37	4.55	21.20	7.95	0.19	13.35	14.70	正态分布	13.60	13.00
Ti	126	2944	3192	3760	4378	5538	5946	6171	4579	1139	4430	123	7768	1841	0.25	4378	5665	正态分布	4579	5029
Tl	126	0.45	0.50	0.58	0.71	0.85	0.98	1.05	0.74	0.23	0.71	1.40	1.90	0.40	0.32	0.71	0.71	正态分布	0.74	0.67
U	126	2.24	2.33	2.65	3.14	3.93	4.58	5.37	3.92	5.53	3.34	2.29	63.5	1.84	1.41	3.14	4.27	对数正态分布	3.34	2.37
V	543	36.51	43.02	53.5	70.3	89.0	114	140	77.0	40.57	69.7	12.13	482	13.20	0.53	70.3	102	对数正态分布	69.7	102
W	126	1.33	1.40	1.76	2.04	2.56	3.33	4.19	2.34	1.15	2.17	1.81	10.40	0.85	0.49	2.04	2.16	正态分布	2.17	2.13
Y	126	22.02	22.60	24.95	27.55	30.82	33.50	35.30	28.06	4.30	27.74	6.83	40.80	18.70	0.15	27.55	28.80	正态分布	28.06	24.00
Zn	506	51.6	57.5	65.8	75.7	89.5	108	120	79.3	19.45	77.0	12.55	136	34.40	0.25	75.7	74.2	偏峰分布	74.2	101
Zr	115	206	223	245	260	284	328	343	267	41.68	264	24.76	382	166	0.16	260	262	偏峰分布	262	260
SiO$_2$	126	66.3	69.0	71.4	73.1	74.6	75.9	76.7	72.6	3.26	72.5	11.86	79.4	58.2	0.04	73.1	73.1	正态分布	72.6	70.8
Al$_2$O$_3$	126	10.90	11.20	11.70	12.50	13.70	14.65	15.01	12.75	1.42	12.67	4.34	17.90	9.98	0.11	12.50	13.10	正态分布	12.75	12.84
TFe$_2$O$_3$	126	2.97	3.21	3.67	4.36	5.03	5.67	6.05	4.41	1.00	4.30	2.35	8.08	2.24	0.23	4.36	4.69	正态分布	4.41	4.01
MgO	126	0.42	0.52	0.58	0.75	0.92	1.05	1.26	0.80	0.33	0.75	1.48	2.98	0.35	0.41	0.75	0.75	对数正态分布	0.75	0.96
CaO	126	0.14	0.16	0.20	0.24	0.31	0.46	0.50	0.33	0.49	0.26	2.62	5.07	0.13	1.46	0.24	0.23	对数正态分布	0.26	0.26
Na$_2$O	126	0.15	0.18	0.23	0.39	0.52	0.70	0.87	0.42	0.23	0.36	2.24	1.28	0.11	0.55	0.39	0.51	正态分布	0.42	0.19
K$_2$O	543	1.59	1.77	2.14	2.55	3.06	3.50	3.80	2.61	0.68	2.53	1.79	4.96	1.15	0.26	2.55	2.35	正态分布	2.61	1.99
TC	126	0.90	1.00	1.21	1.56	2.01	2.30	2.67	1.67	0.66	1.56	1.54	5.35	0.61	0.40	1.56	1.64	正态分布	1.67	1.59
Corg	471	0.76	0.85	1.06	1.31	1.62	1.98	2.13	1.37	0.47	1.29	1.49	4.67	0.18	0.34	1.31	1.33	对数正态分布	1.29	0.92
pH	504	4.55	4.72	4.91	5.17	5.50	5.96	6.14	5.03	5.02	5.25	2.61	6.61	4.10	1.00	5.17	5.12	剔除后对数分布	5.25	4.96

布，Ag、Cu、Pb剔除异常值后符合正态分布，As、Au、Cd、Hg、Mn、Mo、Ni、pH剔除异常值后符合对数正态分布，其他元素/指标不符合正态分布或对数正态分布。

粗骨土土壤区表层土壤总体为酸性，土壤pH背景值为5.25，极大值为6.61，极小值为4.10，接近于杭州市背景值。

表层土壤各元素/指标中，约一半元素/指标变异系数小于0.40，分布相对均匀；MgO、Hg、B、Mo、Br、Ba、Au、Cr、Ni、Sr、W、Co、I、As、P、V、Li、Na_2O、Bi、Mn、Cd、Sn、Sb、pH、U、CaO共25项元素/指标变异系数大于0.40，其中Sn、Sb、pH、U、CaO变异系数大于0.80，空间变异性较大。

与杭州市土壤元素背景值相比，粗骨土区土壤元素背景值中B、MgO、Zn、Cr、V、Ni、As背景值略低于杭州市背景值；Sn、F、Sb、N、K_2O背景值略高于杭州市背景值，与杭州市背景值比值在1.2~1.4之间；I、Mo、Na_2O、Nb、U、Corg背景值明显偏高，与杭州市背景值比值均在1.4以上，其中I、Mo、Na_2O背景值均为杭州市背景值的2.0倍以上；其他元素/指标背景值则与杭州市背景值基本接近。

四、石灰岩土土壤元素背景值

石灰岩土土壤元素背景值数据经正态分布检验，结果表明（表4-21），原始数据中Co、Sc、Ti、Al_2O_3、TFe_2O_3、K_2O符合正态分布，Ag、As、Au、Br、Cd、Cl、Cu、I、Li、N、P、Sb、Sr、Tl、U、Y、MgO、Na_2O、Corg共18项元素/指标符合对数正态分布，Be、Bi、F、La、Rb、S、Th、SiO_2、TC剔除异常值后符合正态分布，B、Ge、Hg、Nb、Se、Sn、V、W、CaO剔除异常值后符合对数正态分布，其他元素/指标不符合正态分布或对数正态分布。

石灰岩土土壤区表层土壤总体为酸性，土壤pH背景值为5.22，极大值为8.74，极小值为3.87，接近于杭州市背景值。

表层土壤各元素/指标中，大多数元素/指标变异系数小于0.40，分布相对均匀；Hg、Sr、Ce、Br、Mn、U、MgO、Na_2O、P、CaO、Ba、Cu、I、As、Cd、Ag、Mo、pH、Sb、Au共20项元素/指标变异系数大于0.40，其中pH、Sb、As、Cd、Au变异系数大于0.80，空间变异性较大。

与杭州市土壤元素背景值相比，石灰岩土区土壤元素背景值中Y、MgO、Co、Sn、Na_2O、TFe_2O_3、Tl、La、P、Nb、Cr、Ni背景值略高于杭州市背景值，与杭州市背景值比值在1.2~1.4之间；Sb、Cd、F、As、Mo、I、Se、Cu、U、Au、Mn、Ag、CaO、N、Corg、Ce背景值明显偏高，与杭州市背景值比值均在1.4以上，其中Sb、Cd背景值均为杭州市背景值的2.0倍以上；其他元素/指标背景值则与杭州市背景值基本接近。

五、紫色土土壤元素背景值

紫色土土壤元素背景值数据经正态分布检验，结果表明（表4-22），原始数据中Be、F、Ga、Ge、Nb、Rb、S、Th、Ti、Tl、TFe_2O_3共11项元素/指标符合正态分布，Ag、Au、Ba、Br、Ce、Cl、Co、Hg、I、La、Li、N、Sb、Sc、Sr、U、W、Y、Zr、Al_2O_3、MgO、CaO、Na_2O、K_2O、TC、Corg共26项元素/指标符合对数正态分布，Bi、Cu、Pb、Sn、V、SiO_2剔除异常值后符合正态分布，As、Cd、Mo、P、Se、Zn、pH剔除异常值后符合对数正态分布，其他元素/指标不符合正态分布或对数正态分布。

紫色土土壤区表层土壤总体为酸性，土壤pH背景值为5.41，极大值为7.26，极小值为3.68，接近于杭州市背景值。

表层土壤各元素/指标中，一多半元素/指标变异系数小于0.40，分布相对均匀；U、Cr、Corg、Co、B、As、Cd、Ni、W、TC、Sr、Br、Cl、Mn、Na_2O、I、Ba、Ag、pH、CaO、Sb、Hg、Au共23项元素/指标变异系数大于0.40，其中Ag、pH、CaO、Sb、Hg、Au变异系数大于0.80，空间变异性较大。

与杭州市土壤元素背景值相比，紫色土区土壤元素背景值中Ni、As背景值明显低于杭州市背景值，在杭州市背景值的60%以下；Br、B、Hg、V、Zn、Cl背景值略低于杭州市背景值，是杭州市背景值的60%~

表 4-21 石灰岩土壤元素背景值参数统计表

元素/指标	N	$X_{5\%}$	$X_{10\%}$	$X_{25\%}$	$X_{50\%}$	$X_{75\%}$	$X_{90\%}$	$X_{95\%}$	$\overline{X}$	S	$\overline{X}_g$	S_g	X_{max}	X_{min}	CV	X_{me}	X_{mo}	分布类型	石灰岩土背景值	杭州市背景值
Ag	392	69.0	76.2	98.8	150	240	397	470	194	144	158	19.29	1070	41.00	0.74	150	120	对数正态分布	158	100.0
As	2404	4.18	5.44	8.57	16.23	28.42	49.67	65.1	23.78	29.36	16.09	6.29	633	0.54	1.23	16.23	20.40	对数正态分布	16.09	10.40
Au	392	0.74	0.88	1.32	1.88	2.72	3.96	5.34	3.65	24.27	1.93	2.15	479	0.23	6.65	1.88	2.01	对数正态分布	1.93	1.20
B	2306	30.06	38.05	50.2	62.7	76.5	93.6	104	64.3	21.18	60.5	11.15	122	9.94	0.33	62.7	52.7	剔除后正态分布	60.5	61.4
Ba	365	332	361	503	918	1480	2017	2450	1063	680	869	51.8	3199	252	0.64	918	368	其他分布	368	421
Be	377	1.46	1.65	2.04	2.42	2.73	3.00	3.17	2.38	0.52	2.32	1.69	3.78	1.12	0.22	2.42	2.48	剔除后正态分布	2.38	2.13
Bi	349	0.33	0.36	0.42	0.49	0.57	0.65	0.73	0.50	0.11	0.49	1.63	0.85	0.26	0.23	0.49	0.48	剔除后正态分布	0.50	0.43
Br	392	2.20	2.50	3.10	4.30	6.04	7.80	8.87	4.81	2.26	4.37	2.51	16.19	1.60	0.47	4.30	3.40	对数正态分布	4.37	5.21
Cd	2404	0.11	0.14	0.22	0.40	0.65	1.03	1.33	0.56	0.91	0.39	2.57	18.70	0.02	1.62	0.40	0.14	其他分布	0.39	0.16
Ce	367	70.2	73.8	84.7	110	167	214	243	132	59.3	121	16.48	321	40.20	0.45	110	110	其他分布	110	73.8
Cl	392	31.25	33.80	39.30	46.20	56.9	67.2	76.5	49.58	15.53	47.56	9.21	126	24.00	0.31	46.20	39.00	剔除后正态分布	47.56	52.2
Co	2404	6.77	7.83	10.54	13.84	17.01	19.80	21.89	14.00	4.85	13.13	4.61	41.25	2.73	0.35	13.84	12.40	正态分布	14.00	10.40
Cr	2303	37.83	46.31	60.7	73.9	84.5	93.9	99.9	72.0	18.45	69.2	11.75	122	22.34	0.26	73.9	75.1	偏峰分布	75.1	61.0
Cu	2404	13.67	17.00	23.50	32.80	43.35	54.6	62.3	35.54	23.69	31.56	7.85	735	4.69	0.67	32.80	29.70	对数正态分布	31.56	18.70
F	384	374	451	646	886	1124	1372	1470	902	341	832	48.39	1869	199	0.38	886	1460	剔除后正态分布	902	453
Ga	383	13.40	14.40	16.30	18.10	19.30	20.50	21.00	17.73	2.31	17.57	5.20	23.50	11.60	0.13	18.10	18.30	偏峰分布	18.30	18.70
Ge	2331	1.15	1.22	1.34	1.48	1.64	1.80	1.89	1.50	0.22	1.48	1.31	2.11	0.88	0.15	1.48	1.39	剔除后对数分布	1.48	1.44
Hg	2246	0.05	0.06	0.08	0.11	0.14	0.19	0.21	0.11	0.05	0.10	3.61	0.25	0.02	0.42	0.11	0.11	剔除后对数分布	0.10	0.11
I	392	0.84	1.08	1.76	2.85	4.61	6.70	7.85	3.43	2.34	2.75	2.37	14.50	0.46	0.68	2.85	1.94	对数正态分布	2.75	1.60
La	370	40.50	41.90	44.20	46.45	48.90	50.8	52.4	46.46	3.50	46.33	9.15	55.8	37.60	0.08	46.45	46.70	剔除后正态分布	46.46	37.00
Li	392	29.27	32.00	37.27	43.70	52.3	62.8	69.4	46.38	14.52	44.54	9.07	166	18.10	0.31	43.70	43.70	对数正态分布	44.54	38.20
Mn	2332	170	200	276	416	602	780	899	456	225	402	33.05	1132	31.00	0.49	416	615	偏峰分布	615	389
Mo	2163	0.48	0.56	0.74	1.15	2.06	3.45	4.33	1.61	1.19	1.27	2.01	5.55	0.19	0.74	1.15	0.64	其他分布	0.64	0.35
N	2404	0.77	0.92	1.19	1.48	1.84	2.17	2.42	1.53	0.52	1.44	1.54	4.67	0.22	0.34	1.48	1.36	对数正态分布	1.44	0.95
Nb	375	15.40	15.80	16.80	17.90	19.45	21.00	22.40	18.22	2.08	18.11	5.35	24.20	12.90	0.11	17.90	16.80	对数正态分布	18.11	14.85
Ni	2343	11.06	16.30	24.09	33.40	40.42	47.30	51.9	32.55	11.97	29.81	7.58	66.0	4.88	0.37	33.40	30.60	剔除后正态分布	30.60	25.00
P	2404	0.32	0.41	0.56	0.77	1.02	1.34	1.60	0.85	0.46	0.75	1.66	6.17	0.12	0.54	0.77	0.79	对数正态分布	0.75	0.60
Pb	2224	22.90	25.09	28.57	31.81	35.70	40.28	43.80	32.34	5.96	31.80	7.51	49.40	17.00	0.18	31.81	27.80	偏峰分布	27.80	29.00

续表 4-21

元素/指标	N	$X_{5\%}$	$X_{10\%}$	$X_{25\%}$	$X_{50\%}$	$X_{75\%}$	$X_{90\%}$	$X_{95\%}$	$\overline{X}$	S	$\overline{X}_g$	S_g	X_{max}	X_{min}	CV	X_{me}	X_{mo}	分布类型	石灰岩土背景值	杭州市背景值
Rb	379	78.1	86.5	104	117	131	142	150	116	21.05	114	15.29	173	63.3	0.18	117	119	剔除后正态分布	116	103
S	380	174	198	229	274	320	370	404	278	68.3	270	25.16	472	122	0.25	274	288	正态分布	278	254
Sb	392	0.66	0.77	1.17	2.05	3.10	5.11	6.43	2.71	3.55	2.02	2.27	58.9	0.50	1.31	2.05	2.20	对数正态分布	2.02	0.80
Sc	392	7.70	8.11	9.10	10.30	11.10	12.20	13.20	10.26	1.66	10.12	3.78	16.40	6.10	0.16	10.30	10.80	正态分布	10.26	9.51
Se	2249	0.22	0.26	0.33	0.43	0.57	0.73	0.81	0.46	0.18	0.43	1.85	1.00	0.04	0.39	0.43	0.49	剔除后对数正态分布	0.43	0.25
Sn	356	3.13	3.50	4.15	5.12	6.59	8.06	9.02	5.50	1.88	5.18	2.75	11.50	0.73	0.34	5.12	6.59	剔除后对数正态分布	5.18	3.90
Sr	392	31.45	34.01	39.25	45.20	57.4	70.4	84.2	50.9	22.44	47.91	9.31	296	23.60	0.44	45.20	41.60	对数正态分布	47.91	43.10
Th	384	10.62	11.40	12.80	14.10	15.20	16.30	16.80	13.95	1.84	13.83	4.55	18.50	9.25	0.13	14.10	14.60	剔除后正态分布	13.95	13.00
Ti	392	4077	4398	4810	5166	5472	5824	6073	5149	624	5109	138	7606	2269	0.12	5166	5034	正态分布	5149	5029
Tl	392	0.54	0.59	0.71	0.86	1.04	1.23	1.37	0.90	0.28	0.86	1.37	2.35	0.40	0.31	0.86	0.84	对数正态分布	0.86	0.67
U	392	2.37	2.59	3.05	3.68	4.58	6.13	7.97	4.21	2.16	3.89	2.39	26.20	2.00	0.51	3.68	3.86	对数正态分布	3.89	2.37
V	2288	54.0	63.3	81.2	105	140	175	199	113	43.30	105	15.17	244	17.30	0.38	105	118	剔除后正态分布	105	102
W	353	1.49	1.67	1.92	2.27	2.74	3.20	3.65	2.37	0.62	2.29	1.74	4.22	1.05	0.26	2.27	2.02	正态分布	2.29	2.13
Y	392	22.10	23.90	26.48	28.90	31.55	34.78	36.45	29.25	4.90	28.87	7.01	63.6	15.40	0.17	28.90	28.00	剔除后对数正态分布	28.87	24.00
Zn	2282	58.4	65.6	81.1	102	120	140	155	102	28.26	98.3	14.50	186	35.64	0.28	102	108	对数正态分布	108	101
Zr	386	168	175	189	213	252	292	307	223	44.19	219	22.68	348	130	0.20	213	226	其他分布	226	260
SiO$_2$	377	65.3	66.6	68.9	70.8	73.3	75.4	76.5	70.9	3.36	70.9	11.76	79.7	62.1	0.05	70.8	70.2	偏峰分布	70.9	70.8
Al$_2$O$_3$	392	10.50	11.10	12.00	12.89	13.60	14.23	14.80	12.80	1.34	12.73	4.31	17.91	8.80	0.10	12.89	12.10	剔除后正态分布	12.80	12.84
TFe$_2$O$_3$	392	3.81	4.09	4.61	5.24	5.83	6.26	6.58	5.21	0.88	5.13	2.57	8.21	2.95	0.17	5.24	5.26	正态分布	5.21	4.01
MgO	392	0.58	0.65	0.95	1.35	1.95	2.46	2.82	1.51	0.77	1.34	1.68	6.22	0.43	0.51	1.35	1.11	对数正态分布	1.34	0.96
CaO	346	0.19	0.21	0.29	0.40	0.58	0.88	1.05	0.48	0.27	0.41	2.13	1.44	0.12	0.56	0.40	0.35	剔除后对数正态分布	0.41	0.26
Na$_2$O	392	0.13	0.15	0.18	0.23	0.32	0.48	0.56	0.27	0.14	0.25	2.59	0.88	0.09	0.51	0.23	0.19	对数正态分布	0.25	0.19
K$_2$O	2404	1.29	1.49	1.90	2.31	2.76	3.17	3.45	2.34	0.65	2.25	1.73	5.42	0.70	0.28	2.31	2.27	正态分布	2.34	1.99
TC	370	0.98	1.13	1.35	1.62	1.92	2.29	2.51	1.66	0.45	1.60	1.45	2.94	0.47	0.27	1.62	1.62	剔除后正态分布	1.66	1.59
Corg	2311	0.68	0.83	1.08	1.38	1.73	2.11	2.39	1.45	0.55	1.35	1.56	6.60	0.11	0.38	1.38	1.54	对数正态分布	1.35	0.92
pH	2404	4.65	4.85	5.22	5.82	6.82	7.80	7.98	5.25	4.92	6.06	2.86	8.74	3.87	0.94	5.82	5.22	其他分布	5.22	4.96

表 4-22 紫色土壤元素背景值参数统计表

元素/指标	N	$X_{5\%}$	$X_{10\%}$	$X_{25\%}$	$X_{50\%}$	$X_{75\%}$	$X_{90\%}$	$X_{95\%}$	$\bar{X}$	S	$\bar{X}_g$	S_g	X_{max}	X_{min}	CV	X_{me}	X_{mo}	分布类型	紫色土背景值	杭州市背景值
Ag	156	50.00	60.0	70.0	90.0	110	160	222	110	93.6	94.3	14.19	860	40.00	0.85	90.0	80.0	对数正态分布	94.3	100.0
As	1048	2.74	3.23	4.08	5.66	7.88	11.10	12.80	6.37	3.07	5.71	3.11	16.25	1.08	0.48	5.66	10.50	剔除后对数正态分布	5.71	10.40
Au	156	0.58	0.70	0.89	1.17	1.70	2.98	5.78	1.90	2.61	1.36	2.01	21.90	0.39	1.37	1.17	1.04	对数正态分布	1.36	1.20
B	1153	9.73	13.04	30.40	47.50	60.4	70.8	76.5	45.15	21.03	38.29	9.41	105	2.69	0.47	47.50	42.50	其他分布	42.50	61.4
Ba	156	328	345	388	469	598	720	882	532	253	495	35.35	2228	247	0.48	469	424	对数正态分布	495	421
Be	156	1.45	1.60	1.86	2.15	2.43	2.76	2.93	2.18	0.46	2.13	1.62	3.61	1.24	0.21	2.15	2.09	正态分布	2.18	2.13
Bi	145	0.26	0.28	0.32	0.37	0.43	0.47	0.50	0.37	0.08	0.37	1.87	0.60	0.22	0.21	0.37	0.32	剔除后正态分布	0.37	0.43
Br	156	1.77	1.90	2.33	3.29	5.11	6.85	7.82	3.95	2.15	3.47	2.34	13.63	1.30	0.54	3.29	2.60	对数正态分布	3.47	5.21
Cd	1078	0.10	0.12	0.16	0.22	0.29	0.36	0.41	0.23	0.09	0.21	2.69	0.52	0.03	0.41	0.22	0.22	对数正态分布	0.21	0.16
Ce	156	65.5	68.0	71.3	75.9	88.9	102	121	84.0	23.19	81.8	12.51	236	59.8	0.28	75.9	73.8	对数正态分布	81.8	73.8
Cl	156	24.35	27.25	32.08	38.45	48.92	74.8	101	46.14	25.26	41.71	8.45	182	21.10	0.55	38.45	30.60	正态分布	41.71	52.2
Co	1157	5.19	5.96	7.62	10.37	13.62	17.43	20.40	11.23	5.07	10.25	4.02	41.90	1.39	0.45	10.37	11.30	正态分布	10.25	10.40
Cr	1141	15.91	20.23	31.95	50.00	64.1	74.5	81.3	48.80	20.82	43.66	9.58	112	8.11	0.43	50.00	56.9	其他分布	56.9	61.0
Cu	1126	9.30	11.55	15.70	21.15	26.70	31.45	34.97	21.55	7.81	19.99	6.04	44.30	3.45	0.36	21.15	20.40	剔除后对数正态分布	21.55	18.70
F	156	372	436	513	613	764	900	985	650	193	624	42.42	1532	316	0.30	613	678	正态分布	650	453
Ga	156	13.00	13.90	15.00	16.45	18.52	19.85	21.45	16.87	2.74	16.66	5.06	27.00	11.70	0.16	16.45	14.90	正态分布	16.87	18.70
Ge	1157	1.23	1.29	1.40	1.56	1.70	1.84	1.93	1.56	0.23	1.55	1.33	2.67	0.80	0.14	1.56	1.62	对数正态分布	1.56	1.44
Hg	1157	0.03	0.04	0.05	0.08	0.11	0.16	0.19	0.09	0.10	0.08	4.33	2.41	0.01	1.03	0.08	0.11	偏峰分布	0.08	0.11
I	156	0.69	0.99	1.44	2.41	3.73	5.22	6.25	2.83	1.95	2.27	2.30	12.10	0.10	0.69	2.41	2.05	剔除后对数正态分布	2.27	1.60
La	156	34.55	35.70	38.48	42.80	46.23	51.6	56.5	43.17	7.39	42.58	8.55	80.7	26.00	0.17	42.80	43.50	对数正态分布	42.58	37.00
Li	156	25.43	27.25	31.68	37.60	44.92	54.5	65.5	40.19	13.72	38.34	8.45	97.7	19.30	0.34	37.60	37.90	对数正态分布	38.34	38.20
Mn	1136	136	160	233	362	561	768	881	418	234	356	30.32	1099	50.00	0.56	362	402	对数正态分布	402	389
Mo	1072	0.44	0.50	0.62	0.78	1.05	1.36	1.52	0.86	0.33	0.80	1.48	1.89	0.25	0.39	0.78	0.66	剔除后对数正态分布	0.80	0.35
N	1157	0.58	0.72	0.92	1.17	1.48	1.81	2.06	1.23	0.46	1.14	1.54	4.13	0.10	0.38	1.17	1.06	对数正态分布	1.14	0.95
Nb	156	16.80	17.60	18.55	20.60	22.90	24.80	25.75	21.00	3.34	20.76	5.84	38.40	14.30	0.16	20.60	20.20	正态分布	21.00	14.85
Ni	1141	6.09	7.42	11.70	18.50	25.60	31.90	36.10	19.17	9.28	16.74	5.64	46.20	2.92	0.48	18.50	13.60	其他分布	13.60	25.00
P	1074	0.24	0.29	0.39	0.50	0.64	0.85	0.97	0.53	0.21	0.49	1.74	1.15	0.10	0.39	0.50	0.46	剔除后对数正态分布	0.49	0.60
Pb	1103	22.11	23.61	27.00	29.80	32.82	35.60	37.60	29.82	4.64	29.45	7.15	42.40	17.71	0.16	29.80	29.40	剔除后正态分布	29.82	29.00

续表 4-22

元素/指标	N	$X_{5\%}$	$X_{10\%}$	$X_{25\%}$	$X_{50\%}$	$X_{75\%}$	$X_{90\%}$	$X_{95\%}$	$\bar{X}$	S	$\bar{X}_g$	S_g	X_{max}	X_{min}	CV	X_{me}	X_{mo}	分布类型	紫色土背景值	杭州市背景值
Rb	156	87.1	93.0	106	126	142	156	166	125	24.48	123	16.22	187	71.4	0.20	126	128	正态分布	125	103
S	156	150	159	183	218	256	292	316	226	63.2	218	22.27	528	83.6	0.28	218	211	正态分布	226	254
Sb	156	0.49	0.56	0.71	0.96	1.23	2.10	3.22	1.28	1.28	1.02	1.79	10.20	0.36	1.00	0.96	0.86	对数正态分布	1.02	0.80
Sc	156	6.60	6.80	7.50	8.40	9.53	10.65	12.53	8.72	1.77	8.56	3.43	16.00	5.60	0.20	8.40	8.10	对数正态分布	8.56	9.51
Se	1045	0.15	0.17	0.21	0.26	0.31	0.38	0.42	0.27	0.08	0.26	2.26	0.51	0.06	0.31	0.26	0.24	剔除后对数分布	0.26	0.25
Sn	139	2.78	2.97	3.80	4.41	5.43	6.23	6.91	4.55	1.25	4.37	2.46	8.35	1.57	0.28	4.41	5.70	剔除后正态分布	4.55	3.90
Sr	156	31.42	34.30	41.08	49.50	62.6	91.3	118	57.8	30.67	52.6	9.89	213	24.50	0.53	49.50	45.50	对数正态分布	52.6	43.10
Th	156	10.40	10.70	12.17	13.80	15.50	16.85	18.07	13.84	2.32	13.65	4.59	20.70	8.80	0.17	13.80	14.30	正态分布	13.84	13.00
Ti	156	3398	3637	4094	4610	5209	5734	6166	4684	904	4601	127	8656	2764	0.19	4610	5006	正态分布	4684	5029
Tl	156	0.50	0.55	0.65	0.75	0.82	0.92	0.96	0.75	0.15	0.73	1.30	1.34	0.42	0.20	0.75	0.74	正态分布	0.75	0.67
U	156	2.28	2.40	2.77	3.08	3.56	4.20	4.55	3.33	1.37	3.19	2.05	17.10	2.03	0.41	3.08	3.09	对数正态分布	3.19	2.37
V	1115	42.75	47.96	61.2	74.8	89.6	104	113	75.7	21.40	72.5	12.05	137	22.60	0.28	74.8	104	剔除后正态分布	75.7	102
W	156	1.46	1.64	1.81	2.08	2.61	3.25	3.94	2.38	1.17	2.23	1.77	12.20	1.21	0.49	2.08	1.77	对数正态分布	2.23	2.13
Y	156	21.56	22.25	24.30	26.25	28.82	33.95	38.70	27.37	5.31	26.93	6.68	50.9	19.60	0.19	26.25	24.70	剔除后正态分布	26.93	24.00
Zn	1119	54.8	59.2	67.5	78.7	92.4	107	116	81.2	18.49	79.1	12.59	133	37.20	0.23	78.7	78.2	剔除后正态分布	79.1	101
Zr	156	222	234	245	264	296	334	367	277	53.7	273	25.35	557	166	0.19	264	239	剔除后正态分布	273	260
SiO$_2$	143	68.1	69.2	71.9	73.6	75.0	76.5	77.3	73.2	2.89	73.1	11.91	80.9	64.8	0.04	73.6	73.1	剔除后正态分布	73.2	70.8
Al$_2$O$_3$	156	10.78	11.18	11.80	12.60	13.53	15.28	16.92	13.03	1.95	12.91	4.35	21.23	9.94	0.15	12.60	11.90	对数正态分布	12.91	12.84
TFe$_2$O$_3$	156	3.22	3.58	3.91	4.39	4.96	5.64	6.56	4.52	0.93	4.43	2.36	8.26	3.01	0.21	4.39	4.44	正态分布	4.52	4.01
MgO	156	0.53	0.59	0.72	0.83	1.00	1.23	1.42	0.89	0.30	0.85	1.37	2.40	0.44	0.33	0.83	0.74	对数正态分布	0.85	0.96
CaO	156	0.16	0.18	0.22	0.30	0.40	0.55	0.88	0.38	0.37	0.32	2.38	3.68	0.13	0.98	0.30	0.22	对数正态分布	0.32	0.26
Na$_2$O	156	0.17	0.19	0.27	0.41	0.60	0.89	1.09	0.48	0.29	0.41	2.14	1.59	0.13	0.59	0.41	0.43	对数正态分布	0.41	0.19
K$_2$O	1157	1.62	1.81	2.20	2.67	3.23	3.85	4.13	2.74	0.75	2.63	1.84	5.18	0.71	0.27	2.67	2.45	对数正态分布	2.63	1.99
TC	156	0.77	0.85	1.02	1.25	1.64	2.08	2.46	1.39	0.68	1.29	1.49	7.09	0.52	0.49	1.25	1.03	对数正态分布	1.29	1.59
Corg	980	0.47	0.62	0.85	1.09	1.37	1.72	2.03	1.15	0.50	1.05	1.60	5.65	0.09	0.44	1.09	1.03	对数正态分布	1.05	0.92
pH	1070	4.57	4.70	4.99	5.32	5.78	6.30	6.61	5.05	4.83	5.41	2.65	7.26	3.68	0.96	5.32	5.23	剔除后对数分布	5.41	4.96

80%；Rb、Sr、CaO、Sb、K_2O、U、Cd、N 背景值略高于杭州市背景值，与杭州市背景值比值在 1.2～1.4 之间；Nb、F、I、Na_2O、Mo 背景值明显偏高，与杭州市背景值比值均在 1.4 以上，其中 Na_2O、Mo 背景值均为杭州市背景值的 2.0 倍以上；其他元素/指标背景值则与杭州市背景值基本接近。

六、水稻土土壤元素背景值

水稻土土壤元素背景值数据经正态分布检验，结果表明（表 4-23），原始数据中 Ga、La、SiO_2、Al_2O_3 符合正态分布，Au、Be、Br、Cl、Li、N、S、Sc、Sn、Th、Ti、Tl、U、Y、TFe_2O_3、TC、Corg 共 17 项元素/指标符合对数正态分布，Rb、Zr 剔除异常值后符合正态分布，Ag、Ba、Bi、Ce、Cu、Nb、Sb、W、Zn 剔除异常值后符合对数正态分布，其他元素/指标不符合正态分布或对数正态分布。

水稻土土壤区表层土壤总体为中偏酸性，土壤 pH 背景值为 5.48，极大值为 8.66，极小值为 3.34，接近于杭州市背景值。

表层土壤各元素/指标中，大多数元素/指标变异系数小于 0.40，分布相对均匀；P、Mn、Corg、Br、Sr、Hg、Cd、I、Na_2O、CaO、Sn、pH、Au 共 13 项元素/指标变异系数大于 0.40，其中 pH、Au 变异系数大于 0.80，空间变异性较大。

与杭州市土壤元素背景值相比，紫色土区土壤元素背景值中 MgO 背景值略低于杭州市背景值，是杭州市背景值的 68.75%；Cu、Se、U、Nb、Ag 背景值略高于杭州市背景值，与杭州市背景值比值在 1.2～1.4 之间；Sn、Au、Sr、Mo、N、Corg 背景值明显偏高，与杭州市背景值比值均在 1.4 以上，其中 Sn、Au、Sr 背景值均为杭州市背景值的 2.0 倍以上；其他元素/指标背景值则与杭州市背景值基本接近。

七、潮土土壤元素背景值

潮土土壤元素背景值数据经正态分布检验，结果表明（表 4-24），原始数据中 Br、Ce、La、Sc、Zr、CaO 符合正态分布，Ag、Au、B、Cl、Ga、I、Li、Sb、Sn、Th、U、W、Y、Al_2O_3、TC 符合对数正态分布，Mn、S、Ti、SiO_2、TFe_2O_3、Na_2O 剔除异常值后符合正态分布，Ba、Be、Bi、Co、Nb、Ni、Rb、Tl、V 剔除异常值后符合对数正态分布，其他元素/指标不符合正态分布或对数正态分布。

潮土土壤区表层土壤总体为中偏碱性，土壤 pH 背景值为 7.79，极大值为 8.93，极小值为 6.82，明显高于杭州市背景值。

潮土区表层各元素/指标中，大多数元素/指标变异系数小于 0.40，分布相对均匀；Sn、Cl、Au、pH、Hg 变异系数大于 0.40，其中 pH、Hg 变异系数大于 0.80，空间变异性较大。

与杭州市土壤元素背景值相比，潮土区土壤元素背景值中 Bi、As 背景值明显低于杭州市背景值，为杭州市背景值的 60% 以下；Pb、Rb、Zn、Ti、Tl、V、Ga、W 背景值略低于杭州市背景值，是杭州市背景值的 60%～80%；Na_2O、CaO、Sr、Sn、Br、MgO、P、Au、Cl、I 背景值明显偏高，与杭州市背景值比值均在 1.4 以上，其中 Na_2O、CaO、Sr、Sn 背景值均为杭州市背景值的 2.0 倍以上，Na_2O 背景值最高，为杭州市背景值的 10.16 倍；其他元素/指标背景值则与杭州市背景值基本接近。

八、滨海盐土土壤元素背景值

滨海盐土土壤元素背景值数据经正态分布检验，结果表明（表 4-25），原始数据中 B、Ba、Be、Br、Ce、F、Ga、I、La、Li、Rb、S、Sc、Sr、Th、Ti、Tl、U、W、Y、SiO_2、Al_2O_3、TFe_2O_3、MgO、CaO、Na_2O、TC 共 27 项元素/指标符合正态分布，Bi、Cl、Pb、Sb、Sn、V、Zr 符合对数正态分布，Ag、pH 剔除异常值后符合正态分布，As、Co、Cu、Ni、Zn 剔除异常值后符合对数正态分布，其他元素/指标不符合正态分布或对数正态分布。

滨海盐土土壤区表层土壤总体为碱性，土壤 pH 背景值为 8.10，极大值为 9.15，极小值为 7.32，明显高于杭州市背景值。

第四章 土壤元素背景值

表4-23 水稻土土壤元素背景值参数统计表

元素/指标	N	$X_{5\%}$	$X_{10\%}$	$X_{25\%}$	$X_{50\%}$	$X_{75\%}$	$X_{90\%}$	$X_{95\%}$	$\overline{X}$	S	$\overline{X}_g$	S_g	X_{max}	X_{min}	CV	X_{me}	X_{mo}	分布类型	水稻土背景值	杭州市背景值
Ag	587	62.0	70.0	92.0	120	160	210	240	130	52.4	121	16.09	280	30.00	0.40	120	130	剔除后对数分布	121	100.0
As	7491	3.56	4.30	5.58	7.16	9.29	12.20	13.90	7.70	3.05	7.11	3.36	17.15	1.06	0.40	7.16	10.10	对数正态分布	10.10	10.40
Au	633	0.90	1.10	1.58	2.60	4.20	6.76	9.41	3.64	4.08	2.67	2.42	45.80	0.53	1.12	2.60	2.30	其他正态分布	2.67	1.20
B	7899	26.95	34.70	50.1	62.4	70.8	78.4	84.4	59.8	16.71	56.9	10.74	104	16.00	0.28	62.4	64.9	剔除后对数分布	64.9	61.4
Ba	565	318	354	412	470	542	646	716	484	114	470	34.80	818	180	0.24	470	444	对数正态分布	470	421
Be	633	1.43	1.61	1.88	2.17	2.50	2.86	3.04	2.22	0.55	2.16	1.64	6.88	0.94	0.25	2.17	1.93	对数正态分布	2.16	2.13
Bi	576	0.28	0.31	0.36	0.45	0.54	0.66	0.73	0.46	0.13	0.45	1.73	0.88	0.21	0.29	0.45	0.48	对数正态分布	0.45	0.43
Br	633	2.23	2.63	3.46	4.35	5.92	7.96	9.26	4.91	2.21	4.49	2.61	14.55	1.35	0.45	4.35	3.50	其他正态分布	4.49	5.21
Cd	7354	0.07	0.10	0.13	0.19	0.26	0.36	0.43	0.21	0.10	0.18	2.99	0.54	0.01	0.50	0.19	0.16	剔除后对数分布	0.16	0.16
Ce	576	65.6	69.0	72.5	76.8	83.7	90.1	95.5	78.3	8.63	77.8	12.42	104	56.6	0.11	76.8	76.7	剔除后对数分布	77.8	73.8
Cl	633	33.86	39.82	49.50	61.0	70.6	83.9	91.7	61.8	19.38	59.0	10.50	211	20.60	0.31	61.0	68.0	对数正态分布	59.0	52.2
Co	7999	5.46	6.76	9.29	11.50	13.70	15.87	17.30	11.45	3.44	10.86	4.18	20.70	2.57	0.30	11.50	11.10	其他分布	11.10	10.40
Cr	8006	25.70	35.20	52.8	65.9	77.9	87.3	92.5	63.9	19.52	60.1	11.20	116	13.70	0.31	65.9	59.3	其他分布	59.3	61.0
Cu	7806	12.66	15.66	21.00	26.40	31.70	37.30	41.10	26.50	8.31	25.05	6.86	49.50	4.70	0.31	26.40	29.40	剔除后对数分布	25.05	18.70
F	572	342	378	442	512	594	698	758	522	119	508	36.76	871	248	0.23	512	517	偏峰分布	517	453
Ga	633	12.00	13.00	14.74	16.70	18.30	19.69	20.80	16.57	2.66	16.35	5.06	25.40	9.17	0.16	16.70	16.90	正态分布	16.57	18.70
Ge	7861	1.24	1.29	1.37	1.46	1.56	1.65	1.70	1.47	0.14	1.46	1.27	1.85	1.09	0.09	1.46	1.46	其他分布	1.46	1.44
Hg	7679	0.05	0.07	0.09	0.14	0.20	0.27	0.31	0.15	0.08	0.13	3.24	0.38	0.02	0.51	0.14	0.12	其他分布	0.12	0.11
I	610	0.90	1.19	1.60	2.25	4.15	5.92	6.99	2.99	1.91	2.45	2.30	8.71	0.35	0.64	2.25	1.70	其他分布	1.70	1.60
La	633	34.00	36.00	39.00	43.00	46.70	49.10	51.4	42.91	5.33	42.56	8.81	57.8	20.00	0.12	43.00	39.00	正态分布	42.91	37.00
Li	633	25.46	27.20	31.30	37.50	44.20	49.98	55.2	38.78	11.47	37.48	8.14	180	19.80	0.30	37.50	31.20	对数正态分布	37.48	38.20
Mn	7902	164	202	290	398	526	670	754	419	175	381	32.11	921	36.60	0.42	398	393	其他分布	393	389
Mo	7504	0.39	0.46	0.58	0.74	1.00	1.31	1.51	0.82	0.33	0.76	1.53	1.88	0.21	0.40	0.74	0.69	其他分布	0.69	0.35
N	8179	0.62	0.78	1.09	1.45	1.87	2.32	2.60	1.51	0.61	1.38	1.64	6.29	0.13	0.40	1.45	1.17	对数正态分布	1.38	0.95
Nb	601	13.90	14.85	16.40	18.17	19.90	22.10	23.10	18.31	2.68	18.12	5.42	25.50	11.88	0.15	18.17	15.84	剔除后对数分布	18.12	14.85
Ni	8120	9.46	12.50	19.70	26.00	33.38	38.70	41.80	26.17	9.75	23.97	6.82	54.0	2.49	0.37	26.00	25.00	其他分布	25.00	25.00
P	7801	0.34	0.40	0.52	0.68	0.92	1.18	1.34	0.74	0.30	0.68	1.58	1.62	0.07	0.41	0.68	0.54	其他分布	0.54	0.60
Pb	7849	21.50	23.90	28.20	32.41	37.40	42.24	45.24	32.87	7.02	32.10	7.69	52.6	14.00	0.21	32.41	33.00	偏峰分布	33.00	29.00

续表 4-23

元素/指标	N	$X_{5\%}$	$X_{10\%}$	$X_{25\%}$	$X_{50\%}$	$X_{75\%}$	$X_{90\%}$	$X_{95\%}$	$\bar{X}$	S	$\bar{X}_g$	S_g	X_{max}	X_{min}	CV	X_{me}	X_{mo}	分布类型	水稻土背景值	杭州市背景值
Rb	615	75.0	81.6	94.0	109	122	138	148	109	22.26	107	14.91	168	50.00	0.20	109	115	剔除后正态分布	109	103
S	633	193	205	239	282	343	435	510	305	97.7	292	26.60	859	147	0.32	282	290	对数正态分布	292	254
Sb	571	0.53	0.58	0.70	0.87	1.13	1.55	1.83	0.97	0.38	0.91	1.44	2.18	0.34	0.39	0.87	0.80	剔除后对数正态分布	0.91	0.80
Sc	633	7.20	7.76	8.70	9.70	10.90	12.36	13.34	9.90	1.92	9.72	3.72	20.00	4.70	0.19	9.70	10.00	对数正态分布	9.72	9.51
Se	7823	0.17	0.21	0.26	0.34	0.43	0.52	0.58	0.35	0.12	0.33	2.05	0.71	0.02	0.35	0.34	0.33	其他分布	0.33	0.25
Sn	633	3.42	4.12	5.60	8.77	14.10	21.88	25.72	11.33	8.90	9.06	4.04	100.0	0.63	0.79	8.77	12.70	其他分布	9.06	3.90
Sr	633	30.86	35.22	42.50	69.1	110	126	137	76.7	36.40	67.9	11.11	191	19.10	0.47	69.1	96.0	其他分布	96.0	43.10
Th	633	10.30	10.80	11.70	13.10	14.60	15.78	16.60	13.23	2.28	13.03	4.41	30.50	3.91	0.17	13.10	11.70	对数正态分布	13.03	13.00
Ti	633	3680	3825	4105	4499	5159	5741	6045	4664	786	4603	132	10418	2686	0.17	4499	4397	对数正态分布	4603	5029
Tl	633	0.45	0.50	0.58	0.68	0.81	0.94	1.03	0.71	0.20	0.68	1.40	1.65	0.28	0.28	0.68	0.67	对数正态分布	0.68	0.67
U	633	2.10	2.25	2.46	2.85	3.40	3.99	4.47	3.02	0.81	2.93	1.96	7.87	1.29	0.27	2.85	2.63	对数正态分布	2.93	2.37
V	7937	46.08	55.2	70.4	85.9	101	113	121	85.4	22.49	82.1	13.14	151	23.17	0.26	85.9	106	其他分布	106	102
W	588	1.36	1.47	1.68	1.96	2.37	2.81	3.08	2.05	0.51	1.99	1.60	3.62	0.85	0.25	1.96	1.65	剔除后对数正态分布	1.99	2.13
Y	633	21.00	22.00	24.00	25.90	28.50	31.78	34.74	26.55	4.48	26.21	6.69	55.1	16.30	0.17	25.90	24.00	对数正态分布	26.21	24.00
Zn	7770	55.5	62.5	74.6	89.9	105	120	131	90.8	22.37	87.9	13.67	156	30.80	0.25	89.9	103	剔除后对数正态分布	87.9	101
Zr	610	195	217	243	267	302	334	353	271	45.79	267	25.15	395	156	0.17	267	247	剔除后正态分布	271	260
SiO_2	633	65.5	67.0	69.4	71.4	73.5	75.4	76.4	71.3	3.36	71.2	11.77	82.1	57.0	0.05	71.4	71.2	正态分布	71.3	70.8
Al_2O_3	633	10.58	11.00	11.80	12.72	13.82	14.96	15.47	12.86	1.53	12.77	4.33	18.10	8.17	0.12	12.72	11.50	正态分布	12.86	12.84
TFe_2O_3	633	3.19	3.42	3.87	4.34	5.03	5.75	6.12	4.49	0.92	4.40	2.43	9.93	2.53	0.20	4.34	4.01	对数正态分布	4.40	4.01
MgO	620	0.51	0.57	0.72	0.98	1.23	1.41	1.52	0.99	0.33	0.93	1.44	1.95	0.28	0.33	0.98	0.66	其他分布	0.66	0.96
CaO	613	0.15	0.17	0.26	0.54	1.00	1.31	1.61	0.68	0.49	0.51	2.52	2.24	0.10	0.73	0.54	0.26	其他分布	0.26	0.26
Na_2O	633	0.15	0.18	0.23	0.64	1.32	1.63	1.75	0.79	0.57	0.57	2.70	2.04	0.09	0.72	0.64	0.19	其他分布	0.19	0.19
K_2O	7516	1.59	1.80	2.06	2.27	2.53	2.85	3.02	2.30	0.41	2.26	1.65	3.44	1.23	0.18	2.27	2.27	对数正态分布	2.27	1.99
TC	633	0.94	1.06	1.26	1.60	1.96	2.41	2.69	1.67	0.56	1.59	1.51	6.17	0.50	0.34	1.60	1.18	对数正态分布	1.59	1.59
Corg	7853	0.59	0.77	1.06	1.43	1.85	2.33	2.66	1.50	0.65	1.36	1.70	6.68	0.02	0.43	1.43	1.47	对数正态分布	1.36	0.92
pH	8148	4.44	4.66	5.04	5.60	6.47	7.78	8.13	5.06	4.72	5.87	2.80	8.66	3.34	0.93	5.60	5.48	其他分布	5.48	4.96

第四章 土壤元素背景值

表 4-24 潮土土壤元素背景值参数统计表

元素/指标	N	$X_{5\%}$	$X_{10\%}$	$X_{25\%}$	$X_{50\%}$	$X_{75\%}$	$X_{90\%}$	$X_{95\%}$	$\overline{X}$	S	$\overline{X}_g$	S_g	X_{max}	X_{min}	CV	X_{me}	X_{mo}	分布类型	潮土背景值	杭州市背景值
Ag	90	62.5	68.8	79.2	94.5	137	257	302	127	84.0	110	15.13	540	48.00	0.66	94.5	104	对数正态分布	110	100.0
As	1415	3.40	3.61	4.03	4.61	5.43	6.43	7.16	4.84	1.11	4.72	2.52	8.22	1.68	0.23	4.61	4.21	偏峰分布	4.21	10.40
Au	90	1.45	1.50	1.70	2.30	4.09	7.84	10.36	3.51	2.90	2.79	2.30	15.80	1.10	0.83	2.30	1.90	对数正态分布	2.79	1.20
B	1539	57.1	59.7	64.3	69.2	74.7	80.6	84.0	69.7	8.22	69.2	11.60	124	14.90	0.12	69.2	68.4	对数正态分布	69.2	61.4
Ba	80	387	392	403	417	435	477	498	425	31.97	424	32.24	512	384	0.08	417	427	剔除后对数分布	424	421
Be	79	1.55	1.62	1.67	1.76	1.84	2.12	2.21	1.79	0.19	1.78	1.41	2.34	1.40	0.11	1.76	1.76	剔除后对数分布	1.78	2.13
Bi	86	0.21	0.22	0.24	0.27	0.42	0.59	0.64	0.34	0.15	0.32	2.24	0.80	0.19	0.45	0.27	0.24	剔除后对数分布	0.32	0.43
Br	90	3.77	4.15	5.46	8.60	11.07	13.20	13.97	8.56	3.38	7.85	3.67	17.54	2.79	0.39	8.60	8.55	正态分布	8.56	5.21
Cd	1439	0.11	0.12	0.15	0.17	0.20	0.22	0.24	0.17	0.04	0.17	2.83	0.27	0.07	0.22	0.17	0.18	其他分布	0.18	0.16
Ce	90	60.8	62.6	65.6	70.7	74.7	78.4	82.4	71.1	8.90	70.6	11.68	121	50.9	0.13	70.7	70.7	正态分布	71.1	73.8
Cl	90	53.6	56.1	65.0	80.7	95.4	118	136	87.5	46.33	81.6	13.15	452	43.63	0.53	80.7	87.7	对数正态分布	81.6	52.2
Co	1370	8.19	8.54	9.10	9.74	10.43	11.10	11.60	9.80	1.05	9.74	3.76	13.20	6.79	0.11	9.74	10.10	剔除后对数分布	9.74	10.40
Cr	1524	53.2	57.0	60.4	67.0	74.9	82.5	87.5	68.3	10.21	67.5	11.45	96.5	43.88	0.15	67.0	69.3	其他分布	69.3	61.0
Cu	1367	13.46	14.90	16.60	18.40	20.70	23.99	26.78	18.96	3.75	18.60	5.58	30.50	9.60	0.20	18.40	16.90	其他分布	16.90	18.70
F	81	397	415	434	453	495	540	590	474	55.8	471	34.67	616	376	0.12	453	453	偏峰分布	453	453
Ga	90	10.30	10.58	11.20	12.16	13.06	17.72	18.71	13.00	2.70	12.76	4.31	22.09	9.58	0.21	12.16	12.90	对数正态分布	12.76	18.70
Ge	1486	1.19	1.21	1.26	1.32	1.41	1.50	1.55	1.34	0.11	1.34	1.21	1.65	1.03	0.08	1.32	1.29	其他分布	1.29	1.44
Hg	1446	0.05	0.06	0.09	0.12	0.15	0.21	0.24	0.12	0.06	0.11	3.48	0.29	0.02	0.45	0.12	0.10	其他分布	0.10	0.11
I	90	1.40	1.59	1.90	2.20	2.68	3.21	3.79	2.43	1.14	2.26	1.81	8.66	0.90	0.47	2.20	2.00	对数正态分布	2.26	1.60
La	90	32.00	33.00	35.00	37.00	39.00	42.00	43.37	37.15	3.69	36.97	7.99	49.00	27.00	0.10	37.00	37.00	正态分布	37.15	37.00
Li	90	24.39	25.37	26.50	27.80	31.53	47.60	50.9	31.74	8.48	30.82	7.14	56.6	23.20	0.27	27.80	27.40	对数正态分布	30.82	38.20
Mn	1423	312	328	366	404	447	495	522	408	64.2	403	32.04	597	233	0.16	404	392	剔除后对数分布	408	389
Mo	1340	0.27	0.28	0.31	0.35	0.40	0.48	0.54	0.37	0.08	0.36	1.85	0.64	0.21	0.22	0.35	0.34	其他分布	0.34	0.35
N	1414	0.52	0.61	0.74	0.87	1.04	1.26	1.41	0.90	0.26	0.86	1.37	1.65	0.23	0.29	0.87	0.95	其他分布	0.95	0.95
Nb	88	12.87	12.87	13.86	14.85	15.84	17.45	17.96	14.85	1.74	14.75	4.70	18.81	10.89	0.12	14.85	13.86	剔除后对数分布	14.75	14.85
Ni	1345	19.40	20.00	21.30	22.90	24.50	26.10	27.60	23.05	2.56	22.92	6.16	31.70	16.00	0.11	22.90	22.00	剔除后对数分布	22.92	25.00
P	1496	0.63	0.79	1.18	1.43	1.68	1.95	2.10	1.41	0.42	1.34	1.47	2.45	0.42	0.30	1.43	1.40	偏峰分布	1.40	0.60
Pb	1401	17.30	18.60	20.20	22.00	24.00	27.90	31.00	22.56	3.74	22.27	6.17	34.10	13.20	0.17	22.00	22.00	其他分布	22.00	29.00

续表 4-24

元素/指标	N	$X_{5\%}$	$X_{10\%}$	$X_{25\%}$	$X_{50\%}$	$X_{75\%}$	$X_{90\%}$	$X_{95\%}$	$\bar{X}$	S	$\bar{X}_g$	S_g	$X_{\max}$	$X_{\min}$	CV	X_{me}	X_{mo}	分布类型	潮土背景值	杭州市背景值
Rb	75	74.0	74.0	76.0	79.0	81.5	88.6	93.9	80.5	6.83	80.2	12.53	105	71.0	0.08	79.0	79.0	剔除后对数分布	80.2	103
S	82	215	231	266	303	328	352	368	297	46.50	293	26.34	406	196	0.16	303	327	剔除后正态分布	297	254
Sb	90	0.49	0.55	0.64	0.80	1.04	1.35	1.96	0.94	0.56	0.85	1.53	4.47	0.43	0.60	0.80	0.61	对数正态分布	0.85	0.80
Sc	90	8.24	8.40	8.93	9.68	10.50	11.81	12.66	9.93	1.49	9.83	3.74	15.20	7.15	0.15	9.68	8.60	正态分布	9.93	9.51
Se	1438	0.14	0.17	0.22	0.26	0.31	0.38	0.42	0.27	0.08	0.25	2.26	0.47	0.07	0.30	0.26	0.25	其他分布	0.25	0.25
Sn	90	4.14	5.19	7.15	9.55	15.32	26.51	33.26	13.26	10.40	10.67	4.30	63.7	3.50	0.78	9.55	8.60	对数正态分布	10.67	3.90
Sr	85	98.0	103	134	148	154	161	166	141	20.66	140	17.45	179	91.8	0.15	148	153	偏峰分布	153	43.10
Th	90	9.63	9.97	10.32	11.10	11.90	14.10	14.34	11.45	1.54	11.35	4.02	15.30	8.27	0.13	11.10	11.20	对数正态分布	11.35	13.00
Ti	84	3585	3748	3843	3961	4096	4303	4375	3977	230	3970	118	4601	3425	0.06	3961	3903	剔除后对数分布	3977	5029
Tl	76	0.39	0.42	0.45	0.48	0.50	0.55	0.62	0.48	0.06	0.48	1.57	0.68	0.35	0.13	0.48	0.48	剔除后正态分布	0.48	0.67
U	90	1.76	1.85	1.96	2.09	2.41	2.83	3.03	2.23	0.40	2.19	1.59	3.31	1.57	0.18	2.09	1.95	对数正态分布	2.19	2.37
V	1302	63.2	64.2	66.4	69.2	72.3	75.1	77.3	69.6	4.35	69.4	11.60	85.2	57.1	0.06	69.2	64.0	剔除后对数分布	69.4	102
W	90	1.05	1.12	1.21	1.38	1.93	2.29	2.77	1.66	0.78	1.54	1.51	5.15	0.90	0.47	1.38	1.21	对数正态分布	1.54	2.13
Y	90	20.76	21.00	21.89	23.22	25.00	27.06	27.88	23.73	3.38	23.53	6.19	45.00	17.10	0.14	23.22	22.00	对数正态分布	23.53	24.00
Zn	1423	58.7	63.5	69.4	75.9	87.2	102	113	79.5	15.52	78.1	12.73	127	43.70	0.20	75.9	73.8	正态分布	73.8	101
Zr	90	220	236	272	293	320	349	363	297	47.54	293	26.65	512	213	0.16	293	293	剔除后正态分布	297	260
SiO$_2$	79	68.0	69.0	70.3	71.0	71.8	72.8	73.7	71.0	1.55	70.9	11.61	74.7	66.9	0.02	71.0	70.8	剔除后正态分布	71.0	70.8
Al$_2$O$_3$	90	10.03	10.23	10.42	10.70	11.40	14.83	15.33	11.49	1.77	11.37	4.03	16.19	9.89	0.15	10.70	10.57	对数正态分布	11.37	12.84
TFe$_2$O$_3$	74	3.08	3.13	3.18	3.28	3.40	3.55	3.68	3.33	0.23	3.32	2.00	4.18	2.92	0.07	3.28	3.19	剔除后正态分布	3.33	4.01
MgO	88	1.05	1.21	1.48	1.74	1.87	1.94	1.98	1.65	0.28	1.63	1.43	2.04	0.94	0.17	1.74	1.80	偏峰分布	1.80	0.96
CaO	90	0.96	1.15	1.75	2.17	2.54	2.86	3.07	2.10	0.64	1.98	1.79	3.41	0.33	0.30	2.17	2.26	正态分布	2.10	0.26
Na$_2$O	70	1.77	1.79	1.86	1.94	2.00	2.05	2.09	1.93	0.11	1.92	1.46	2.14	1.60	0.05	1.94	1.95	剔除后正态分布	1.93	0.19
K$_2$O	1345	1.85	1.88	1.92	1.96	2.02	2.07	2.12	1.97	0.08	1.97	1.48	2.24	1.73	0.04	1.96	1.92	其他分布	1.92	1.99
TC	90	1.15	1.17	1.31	1.40	1.64	1.93	2.30	1.54	0.41	1.49	1.37	3.72	1.07	0.27	1.40	1.36	对数正态分布	1.49	1.59
Corg	1402	0.58	0.68	0.83	0.98	1.15	1.34	1.50	1.00	0.27	0.96	1.34	1.77	0.28	0.27	0.98	0.92	偏峰分布	0.92	0.92
pH	1311	7.35	7.55	7.79	8.00	8.19	8.37	8.49	7.83	7.76	7.98	3.31	8.93	6.82	0.99	8.00	7.79	其他分布	7.79	4.96

第四章 土壤元素背景值

表 4-25 滨海盐土土壤元素背景值参数统计表

元素/指标	N	$X_{5\%}$	$X_{10\%}$	$X_{25\%}$	$X_{50\%}$	$X_{75\%}$	$X_{90\%}$	$X_{95\%}$	$\overline{X}$	S	$\overline{X}_g$	S_g	X_{max}	X_{min}	CV	X_{me}	X_{mo}	分布类型	滨海盐土背景值	杭州市背景值
Ag	102	48.15	53.1	60.2	67.0	75.0	81.9	85.9	67.3	11.70	66.2	11.26	96.0	40.00	0.17	67.0	63.0	剔除后正态分布	67.3	100.0
As	1888	3.44	3.71	4.13	4.65	5.31	6.06	6.50	4.77	0.91	4.68	2.53	7.38	2.47	0.19	4.65	4.50	剔除后对数分布	4.68	10.40
Au	98	0.87	1.00	1.10	1.20	1.50	2.00	2.30	1.36	0.44	1.29	1.41	2.50	0.60	0.32	1.20	1.20	其他分布	1.20	1.20
B	1967	52.5	55.1	59.7	65.0	70.9	76.5	79.6	65.5	8.33	65.0	11.24	97.6	36.10	0.13	65.0	61.5	正态分布	65.5	61.4
Ba	1967	383	389	397	407	418	427	434	408	16.69	408	31.81	468	366	0.04	407	398	正态分布	408	421
Be	107	1.53	1.56	1.62	1.67	1.73	1.80	1.85	1.68	0.10	1.67	1.35	2.02	1.43	0.06	1.67	1.65	正态分布	1.68	2.13
Bi	107	0.17	0.18	0.20	0.22	0.24	0.27	0.29	0.23	0.05	0.22	2.39	0.48	0.17	0.20	0.22	0.23	对数正态分布	0.22	0.43
Br	107	2.85	3.27	4.57	6.82	9.72	12.74	13.87	7.43	3.54	6.57	3.33	15.75	1.54	0.48	6.82	6.05	正态分布	7.43	5.21
Cd	1923	0.07	0.08	0.10	0.13	0.17	0.20	0.22	0.14	0.05	0.13	3.29	0.27	0.03	0.34	0.13	0.10	其他分布	0.10	0.16
Ce	107	57.4	59.0	61.4	65.9	70.8	75.4	77.8	66.3	6.62	66.0	11.29	79.7	45.42	0.10	65.9	68.3	正态分布	66.3	73.8
Cl	107	57.6	61.5	71.0	84.5	115	158	215	108	75.0	95.5	14.18	523	49.49	0.69	84.5	70.0	对数正态分布	95.5	52.2
Co	1924	8.80	9.04	9.52	10.10	10.60	11.20	11.59	10.11	0.83	10.07	3.82	12.40	7.83	0.08	10.10	10.30	其他分布	10.07	10.40
Cr	1955	54.2	57.1	60.0	64.3	73.3	78.9	81.9	66.6	8.81	66.0	11.23	92.8	44.05	0.13	64.3	61.0	正态分布	61.0	61.0
Cu	1866	11.60	12.60	14.10	16.10	18.60	21.10	22.60	16.49	3.31	16.16	5.18	26.30	7.60	0.20	16.10	15.10	剔除后正态分布	16.16	18.70
F	107	381	399	432	453	487	517	529	457	49.99	454	34.10	616	284	0.11	453	453	正态分布	457	453
Ga	107	10.53	10.90	11.38	11.92	12.52	13.04	13.48	12.00	0.98	11.96	4.15	16.84	9.71	0.08	11.92	11.52	正态分布	12.00	18.70
Ge	1930	1.19	1.21	1.25	1.29	1.34	1.39	1.41	1.30	0.07	1.29	1.17	1.47	1.12	0.05	1.29	1.30	其他分布	1.30	1.44
Hg	1846	0.03	0.03	0.04	0.05	0.06	0.08	0.10	0.05	0.02	0.05	5.54	0.11	0.01	0.40	0.05	0.04	其他分布	0.04	0.11
I	107	1.23	1.30	1.70	2.20	2.80	3.50	4.01	2.40	1.08	2.20	1.79	7.20	0.60	0.45	2.20	1.60	正态分布	2.40	1.60
La	107	31.00	32.00	33.00	35.00	38.00	40.00	41.00	35.46	3.47	35.29	7.83	45.00	24.00	0.10	35.00	33.00	正态分布	35.46	37.00
Li	107	23.79	24.36	25.50	26.70	27.85	29.70	30.65	26.84	2.13	26.76	6.64	35.10	21.60	0.08	26.70	27.30	正态分布	26.84	38.20
Mn	1909	341	359	388	413	440	469	488	414	42.08	412	32.41	522	309	0.10	413	429	其他分布	429	389
Mo	1888	0.25	0.27	0.30	0.34	0.38	0.42	0.45	0.34	0.06	0.34	1.89	0.52	0.19	0.18	0.34	0.34	正态分布	0.34	0.35
N	1951	0.30	0.34	0.42	0.60	0.78	0.92	0.99	0.62	0.22	0.58	1.59	1.32	0.19	0.36	0.60	0.71	其他分布	0.71	0.95
Nb	107	11.95	12.87	12.87	13.86	14.85	15.84	15.84	14.05	1.21	14.00	4.58	16.83	11.17	0.09	13.86	14.85	其他分布	14.85	14.85
Ni	1929	20.00	20.40	21.50	22.70	24.00	25.10	26.00	22.80	1.84	22.73	6.12	28.00	17.80	0.08	22.70	22.50	剔除后正态分布	22.73	25.00
P	1929	0.72	0.77	0.92	1.27	1.62	1.93	2.13	1.31	0.45	1.24	1.46	2.74	0.53	0.34	1.27	0.88	其他分布	0.88	0.60
Pb	1967	14.80	15.40	16.50	17.90	20.00	22.00	23.17	18.50	3.45	18.26	5.51	78.2	11.80	0.19	17.90	20.00	对数正态分布	18.26	29.00

续表 4-25

元素/指标	N	$X_{5\%}$	$X_{10\%}$	$X_{25\%}$	$X_{50\%}$	$X_{75\%}$	$X_{90\%}$	$X_{95\%}$	$\bar{X}$	S	$\bar{X}_g$	S_g	X_{max}	X_{min}	CV	X_{me}	X_{mo}	分布类型	滨海盐土背景值	杭州市背景值
Rb	107	72.3	73.6	75.0	78.0	80.5	83.0	84.7	78.1	3.65	78.1	12.31	88.0	71.0	0.05	78.0	78.0	正态分布	78.1	103
S	107	126	147	192	231	286	335	365	239	73.9	227	22.98	520	81.0	0.31	231	248	正态分布	239	254
Sb	107	0.41	0.43	0.44	0.48	0.61	0.74	0.86	0.55	0.18	0.53	1.54	1.46	0.39	0.32	0.48	0.43	对数正态分布	0.53	0.80
Sc	107	8.10	8.34	8.75	9.30	9.80	10.42	10.79	9.39	1.01	9.34	3.65	15.70	7.30	0.11	9.30	9.40	其他分布	9.39	9.51
Se	1940	0.06	0.07	0.09	0.15	0.21	0.26	0.28	0.16	0.07	0.14	3.22	0.37	0.03	0.45	0.15	0.09	对数正态分布	0.09	0.25
Sn	107	2.33	2.50	2.80	3.20	3.75	5.22	6.20	3.58	1.48	3.39	2.22	10.90	2.10	0.41	3.20	3.30	正态分布	3.39	3.90
Sr	107	147	151	157	163	170	174	179	163	10.21	163	18.68	194	133	0.06	163	165	正态分布	163	43.10
Th	107	8.86	9.49	10.13	10.80	11.40	11.93	12.21	10.69	1.04	10.64	3.92	13.49	7.89	0.10	10.80	11.50	正态分布	10.69	13.00
Ti	107	3628	3717	3806	3916	4075	4217	4266	3939	197	3934	118	4632	3466	0.05	3916	4095	正态分布	3939	5029
Tl	107	0.41	0.42	0.44	0.47	0.50	0.52	0.55	0.47	0.05	0.47	1.56	0.68	0.35	0.10	0.47	0.49	正态分布	0.47	0.67
U	107	1.78	1.84	1.92	2.05	2.18	2.28	2.38	2.06	0.18	2.05	1.53	2.60	1.70	0.09	2.05	2.17	正态分布	2.06	2.37
V	1967	64.0	65.1	67.1	69.2	71.7	74.2	76.0	69.6	3.86	69.4	11.62	106	57.7	0.06	69.2	68.2	对数正态分布	69.4	102
W	107	0.99	1.05	1.16	1.26	1.40	1.49	1.53	1.27	0.18	1.26	1.22	1.86	0.83	0.14	1.26	1.34	正态分布	1.27	2.13
Y	107	19.96	20.60	21.12	22.00	23.22	24.70	25.00	22.36	1.64	22.30	6.03	27.84	18.92	0.07	22.00	21.85	正态分布	22.36	24.00
Zn	1854	50.1	52.5	56.9	62.7	70.4	78.0	83.9	64.2	10.12	63.4	11.26	95.4	42.30	0.16	62.7	59.0	剔除后对数正态分布	63.4	101
Zr	107	259	269	284	305	346	377	400	315	44.15	312	27.68	455	218	0.14	305	283	对数正态分布	312	260
SiO$_2$	107	67.3	67.9	68.6	69.2	70.0	70.4	70.8	69.2	1.12	69.2	11.49	72.5	65.5	0.02	69.2	69.2	正态分布	69.2	70.8
Al$_2$O$_3$	107	9.87	9.98	10.12	10.29	10.48	10.65	10.78	10.32	0.30	10.31	3.84	11.41	9.71	0.03	10.29	10.43	正态分布	10.32	12.84
TFe$_2$O$_3$	107	3.13	3.20	3.29	3.39	3.46	3.56	3.62	3.38	0.15	3.38	2.01	3.84	3.03	0.04	3.39	3.44	正态分布	3.38	4.01
MgO	107	1.72	1.75	1.80	1.88	1.94	2.03	2.10	1.89	0.14	1.88	1.45	2.66	1.65	0.08	1.88	1.83	正态分布	1.89	0.96
CaO	107	2.54	2.77	3.05	3.40	3.63	3.78	3.93	3.34	0.50	3.31	2.01	5.30	1.93	0.15	3.40	3.48	正态分布	3.34	0.26
Na$_2$O	107	1.78	1.81	1.86	1.95	2.04	2.10	2.12	1.95	0.11	1.95	1.47	2.19	1.72	0.06	1.95	1.99	正态分布	1.95	0.19
K$_2$O	1939	1.88	1.91	1.95	2.01	2.05	2.10	2.13	2.01	0.07	2.00	1.49	2.22	1.79	0.04	2.01	2.01	其他分布	2.01	1.99
TC	107	1.08	1.12	1.19	1.32	1.44	1.58	1.68	1.34	0.22	1.33	1.24	2.26	0.94	0.16	1.32	1.32	正态分布	1.34	1.59
Corg	1953	0.29	0.34	0.47	0.68	0.89	1.04	1.15	0.69	0.27	0.63	1.63	1.54	0.12	0.39	0.68	0.71	其他分布	0.71	0.92
pH	1929	7.65	7.80	8.01	8.23	8.46	8.66	8.80	8.10	8.15	8.23	3.36	9.15	7.32	1.01	8.23	8.22	剔除后正态分布	8.10	4.96

第四章 土壤元素背景值

滨海盐土区表层各元素/指标中,绝大多数元素/指标变异系数小于 0.40,分布相对均匀;Se、Br、Au、Sn、pH、Cl 变异系数大于 0.40,其中 pH、Cl 变异系数大于 0.80,空间变异性较大。

与杭州市土壤元素背景值相比,滨海盐土区土壤元素背景值中 Bi、Hg、As、Se、W 背景值明显低于杭州市背景值,为杭州市背景值的 60% 以下;Be、Rb、Ti、Ag、Tl、Li、N、Sb、Pb、V、Zn、Ga、Corg、Cd 背景值略低于杭州市背景值,是杭州市背景值的 60%~80%;Zr 背景值略高于杭州市背景值,与杭州市背景值比值在 1.2~1.4 之间;Br、Cl、I、P、Sr、MgO、CaO、Na_2O 背景值明显偏高,与杭州市背景值比值均在 1.4 以上,其中 CaO、Na_2O、Sr 背景值均为杭州市背景值的 2.0 倍以上,CaO 背景值最高,为杭州市背景值的 12.85 倍;其他元素/指标背景值则与杭州市背景值基本接近。

第四节 主要土地利用类型元素背景值

一、水田土壤元素背景值

水田土壤元素背景值数据经正态分布检验,结果表明(表 4-26),原始数据中 Ga、La、Nb、Y、Zr、Al_2O_3 符合正态分布,Ag、Au、Be、Bi、Br、Cl、I、Li、S、Sb、Sc、Sn、Th、Tl、U、W、TFe_2O_3、CaO、TC、Corg 共 20 项元素/指标符合对数正态分布,Ce、SiO_2 剔除异常值后符合正态分布,Ba、Ti 剔除异常值后符合对数正态分布,其他元素/指标不符合正态分布或对数正态分布。

水田区表层土壤总体为弱酸性,土壤 pH 背景值为 5.18,极大值为 9.47,极小值为 3.45,接近于杭州市背景值。

水田区表层各元素/指标中,一多半元素/指标变异系数小于 0.40,分布相对均匀;Corg、MgO、P、U、As、Hg、Mo、W、Cd、Sr、Cl、Br、Ag、Bi、I、Sb、Sn、Na_2O、pH、CaO、Au 共 21 项元素/指标变异系数大于 0.40,其中 pH、CaO、Au 变异系数大于 0.80,空间变异性较大。

与杭州市土壤元素背景值相比,水田区土壤元素背景值中 Rb、MgO 背景值略低于杭州市背景值,是杭州市背景值的 60%~80%;I、Nb、Sb、U 背景值略高于杭州市背景值,与杭州市背景值比值在 1.2~1.4 之间;CaO、Sr、Sn、Au、Corg 背景值明显偏高,与杭州市背景值比值均在 1.4 以上,其中 CaO、Sr 背景值均为杭州市背景值的 2.0 倍以上;其他元素/指标背景值则与杭州市背景值基本接近。

二、旱地土壤元素背景值

旱地土壤元素背景值数据经正态分布检验,结果表明(表 4-27),原始数据中 Be、Br、Ga、La、Nb、Rb、S、Sc、Th、Ti、Tl、Zr、SiO_2、Al_2O_3、TFe_2O_3、TC 共 16 项元素/指标符合正态分布,Ag、Au、Bi、Ce、Cl、Co、Cu、I、Li、N、P、Sb、Sn、Sr、U、W、Y、MgO、CaO、Na_2O、K_2O 共 21 项元素/指标符合对数正态分布,F、Corg 剔除异常值后符合正态分布,Ge、Hg、Mo、Pb 剔除异常值后符合对数正态分布,其他元素/指标不符合正态分布或对数正态分布。

旱地区表层土壤总体为弱酸性,土壤 pH 背景值为 5.00,极大值为 8.45,极小值为 3.94,接近于杭州市背景值。

旱地区表层各元素/指标中,一少半元素/指标变异系数小于 0.40,分布相对均匀;Li、U、Cr、Se、B、Co、Mn、Ni、Ba、Hg、Br、Mo、P、MgO、Sr、As、Cd、Ce、I、Ag、Cl、Sn、Na_2O、pH、Sb、Au、CaO、Cu、W、Bi 共 30 项元素/指标变异系数大于 0.40,其中 Sn、Na_2O、pH、Sb、Au、CaO、Cu、W、Bi 变异系数大于 0.80,空间变异性较大。

杭州市土壤元素背景值

表 4-26 水田土壤元素背景值参数统计表

元素/指标	N	$X_{5\%}$	$X_{10\%}$	$X_{25\%}$	$X_{50\%}$	$X_{75\%}$	$X_{90\%}$	$X_{95\%}$	$\overline{X}$	S	$\overline{X}_g$	S_g	X_{max}	X_{min}	CV	X_{me}	X_{mo}	分布类型	水田背景值	杭州市背景值
Ag	284	59.0	63.0	77.0	100.0	140	190	260	125	83.3	108	15.59	720	30.00	0.67	100.0	100.0	对数正态分布	108	100.0
As	12 110	3.05	3.61	4.62	6.34	8.97	12.60	14.80	7.25	3.56	6.47	3.35	18.81	0.54	0.49	6.34	10.40	其他分布	10.40	10.40
Au	284	0.76	0.89	1.23	1.79	2.90	4.52	6.08	4.14	28.39	1.98	2.21	479	0.58	6.86	1.79	2.30	对数正态分布	1.98	1.20
B	13 003	21.81	29.60	46.20	60.6	70.1	78.6	85.1	57.6	18.62	53.7	10.53	107	9.40	0.32	60.6	64.7	其他正态分布	64.7	61.4
Ba	252	336	362	401	443	534	668	759	482	124	468	34.85	938	268	0.26	443	419	剔除后对数分布	468	421
Be	284	1.46	1.60	1.74	2.04	2.44	2.84	3.02	2.14	0.55	2.07	1.62	4.23	0.97	0.26	2.04	1.78	对数正态分布	2.07	2.13
Bi	284	0.21	0.23	0.30	0.39	0.51	0.70	1.02	0.47	0.32	0.41	1.99	2.78	0.17	0.68	0.39	0.46	对数正态分布	0.41	0.43
Br	284	2.20	2.30	3.09	4.14	6.71	10.37	12.51	5.30	3.18	4.54	2.69	15.75	1.60	0.60	4.14	2.20	其他正态分布	4.54	5.21
Cd	11 886	0.09	0.11	0.15	0.20	0.27	0.40	0.48	0.23	0.11	0.20	2.75	0.60	0.02	0.50	0.20	0.18	其他分布	0.18	0.16
Ce	248	60.3	62.7	68.7	75.1	83.8	90.9	94.5	76.5	10.81	75.7	12.25	113	49.47	0.14	75.1	75.0	剔除后正态分布	76.5	73.8
Cl	284	30.12	36.06	46.18	61.5	77.4	99.9	120	67.8	39.97	61.0	10.65	452	21.10	0.59	61.5	68.0	对数正态分布	61.0	52.2
Co	12 966	5.37	6.68	8.91	10.66	13.06	15.52	16.90	10.94	3.33	10.39	4.07	19.81	2.45	0.30	10.66	10.40	其他分布	10.40	10.40
Cr	13 069	24.29	32.60	51.1	63.6	75.6	85.3	91.2	62.0	19.50	58.1	10.93	113	13.30	0.31	63.6	62.4	其他分布	62.4	61.0
Cu	12 747	12.40	14.43	18.30	24.32	31.00	37.40	41.94	25.21	8.99	23.59	6.70	52.4	4.43	0.36	24.32	17.50	对数正态分布	17.50	18.70
F	273	348	380	443	517	638	804	859	552	158	531	38.26	967	256	0.29	517	453	偏峰分布	453	453
Ga	284	10.99	11.41	13.00	16.17	18.12	19.60	20.68	15.80	3.11	15.49	4.98	23.30	9.76	0.20	16.17	17.70	正态分布	15.80	18.70
Ge	12 964	1.19	1.24	1.32	1.42	1.54	1.66	1.73	1.44	0.16	1.43	1.27	1.89	0.98	0.11	1.42	1.34	其他分布	1.34	1.44
Hg	12 447	0.04	0.05	0.08	0.11	0.16	0.21	0.25	0.12	0.06	0.11	3.55	0.31	0.01	0.49	0.11	0.11	其他分布	0.11	0.11
I	284	0.72	0.94	1.46	2.16	3.48	5.48	6.83	2.79	2.07	2.23	2.24	13.20	0.40	0.74	2.16	2.10	对数正态分布	2.23	1.60
La	284	32.00	33.60	37.00	42.00	46.80	50.7	52.6	41.94	6.61	41.41	8.69	58.9	20.20	0.16	42.00	37.00	正态分布	41.94	37.00
Li	284	25.02	26.10	28.18	34.42	41.52	47.48	51.6	35.79	9.16	34.73	7.89	69.5	21.20	0.26	34.42	36.50	对数正态分布	34.73	38.20
Mn	12 767	154	184	254	359	452	560	642	366	144	336	29.42	779	60.2	0.39	359	425	其他分布	425	389
Mo	12 154	0.30	0.34	0.46	0.68	0.95	1.32	1.56	0.76	0.38	0.67	1.71	2.00	0.09	0.50	0.68	0.34	其他分布	0.34	0.35
N	13 113	0.55	0.70	0.98	1.36	1.77	2.21	2.44	1.41	0.57	1.28	1.66	3.00	0.10	0.40	1.36	0.90	其他分布	0.90	0.95
Nb	284	12.87	13.86	15.71	18.00	20.23	22.90	25.18	18.25	3.72	17.89	5.43	34.00	11.17	0.20	18.00	14.85	正态分布	18.25	14.85
Ni	13 066	8.90	11.70	19.30	24.10	31.20	38.00	41.25	24.86	9.43	22.78	6.59	50.2	3.06	0.38	24.10	22.00	其他分布	22.00	25.00
P	12 893	0.38	0.44	0.56	0.77	1.11	1.48	1.67	0.87	0.40	0.79	1.61	2.04	0.11	0.46	0.77	0.55	其他分布	0.55	0.60
Pb	12 841	17.90	20.10	25.29	30.89	35.98	41.11	44.46	30.83	7.87	29.78	7.50	53.0	11.40	0.26	30.89	29.00	其他分布	29.00	29.00

第四章 土壤元素背景值

续表 4-26

元素/指标	N	$X_{5\%}$	$X_{10\%}$	$X_{25\%}$	$X_{50\%}$	$X_{75\%}$	$X_{90\%}$	$X_{95\%}$	$\overline{X}$	S	$\overline{X}_g$	S_g	X_{max}	X_{min}	CV	X_{me}	X_{mo}	分布类型	水田背景值	杭州市背景值
Rb	282	74.0	76.0	82.0	104	124	142	153	106	25.99	103	14.78	184	57.0	0.25	104	76.0	偏峰分布	76.0	103
S	284	184	196	230	273	318	371	473	286	87.4	275	25.71	796	120	0.31	273	280	对数正态分布	275	254
Sb	284	0.45	0.51	0.64	0.85	1.33	2.38	3.13	1.18	0.89	0.97	1.79	6.64	0.34	0.76	0.85	0.67	对数正态分布	0.97	0.80
Sc	284	7.30	7.70	8.50	9.38	10.60	11.89	13.16	9.72	2.00	9.54	3.69	24.80	6.00	0.21	9.38	8.80	对数正态分布	9.54	9.51
Se	12 607	0.14	0.18	0.23	0.30	0.40	0.50	0.56	0.32	0.13	0.29	2.19	0.69	0.02	0.39	0.30	0.24	其他分布	0.24	0.25
Sn	284	2.90	3.25	4.21	6.75	10.10	14.66	19.25	8.35	6.38	6.83	3.53	58.9	0.76	0.76	6.75	3.60	对数正态分布	6.83	3.90
Sr	284	30.52	35.86	43.68	71.5	124	159	167	86.5	47.45	73.7	11.60	194	20.90	0.55	71.5	92.0	其他分布	92.0	43.10
Th	284	9.38	9.79	11.00	12.40	14.20	15.40	16.37	12.66	2.61	12.41	4.32	28.80	5.24	0.21	12.40	11.50	对数正态分布	12.41	13.00
Ti	277	3712	3810	3967	4407	5102	5674	5935	4558	741	4501	130	6677	3149	0.16	4407	4317	剔除后对数分布	4501	5029
Tl	284	0.43	0.45	0.51	0.67	0.78	0.94	1.05	0.68	0.22	0.65	1.45	1.79	0.30	0.32	0.67	0.61	对数正态分布	0.65	0.67
U	284	1.86	1.99	2.28	2.81	3.40	4.12	4.81	3.05	1.43	2.87	2.03	17.70	1.32	0.47	2.81	2.37	对数正态分布	2.87	2.37
V	12 599	44.67	53.9	67.0	77.5	95.8	111	120	80.8	22.31	77.6	12.75	147	20.11	0.28	77.5	106	其他分布	106	102
W	284	1.12	1.22	1.49	1.94	2.39	3.06	3.65	2.13	1.10	1.96	1.75	12.20	0.92	0.51	1.94	1.21	对数正态分布	1.96	2.13
Y	284	20.43	21.54	23.38	26.00	29.30	32.60	34.69	26.61	4.45	26.26	6.72	44.90	19.00	0.17	26.00	24.00	正态分布	26.61	24.00
Zn	12 659	55.7	61.1	71.3	86.5	104	120	132	88.8	23.11	85.9	13.56	159	34.70	0.26	86.5	104	其他分布	104	101
Zr	284	190	216	243	273	302	338	354	275	50.8	270	25.12	468	166	0.18	273	287	正态分布	275	260
SiO$_2$	275	65.7	68.1	69.2	71.0	73.7	75.4	76.0	71.3	3.09	71.2	11.75	79.7	62.9	0.04	71.0	74.0	剔除后正态分布	71.3	70.8
Al$_2$O$_3$	284	10.09	10.24	10.80	12.35	13.72	14.84	15.43	12.43	1.80	12.30	4.29	18.00	8.17	0.15	12.35	12.70	正态分布	12.43	12.84
TFe$_2$O$_3$	284	3.17	3.25	3.53	4.17	4.98	5.60	6.19	4.38	1.07	4.27	2.42	11.50	2.70	0.24	4.17	4.23	对数正态分布	4.27	4.01
MgO	284	0.52	0.59	0.74	1.08	1.65	1.92	1.99	1.17	0.52	1.06	1.57	2.67	0.40	0.44	1.08	0.65	偏峰分布	0.65	0.96
CaO	284	0.17	0.21	0.30	0.56	1.66	3.10	3.49	1.14	1.18	0.69	2.92	5.46	0.13	1.03	0.56	0.24	对数正态分布	0.69	0.26
Na$_2$O	284	0.15	0.18	0.25	0.66	1.55	1.99	2.04	0.90	0.70	0.61	2.85	2.19	0.10	0.78	0.66	0.19	其他分布	0.19	0.19
K$_2$O	12 677	1.46	1.68	1.95	2.18	2.56	2.94	3.18	2.26	0.50	2.20	1.66	3.64	0.95	0.22	2.18	1.97	其他分布	1.97	1.99
TC	284	0.91	1.02	1.19	1.40	1.73	2.15	2.52	1.54	0.56	1.46	1.44	5.46	0.62	0.37	1.40	1.40	对数正态分布	1.46	1.59
Corg	12 443	0.55	0.73	1.00	1.35	1.77	2.22	2.53	1.43	0.62	1.29	1.69	6.68	0.09	0.43	1.35	0.92	对数正态分布	1.29	0.92
pH	13 302	4.61	4.81	5.16	5.72	7.44	8.11	8.30	5.21	4.87	6.15	2.85	9.47	3.45	0.93	5.72	5.18	其他分布	5.18	4.96

注：氧化物、TC、Corg 单位为 %；N、P 单位为 g/kg；Au、Ag 单位为 μg/kg；pH 为无量纲；其他元素/指标单位为 mg/kg；后表单位相同。

表 4-27 旱地土壤元素背景值参数统计表

元素/指标	N	$X_{5\%}$	$X_{10\%}$	$X_{25\%}$	$X_{50\%}$	$X_{75\%}$	$X_{90\%}$	$X_{95\%}$	$\bar{X}$	S	$\bar{X}_g$	S_g	X_{max}	X_{min}	CV	X_{me}	X_{mo}	分布类型	旱地背景值	杭州市背景值
Ag	75	58.5	65.8	77.0	110	170	290	356	146	112	119	16.61	600	40.00	0.77	110	100.0	对数正态分布	119	100.0
As	1382	3.29	3.87	5.19	8.00	13.62	21.00	25.36	10.40	7.03	8.46	4.22	33.60	0.91	0.68	8.00	11.90	其他分布	11.90	10.40
Au	75	0.63	0.74	1.14	1.78	3.01	6.20	8.67	2.82	3.21	1.96	2.36	21.80	0.51	1.14	1.78	1.00	对数正态分布	1.96	1.20
B	1486	13.23	19.90	35.55	55.3	69.6	83.2	95.8	53.8	24.43	46.59	10.56	121	1.10	0.45	55.3	66.5	其他分布	66.5	61.4
Ba	69	339	357	396	465	546	1140	1256	575	306	519	37.92	1494	250	0.53	465	864	其他分布	864	421
Be	75	1.56	1.62	1.92	2.23	2.59	2.96	3.20	2.31	0.65	2.23	1.72	5.42	0.97	0.28	2.23	2.02	正态分布	2.31	2.13
Bi	75	0.23	0.25	0.36	0.45	0.58	0.78	1.13	0.72	1.46	0.49	2.09	12.10	0.19	2.02	0.45	0.40	对数正态分布	0.49	0.43
Br	75	1.97	2.20	2.95	3.84	5.88	7.50	9.84	4.58	2.47	4.04	2.50	13.10	1.35	0.54	3.84	2.20	正态分布	4.58	5.21
Cd	1387	0.07	0.09	0.13	0.19	0.30	0.48	0.58	0.24	0.15	0.19	2.99	0.70	0.02	0.64	0.19	0.16	其他分布	0.16	0.16
Ce	75	64.8	67.7	72.7	79.2	104	163	180	103	74.3	92.7	14.35	644	61.5	0.72	79.2	78.6	对数正态分布	92.7	73.8
Cl	75	31.43	33.58	42.35	57.1	69.4	96.3	173	68.9	53.5	58.8	10.39	344	22.50	0.78	57.1	74.0	对数正态分布	58.8	52.2
Co	1523	5.36	6.26	9.02	12.41	16.82	21.10	24.52	13.44	6.38	12.06	4.53	47.70	1.51	0.47	12.41	10.10	对数正态分布	12.06	10.40
Cr	1508	17.23	23.67	39.82	63.6	80.2	93.4	101	61.2	26.34	54.1	11.01	140	6.10	0.43	63.6	73.9	其他分布	73.9	61.0
Cu	1523	9.70	12.10	16.84	25.90	37.01	51.0	61.5	31.05	39.97	25.37	7.36	1168	3.80	1.29	25.90	15.90	对数正态分布	25.37	18.70
F	70	312	376	435	524	679	909	985	583	215	548	39.68	1227	254	0.37	524	548	剔除后正态分布	583	453
Ga	75	12.07	12.61	14.34	16.90	19.00	20.56	20.89	16.79	2.89	16.54	5.14	24.00	11.70	0.17	16.90	16.00	正态分布	16.79	18.70
Ge	1469	1.19	1.26	1.36	1.49	1.64	1.80	1.88	1.51	0.21	1.49	1.31	2.09	0.94	0.14	1.49	1.38	剔除后对数分布	1.49	1.44
Hg	1403	0.03	0.04	0.06	0.08	0.12	0.17	0.20	0.09	0.05	0.08	4.19	0.24	0.01	0.53	0.08	0.04	对数正态分布	0.08	0.11
I	75	0.81	1.16	1.56	2.25	3.85	6.29	8.27	3.03	2.27	2.40	2.30	11.50	0.50	0.75	2.25	1.90	对数正态分布	2.40	1.60
La	75	33.49	35.40	39.00	43.80	48.05	53.2	54.6	44.02	6.59	43.53	8.89	58.2	30.10	0.15	43.80	45.00	正态分布	44.02	37.00
Li	75	25.14	26.40	31.20	37.80	44.20	50.2	64.8	39.98	16.46	37.92	8.41	148	21.40	0.41	37.80	31.20	对数正态分布	37.92	38.20
Mn	1471	166	213	324	495	717	943	1080	542	278	469	36.30	1355	31.00	0.51	495	407	其他分布	407	389
Mo	1352	0.37	0.49	0.68	0.94	1.40	1.96	2.42	1.10	0.61	0.95	1.72	3.18	0.13	0.55	0.94	0.87	剔除后对数分布	0.95	0.35
N	1523	0.47	0.61	0.89	1.16	1.46	1.78	1.98	1.19	0.47	1.09	1.56	4.48	0.15	0.40	1.16	1.11	对数正态分布	1.09	0.95
Nb	75	14.45	14.85	16.86	18.80	21.30	24.00	27.76	19.65	4.50	19.21	5.69	39.90	12.87	0.23	18.80	17.20	正态分布	19.65	14.85
Ni	1503	7.07	9.36	15.04	24.54	35.70	43.88	49.17	25.99	13.37	22.23	6.84	67.8	3.16	0.51	24.54	20.40	其他分布	20.40	25.00
P	1523	0.29	0.35	0.50	0.72	1.04	1.41	1.66	0.83	0.52	0.71	1.80	6.79	0.06	0.62	0.72	0.86	对数正态分布	0.71	0.60
Pb	1420	18.35	21.30	26.30	30.30	35.00	40.50	44.14	30.72	7.28	29.83	7.41	50.5	13.41	0.24	30.30	27.50	剔除后对数分布	29.83	29.00

164

第四章 土壤元素背景值

续表 4-27

元素/指标	N	$X_{5\%}$	$X_{10\%}$	$X_{25\%}$	$X_{50\%}$	$X_{75\%}$	$X_{90\%}$	$X_{95\%}$	$\overline{X}$	S	$\overline{X}_g$	S_g	X_{max}	X_{min}	CV	X_{me}	X_{mo}	分布类型	旱地背景值	杭州市背景值
Rb	75	73.8	80.8	92.7	106	132	160	180	118	41.07	113	15.73	357	72.0	0.35	106	106	正态分布	118	103
S	75	175	184	209	266	334	387	472	280	90.5	268	25.05	550	151	0.32	266	288	正态分布	280	254
Sb	75	0.43	0.50	0.66	1.04	1.65	3.37	3.93	1.53	1.51	1.13	2.07	8.98	0.41	0.99	1.04	0.43	对数正态分布	1.13	0.80
Sc	75	6.60	6.90	8.20	9.70	10.70	11.60	12.36	9.46	1.76	9.30	3.61	14.15	6.20	0.19	9.70	9.70	正态分布	9.46	9.51
Se	1421	0.12	0.17	0.24	0.31	0.41	0.54	0.61	0.33	0.14	0.30	2.19	0.75	0.03	0.43	0.31	0.29	偏峰分布	0.29	0.25
Sn	75	2.68	3.19	4.33	6.85	12.75	18.89	25.82	9.80	8.47	7.28	3.93	44.80	0.63	0.86	6.85	7.28	对数正态分布	7.28	3.90
Sr	75	29.43	31.28	37.40	47.90	98.2	135	169	69.6	45.07	58.3	9.97	183	24.80	0.65	47.90	58.2	对数正态分布	58.3	43.10
Th	75	10.71	10.95	11.75	13.30	14.95	16.86	18.11	13.96	3.72	13.63	4.61	39.10	9.96	0.27	13.30	11.90	正态分布	13.96	13.00
Ti	75	3293	3656	4087	4628	5359	5841	6050	4676	881	4591	129	6638	2465	0.19	4628	4747	正态分布	4676	5029
Tl	75	0.45	0.49	0.57	0.73	0.90	1.06	1.27	0.77	0.27	0.73	1.43	1.83	0.35	0.35	0.73	0.61	对数正态分布	0.77	0.67
U	75	2.05	2.20	2.62	3.01	4.13	5.08	6.10	3.52	1.45	3.29	2.24	9.66	1.83	0.41	3.01	2.62	偏峰分布	3.29	2.37
V	1420	40.77	48.49	65.5	85.7	109	146	164	90.7	36.18	83.6	13.50	195	15.01	0.40	85.7	102	对数正态分布	102	102
W	75	1.22	1.31	1.69	2.09	2.70	3.36	4.65	2.82	3.95	2.24	2.08	34.20	1.01	1.40	2.09	2.66	对数正态分布	2.24	2.13
Y	75	21.25	22.08	24.00	26.60	30.30	36.06	41.75	28.34	7.31	27.62	6.97	67.6	18.40	0.26	26.60	24.00	对数正态分布	27.62	24.00
Zn	1460	54.1	59.2	71.2	88.7	108	128	141	91.6	26.53	87.8	13.74	170	31.00	0.29	88.7	101	偏峰分布	101	101
Zr	75	186	205	240	266	309	341	369	276	65.2	269	24.91	512	161	0.24	266	290	正态分布	276	260
SiO₂	75	67.5	68.5	69.3	71.6	73.6	75.6	76.8	71.6	2.84	71.6	11.73	77.8	66.0	0.04	71.6	71.6	正态分布	71.6	70.8
Al₂O₃	75	10.28	10.45	11.27	12.50	13.75	14.57	14.95	12.60	1.55	12.51	4.31	16.80	10.03	0.12	12.50	12.50	正态分布	12.60	12.84
TFe₂O₃	75	3.04	3.29	3.69	4.42	5.35	6.10	6.23	4.56	1.06	4.44	2.46	6.94	2.87	0.23	4.42	4.43	正态分布	4.56	4.01
MgO	75	0.49	0.52	0.72	1.05	1.35	1.85	2.09	1.18	0.73	1.04	1.64	5.65	0.34	0.62	1.05	0.94	对数正态分布	1.04	0.96
CaO	75	0.15	0.17	0.24	0.34	0.94	1.75	3.42	0.78	0.95	0.48	2.98	3.65	0.14	1.21	0.34	0.29	对数正态分布	0.48	0.26
Na₂O	75	0.14	0.16	0.19	0.36	1.10	1.82	1.98	0.69	0.65	0.44	3.12	2.07	0.08	0.94	0.36	0.19	对数正态分布	0.44	0.19
K₂O	1522	1.31	1.56	1.97	2.37	2.95	3.59	3.98	2.49	0.78	2.36	1.79	6.07	0.42	0.32	2.37	2.04	对数正态分布	2.36	1.99
TC	75	0.99	1.06	1.21	1.52	1.83	2.19	2.34	1.59	0.56	1.52	1.46	4.60	0.67	0.35	1.52	1.75	正态正态分布	1.59	1.59
Corg	1479	0.40	0.53	0.81	1.08	1.36	1.63	1.80	1.09	0.41	1.00	1.58	2.20	0.11	0.38	1.08	1.11	剔除后正态分布	1.09	0.92
pH	1502	4.54	4.69	4.97	5.41	6.32	7.73	8.04	5.09	4.92	5.77	2.77	8.45	3.94	0.97	5.41	5.00	其他分布	5.00	4.96

与杭州市土壤元素背景值相比,旱地区土壤元素背景值中 Hg 背景值略低于杭州市背景值,为杭州市背景值的 73%;U、Sr、Nb、Cd、Ce、F、Cu 背景值略高于杭州市背景值,与杭州市背景值比值在 1.2~1.4 之间;Mo、Na_2O、Ba、Sn、CaO、Au、I、Sb 背景值明显偏高,与杭州市背景值比值在 1.4 以上,其中 Mo、Na_2O、Ba 背景值为杭州市背景值的 2.0 倍以上;其他元素/指标背景值则与杭州市背景值基本接近。

三、园地土壤元素背景值

园地土壤元素背景值数据经正态分布检验,结果表明(表 4-28),原始数据中 Ga、La、Ti、Al_2O_3、TFe_2O_3 符合正态分布,Ag、Au、Be、Br、Cl、I、Li、N、Nb、P、Rb、Sb、Sc、Sn、Sr、Tl、W、Y、Zr、MgO、CaO、Na_2O、TC 共 23 项元素/指标符合对数正态分布,Bi、S、Th、SiO_2 剔除异常值后符合正态分布,Ba、Ce、Cu、Ge、Pb、U、Zn、Corg 剔除异常值后符合对数正态分布,其他元素/指标不符合正态分布或对数正态分布。

园地区表层土壤总体为酸性,土壤 pH 背景值为 4.88,极大值为 8.46,极小值为 3.56,接近于杭州市背景值。

园地区表层各元素/指标中,一多半元素/指标变异系数小于 0.40,分布相对均匀;Cu、Ba、Ni、Mn、W、Mo、Cl、MgO、As、Hg、Sr、Cd、P、Br、Sn、I、Na_2O、Ag、pH、Sb、CaO、Au 共 22 项元素/指标变异系数大于 0.40,其中 I、Na_2O、Ag、pH、Sb、CaO、Au 变异系数大于 0.80,空间变异性较大。

与杭州市土壤元素背景值相比,园地区土壤元素背景值中无偏低元素/指标;Sr、Nb、U、Corg、Ba、La、N、Ag、TFe_2O_3、Ce 背景值略高于杭州市背景值,与杭州市背景值比值在 1.2~1.4 之间;Mo、Na_2O、CaO、Sn、I、Sb、Au 背景值明显偏高,与杭州市背景值比值在 1.4 以上,其中 Mo 背景值为杭州市背景值的 2.09;其他元素/指标背景值则与杭州市背景值基本接近。

四、林地土壤元素背景值

林地土壤元素背景值数据经正态分布检验,结果表明(表 4-29),原始数据中 TFe_2O_3 符合正态分布,Br、Cl、F、P、Al_2O_3、MgO 符合对数正态分布,Au、Be、Ge、Li、N、Rb、S、Sr、Th、Tl、W、Zn、TC、Corg 剔除异常值后符合对数正态分布,其他元素/指标不符合正态分布或对数正态分布。

林地区表层土壤总体为酸性,土壤 pH 背景值为 4.96,极大值为 6.81,极小值为 3.54,与杭州市背景值相同。

林地区表层各元素/指标中,一多半元素/指标变异系数小于 0.40,分布相对均匀;Cr、Hg、Co、Se、B、Cl、Cu、Ag、Au、Ni、Mo、Sb、Mn、Br、Cd、MgO、I、Na_2O、As、P、pH、F 共 22 项元素/指标变异系数大于 0.40,其中 pH、F 变异系数大于 0.80,空间变异性较大。

与杭州市土壤元素背景值相比,林地区土壤元素背景值中 Cr、F、Nb、La、K_2O、TFe_2O_3、Sn 背景值略高于杭州市背景值,与杭州市背景值比值在 1.2~1.4 之间;I、N、Mo、Corg 背景值明显偏高,与杭州市背景值比值均在 1.4 以上,其中 I 背景值为杭州市背景值的 2.71 倍;其他元素/指标背景值则与杭州市背景值基本接近。

第五节 千岛湖沉积物元素背景值

千岛湖沉积物元素背景值数据经正态分布检验,结果表明(表 4-30),原始数据中 B、Be、Br、Cl、Co、Cr、Cu、F、Ga、Ge、Hg、I、La、Li、N、Nb、Ni、P、Pb、Rb、Sc、Sr、Th、Ti、Tl、U、W、Y、Zn、Zr、SiO_2、Al_2O_3、TFe_2O_3、MgO、K_2O、TC、Corg、pH 共 38 项元素/指标符合正态分布,Ag、As、Au、Ba、Bi、Ce、Mo、S、Sb、Se、Sn、V、Na_2O 共 13 项元素/指标符合对数正态分布,Cd、Mn、CaO 剔除异常值后符合正态分布。

第四章 土壤元素背景值

表 4-28 园地土壤元素背景值参数统计表

元素/指标	N	$X_{5\%}$	$X_{10\%}$	$X_{25\%}$	$X_{50\%}$	$X_{75\%}$	$X_{90\%}$	$X_{95\%}$	$\overline{X}$	S	$\overline{X}_g$	S_g	X_{max}	X_{min}	CV	X_{me}	X_{mo}	分布类型	园地背景值	杭州市背景值
Ag	237	60.0	66.0	80.0	110	180	270	424	157	147	126	17.06	1330	40.00	0.93	110	90.0	对数正态分布	126	100.0
As	4135	3.15	3.80	5.08	6.99	10.10	14.85	17.71	8.18	4.40	7.17	3.53	23.00	1.03	0.54	6.99	10.10	其他分布	10.10	10.40
Au	237	0.74	0.86	1.23	1.83	2.90	5.00	6.16	2.66	3.86	1.94	2.15	50.4	0.50	1.45	1.83	2.60	对数正态分布	1.94	1.20
B	237	17.68	24.70	43.93	61.5	71.3	80.6	87.0	57.3	20.99	51.9	10.79	113	3.53	0.37	61.5	64.5	其他分布	64.5	61.4
Ba	205	304	340	412	503	679	1014	1228	588	271	538	39.26	1501	162	0.46	503	574	剔除后对数正态分布	538	421
Be	237	1.45	1.63	1.88	2.25	2.64	2.95	3.32	2.34	0.93	2.22	1.73	11.80	0.94	0.40	2.25	2.43	对数正态分布	2.22	2.13
Bi	213	0.25	0.28	0.36	0.45	0.53	0.64	0.72	0.46	0.14	0.44	1.79	0.87	0.15	0.30	0.45	0.33	剔除后正态分布	0.46	0.43
Br	237	1.98	2.20	2.98	4.31	6.00	9.04	11.91	5.11	3.18	4.39	2.61	20.25	1.20	0.62	4.31	3.70	对数正态分布	4.39	5.21
Cd	4148	0.04	0.06	0.11	0.16	0.22	0.30	0.35	0.17	0.09	0.14	3.44	0.46	0.01	0.53	0.16	0.17	其他分布	0.17	0.16
Ce	213	65.3	70.0	74.5	81.5	99.7	145	164	94.0	30.55	90.0	13.84	194	57.8	0.33	81.5	78.1	剔除后对数正态分布	90.0	73.8
Cl	237	29.74	32.46	39.60	48.20	65.0	80.0	93.2	55.5	28.63	51.0	9.56	296	20.60	0.52	48.20	54.1	对数正态分布	51.0	52.2
Co	4532	5.02	6.09	8.67	11.10	14.50	17.70	19.50	11.63	4.33	10.77	4.25	23.88	0.66	0.37	11.10	10.50	偏峰分布	10.50	10.40
Cr	4601	18.78	25.45	46.80	65.6	78.9	89.3	95.9	62.1	23.40	56.1	11.16	127	2.46	0.38	65.6	68.0	其他分布	68.0	61.0
Cu	4413	10.10	12.30	17.00	23.30	30.78	38.46	43.76	24.56	10.10	22.41	6.63	54.5	1.39	0.41	23.30	18.70	剔除后对数正态分布	22.41	18.70
F	226	367	402	466	581	769	965	1125	643	226	607	41.56	1276	273	0.35	581	453	偏峰分布	453	453
Ga	237	12.80	14.16	15.50	17.50	19.00	20.34	21.62	17.32	2.71	17.10	5.20	27.10	9.80	0.16	17.50	18.30	正态分布	17.32	18.70
Ge	4479	1.19	1.25	1.33	1.45	1.56	1.68	1.75	1.45	0.17	1.44	1.27	1.92	0.97	0.12	1.45	1.46	剔除后对数正态分布	1.44	1.44
Hg	4388	0.04	0.05	0.07	0.10	0.16	0.22	0.26	0.12	0.07	0.10	3.73	0.32	0.01	0.55	0.10	0.11	其他分布	0.11	0.11
I	237	0.82	1.04	1.60	2.68	4.43	7.10	9.27	3.54	2.89	2.68	2.48	18.50	0.45	0.82	2.68	1.30	对数正态分布	2.68	1.60
La	237	35.40	36.24	40.50	44.90	48.30	51.4	54.2	44.48	5.79	44.10	8.97	62.3	33.00	0.13	44.90	41.00	正态分布	44.48	37.00
Li	237	25.78	27.86	32.50	39.50	47.10	57.0	68.1	41.80	13.52	39.96	8.62	97.0	20.90	0.32	39.50	39.80	对数正态分布	39.96	38.20
Mn	4446	151	190	285	401	563	752	865	439	211	389	32.88	1054	38.30	0.48	401	389	对数正态分布	389	389
Mo	4172	0.34	0.40	0.56	0.77	1.09	1.48	1.75	0.87	0.42	0.77	1.66	2.30	0.06	0.49	0.77	0.73	对数正态分布	0.73	0.35
N	4639	0.59	0.73	0.96	1.28	1.63	1.99	2.24	1.33	0.54	1.23	1.57	8.91	0.15	0.40	1.28	0.95	对数正态分布	1.23	0.95
Nb	237	14.85	15.80	17.10	18.90	21.30	24.00	28.14	20.02	5.45	19.51	5.66	69.4	12.50	0.27	18.90	14.85	对数正态分布	19.51	14.85
Ni	4583	7.53	9.76	16.60	24.10	33.60	41.10	45.23	25.24	11.56	22.20	6.75	59.9	1.31	0.46	24.10	22.00	其他分布	22.00	25.00
P	4639	0.27	0.34	0.47	0.67	0.97	1.41	1.70	0.79	0.48	0.67	1.79	6.67	0.04	0.61	0.67	0.58	对数正态分布	0.67	0.60
Pb	4434	19.90	21.75	25.84	30.23	34.70	39.66	43.10	30.50	6.83	29.73	7.35	49.80	12.88	0.22	30.23	30.50	剔除后对数正态分布	29.73	29.00

续表 4-28

元素/指标	N	$X_{5\%}$	$X_{10\%}$	$X_{25\%}$	$X_{50\%}$	$X_{75\%}$	$X_{90\%}$	$X_{95\%}$	$\overline{X}$	S	$\overline{X}_g$	S_g	X_{max}	X_{min}	CV	X_{me}	X_{mo}	分布类型	园地背景值	杭州市背景值
Rb	237	75.8	83.0	99.2	116	129	152	166	118	33.28	114	15.57	358	50.00	0.28	116	120	对数正态分布	114	103
S	219	174	198	221	269	302	350	381	268	61.0	261	24.38	437	127	0.23	269	213	剔除后正态分布	268	254
Sb	237	0.55	0.61	0.75	1.14	2.15	3.49	4.19	1.73	1.74	1.31	2.04	15.90	0.35	1.01	1.14	0.91	对数正态分布	1.31	0.80
Sc	237	7.28	7.80	8.80	9.80	10.90	12.20	13.19	10.06	1.94	9.88	3.77	18.90	6.40	0.19	9.80	9.70	对数正态分布	9.88	9.51
Se	4362	0.16	0.20	0.26	0.34	0.44	0.56	0.64	0.36	0.14	0.33	2.09	0.78	0.04	0.40	0.34	0.27	其他分布	0.27	0.25
Sn	237	3.09	3.63	4.57	6.12	8.60	14.14	17.30	7.79	5.46	6.58	3.29	38.20	0.91	0.70	6.12	14.60	对数正态分布	6.58	3.90
Sr	237	31.22	33.64	39.90	51.1	79.4	122	148	65.4	36.33	57.6	10.38	209	21.00	0.56	51.1	71.1	对数正态分布	57.6	43.10
Th	224	9.72	10.93	11.90	13.35	14.70	15.77	16.95	13.36	2.04	13.20	4.47	19.10	7.59	0.15	13.35	13.10	剔除后正态分布	13.36	13.00
Ti	237	3825	3944	4369	5126	5666	6236	6757	5126	977	5036	138	9058	2398	0.19	5126	5029	正态分布	5126	5029
Tl	237	0.47	0.51	0.63	0.75	0.87	1.05	1.18	0.78	0.24	0.74	1.40	2.02	0.30	0.31	0.75	0.63	对数正态分布	0.74	0.67
U	216	2.04	2.32	2.61	3.04	3.59	4.53	4.99	3.21	0.87	3.10	2.05	5.83	1.22	0.27	3.04	2.20	剔除后对数分布	3.10	2.37
V	4349	41.80	50.5	66.5	82.1	101	117	129	83.7	26.05	79.3	13.01	161	13.20	0.31	82.1	102	偏峰分布	102	102
W	237	1.40	1.51	1.81	2.23	2.89	3.67	4.65	2.52	1.21	2.33	1.86	11.90	0.94	0.48	2.23	2.27	对数正态分布	2.33	2.13
Y	237	21.84	22.50	24.30	27.10	30.10	35.00	38.26	28.13	5.68	27.64	6.91	65.4	16.30	0.20	27.10	22.80	对数正态分布	27.64	24.00
Zn	4447	50.2	55.4	67.4	82.5	100.0	118	130	85.0	24.01	81.6	13.20	155	27.50	0.28	82.5	101	剔除后对数分布	81.6	101
Zr	237	179	193	222	255	296	347	380	266	64.9	259	24.70	550	155	0.24	255	260	对数正态分布	259	260
SiO₂	226	65.6	67.5	69.4	71.2	73.3	74.8	75.9	71.2	2.99	71.1	11.74	78.6	62.9	0.04	71.2	70.0	剔除后正态分布	71.2	70.8
Al₂O₃	237	10.38	10.81	11.80	13.00	13.90	15.04	16.41	13.04	1.81	12.92	4.39	21.23	9.08	0.14	13.00	13.60	正态分布	13.04	12.84
TFe₂O₃	237	3.31	3.48	4.21	4.93	5.51	6.10	6.76	4.94	1.09	4.82	2.57	9.62	2.98	0.22	4.93	4.77	正态分布	4.94	4.01
MgO	237	0.52	0.56	0.71	1.09	1.45	1.88	2.26	1.19	0.63	1.06	1.62	4.50	0.42	0.53	1.09	0.77	对数正态分布	1.06	0.96
CaO	237	0.16	0.18	0.24	0.37	0.72	1.41	2.45	0.68	0.85	0.45	2.67	5.65	0.12	1.24	0.37	0.26	对数正态分布	0.45	0.26
Na₂O	237	0.14	0.16	0.19	0.31	0.69	1.30	1.61	0.52	0.48	0.37	2.81	2.05	0.09	0.91	0.31	0.18	对数正态分布	0.37	0.19
K₂O	4373	1.36	1.57	1.95	2.24	2.64	3.14	3.49	2.31	0.60	2.23	1.70	3.93	0.81	0.26	2.24	2.15	其他分布	2.15	1.99
TC	237	0.99	1.09	1.29	1.55	1.87	2.30	3.00	1.68	0.66	1.59	1.50	5.37	0.73	0.39	1.55	1.73	对数正态分布	1.59	1.59
Corg	4461	0.56	0.70	0.95	1.24	1.57	1.88	2.08	1.27	0.46	1.18	1.56	2.58	0.02	0.36	1.24	0.94	剔除后对数分布	1.18	0.92
pH	4591	4.27	4.43	4.78	5.29	6.21	7.76	8.06	4.87	4.66	5.64	2.75	8.46	3.56	0.96	5.29	4.88	其他分布	4.88	4.96

第四章 土壤元素背景值

表4-29 林地土壤元素背景值参数统计表

元素/指标	N	$X_{5\%}$	$X_{10\%}$	$X_{25\%}$	$X_{50\%}$	$X_{75\%}$	$X_{90\%}$	$X_{95\%}$	$\bar{X}$	S	$\bar{X}_g$	S_g	X_{max}	X_{min}	CV	X_{me}	X_{mo}	分布类型	林地背景值	杭州市背景值
Ag	2460	57.0	62.0	78.0	100.0	140	190	220	113	50.6	103	14.74	279	30.00	0.45	100.0	100.0	其他分布	100.0	100.0
As	7112	3.14	3.93	5.36	7.66	11.50	17.54	21.38	9.22	5.44	7.86	3.86	27.30	1.06	0.59	7.66	10.80	其他分布	10.80	10.40
Au	2506	0.64	0.74	0.96	1.33	1.88	2.60	3.06	1.50	0.72	1.35	1.65	3.74	0.16	0.48	1.33	1.24	剔除后对数分布	1.35	1.20
B	7755	15.50	20.90	35.06	54.5	68.8	82.9	92.8	53.2	23.43	46.85	10.18	121	1.58	0.44	54.5	58.7	其他分布	58.7	61.4
Ba	2340	299	332	390	451	553	718	871	495	169	471	35.06	1111	154	0.34	451	428	其他分布	428	421
Be	2574	1.41	1.56	1.84	2.18	2.59	2.96	3.21	2.24	0.55	2.17	1.66	3.91	0.79	0.25	2.18	2.15	剔除后对数分布	2.17	2.13
Bi	2462	0.29	0.32	0.37	0.45	0.54	0.65	0.74	0.47	0.13	0.45	1.74	0.90	0.16	0.29	0.45	0.39	其他分布	0.39	0.43
Br	2732	2.30	2.80	3.90	5.67	7.91	10.60	12.70	6.34	3.39	5.57	2.97	31.10	1.20	0.53	5.67	3.50	对数正态分布	5.57	5.21
Cd	7170	0.07	0.08	0.12	0.17	0.24	0.35	0.43	0.19	0.11	0.17	3.12	0.54	0.01	0.55	0.17	0.15	其他分布	0.15	0.16
Ce	2382	68.2	71.4	76.4	83.5	94.0	109	121	87.1	16.05	85.7	13.11	143	40.20	0.18	83.5	73.8	其他分布	73.8	73.8
Cl	2732	30.76	34.40	41.40	51.3	65.5	83.9	99.3	56.9	24.83	52.9	9.88	288	20.40	0.44	51.3	47.90	对数正态分布	52.9	52.2
Co	7861	4.65	5.70	8.06	11.86	15.92	19.20	21.10	12.24	5.17	11.06	4.38	28.03	1.00	0.42	11.86	11.30	其他分布	11.30	10.40
Cr	7875	17.79	22.70	37.60	61.3	74.4	85.2	92.2	57.4	23.67	51.1	10.52	130	5.80	0.41	61.3	75.1	其他分布	75.1	61.0
Cu	7595	9.58	11.60	16.20	23.50	31.50	40.00	46.19	24.72	10.95	22.24	6.52	57.2	1.90	0.44	23.50	15.30	其他分布	15.30	18.70
F	2732	330	362	430	554	735	1002	1216	646	868	579	40.04	43 287	199	1.34	554	396	对数分布	579	453
Ga	2685	13.12	14.10	15.80	17.70	19.40	21.00	21.90	17.60	2.63	17.40	5.21	24.70	10.58	0.15	17.70	18.70	其他分布	18.70	18.70
Ge	7765	1.22	1.27	1.37	1.50	1.64	1.77	1.85	1.51	0.19	1.50	1.31	2.06	0.97	0.13	1.50	1.53	剔除后对数分布	1.50	1.44
Hg	7395	0.04	0.05	0.07	0.09	0.12	0.15	0.18	0.10	0.04	0.09	3.96	0.22	0.01	0.41	0.09	0.11	其他分布	0.11	0.11
I	2655	0.99	1.30	2.49	4.17	6.09	8.08	9.24	4.48	2.54	3.68	2.69	11.90	0.05	0.57	4.17	4.33	其他分布	4.33	1.60
La	2661	35.60	37.80	41.90	45.70	48.80	51.7	53.4	45.21	5.28	44.90	9.00	59.2	31.30	0.12	45.70	45.70	偏峰分布	45.70	37.00
Li	2609	26.00	28.20	33.10	39.00	45.80	52.7	58.1	39.94	9.47	38.84	8.38	67.8	18.10	0.24	39.00	38.20	剔除后对数分布	38.84	38.20
Mn	7696	175	212	315	486	727	971	1113	545	291	468	37.58	1415	35.30	0.53	486	404	偏峰分布	404	389
Mo	7170	0.41	0.49	0.64	0.88	1.27	1.77	2.07	1.01	0.51	0.90	1.62	2.72	0.16	0.50	0.88	0.66	其他分布	0.66	0.35
N	7714	0.69	0.86	1.14	1.47	1.83	2.20	2.43	1.50	0.52	1.40	1.58	2.95	0.13	0.34	1.47	1.64	剔除后对数分布	1.40	0.95
Nb	2478	15.50	16.20	17.60	19.20	21.30	23.90	25.90	19.65	3.08	19.42	5.57	29.40	10.70	0.16	19.20	18.50	其他分布	18.50	14.85
Ni	2661	7.40	9.30	14.52	24.02	32.90	39.90	44.35	24.48	11.76	21.30	6.55	61.1	2.27	0.48	24.02	29.90	其他分布	29.90	25.00
P	7824	0.26	0.32	0.44	0.62	0.88	1.22	1.49	0.72	0.43	0.62	1.80	8.72	0.06	0.60	0.62	0.45	对数正态分布	0.62	0.60
Pb	7504	20.71	23.00	26.70	30.50	34.90	39.92	43.20	31.00	6.53	30.30	7.34	49.50	13.40	0.21	30.50	30.10	其他分布	30.10	29.00

续表 4-29

元素/指标	N	$X_{5\%}$	$X_{10\%}$	$X_{25\%}$	$X_{50\%}$	$X_{75\%}$	$X_{90\%}$	$X_{95\%}$	$\bar{X}$	S	$\bar{X}_g$	S_g	X_{max}	X_{min}	CV	X_{me}	X_{mo}	分布类型	林地背景值	杭州市背景值
Rb	2653	77.2	84.1	98.7	118	138	161	176	120	29.54	117	15.50	201	39.00	0.25	118	128	剔除后对数分布	117	103
S	2617	166	184	217	255	304	357	389	264	66.2	255	24.30	453	83.6	0.25	255	244	剔除后对数分布	255	254
Sb	2443	0.55	0.61	0.72	0.93	1.35	2.07	2.45	1.13	0.58	1.01	1.57	3.07	0.34	0.51	0.93	0.80	其他分布	0.80	0.80
Sc	2685	6.82	7.40	8.40	9.50	10.50	11.40	11.98	9.45	1.56	9.32	3.65	13.80	5.30	0.16	9.50	9.80	其他分布	9.80	9.51
Se	7567	0.19	0.22	0.27	0.36	0.49	0.64	0.73	0.39	0.16	0.36	2.00	0.89	0.04	0.42	0.36	0.26	其他分布	0.26	0.25
Sn	2521	2.97	3.39	4.12	5.21	6.90	9.13	10.43	5.75	2.27	5.34	2.82	12.90	0.76	0.39	5.21	4.68	其他分布	4.68	3.90
Sr	2546	29.02	31.90	37.20	44.30	54.1	64.9	73.5	46.65	13.14	44.91	8.90	87.0	19.10	0.28	44.30	32.50	剔除后对数分布	44.91	43.10
Th	2631	10.20	10.70	11.90	13.50	15.00	16.70	17.70	13.57	2.31	13.37	4.46	20.40	7.17	0.17	13.50	13.50	剔除后对数分布	13.37	13.00
Ti	2684	3262	3690	4386	5100	5625	6002	6262	4970	902	4880	136	7520	2482	0.18	5100	5029	偏峰分布	5029	5029
Tl	2616	0.48	0.52	0.61	0.74	0.89	1.05	1.15	0.77	0.20	0.74	1.39	1.36	0.25	0.27	0.74	0.82	剔除后对数分布	0.74	0.67
U	2527	2.21	2.35	2.63	3.10	3.75	4.45	4.94	3.26	0.84	3.16	2.03	5.87	1.12	0.26	3.10	2.64	偏峰分布	2.64	2.37
V	7520	35.70	43.49	61.1	80.5	97.4	115	129	80.3	27.62	75.0	12.58	158	10.30	0.34	80.5	103	其他分布	103	102
W	2519	1.42	1.57	1.84	2.19	2.66	3.16	3.59	2.30	0.64	2.21	1.71	4.29	0.76	0.28	2.19	2.12	剔除后对数分布	2.21	2.13
Y	2588	20.90	22.10	24.20	26.90	30.40	34.80	37.20	27.63	4.85	27.22	6.84	41.50	15.40	0.18	26.90	25.60	偏峰分布	25.60	24.00
Zn	7570	53.8	59.5	70.1	84.1	101	118	129	86.6	22.60	83.6	13.21	154	21.10	0.26	84.1	102	剔除后对数分布	83.6	101
Zr	2514	180	192	226	258	285	318	346	257	47.36	253	24.40	392	139	0.18	258	259	其他分布	259	260
SiO$_2$	2680	65.3	66.8	69.2	71.5	73.6	75.2	76.2	71.3	3.23	71.2	11.78	79.7	62.2	0.05	71.5	70.8	偏峰分布	70.8	70.8
Al$_2$O$_3$	2732	10.90	11.30	12.00	12.90	14.00	15.10	15.80	13.08	1.54	13.00	4.39	20.76	8.80	0.12	12.90	13.20	对数正态分布	13.00	12.84
TFe$_2$O$_3$	2732	3.28	3.60	4.19	4.87	5.50	6.10	6.47	4.87	1.00	4.77	2.52	11.92	2.24	0.21	4.87	5.11	正态分布	4.87	4.01
MgO	2732	0.48	0.54	0.66	0.88	1.18	1.68	2.11	1.03	0.57	0.92	1.57	6.22	0.25	0.56	0.88	0.81	对数正态分布	0.92	0.96
CaO	2413	0.15	0.17	0.20	0.25	0.33	0.43	0.50	0.28	0.11	0.26	2.37	0.63	0.10	0.38	0.25	0.26	其他分布	0.26	0.26
Na$_2$O	2591	0.14	0.16	0.20	0.27	0.45	0.67	0.77	0.35	0.20	0.30	2.49	0.94	0.09	0.57	0.27	0.20	其他分布	0.20	0.19
K$_2$O	7864	1.44	1.64	2.00	2.45	2.99	3.61	3.94	2.53	0.74	2.42	1.80	4.51	0.52	0.29	2.45	2.60	剔除后对数分布	2.60	1.99
TC	2584	0.97	1.11	1.37	1.69	2.08	2.53	2.74	1.76	0.54	1.67	1.52	3.37	0.49	0.31	1.69	1.64	剔除后对数分布	1.67	1.59
Corg	7615	0.67	0.83	1.11	1.44	1.82	2.23	2.49	1.49	0.54	1.38	1.61	3.02	0.02	0.36	1.44	1.54	剔除后对数分布	1.38	0.92
pH	7259	4.25	4.45	4.74	5.05	5.42	5.89	6.25	4.80	4.62	5.11	2.57	6.81	3.54	0.96	5.05	4.96	其他分布	4.96	4.96

第四章 土壤元素背景值

表 4-30 千岛湖沉积物元素背景值参数统计表

元素/指标	N	$X_{5\%}$	$X_{10\%}$	$X_{25\%}$	$X_{50\%}$	$X_{75\%}$	$X_{90\%}$	$X_{95\%}$	$\bar{X}$	S	$\bar{X}_g$	S_g	X_{max}	X_{min}	CV	X_{me}	X_{mo}	分布类型	千岛湖沉积物背景值	杭州市背景值	浙江省背景值	中国背景值
Ag	107	57.9	66.2	81.0	120	170	250	280	135	73.0	119	16.11	400	49.00	0.54	120	130	对数正态分布	119	100.0	100.0	77.0
As	107	4.74	5.44	8.24	13.20	23.55	29.74	37.47	17.29	14.57	13.46	5.09	114	3.11	0.84	13.20	13.00	对数正态分布	13.46	10.40	10.10	9.00
Au	107	0.78	0.87	1.15	1.95	2.93	3.49	4.01	3.56	13.90	1.93	2.25	145	0.23	3.91	1.95	2.63	对数正态分布	1.93	1.20	1.50	1.30
B	107	41.43	46.16	51.0	58.3	65.3	71.0	77.8	58.8	11.15	57.7	10.48	90.0	33.70	0.19	58.3	58.3	正态分布	58.8	61.4	20.00	43.0
Ba	107	296	352	446	579	824	1070	1145	699	536	606	40.28	4883	196	0.77	579	602	对数正态分布	606	421	475	512
Be	107	1.37	1.49	1.98	2.26	2.62	2.95	3.08	2.24	0.55	2.16	1.67	3.25	0.66	0.25	2.26	2.40	正态分布	2.24	2.13	2.00	2.00
Bi	107	0.30	0.35	0.41	0.57	0.83	1.13	1.25	0.79	1.45	0.61	1.86	15.30	0.24	1.83	0.57	0.55	对数正态分布	0.61	0.43	0.28	0.30
Br	107	1.83	2.20	3.45	4.90	6.20	7.40	8.10	4.89	1.96	4.46	2.67	10.10	1.30	0.40	4.90	5.50	正态分布	4.89	5.21	2.20	2.20
Cd	103	0.09	0.10	0.16	0.43	0.83	1.16	1.50	0.56	0.46	0.37	3.56	1.98	0.04	0.83	0.43	0.40	剔除正态分布	0.56	0.16	0.14	0.137
Ce	107	62.5	69.5	87.2	99.8	126	141	147	109	46.80	102	14.39	449	49.30	0.43	99.8	108	对数正态分布	102	73.8	102	64.0
Cl	107	25.15	28.82	33.35	38.10	42.50	47.54	49.77	38.78	10.29	37.72	8.23	109	22.30	0.27	38.10	37.70	正态分布	38.78	52.2	71.0	78.0
Co	107	6.40	8.39	11.70	15.10	17.65	18.84	21.47	14.66	4.85	13.71	4.72	36.10	2.96	0.33	15.10	15.10	正态分布	14.66	10.40	14.80	11.00
Cr	107	44.80	48.66	60.4	67.4	76.5	81.3	87.7	67.0	14.40	65.2	11.26	116	24.20	0.22	67.4	63.4	正态分布	67.0	61.0	82.0	53.0
Cu	107	14.49	18.46	25.00	35.40	43.80	50.7	58.4	36.00	16.21	32.89	7.84	134	9.90	0.45	35.40	40.80	正态分布	36.00	18.70	16.00	20.00
F	107	340	389	494	581	726	818	871	601	162	578	38.76	994	271	0.27	581	567	正态分布	601	453	453	488
Ga	107	12.72	14.10	16.20	18.70	21.40	23.88	24.90	18.95	3.77	18.57	5.39	28.10	11.60	0.20	18.70	18.30	正态分布	18.95	18.70	16.00	15.00
Ge	107	1.33	1.39	1.55	1.67	1.77	1.91	1.96	1.66	0.20	1.64	1.37	2.41	1.07	0.12	1.67	1.78	正态分布	1.66	1.44	1.44	1.30
Hg	107	0.06	0.07	0.09	0.12	0.15	0.17	0.20	0.12	0.05	0.11	3.75	0.44	0.02	0.44	0.12	0.13	正态分布	0.12	0.11	0.110	0.026
I	107	0.69	1.16	2.08	2.73	3.54	4.54	5.61	2.93	1.48	2.55	2.20	8.67	0.46	0.50	2.73	3.04	正态分布	2.93	1.60	1.70	1.10
La	107	38.59	41.52	43.95	47.60	49.90	52.2	53.4	46.99	4.31	46.79	9.17	56.5	34.70	0.09	47.60	49.10	正态分布	46.99	37.00	41.00	33.00
Li	107	31.58	33.68	39.70	47.10	57.6	64.7	79.9	49.09	14.16	47.18	9.39	91.8	21.00	0.29	47.10	57.6	正态分布	49.09	38.20	25.00	30.00
Mn	96	208	269	391	480	639	838	921	521	216	472	35.21	1098	94.0	0.41	480	422	剔除正态分布	521	389	440	569
Mo	107	0.50	0.54	0.83	1.60	2.29	2.97	3.66	1.90	2.55	1.43	2.03	26.00	0.45	1.35	1.60	1.11	对数正态分布	1.43	0.35	0.66	0.70
N	107	0.77	0.97	1.20	1.56	1.95	2.14	2.28	1.56	0.47	1.49	1.50	2.57	0.59	0.30	1.56	1.44	正态分布	1.56	0.95	1.28	0.707
Nb	107	15.23	15.60	16.80	18.00	19.55	21.62	23.08	18.37	2.44	18.22	5.32	26.60	12.60	0.13	18.00	18.00	正态分布	18.37	14.85	16.83	13.00
Ni	107	12.02	15.98	24.50	31.90	38.50	42.82	47.20	31.29	10.34	29.23	7.28	53.8	8.11	0.33	31.90	30.40	正态分布	31.29	25.00	35.00	24.00
P	107	0.33	0.37	0.47	0.58	0.74	0.89	0.94	0.62	0.22	0.58	1.60	1.62	0.22	0.36	0.58	0.62	正态分布	0.62	0.60	0.60	0.57

续表 4-30

元素/指标	N	$X_{5\%}$	$X_{10\%}$	$X_{25\%}$	$X_{50\%}$	$X_{75\%}$	$X_{90\%}$	$X_{95\%}$	$\bar{X}$	S	$\bar{X}_g$	S_g	X_{max}	X_{min}	CV	X_{me}	X_{mo}	分布类型	千岛湖沉积物背景值	杭州市背景值	浙江省背景值	中国背景值
Pb	107	20.92	21.76	25.80	33.50	41.35	47.32	50.3	34.10	9.78	32.69	7.64	57.8	15.30	0.29	33.50	32.60	正态分布	34.10	29.00	32.00	22.00
Rb	107	75.1	84.1	106	124	139	153	163	121	26.43	118	15.57	171	52.6	0.22	124	135	正态分布	121	103	120	96.0
S	107	137	151	196	320	478	585	654	342	172	296	28.31	750	14.20	0.50	320	230	对数正态分布	296	254	248	245
Sb	107	0.56	0.63	0.96	1.45	2.07	2.65	3.14	1.68	1.17	1.42	1.81	8.33	0.49	0.70	1.45	1.80	对数正态分布	1.42	0.80	0.53	0.73
Sc	107	7.46	8.00	8.85	9.80	10.95	12.04	12.54	9.91	1.64	9.77	3.75	14.50	5.90	0.17	9.80	9.80	正态分布	9.91	9.51	8.70	10.00
Se	107	0.25	0.29	0.36	0.51	0.85	1.01	1.05	0.63	0.37	0.54	1.89	2.95	0.13	0.58	0.51	0.36	对数正态分布	0.54	0.25	0.21	0.17
Sn	107	2.95	3.11	3.59	5.11	6.67	8.56	9.52	5.68	3.63	5.11	2.78	35.20	2.26	0.64	5.11	3.55	对数正态分布	5.11	3.90	3.60	3.00
Sr	107	31.04	32.88	39.25	47.20	56.7	65.1	70.9	48.69	13.53	46.88	9.18	89.9	17.60	0.28	47.20	49.30	正态分布	48.69	43.10	105	197
Th	107	10.20	10.90	12.15	13.80	14.85	15.84	16.37	13.53	1.86	13.40	4.46	17.20	9.31	0.14	13.80	14.30	正态分布	13.53	13.00	13.30	11.00
Ti	107	3915	4173	4382	4764	5322	5729	6014	4880	666	4835	133	6938	3283	0.14	4764	4398	正态分布	4880	5029	4665	3498
Tl	107	0.51	0.55	0.62	0.78	0.92	1.00	1.05	0.77	0.18	0.75	1.34	1.29	0.44	0.23	0.78	0.56	正态分布	0.77	0.67	0.70	0.60
U	107	2.45	2.62	3.08	4.10	5.61	6.16	6.49	4.37	1.62	4.11	2.43	13.00	2.14	0.37	4.10	3.71	对数正态分布	4.37	2.37	2.90	2.50
V	107	62.7	74.0	84.3	110	134	146	151	112	43.16	106	14.92	442	38.50	0.39	110	101	正态分布	106	102	106	70.0
W	107	1.67	1.74	2.09	2.63	3.24	3.92	4.58	2.79	1.08	2.63	1.87	9.29	1.29	0.39	2.63	2.12	正态分布	2.79	2.13	1.80	1.60
Y	107	20.46	22.00	26.10	29.50	32.65	35.00	37.10	29.14	4.87	28.72	6.93	40.30	17.50	0.17	29.50	31.20	正态分布	29.14	24.00	25.00	24.00
Zn	107	50.2	62.3	79.2	99.1	130	162	179	108	45.48	100.0	14.51	362	38.00	0.42	99.1	106	正态分布	108	101	101	66.0
Zr	107	181	185	205	234	268	294	311	239	42.88	235	23.44	362	164	0.18	234	205	正态分布	239	260	243	230
SiO$_2$	107	63.7	64.8	67.7	70.7	73.2	76.1	76.7	70.5	4.04	70.4	11.62	80.2	61.2	0.06	70.7	70.8	正态分布	70.5	70.8	71.3	66.7
Al$_2$O$_3$	107	10.80	11.16	12.65	13.90	15.10	16.14	16.97	13.88	1.82	13.76	4.53	17.80	10.40	0.13	13.90	13.20	正态分布	13.88	12.84	13.20	11.90
TFe$_2$O$_3$	107	3.82	4.12	4.68	5.50	6.28	6.94	7.36	5.55	1.22	5.42	2.70	11.30	2.25	0.22	5.50	5.36	正态分布	5.55	4.01	3.74	4.20
MgO	107	0.51	0.64	0.89	1.08	1.31	1.48	1.59	1.10	0.35	1.04	1.41	2.22	0.39	0.32	1.08	0.91	正态分布	1.10	0.96	0.50	1.43
CaO	101	0.13	0.16	0.22	0.30	0.37	0.42	0.45	0.30	0.11	0.28	2.31	0.64	0.10	0.36	0.30	0.30	剔除后正态分布	0.30	0.26	0.24	2.74
Na$_2$O	107	0.11	0.12	0.17	0.25	0.35	0.60	0.65	0.30	0.18	0.25	2.74	0.87	0.07	0.61	0.25	0.27	对数正态分布	0.25	0.19	0.19	1.75
K$_2$O	107	1.42	1.78	2.18	2.56	2.83	3.12	3.23	2.47	0.54	2.40	1.74	3.38	0.92	0.22	2.56	2.67	正态分布	2.47	1.99	2.35	2.36
TC	107	0.70	0.92	1.09	1.39	1.64	1.92	2.11	1.41	0.46	1.34	1.46	3.19	0.44	0.32	1.39	1.06	正态分布	1.41	1.59	1.43	1.30
Corg	107	0.68	0.87	1.05	1.37	1.58	1.81	1.95	1.35	0.41	1.28	1.44	2.70	0.43	0.30	1.37	1.51	正态分布	1.35	0.92	1.31	0.60
pH	107	4.67	4.92	5.16	5.41	5.79	6.14	6.44	5.20	5.06	5.49	2.67	7.83	4.23	0.97	5.41	5.40	正态分布	5.20	4.96	5.10	8.00

第四章
土壤元素背景值

千岛湖沉积物总体为酸性,沉积物 pH 背景值为 5.20,极大值为 7.83,极小值为 4.23,接近于杭州市背景值和浙江省背景值,略低于中国背景值。

沉积物中各元素/指标中,大多数元素/指标变异系数小于 0.40,分布相对均匀;Mn、Zn、Ce、Hg、Cu、I、S、Ag、Se、Na_2O、Sn、Sb、Ba、Cd、As、pH、Mo、Bi、Au 共 19 项元素/指标变异系数大于 0.40,其中 Cd、As、pH、Mo、Bi、Au 变异系数大于 0.80,空间变异性较大。

与杭州市土壤元素背景值相比,沉积物元素背景值中 Cl 背景值略低于杭州市背景值,是杭州市背景值的 74%;TFe_2O_3、Ce、Mn、F、Na_2O、Sn、W、As、Li、La、Ni、K_2O、Nb、Y 背景值略高于杭州市背景值,与杭州市背景值比值在 1.2~1.4 之间;Mo、Cd、Se、Cu、U、I、Sb、N、Au、Ba、Bi、Co、Corg 背景值明显偏高,与杭州市背景值比值均在 1.4 以上,其中 Mo、Cd、Se 背景值为杭州市背景值的 2.0 倍以上;其他元素/指标背景值则与杭州市背景值基本接近。

与浙江省土壤元素背景值相比,沉积物元素背景值中 Cl、Sr 背景值明显偏低,在浙江省背景值的 60%以下;As、Au、Ba、F、N、CaO、Na_2O 背景值略高于浙江省背景值,与浙江省背景值比值在 1.2~1.4 之间;B、Bi、Br、Cd、Cu、I、Li、Mo、Sb、Se、Sn、U、W、TFe_2O_3、MgO 背景值明显偏高,与浙江省背景值比值均在 1.4 以上,其中 B、Bi、Br、Cd、Cu、Mo、Sb、Se、MgO 背景值为浙江省背景值的 2.0 倍以上;其他元素/指标背景值则与浙江省背景值基本接近。

与中国土壤元素背景值相比,沉积物元素背景值中 Cl、Sr、Na_2O、CaO 背景值明显偏低,在中国背景值的 60%以下;MgO 背景值略偏低,是中国背景值的 77%;Ti、B、Co、TFe_2O_3、Ni、Tl、Ge、Cr、Ga、Rb、F、Th、Y、S 略高于中国背景值,与中国背景值比值在 1.2~1.4 之间;Hg、Cd、Se、I、Corg、Br、N、Mo、Bi、Sb、Cu、U、W、Sn、Zn、Li、Ce、Pb、V、As、Ag、Au、La、Nb 背景值明显偏高,与中国背景值比值均在 1.4 以上,其中 Hg、Cd、Se、I、Corg、Br、N、Mo、Bi 背景值为中国背景值的 2.0 倍以上;其他元素/指标背景值则与中国背景值基本接近。

第五章　土壤碳与特色土地资源评价

碳、硒、锗是浙江省土地质量调查中增加的典型元素。农田土壤碳储量的估算及土壤固碳增汇，是当前普遍关注的前沿性课题。浙江省多目标区域地质调查、农业地质环境调查、土地质量地质调查工作的完成，为农田碳储量估算提供了丰富的数据基础。硒与锗均属土壤健康元素，本次在全面查明土壤硒、锗的地球化学背景的基础上开展富硒、富锗土壤评价，以有力促进这类优质土壤资源的开发利用。

第一节　土壤碳储量估算

土壤是陆地生态系统的核心，是"地球关键带"研究中的重点内容之一。土壤碳库是地球陆地生态系统碳库的主要组成部分，在陆地水、大气、生物等不同系统的碳循环研究中有着重要作用。

一、土壤碳与有机碳的区域分布

1. 深层土壤碳与有机碳的区域分布

如表5-1所示，杭州市深层土壤中总碳（TC）算术平均值为0.58%，极大值为1.07%，极小值为0.19%。TC基准值（0.47%）基本接近于浙江省基准值，远远低于中国基准值。在区域分布上，TC含量受地形地貌及地质背景明显控制，中山区土壤中TC含量相对较高；低值区主要分布于淳安县、建德市、桐庐县一带，在地形地貌类型上属于低山丘陵区，风化剥蚀较强，而且低值区地质背景主要为紫红色碎屑岩类，成土条件较差，土壤粗骨性较强。

杭州市深层土壤有机碳（TOC）算术平均值为0.49%，极大值为0.88%，极小值为0.13%。TOC基准值（0.52%）略高于浙江省基准值，明显高于中国基准值。高值区主要分布于区内中山区，低值区主要分布于杭州市—萧山区以东平原区、淳安县—建德市一带。

表5-1　杭州市深层土壤总碳与有机碳参数统计表

元素/指标	N/件	$\overline{X}$/%	$\overline{X}_g$/%	S/%	CV	X_{max}/%	X_{min}/%	X_{mo}/%	X_{me}/%	浙江省基准值/%	中国基准值/%
TC	974	0.58	0.55	0.19	0.33	1.07	0.19	0.47	0.54	0.43	0.90
TOC	955	0.49	0.47	0.14	0.29	0.88	0.13	0.52	0.49	0.42	0.30

注：浙江省基准值引自《浙江省土壤元素背景值》（黄春雷等，2023）；中国基准值引自《全国地球化学基准网建立与土壤地球化学基准值特征》（王学求等，2016）。

2. 表层土壤碳与有机碳的区域分布

如表5-2所示,在杭州市表层土壤中,总碳(TC)算术平均值为1.67%,极大值为3.18%,极小值为0.44%。TC背景值(1.59%)接近于浙江省背景值,略高于中国背景值。高值区主要分布于临安与湖州交界的山地区,临安区南边山地区,桐庐县与金华市交界山地区;低值区分布于淳安县新安江水库、建德市—桐庐县富春江沿岸、杭州萧山以东的平原区。

土壤有机碳(TOC)算术平均值为1.35%,极大值为2.87%,极小值为0.02%。TOC背景值(0.92%)略低于浙江省背景值,而远高于中国背景值,是中国背景值的1.53倍。在区域分布上,TOC基本与TC相同,高值区主要分布于临安区与湖州市交界一带,在山区则主要在中低山区;低值区主要分布于萧山区以东的平原区,山地丘陵区则主要分布于新安江水库、富春江沿岸河流谷地中。

表5-2 杭州市表层土壤总碳与有机碳参数统计表

元素/指标	N/件	$\overline{X}$/%	$\overline{X}_g$/%	S/%	CV	X_{max}/%	X_{min}/%	X_{mo}/%	X_{me}/%	浙江省背景值/%	中国背景值/%
TC	3937	1.67	1.59	0.50	0.30	3.18	0.44	1.56	1.60	1.43	1.30
TOC	27 940	1.35	1.23	0.54	0.40	2.87	0.02	0.92	1.32	1.31	0.60

注:浙江省背景值引自《浙江省土壤元素背景值》(黄春雷等,2023);中国背景值引自《全国地球化学基准网建立与土壤地球化学基准值特征》(王学求等,2016)。

二、单位土壤碳量与碳储量计算方法

依据奚小环等(2009)提出的碳储量计算方法,利用多目标地球化学调查数据,根据《多目标区域地球化学调查规范(1:250 000)》(DZ/T 0258—2014)》要求,计算单位土壤碳量与碳储量,即以多目标区域地球化学调查确定的土壤表层样品分析单元为最小计算单位,土壤表层碳含量单元为4km²,深层土壤样根据与表深层土壤样的对应关系,利用ArcGIS对深层样测试分析结果进行空间插值,碳含量单元为4km²,依据其不同的分布模式计算得到单位土壤碳量,通过对单位土壤碳量进行加和计算得到土壤碳储量。

研究表明,土壤碳含量由表层至深层存在两种分布模式,其中有机碳含量分布为指数模式,无机碳含量为直线模式。区域土壤容重利用《浙江土壤》(俞震豫等,1994)中的土壤容重统计结果进行计算(表5-3)。

表5-3 浙江省主要土壤类型土壤容重统计表   单位:t/m³

土壤类型	红壤	黄壤	紫色土	石灰岩土	粗骨土	潮土	滨海盐土	水稻土
土壤容重	1.20	1.20	1.20	1.20	1.20	1.33	1.33	1.08

(一)有机碳(TOC)单位土壤碳量(USCA)计算

1. 深层土壤有机碳单位碳量计算

深层土壤有机碳单位碳量计算公式为:

$$USCA_{TOC, 0-120cm} = TOC \times D \times 4 \times 10^4 \times \rho \tag{5-1}$$

式中:$USCA_{TOC, 0-120cm}$为0~1.20m深度(即0~120cm)土壤有机碳单位碳量(t);TOC为有机碳含量(%);D为采样深度(1.20m);4为表层土壤单位面积(4km²);10^4为单位土壤面积换算系数;ρ为土壤容重(t/m³)。式(5-1)中TOC的计算公式为:

$$\text{TOC} = \frac{(\text{TOC}_{表} - \text{TOC}_{深}) \times (d_1 - d_2)}{d_2(\ln d_1 - \ln d_2)} + \text{TOC}_{深} \qquad (5-2)$$

式中:$\text{TOC}_{表}$ 为表层土壤有机碳含量(%);$\text{TOC}_{深}$ 为深层土壤有机碳含量(%);d_1 取表样采样深度中间值 0.1m;d_2 取深层样平均采样深度 1.20m(或实际采样深度)。

2. 中层土壤有机碳单位碳量计算

中层土壤(计算深度为 1.00m)有机碳单位碳量计算公式为:

$$\text{USCA}_{\text{TOC},0-100cm} = \text{TOC} \times D \times 4 \times 10^4 \times \rho \qquad (5-3)$$

式中:$\text{USCA}_{\text{TOC},0-100cm}$ 表示采样深度为 1.20m 以下时,计算 1.00m(100cm)深度土壤有机碳含量(t);其他参数同前。其中,TOC 的计算公式为:

$$\text{TOC} = \frac{(\text{TOC}_{表} - \text{TOC}_{深}) \times [(d_1 - d_3) + (\ln d_3 - \ln d_2)]}{d_3(\ln d_1 - \ln d_2)} + \text{TOC}_{深} \qquad (5-4)$$

式中:d_3 为计算深度 1.00m;其他参数同前。

3. 表层土壤有机碳单位碳量计算

表层土壤有机碳单位碳量计算公式为:

$$\text{USCA}_{\text{TOC},0-20cm} = \text{TOC} \times D \times 4 \times 10^4 \times \rho \qquad (5-5)$$

式中:TOC 为表层土壤有机碳实测值(%);D 为采样深度(0~20cm);其他参数同前。

(二)无机碳(TIC)单位土壤碳量(USCA)计算

1. 深层土壤无机碳单位碳量计算

深层土壤无机碳单位碳量计算公式为:

$$\text{USCA}_{\text{TIC},0-120cm} = [(\text{TIC}_{表} + \text{TIC}_{深})/2] \times D \times 4 \times 10^4 \times \rho \qquad (5-6)$$

式中:$\text{TIC}_{表}$ 与 $\text{TIC}_{深}$ 分别由总碳实测数据减去有机碳数据取得(%);其他参数同前。

2. 中层土壤无机碳单位碳量计算

中层土壤无机碳单位碳量计算公式为:

$$\text{USCA}_{\text{TIC},0-100cm(深120cm)} = [(\text{TIC}_{表} + \text{TIC}_{100cm})/2] \times D \times 4 \times 10^4 \times \rho \qquad (5-7)$$

式中:$\text{USCA}_{\text{TIC},0-100cm(深120cm)}$ 表示采样深度为 1.20m 时,计算 1.00m 深度(即 100cm)土壤无机碳单位碳量(t);D 为 1.00m;TIC_{100cm} 采用内插法确定(%);其他参数同前。

3. 表层土壤无机碳单位碳量计算

表层土壤无机碳单位碳量计算公式为:

$$\text{USCA}_{\text{TIC},0-20cm} = \text{TIC}_{表} \times D \times 4 \times 10^4 \times \rho \qquad (5-8)$$

式中:$\text{TIC}_{表}$ 由总碳实测数据减去有机碳数据取得(%);其他参数同前。

(三)总碳(TC)单位土壤碳量(USCA)计算

1. 深层土壤总碳单位碳量计算

深层土壤总碳单位碳量计算公式为:

$$\text{USCA}_{\text{TC},0-120cm} = \text{USCA}_{\text{TOC},0-120cm} + \text{USCA}_{\text{TIC},0-120cm} \qquad (5-9)$$

当实际采样深度超过 1.20m(120cm)时,取实际采样深度值。

2. 中层土壤总碳单位碳量计算

中层土壤总碳单位碳量计算公式为:
$$\text{USCA}_{\text{TC},0-100\text{cm}(\text{深}120\text{cm})} = \text{USCA}_{\text{TOC},0-100\text{cm}(\text{深}120\text{cm})} + \text{USCA}_{\text{TIC},0-100\text{cm}(\text{深}120\text{cm})} \tag{5-10}$$

3. 表层土壤总碳单位碳量计算

表层土壤总碳单位碳量计算公式为:
$$\text{USCA}_{\text{TC},0-20\text{cm}} = \text{USCA}_{\text{TOC},0-20\text{cm}} + \text{USCA}_{\text{TIC},0-20\text{cm}} \tag{5-11}$$

(四)土壤碳储量(SCR)

土壤碳储量为研究区内所有单位碳量总和,其计算公式为:
$$\text{SCR} = \sum_{i=1}^{n} \text{USCA} \tag{5-12}$$

式中:SCR 为土壤碳储量(t);USCA 为单位土壤碳量(t);n 为土壤碳储量计算范围内单位土壤碳量的加和个数。

三、土壤碳密度分布特征

杭州市表层、中层、深层土壤碳密度空间分布特征如图 5-1~图 5-3 所示。

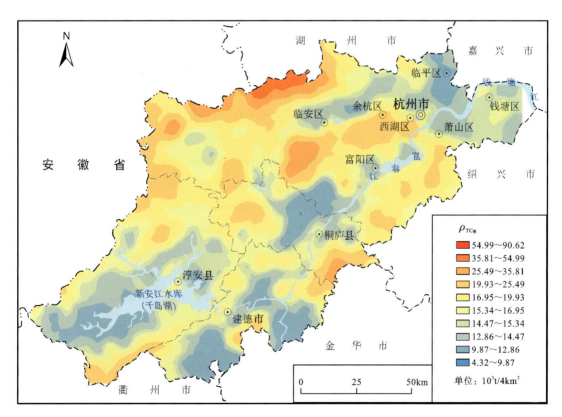

图 5-1 杭州市表层土壤 TC 碳密度分布图

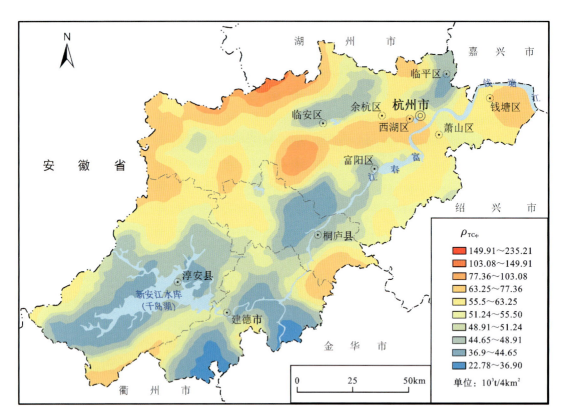

图 5-2 杭州市中层土壤 TC 碳密度分布图

由图可知,全市土壤碳密度呈现出规律性变化特征,整体表现为:中低山区高于低山丘陵区及平原区;碳酸盐岩类风化物土壤母质区高于碎屑岩类风化物土壤母质区、紫色碎屑岩类风化物土壤母质区;山地丘陵区高于盆地区;海积相平原区随着土体深度的增加,土壤碳密度明显增加。

表层(0~0.2m)土壤碳密度高值区分布于区内临安区—淳安县西部、萧山区南—桐庐县南等中低山区,以及余杭区—临安区一带碳酸盐岩类风化物土壤母质区。低值区主要分布于新安江水库周边、建德市、桐庐县以及钱塘区—临平区一带平原区。碳密度极大值为 90.62×10^3 t/4km^2,极小值为 4.32×10^3 t/4km^2。

中层(0~1.0m)土壤碳密度高值区、低值区分布基本与表层土壤相同,不同之处在于随着土体深度的增加,萧山区北部、钱塘区一带的平原区土壤中碳密度逐渐增高。碳密度极大值为 235.21×10^3 t/4km^2,极小值为 22.78×10^3 t/4km^2。

深层(0~1.2m)土壤碳密度低值区仍然主要分布在新安江水库周边、建德市、桐庐县以及临安区北等地,高值区除中低山区及余杭区—临安区碳酸盐岩类风化物土壤母质区之外,平原区随着土体深度的增加,土壤中碳密度增加明显,尤其是萧山区北部、钱塘区一带地区。土壤中碳密度极大值为 255.06×10^3 t/4km^2,极小值为 22.77×10^3 t/4km^2。

由以上分析可知,杭州市土壤碳密度分布主要与地形地貌、土壤母质类型、土壤深度有关。在地形地貌方面,中低山区高于低山丘陵区、平原区;在土壤母岩母质方面,碳酸盐岩类风化物土壤母质区高于碎屑岩类风化物土壤母质区、紫色碎屑岩类风化物土壤母质区;在土壤深度方面,东北部滨海平原区随土壤深度增加,土壤碳密度逐渐增大。

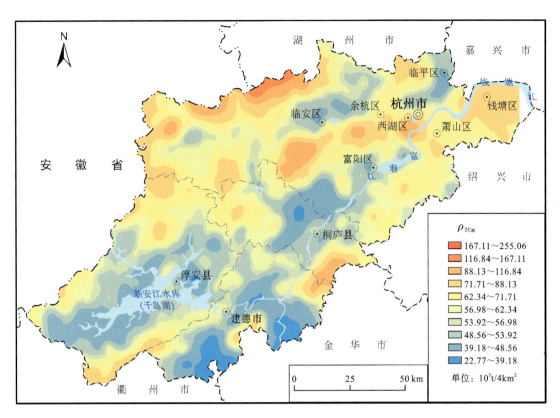

图 5-3 杭州市深层土壤 TC 碳密度分布图

四、土壤碳储量分布特征

1. 土壤碳密度及碳储量

根据土壤碳密度及碳储量计算方法,杭州市不同深度土壤的碳密度及碳储量计算结果如表 5-4 所示。

表 5-4 杭州市不同深度土壤碳密度及碳储量统计表

土壤层	碳密度/10^3 t·km^{-2}			碳储量/10^6 t			TOC 储量占比/%
	TOC	TIC	TC	TOC	TIC	TC	
表层	3.87	0.41	4.28	61.48	6.51	67.99	90.43
中层	11.95	1.81	13.76	189.69	28.70	218.39	86.86
深层	13.40	1.88	15.28	212.70	29.81	242.51	87.71

杭州市表层、中层、深层土壤中 TIC 密度分别为 0.41×10^3 t/km^2、1.81×10^3 t/km^2、1.88×10^3 t/km^2;TOC 密度分别为 3.87×10^3 t/km^2、11.95×10^3 t/km^2、13.40×10^3 t/km^2;TC 密度分别为 4.28×10^3 t/km^2、13.76×10^3 t/km^2、15.28×10^3 t/km^2;其中表层 TC 密度略高于中国全碳密度 3.19×10^3 t/km^2(奚小环等,2010),中层 TC 密度略高于中国平均值 11.65×10^3 t/km^2。而杭州市土地利用类型、地形地貌类型齐全,代表了浙江省碳密度的客观现状,说明杭州市碳储量已接近"饱和"状态,固碳能力十分有限。

从不同深度土壤碳密度可以看出,随着土壤深度的增加,TOC、TIC、TC 均呈现逐渐增加趋势(图 5-4)。在表层(0~0.2m)、中层(0~1.0m)、深层(0~1.2m)不同深度土体中,TOC 密度之比为 1∶3.09∶3.46,TIC 密度之比为 1∶4.53∶4.70,TC 密度之比为 1∶3.21∶3.57。

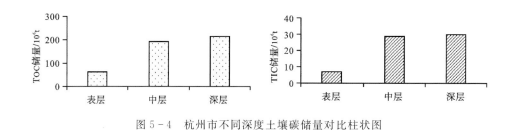

图 5-4 杭州市不同深度土壤碳储量对比柱状图

全市土壤中（0~1.2m）TC 储量为 242.51×10^6 t，其中 TOC 储量为 212.70×10^6 t，TIC 储量为 29.81×10^6 t，TOC 储量与 TIC 储量之比约为 7∶1。土壤中的碳以 TOC 为主，占 TC 的 87.71%。而且随着土体深度的增加，TOC 储量的比例有减少趋势，TIC 储量的比例逐渐增加，但仍以 TOC 为主。

2. 主要土壤类型土壤碳密度及碳储量分布

全市共分布有 8 种主要土壤类型，不同土壤类型土壤碳密度及碳储量统计结果如表 5-5 所示。

表 5-5 杭州市不同土壤类型土壤碳密度及碳储量统计表

土壤类型	面积 km²	深层（0~1.2m）			中层（0~1.0m）			表层（0~0.2m）		
		TOC 密度	TIC 密度	SCR 储量	TOC 密度	TIC 密度	SCR 储量	TOC 密度	TIC 密度	SCR 储量
		10^3 t/km²	10^3 t/km²	10^6 t	10^3 t/km²	10^3 t/km²	10^6 t	10^3 t/km²	10^3 t/km²	10^6 t
滨海盐土	432	7.58	11.00	8.02	7.25	8.58	6.84	1.98	1.60	1.54
潮土	432	10.30	7.69	7.77	9.49	5.79	6.60	2.97	1.03	1.73
粗骨土	512	12.89	1.42	7.33	11.54	1.55	6.70	3.70	0.38	2.09
红壤	8152	13.82	1.23	122.67	12.31	1.30	110.95	3.99	0.32	35.12
黄壤	1456	18.51	1.75	29.48	16.16	2.02	26.47	5.62	0.51	8.93
石灰岩土	1580	13.70	1.78	24.47	12.22	1.95	22.39	3.84	0.48	6.84
水稻土	2696	11.38	1.91	35.84	10.21	1.69	32.06	3.26	0.36	9.77
紫色土	612	10.54	0.80	6.93	9.59	0.84	6.38	3.02	0.20	1.97

深层土壤中，TOC 密度以黄壤为最高，达 18.51×10^3 t/km²，其次为红壤、石灰岩土、粗骨土，最低为滨海盐土，仅为 7.58×10^3 t/km²。TIC 密度以滨海盐土为最高，为 11.00×10^3 t/km²，次为潮土等，最低则为紫色土，仅为 0.80×10^3 t/km²。

中层土壤中，TOC 密度以黄壤为最高，达 16.16×10^3 t/km²，其次为红壤、石灰岩土、粗骨土，最低为滨海盐土，仅为 7.25×10^3 t/km²。TIC 密度以滨海盐土为最高，为 8.58×10^3 t/km²，次为潮土、黄壤、石灰岩土等，最低则为紫色土，仅为 0.84×10^3 t/km²。

表层土壤中，TOC 密度以黄壤为最高，达 5.62×10^3 t/km²，其次为红壤、石灰岩土、粗骨土，最低为滨海盐土，仅为 1.98×10^3 t/km²。TIC 密度以滨海盐土为最高，为 1.60×10^3 t/km²，次为潮土、黄壤、石灰岩土、水稻土等，最低则为紫色土，仅为 0.20×10^3 t/km²。

通过以上对比分析可以看出，土壤碳密度（TOC、TIC）的分布受地形地貌的影响较为明显。分布于山地丘陵区的土壤类型中，TOC 密度较高，如黄壤、红壤、石灰岩土等；而分布于平原区的土壤类型中 TOC 密度相对较低，如滨海盐土、潮土等。TIC 密度的分布大致与之相反，平原区土壤滨海盐土、潮土中较高，山地丘陵区的紫色土、红壤、粗骨土中则相对较低。

表层土壤碳储量为 67.99×10^6 t，最高为红壤，碳储量为 35.12×10^6 t，占总表层碳储量的 51.65%；其次为水稻土，碳储量为 9.77×10^6 t，占总表层碳储量的 14.37%；最低为滨海盐土，为 1.54×10^6 t。表层土壤中整体碳储量从大到小的分布规律为红壤、水稻土、黄壤、石灰岩土、粗骨土、紫色土、潮土、滨海盐土。

中层土壤碳储量为 218.39×10^6 t，储量从大到小依次为红壤、水稻土、黄壤、石灰岩土、粗骨土、潮土、紫色土、滨海盐土。

深层土壤碳储量为 242.51×10^6 t，碳储量从大到小依次为红壤、水稻土、黄壤、粗骨土、紫色土、潮土、石灰岩土、滨海盐土。

杭州市深层、中层、表层土壤碳储量从大到小基本分布规律为红壤、水稻土、黄壤、石灰岩土、滨海盐土、潮土、粗骨土、紫色土。

整体来看，土壤中碳储量的分布主要与不同土壤类型中 TOC 密度、分布面积、人为耕种影响（水稻土长期农业耕种）等因素有关。

3. 主要土壤母质类型土壤碳密度及碳储量分布

杭州市土壤母质类型主要分为变质岩类风化物、紫色碎屑岩类风化物、中基性火成岩类风化物、松散岩类沉积物、碎屑岩类风化物、碳酸盐岩类风化物、中酸性火成岩类风化物七大类型。在分布面积上，以碎屑沉积岩类风化物、中酸性侵入岩类风化物、松散岩类沉积物 3 类为主，变质岩类风化物、中基性火成岩类风化物相对较少。

杭州市不同土壤母质类型土壤碳密度分布统计结果如表 5-6 所示。

表 5-6 杭州市不同土壤母质类型土壤碳密度统计表　　　　　　　　　　单位：10^3 t/km²

土壤母质类型	深层（0~1.2m）			中层（0~1.0m）			表层（0~0.2m）		
	TOC	TIC	TC	TOC	TIC	TC	TOC	TIC	TC
变质岩类风化物	13.60	1.73	15.33	12.13	1.89	14.02	3.75	0.47	4.22
紫色碎屑岩类风化物	10.30	0.84	11.14	9.38	0.99	10.37	3.04	0.25	3.29
中基性火成岩类风化物	12.00	0.58	12.58	10.80	0.48	11.28	3.59	0.10	3.69
松散岩类沉积物	10.77	4.99	15.76	9.78	3.93	13.71	3.03	0.74	3.77
碎屑岩类风化物	13.77	1.16	14.93	12.26	1.24	13.50	3.96	0.30	4.26
碳酸岩类风化物	13.58	1.98	15.56	12.11	2.18	14.29	3.81	0.54	4.35
中酸性火成岩类风化物	14.80	1.34	16.14	13.10	1.45	14.55	4.42	0.36	4.78

由表 5-6 中可以看出，TOC 密度在不同深度土壤中有明显差异，TOC 密度在深层土壤由高至低依次为中酸性火成类风化物、碎屑岩类风化物、变质岩类风化物、碳酸盐岩类风化物、中基性火成岩类风化物、松散岩类沉积物、紫色碎屑岩类风化物；在表层土壤由高至低依次为中酸性火成岩类风化物、碎屑岩类风化物、碳酸盐岩类风化物、变质岩类风化物、中基性火成岩类风化物、紫色碎屑岩类风化物、松散岩类沉积物。

TIC 密度在中层、表层土壤中完全相同，由高至低依次为松散岩类沉积物、碳酸盐岩类风化物、变质岩类风化物、中酸性火成岩类风化物、碎屑岩类风化物、紫色碎屑岩类风化物、中基性火成岩类风化物；在深层土壤中由高至低则依次为松散岩类沉积物、碳酸盐岩类风化物、变质岩类风化物、中酸性火成岩类风化物、碎屑岩类风化物、紫色碎屑岩类风化物、中基性火成岩类风化物，与中层、表层差异不大。

土壤 TC 密度在深层中由高至低依次为中酸性火成岩类风化物、松散岩类沉积物、碳酸盐岩类风化物、变质岩类风化物、碎屑岩类风化物、中基性火成岩类风化物、紫色碎屑岩类风化物；在中层中由高至低依次为中酸性火成岩类风化物、碳酸盐岩类风化物、变质岩类风化物、松散岩类沉积物、紫色沉积岩类风化物、中基性火成岩类风化物、紫色碎屑岩类风化物；在表层中由高至低依次为中酸性火成岩类风化物、碳酸盐岩类风化物、碎屑岩类风化物、变质岩类风化物、松散岩类沉积物、中基性火成岩类风化物、紫色碎屑岩类风化物。

杭州市不同土壤母质类型土壤碳储量统计结果如表5-7和表5-8所示。

表5-7 杭州市不同土壤母质类型土壤碳储量统计表（一）　　　　　单位：10^6 t

土壤母质类型	深层(0~1.2m)			中层(0~1.0m)			表层(0~0.2m)		
	TOC	TIC	TC	TOC	TIC	TC	TOC	TIC	TC
变质岩类风化物	0.71	0.09	0.80	0.63	0.10	0.73	0.20	0.02	0.22
紫色碎屑岩类风化物	5.27	0.43	5.70	4.80	0.50	5.30	1.56	0.13	1.69
中基性火成岩类风化物	0.14	0.01	0.15	0.13	0.01	0.14	0.04	0.01	0.05
松散岩类沉积物	26.40	12.23	38.63	23.98	9.63	33.68	7.44	1.81	9.25
碎屑岩类风化物	101.95	8.58	110.53	90.75	9.22	99.97	29.35	2.26	31.61
碳酸盐岩类风化物	25.37	3.70	29.07	22.61	4.08	26.69	7.12	1.01	8.13
中酸性火成岩类风化物	52.86	4.77	57.63	46.79	5.16	51.95	15.77	1.27	17.04

表5-8 杭州市不同土壤母质类型土壤碳储量统计表（二）

土壤母质类型	面积	深层(0~1.2m)SCR	中层(0~1.0m)SCR	表层(0~0.2m)SCR	深层碳储量全市占比
	km^2	10^6 t	10^6 t	10^6 t	%
变质岩类风化物	52	0.80	0.73	0.22	0.33
紫色碎屑岩类风化物	512	5.70	5.30	1.69	2.35
中基性火成岩类风化物	12	0.15	0.14	0.05	0.06
松散岩类沉积物	2452	38.63	33.61	9.25	15.93
碎屑岩类风化物	7404	110.53	99.97	31.61	45.58
碳酸盐岩类风化物	1868	29.07	26.69	8.13	11.99
中酸性火成岩类风化物	3572	57.63	51.95	17.04	23.76

杭州市碳储量以碎屑岩类风化物、中酸性火成岩类风化物、松散岩类沉积物为主，三者之和占全市碳储量的80%以上。在不同深度的土体中，TOC、TC储量分布规律相同，由高到低依次为碎屑岩类风化物、中酸性火成岩类风化物、松散岩类沉积物、碳酸盐岩类风化物、紫色碎屑岩类风化物、变质岩类风化物、中基性火成岩类风化物；TIC与前两者不同，其碳储量由高到低依次为松散岩类沉积物、碎屑岩类风化物、中酸性火成岩类风化物、碳酸盐岩类风化物、紫色碎屑岩类风化物、变质岩类风化物、中基性火成岩类风化物。

4. 主要土地利用现状条件土壤碳密度及碳储量

土地利用对土壤碳储量的空间分布有较大影响。周涛和史培军(2006)研究认为，土地利用方式的改变潜在改变了土壤的理化性状，进而改变了不同生态系统中的初级生产力及相应土壤的TOC输入。

表5-9~表5-11为杭州市不同土地利用现状条件土壤碳密度及碳储量统计结果。

表 5-9 杭州市不同土地利用现状条件土壤碳密度统计表　　　　　　　　　　　　　　　单位：10^3 t/km²

土地利用类型	深层(0~1.2m)			中层(0~1.0m)			表层(0~0.2m)		
	TOC	TIC	TC	TOC	TIC	TC	TOC	TIC	TC
水田	10.98	3.42	14.40	9.96	2.83	12.79	3.12	0.56	3.68
旱地	11.16	2.14	13.30	10.08	1.90	11.98	3.16	0.40	3.56
园地	12.56	1.69	14.25	11.26	1.57	12.83	3.51	0.35	3.86
林地	14.27	1.39	15.66	12.67	1.51	14.18	4.16	0.37	4.53
建筑用地及其他用地	11.39	3.25	14.64	10.29	2.69	12.98	3.23	0.54	3.77

表 5-10 杭州市不同土地利用现状条件土壤碳储量统计表（一）　　　　　　　　　　　单位：10^6 t

土地利用类型	深层(0~1.2m)			中层(0~1.0m)			表层(0~0.2m)		
	TOC	TIC	TC	TOC	TIC	TC	TOC	TIC	TC
水田	11.11	3.46	14.57	10.07	2.86	12.93	3.15	0.57	3.72
旱地	2.90	0.55	3.45	2.62	0.49	3.11	0.82	0.10	0.92
园地	12.66	1.71	14.37	11.35	1.59	12.94	3.54	0.35	3.89
林地	154.40	15.07	169.47	137.08	16.28	153.36	45.00	4.00	49.00
建筑用地及其他用地	31.63	9.02	40.65	28.57	7.48	35.05	8.97	1.49	10.46

表 5-11 杭州市不同土地利用现状条件土壤碳储量统计表（二）

土地利用类型	面积	深层(0~1.2m)SCR	中层(0~1.0m)SCR	表层(0~0.2m)SCR	深层碳储量全市占比
	km²	10^6 t	10^6 t	10^6 t	%
水田	1012	14.57	12.93	3.72	6.01
旱地	260	3.45	3.11	0.92	1.42
园地	1024	14.37	12.94	3.89	5.93
林地	10 828	169.47	153.36	49.00	69.88
建筑用地及其他用地	2748	40.65	35.05	10.46	16.76

由表中可以看出，TOC密度在不同深度的土体中，由高到低均表现为林地、园地、建筑用地及其他用地、旱地、水田；TIC密度由高到低则表现为水田、建筑用地及其他用地、旱地、园地、林地；TC密度则不同，规律性不明显，但在不同深度的土体中均是林地相对最高，旱地相对最低。就碳储量而言，杭州市不同深度土体中，TOC、TIC、TC储量均以林地、建筑用地及其他用地为主，二者碳储量之和占全市总碳储量的86.44%，是全市主要的"碳储库"。

第二节　特色土地资源评价

硒（Se）是地壳中的一种稀散元素，1988年中国营养学会将硒列为15种人体必需微量元素之一。医学研究证明，硒对保证人体健康有重要作用，主要表现在提高人体免疫力和抗衰老能力，参与人体损伤肌体的修复，对铅、镉、汞、砷、铊等重金属的拮抗等方面。我国有72%的地区属于缺硒或低硒地区，2/3的人口存在不同程度的硒摄入不足问题。

锗(Ge)是一种分散性稀有元素,在地壳中含量较低。锗的化合物分无机锗和有机锗两种,无机锗毒性较大,有机锗如羧乙基锗倍半氧化物(简称Ge-132),具有杀菌、消炎、抑制肿瘤、延缓衰老等医疗保健功能。天然有机锗是许多药用植物成分之一。

土壤中含有一定量的天然硒元素[0.40 mg/kg<w(Se)≤3.0mg/kg]或锗元素[w(Ge)>1.5mg/kg],且有害重金属元素含量小于农用地土壤污染风险筛选值要求的土地,可称为天然富硒或富锗土地。天然富硒和天然富锗土地是一种稀缺的土地资源,是生产天然富硒和富锗农产品的物质基础,是应予以优先保护的特色土地资源。

一、天然富硒土地资源评价

1. 土壤硒地球化学特征

杭州市表层土壤中Se变化区间为0.02~11.50mg/kg,平均值为0.39mg/kg,全市表层土壤中Se含量差异十分显著。

Se元素的地球化学空间分布明显受杭州市内岩石地层特征及地形地貌特征影响。表层土壤中Se高于0.55mg/kg区域主要分布于淳安县—临安区西侧与安徽省交界的低山区、西湖区—临安区一带以及萧山区—富阳区—桐庐县南侧与绍兴市、金华市交界处。此高值区的分布均与境内大面积分布的中酸性火成岩类风化物以及碳酸盐岩类风化物有关。而Se小于0.23mg/kg的低值区主要分布在杭州市东北部钱塘区—临平区南—萧山区北以及建德市南侧地区,主要与区内的第四系松散岩类风化物(河口相粉砂、滨海相砂粉砂)及紫色碎屑岩类风化物有关(图5-5)。

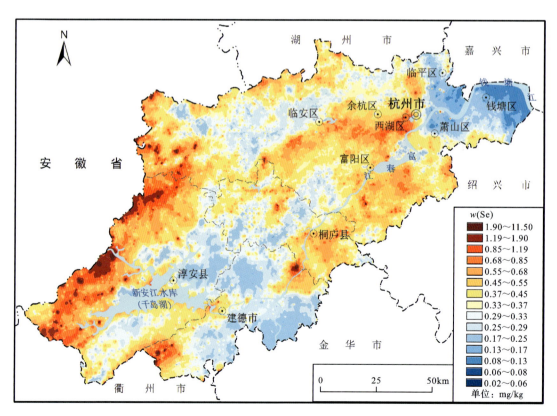

图5-5 杭州市表层土壤硒元素(Se)地球化学图

杭州市深层土壤中 Se 范围为 0.032~3.81mg/kg,平均值为 0.27mg/kg。深层土壤中的 Se 含量虽普遍低于表层土壤,但两者的空间分布特征基本一致,说明土壤 Se 含量除了受植被、气候、地貌等表生作用的明显影响外,显然也承袭了成土母质母岩中的 Se 含量特征(图 5-6)。

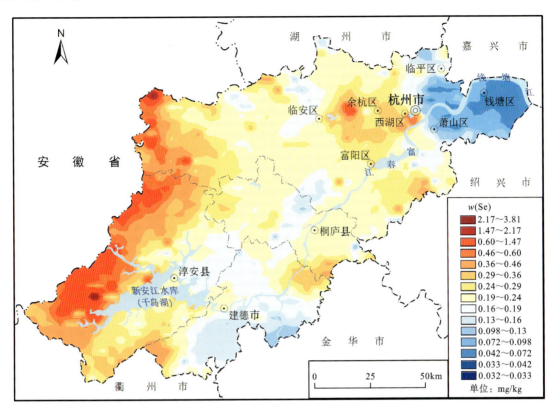

图 5-6 杭州市深层土壤硒元素(Se)地球化学图

3. 富硒土地评价

按照《土地质量地质调查规范》(DB33T 2224—2019)中土壤硒的分级标准(表 5-12),对表层土壤样点分析数据进行统计与评价,结果如图 5-7 所示。

表 5-12 土壤硒元素(Se)等级划分标准与图示　　　　　　　　　　　单位:mg/kg

指标	缺乏	边缘	适量	高(富)	过剩
标准值	≤0.125	0.125~0.175	0.175~0.40	0.40~3.0	>3.0
颜色					
R:G:B	234:241:221	214:227:188	194:214:155	122:146:60	79:98:40

杭州市达富(高)硒等级的表层土壤有 9956 件,占比 33.46%,主要分布在淳安县、临安区西侧山地丘陵区及西湖区—临安区、萧山区南和富春江南岸一带,富硒土壤的分布主要与表层土壤中有机质含量以及质地有关,丘陵山地区有机质含量较高,土质湿黏,有利于吸附硒元素,导致表层土壤硒的富集。硒含量处于适量等级的样本数最多,有 17 276 件,占比 58.06%,主要分布在余杭区—临安区北部、萧山区北部、桐庐县中部地区。边缘硒与缺乏硒土壤占比较少,仅为 4.56%、3.92%,主要分布在杭州市东部地区,即钱塘江沿岸(临平区—钱塘区),这些区域土壤养分含量低,质地以砂、粉砂为主,黏质少,总体保肥能力弱,土壤中的元素易迁移

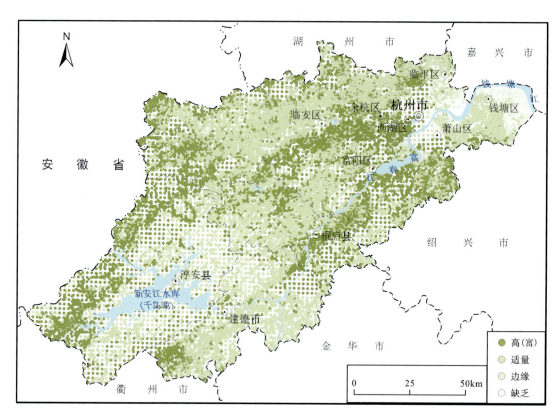

图 5-7 杭州市表层土壤硒元素(Se)评价图

流失;再者,该区母质以滨海相砂、粉砂为主,硒含量本就偏低,故此区呈现明显的硒缺乏区(表5-13)。

表 5-13 杭州市表层土壤硒评价结果统计表

评价结果	样本数/件	占比/%	主要分布区域
高(富)	9956	33.46	淳安县西侧、临安区西侧山地丘陵区及萧山区南、富春江南岸、西湖区—临安区一带
适量	17 276	58.06	余杭区—临安区北部、萧山区北部、桐庐县中部地区
边缘	1358	4.56	杭州市东部地区、建德市南部
缺乏	1167	3.92	钱塘区、杭州市区

4. 天然富硒土地圈定

为满足对天然富硒土地资源利用与保护的需求,依据富硒土壤调查和耕地环境质量评价成果,按以下条件对杭州市天然富硒土地进行圈定:①土壤中 Se 元素的含量大于等于 0.40mg/kg(pH≤7.5)或 0.30mg/kg(pH>7.5)(实测数据大于20条);②土壤中的重金属元素 Cd、Hg、As、Pb 及 Cr 含量小于农用地土壤污染风险筛选值要求;③土地地势较为平坦,集中连片程度较高。

根据上述条件,杭州市共圈定天然富硒土地15处(图5-8),为后续更好地开发利用富硒土壤,天然富硒土地的圈定倾向于地势较为平坦且集中程度高的耕地、园地区域,其中杭州市东部临平区、余杭区、萧山区等区域面积较大,富阳区、临安区、桐庐县、淳安县、建德市等区域多位于山地丘陵区,耕地分布少,因此该区域富硒区面积相对较小(表5-14)。受调查程度的限制,圈定的范围仅是初步的评估,但在资源的利用方向上已具有了明确的意义。随着调查研究程度的加深,评价将会更加科学。

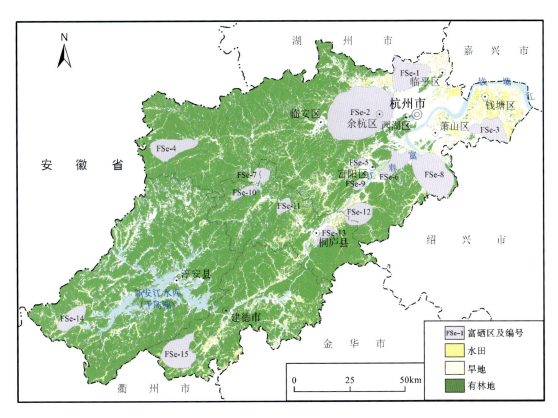

图 5-8 杭州市天然富硒区分布图

表 5-14 杭州市天然富硒区一览表

富硒区编号	区域面积/km²	土壤样本数/件		富硒率/%	土壤 Se 含量/mg·kg⁻¹		备注
		采样点位数	富硒点位数		范围	平均值	
FSe-1	173	1222	531	43.45	0.07~1.60	0.39	pH 碱性
FSe-2	574	2071	1050	50.70	0.06~2.39	0.44	
FSe-3	121	673	288	42.79	0.04~2.07	0.31	pH 碱性
FSe-4	141	349	223	63.90	0.21~7.91	0.62	
FSe-5	16	81	30	37.04	0.20~0.66	0.39	
FSe-6	102	328	172	52.44	0.06~3.08	0.40	
FSe-7	45	136	84	61.76	0.16~1.54	0.48	
FSe-8	260	850	460	54.12	0.06~1.52	0.40	
FSe-9	16	50	37	74.00	0.24~1.21	0.53	
FSe-10	39	98	41	41.84	0.20~1.13	0.43	
FSe-11	34	92	69	75.00	0.12~2.87	0.65	
FSe-12	105	368	239	64.95	0.13~1.22	0.47	
FSe-13	41	146	122	83.56	0.25~1.05	0.55	
FSe-14	88	232	200	86.21	0.15~8.00	0.72	
FSe-15	169	521	312	59.88	0.07~7.30	0.57	

天然富硒区地质分布差异显著,临平区、余杭区、富阳区及萧山区瓜沥镇—益农镇等区的富硒土壤主要为第四系覆盖区(局部地区土壤呈碱性,Se含量达0.30mg/kg以上),如FSe-1、FSe-2、FSe-3、FSe-5、FSe-6、FSe-9;萧山区南部、桐庐区等区域的富硒土壤主要为中酸性火山岩富集区,如FSe-5、FSe-8、FSe-12;临安区西、建德市南、淳安区等区域的富硒土壤主要为碳酸盐岩类土壤汇聚型,如FSe-4、FSe-7、FSe-10、FSe-11、FSe-12、FSe-13、FSe-14、FSe-15。

5. 天然富硒土地分级

依据土壤硒含量、土壤肥力质量、硒的生物效应及土地利用情况将圈定的天然富硒土地划分为3级,其中以Ⅰ级为佳,可作为优先利用的选择。

Ⅰ级:土壤Se含量大于0.55mg/kg,土壤养分中等及以上,集中连片程度高。

Ⅱ级:土壤Se含量大于0.40mg/kg,土壤养分中等及以上。

Ⅲ级:土壤Se含量大于等于0.40 mg/kg(pH≤7.5)或0.30mg/kg(pH>7.5),土壤养分以较缺乏—缺乏为主。

根据上述条件,共划出Ⅰ级天然富硒区5处、Ⅱ级天然富硒区5处、Ⅲ级天然富硒区5处(表5-15)。

表5-15 杭州市天然富硒区分级一览表

富硒区等级	编号	面积/km²	土壤富硒率/%	平均值/mg·kg⁻¹	土壤养分
Ⅰ级	FSe-14	88	86.21	0.72	中等—较丰富
	FSe-11	34	75.00	0.65	中等—较丰富
	FSe-4	141	63.90	0.62	中等
	FSe-15	169	59.88	0.57	中等—较丰富
	FSe-13	41	83.56	0.55	中等—较丰富
Ⅱ级	FSe-9	16	74.00	0.53	中等—较丰富
	FSe-7	45	61.76	0.48	中等—较丰富
	FSe-12	105	64.95	0.47	中等—较丰富
	FSe-2	574	50.70	0.44	中等—较丰富
	FSe-10	39	41.84	0.43	中等—较丰富
Ⅲ级	FSe-6	102	52.44	0.40	中等
	FSe-8	260	54.12	0.40	中等
	FSe-5	16	37.04	0.39	中等
	FSe-1	173	43.45	0.39	较缺乏—中等
	FSe-3	121	42.79	0.31	中等

二、天然富锗土地资源评价

1. 土壤锗地球化学特征

杭州市表层土壤中Ge含量变化区间为0.24～6.77mg/kg,平均值为1.47mg/kg,总体地球化学变化不明显。表层土壤锗高值区主要分布于临安区中部、淳安区、桐庐县—建德市南部一带低山区;表层土壤锗低值区主要分布于杭州市东部萧山区—钱塘区以及临安区北部、富阳区一带，与区内泥页岩、粉砂质泥岩以及砂砾岩类地层分布有关(图5-9)。

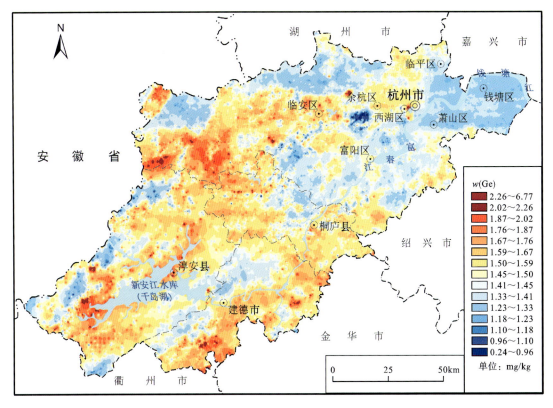

图5-9 杭州市表层土壤锗元素(Ge)地球化学图

杭州市深层土壤中Ge含量范围为1.04~2.67mg/kg，平均值为1.57mg/kg。深层土壤中Ge元素的空间分布特征总体与表层一致，高值区主要分布在临安区西南部、淳安县南部及桐庐县—建德市南部靠近金华市一带；低值区主要分布在杭州市东部钱塘区—萧山区—富阳区一带(图5-10)。

2. 富锗土地评价

依据表5-16所示的评价标准对杭州市耕地表层土壤进行锗评价和等级划分。

评价结果表明，杭州市表层土壤锗总体处于丰富、较丰富、中等水平。其中，锗丰富土壤样本数最多，达11 853件，占比39.85%，大面积分布于临安区、淳安区北、萧山区南、建德市南以及余杭区—临平区；其次为较丰富，样本数为6156件，占比20.70%；再次为中等，样本数为5977件，占比20.09%；较缺乏—缺乏样本数分别为4041件、1718件，分别占比13.58%、5.78%，主要分布于萧山区北部、钱塘区、临平区南部以及西湖区、临安区中部少部分区域(图5-11)。

3. 天然富锗土地圈定

为满足对天然富锗土地资源利用与保护的需要，依据富锗土壤调查和耕地环境质量评价成果，按以下条件对杭州市具有开发价值的天然富锗土地进行圈定：①土壤中Ge元素的含量大于1.5 mg/kg(实测数据大于20条)；②土壤中的重金属元素Cd、Hg、As、Pb及Cr含量小于农用地土壤污染风险筛选值要求；③土地地势较为平坦，集中连片程度较高。

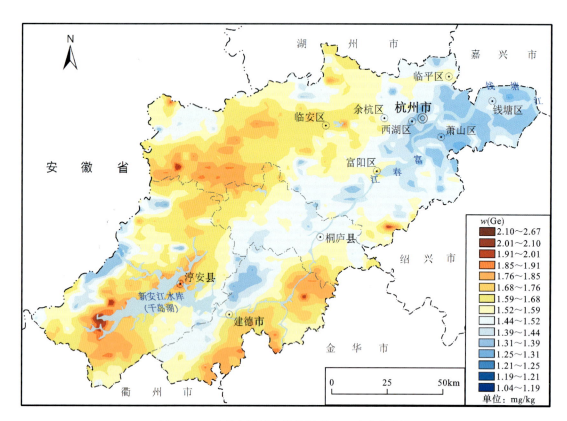

图 5-10　杭州市深层土壤锗元素(Ge)地球化学图

表 5-16　土壤锗元素(Ge)等级划分标准与图示

指标	丰富	较丰富	中等	较缺乏	缺乏
标准值	>1.5	1.4~1.5	1.3~1.4	1.2~1.3	<1.2
颜色					
R:G:B	0:176:80	146:208:80	255:255:0	255:192:0	255:0:0

依据以上条件,在本市农用地中共圈定具有开发价值的天然富锗土地 11 处(图 5-12)。从区域分布上看,总体呈北东向展布,具有开发价值的天然富锗土地主要位于地势较为平坦的沿海平原一带(表 5-17)。

依据富锗土壤产出的地质背景,可将圈出的天然富锗土壤划分成碳酸盐岩型(FGe-3、FGe-7、FGe-10)、碎屑岩类型(FGe-5、FGe-6、FGe-11)、中酸性火山岩型(FGe-8、FGe-9)和表生沉积型(FGe-1、FGe-2、FGe-4)4 类。

天然富锗土壤区地质分布差异显著,沿海一带主要为第四系松散沉积物覆盖区,南部地区主要为低山丘陵区,这些地区易于锗的积累。

第五章
土壤碳与特色土地资源评价

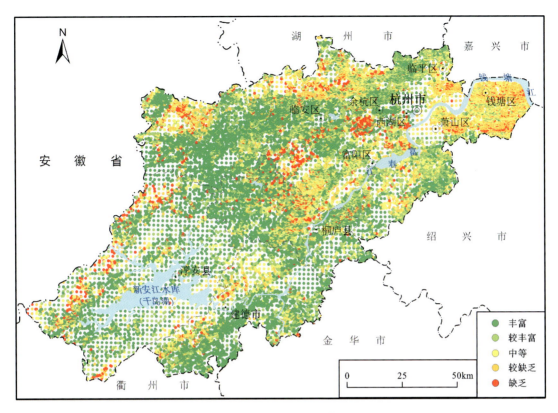

图 5-11 杭州市表层土壤锗元素(Ge)评价图

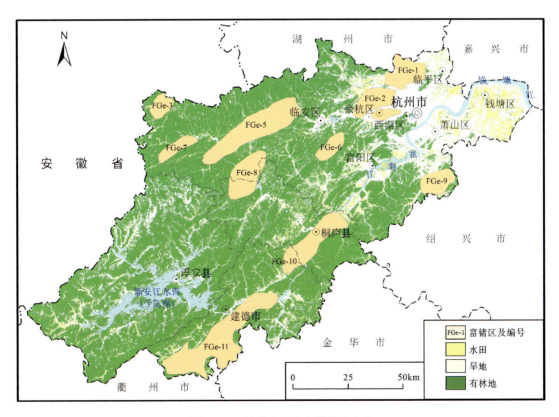

图 5-12 杭州市天然富锗区分布图

表 5-17 杭州市天然富锗区一览表

区块编号	区域面积 /km²	土壤样本数/件		富锗率/%	土壤 Ge 含量/mg·kg^{-1}	
		采样点位数	富锗点位数		范围	平均值
FGe-1	177	1343	712	53.02	1.10~2.42	1.51
FGe-2	157	892	461	51.68	0.94~2.11	1.49
FGe-3	79	171	139	81.29	1.14~2.62	1.71
FGe-4	48	154	112	72.73	1.32~1.80	1.55
FGe-5	451	1634	1160	70.99	0.93~2.76	1.60
FGe-6	87	222	136	61.26	1.18~1.93	1.53
FGe-7	86	244	196	80.33	1.09~2.40	1.65
FGe-8	234	521	336	64.49	0.27~2.56	1.59
FGe-9	131	482	234	48.55	1.23~2.00	1.50
FGe-10	283	736	438	59.51	0.93~2.30	1.55
FGe-11	598	1393	1125	80.76	1.09~5.53	1.66

第六章 结 语

土壤来自岩石,土壤中元素的组成和含量继承了岩石的地球化学特征。组成地壳的岩石具有原生不均匀性的分布特征,这种不均匀性决定了地壳不同部位化学元素的地域分异。在岩土体中,元素的绝对含量水平,对生态环境具有决定性作用。大量的研究表明,现代土壤中元素的含量及分布,与成土作用、生物作用,土壤理化性状(土壤质地、土壤酸碱性、土壤有机质等)及人类活动关系密切。

20世纪70年代,地质工作者便开展了土壤元素背景值的调查,目的是通过对土壤元素地球化学背景的研究,发现存在于区域内的地球化学异常,进而为地质找矿指出方向。这一找矿方法成效显著,我国的勘查地球化学也因此得到快速发展,并在这一领域走在了世界的前列。随着分析测试技术的进步和社会经济发展的需要,自20世纪90年代,土壤背景值的调查研究按下了快进键,尤其是"浙江省土地质量地质调查行动计划"的实施,使背景值的调查精度和研究深度有了质的提升,杭州市土壤元素背景值研究就建立在这一基础之上。

土壤元素背景值,在自然资源评价、生态环境保护、土壤环境监测、土壤环境标准制定及土壤环境科学研究(如土壤环境容量、土壤环境生态效应等)等方面,都具有重要的科学价值。《杭州市土壤元素背景值》一书的出版,也是浙江省地质工作者为杭州市生态文明建设所做出的一份贡献。

主要参考文献

陈永宁,邢润华,贾十军,等,2014.合肥市土壤地球化学基准值与背景值及其应用研究[M].北京:地质出版社.

代杰瑞,庞绪贵,2019.山东省县(区)级土壤地球化学基准值与背景值[M].北京:海洋出版社.

黄春雷,林钟扬,魏迎春,等,2023.浙江省土壤元素背景值[M].武汉:中国地质大学出版社.

苗国文,马瑛,姬丙艳,等,2020.青海东部土壤地球化学背景值[M].武汉:中国地质大学出版社.

王学求,周建,徐善法,等,2016.全国地球化学基准网建立与土壤地球化学基准值特征[J].中国地质,43(5):1469-1480.

奚小环,杨忠芳,廖启林,等,2010.中国典型地区土壤碳储量研究[J].第四纪研究,30(3):573-583.

奚小环,杨忠芳,夏学齐,等,2009.基于多目标区域地球化学调查的中国土壤碳储量计算方法研究[J].地学前缘,16(1):194-205.

俞震豫,严学芝,魏孝孚,等,1994.浙江土壤[M].杭州:浙江科学技术出版社.

张伟,刘子宁,贾磊,等,2021.广东省韶关市土壤环境背景值[M].武汉:中国地质大学出版社.

周涛,史培军,2006.土地利用变化对中国土壤碳储量变化的间接影响[J].地球科学进展,21(2):138-143.